"十三五"国家重点出版物出版规划
现代机械工程系列精品教材
浙江省高等教育重点教材

机械制造基础

第 2 版

主　编　林　江
副主编　楼建勇　祝邦文
参　编　郑　军　曹丽丽
主　审　王家平

机械工业出版社

本书是遵循教育部工程材料与机械制造基础系列课程指导组对教学内容的基本要求，应用多媒体手段编写的国家级规划教材。

本书共 10 章，内容包括：工程材料基础、铸造成形、塑性成形、焊接技术、粉末冶金、材料表面技术、切削加工成形、特种加工、其他先进制造技术和加工方法选择。全书系统地介绍了机械制造生产过程所涉及的主要工艺方法，同时也对制造相关的新工艺、新技术及其发展趋势进行了介绍。

本书为了提高内容的普适性和衔接性，特设工程材料基础一章，各校可视工程材料课程的设置、先修情况选用。本书还配有微课视频及多媒体教学软件。

本书为高等工科院校机械类专业的专业基础课程教材，也可供高等工科院校近机械类专业及其他工程类专业使用，还可供高等师范院校、高等职业技术学院、高等工业专科学校等的师生及相关工程技术人员使用。

图书在版编目（CIP）数据

机械制造基础/林江主编. —2 版. —北京：机械工业出版社，2020.12
（2024.1 重印）
"十三五"国家重点出版物出版规划项目　现代机械工程系列精品教材
ISBN 978-7-111-67134-3

Ⅰ.①机… Ⅱ.①林… Ⅲ.①机械制造-高等学校-教材　Ⅳ.①TH

中国版本图书馆 CIP 数据核字（2020）第 260192 号

机械工业出版社（北京市百万庄大街 22 号　邮政编码 100037）
策划编辑：刘小慧　责任编辑：刘小慧　王勇哲　戴　琳
责任校对：张　征　封面设计：张　静
责任印制：单爱军
北京虎彩文化传播有限公司印刷
2024 年 1 月第 2 版第 5 次印刷
184mm×260mm·19 印张·471 千字
标准书号：ISBN 978-7-111-67134-3
定价：54.80 元

电话服务　　　　　　　　　　网络服务
客服电话：010-88361066　　机 工 官 网：www.cmpbook.com
　　　　　010-88379833　　机 工 官 博：weibo.com/cmp1952
　　　　　010-68326294　　金 书 网：www.golden-book.com
　机工教育服务网：www.cmpedu.com

前　言

本书是面向 21 世纪的国家级重点规划教材，是为适应教育部提出的改革教学内容、课程体系，加强学生素质及能力培养的要求而编写的。本书以提高适应能力为目标，按照"基础内容扎实，新型工艺拓宽；在注重引入新知识的同时，落脚于普适性"的原则编写，以点带面。具有普适性的内容力求系统，增加知识面的新成果力求面宽，以展现机械制造的系统性、先进性。各章内容基本以基础理论、工艺方法、工艺设计、结构工艺性、新发展为主线展开。本书主要为高等工科院校机械类专业编写。在编写过程中，对内容进行了精选，为使内容适应教学改革后宽口径、少学时的新形势，在篇幅上进行了压缩，在形式上进行了改变——传统机械类的机械制造基础教材分为上下两册，上册为热加工工艺基础，下册为机械加工工艺基础，本书改为全一册，以符合当前的教学实际。

本书由浙江科技学院林江任主编，浙江工业大学楼建勇、浙江科技学院祝邦文任副主编，郑军、曹丽丽参编。全书由浙江大学王家平教授主审。编写分工如下：林江编写了第 2 章、第 3 章、第 10 章，楼建勇编写了第 7 章、第 8 章、第 9 章，祝邦文编写了第 1 章的 1.1 节、1.3 节和 1.4 节，第 4 章的 4.1 节、4.2 节和 4.4 节，第 5 章，第 6 章，郑军编写了第 1 章的 1.2 节，曹丽丽编写了第 4 章的 4.3 节。与本书配套的微课教学视频课件由林江讲授并制作，将放在机械工业出版社教育服务网上，以供教学参考。

衷心感谢在本书的编写和出版过程中给予支持和帮助的众多同行。

限于编者水平，书中不妥之处在所难免，恳请广大读者批评指正。

编　者

目 录

第1章
工程材料基础

材料是人类用来制造各种产品的物质，是人类生活和生产的物质基础，而机械工程材料主要用于制造结构件、机械零件和工具等，按其化学成分与组成不同可分为金属材料、高分子材料、无机非金属材料和复合材料。工程材料的分类如图 1-1 所示。

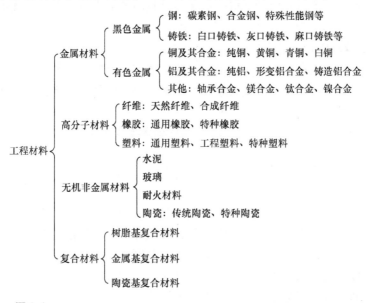

图 1-1

工程材料分类

目前，机械工业中应用最广泛的是金属材料，这是因为金属材料具有良好的力学性能、物理性能、化学性能及加工工艺性能，能满足机器零件的使用要求。金属材料还可用热处理改变其组织和性能，从而扩大使用范围。

高分子材料的力学性能不如金属材料，但有些性能非常好，如耐蚀性、电绝缘性以及隔声、减振、轻质、价廉、易加工等，目前大量用于生活日用品的制造，在工业中已部分替代金属材料。

新型无机材料的塑性和韧性远低于金属材料，但因其硬度高、熔点高、耐高温及一些特殊的物理性能，已成为制备高温材料和功能材料的新型材料。

复合材料是一种新型的具有很大发展空间的工程材料，它是由两种或两种以上不同性质、不同组织结构的材料组合在一起而构成的。复合材料不仅保留了各组成材料的优点，而且具有单一材料所没有的优点，可以说 21 世纪将是复合材料的时代。

1.1　工程材料的性能

1.1.1　金属材料的力学性能

金属材料具有良好的力学性能、物理性能、化学性能及工艺性能，能采用简单经济的加工方法制成零件，因此金属材料是目前应用最广泛的工程材料。金属材料主要的性能是力学性能，即抵抗外力作用所反映出来的性能。力学性能指标主要有静载荷下的强度、硬度、塑性和动载荷下的冲击韧性、疲劳强度和断裂韧性等。静载是指对试样缓慢加载。常用的静载试验有拉伸试验、压缩试验、硬度试验、弯曲试验、扭转试验等，利用这些试验方法，可以测得强度、塑性、硬度等力学性能指标。动载一般有两种形式，一种是载荷以较高速度施加到零件上，形成冲击，可以测得冲击韧性；另一种是载荷的大小和方向呈周期性变化，形成交变载荷，形成疲劳。

1.1.1.1　弹性和刚性

金属材料受外力作用产生变形，当外力去除后能回复原来形状的性能称为弹性。随外力消失而消失的变形称为弹性变形，其大小与外力成正比，服从胡克定律。金属材料抵抗弹性变形的能力称为刚性。

材料在弹性变形范围内的应力 R 与应变的比值称为弹性模量，以 E（单位为 GPa）表示，即

$$E = \frac{R}{e} \tag{1-1}$$

弹性模量 E 表征材料产生弹性变形的难易程度。E 越大，材料产生一定量的弹性变形所需要的应力也越大，即越不容易产生弹性变形，反之亦然。弹性模量在工程上称为材料的刚度。显然，在零件的结构、尺寸已确定的前提下，其刚性取决于材料的弹性模量。

弹性模量主要取决于材料内部原子间的作用力，其决定因素包括晶体材料的晶格类型、原子间距等，材料的其他强化手段对弹性模量的影响较小。

1.1.1.2　强度与塑性

1. 强度

强度是金属材料在外力作用下抵抗塑性变形和断裂的能力。按不同外力作用，可分为抗拉强度、抗压强度、抗扭强度、抗剪强度等。工程上金属材料的强度主要指屈服强度和抗拉强度。

（1）屈服强度 R_e　在图 1-2 所示的退火低碳钢拉伸曲线中，在 S 点出现一水平线段，这表明变形增加很多而拉力无明显变化，称为屈服。这时若卸去载荷，试样的变形不能全部

回复，将保留一部分残余变形，这种不能回复的残余变形称为塑性变形。H 点是材料从弹性状态过渡到塑性状态的临界点，其所对应的应力为材料在外力作用下开始发生塑性变形的最低应力值，称为屈服极限或屈服强度，可分为上屈服强度 R_{eH} 和下屈服强度 R_{eL}，工程上通常不进行区分，统一用 R_e（单位为 N/mm² 或 MPa）表示，即

$$R_e = \frac{F_s}{S_0} \tag{1-2}$$

式中　F_s——对应于 s 点的拉力；

　　　S_0——试样的原始横截面积。

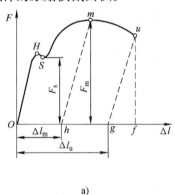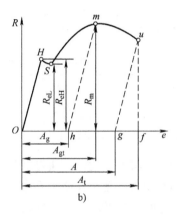

图 1-2

退火低碳钢拉伸曲线

a）拉力 – 变形曲线　b）应力应变曲线

由于有很多材料的拉伸曲线上没有明显的屈服点，无法确定屈服极限，因此规定试样产生一定量塑性变形时的应力值为该材料的规定塑性延伸强度，以 R_p 表示，即图 1-3 中产生 e_p 应变量时的应力。一般工程上以 0.2% 塑性变形时的应力值为该材料的规定塑性延伸强度，以 $R_{p0.2}$ 表示，即旧标准的条件屈服极限 $\sigma_{0.2}$。

工程中大多数零件都是在弹性范围内工作的，如果产生过量塑性变形就会使零件失效，所以屈服强度是零件设计和选材的主要依据之一。

（2）抗拉强度 R_m　试样拉断前最大载荷所决定的应力值，即试样所能承受的最大载荷除以试样原始横截面积，以 R_m（单位为 N/mm² 或 MPa）表示，即

$$R_m = \frac{F_m}{S_0} \tag{1-3}$$

式中　F_m——试样所能承受的最大载荷，如图 1-2 拉伸曲线上的 m 点。

当载荷增加至 m 点以后，试样截面局部出现缩颈，因为截面缩小，载荷开始下降，至 u 点时试样被拉断。

抗拉强度的物理意义是表征材料对最大均匀变形的抗力，也是设计和选材的主要依据之一。有些材料如生铁几乎没有塑性或塑性很低，因此 R_m 是这类材料的主要设计指标。

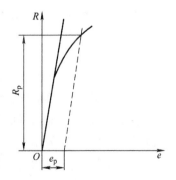

图 1-3

规定塑性延伸强度

R_e（或 $R_{p0.2}$）和 R_m 都是设计和选材时的主要依据。金属材料的强度不仅与材料本身内在因素，如化学成分、晶粒大小等有关，还会受外界因素如温度、加载速度、热处理状态等的影响而有所变化。表1-1为碳的质量分数对碳素钢的影响，表1-2为热处理状态对40Cr钢的影响。

表1-1			退火状态下碳的质量分数对碳素钢 R_e、R_m 的影响			
碳的质量分数（%）	0.1	0.2	0.3	0.4	0.45	0.5
R_e/MPa	180	220	260	300	320	340
R_m/MPa	340	420	500	580	610	640

表1-2	热处理状态对40Cr钢 R_e、R_m 的影响		
热处理状态	退火	正火	调质
R_e/MPa	340	440	760
R_m/MPa	630	710	1000

要控制和调整材料的强度，可通过细化晶粒、合金化或热处理等方法强化，以最大限度地发挥材料的内部潜力，延长其使用寿命。

R_e 和 R_m 的比值称为屈强比，其数值一般在 0.5 ~ 0.75 之间。屈强比越小，材料的可靠性越高，超载也不会马上断裂；屈强比越大，材料的利用率越高，但可靠性下降。

2. 塑性

材料在静载荷作用下产生塑性变形而不破坏的能力称为塑性。塑性以材料断裂后塑性变形的大小来表征，拉伸时用断后伸长率 A 和断面收缩率 Z 表示，两者均为无量纲的指标。

（1）断后伸长率 断后伸长率 A 表示试样拉伸断裂后的相对伸长量，即

$$A = \frac{l_u - l_0}{l_0} \times 100\% \tag{1-4}$$

式中 l_0——拉伸试样原始标距长度；

　　　l_u——拉伸试样拉断后的标距长度。

（2）断面收缩率 断面收缩率 Z 表示试样断裂后截面的相对收缩量，即

$$Z = \frac{S_0 - S_u}{S_0} \times 100\% \tag{1-5}$$

式中 S_0——拉伸试样原始横截面积；

　　　S_u——拉伸试样拉断处的横截面积。

在实际测试中，对试样的尺寸在 GB/T 228.1—2010 中做出了规定。用断面收缩率表示塑性比用断后伸长率表示塑性更接近真实变形情况，$A > Z$ 时，无缩颈，为脆性材料特征；$A < Z$ 时，有缩颈，为塑性材料特征。

1.1.1.3 硬度

硬度是指金属材料抵抗其他更硬物体压入其表面的能力，也可以看作是材料对局部塑性变形的抗力。工程上常用的硬度指标有布氏硬度（HBW）、洛氏硬度（HR）和维氏硬度（HV）。

1. 布氏硬度

将直径为 D 的硬质合金球，在外力 F 的作用下压入被测金属表面，停留一定时间后将外力去除，然后根据压痕直径 d 的大小（见图1-4），通过查表（表上已有硬度值的计算结果）就能确定材料的硬度值。硬度值的单位习惯上不加标注。根据 GB/T 231.1－2018 规定，布氏硬度符号用 HBW 表示，符号前为硬度值，符号后为试验条件。例如：500HBW5/750表示用直径 5mm 硬质合金球在 7.355kN（750kgf）试验力作用下保持 10～15s（可以不标注）测得的布氏硬度值为500。

用这种方法测定的硬度值准确。布氏硬度适用于测定硬度小于650的金属材料，如灰铸铁、有色金属及一般经退火、正火和调质处理的钢材等。

2. 洛氏硬度

将压头（金刚石圆锥、硬质合金球），按图1-5分两个步骤压入试样表面，保持规定时间后，卸除主试验力，测量在初试验力下的残余压痕深度 h，根据 h 值和常数 N 和 S，可计算洛氏硬度 $= N - h/S$（可在硬度计刻度盘上直接读出洛氏硬度值）。其硬度符号为HR，表示方法如下：

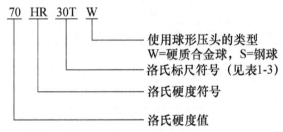

70 HR 30T W

使用球形压头的类型
W=硬质合金球，S=钢球
洛氏标尺符号（见表1-3）
洛氏硬度符号
洛氏硬度值

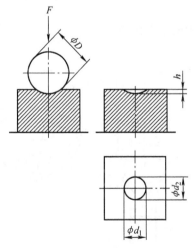

图1-4

布氏硬度试验原理图

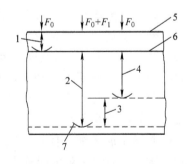

图1-5

洛氏硬度试验原理图
1—在初试力 F_0 下的压入深度
2—由主试验力 F_1 引起的压入深度
3—卸除主试验力 F_1 后的弹性回复深度
4—残余压入深度 h 5—试样表面
6—测量基准面 7—压头位置

根据 GB/T 230.1—2018 规定共有 A、B、C、D、E、F、G、H、K、N、T 十一个标尺，

常用的为 A、B、C 三个标尺，分别以 HRA、HRB、HRC 表示，其压头类型、试验力和适用范围见表 1-3。计算公式分别为：HRA、HRC = 100 − h/0.002，HRB = 130 − h/0.002。

　　HRC 主要适用于调质钢和淬火钢等较硬材料的测定。与布氏硬度相比，此方法操作简单、迅速，可直接读数。但由于压痕小，测量误差稍大，通常可在零件的不同部位测量数次，取其平均值。若需测量工件高硬度薄层（如渗碳层、渗氮层），则改用外加载荷为 588N 的 HBA，常用硬度值范围为 70 ~ 88HBA；若用于测量硬度较低的材料，可改用外加载荷为 981N、压头为 ϕ1.588mm 的硬质合金球的 HRB，常用硬度值范围为 20 ~ 100HRB。

表 1-3　　　　　　　　　　　　　　　　　　　洛氏硬度标尺

洛氏硬度标尺	硬度符号单位	压头类型	初试验力 F_0	总试验力 F	标尺常数 S	全量程常数 N	适用范围
A	HRA	金刚石圆锥	98.07N	588.4N	0.002mm	100	20HRA ~ 95HRA
B	HRBW	直径 1.5875mm 球	98.07N	980.7N	0.002mm	130	10HRBW ~ 100HRBW
C	HRC	金刚石圆锥	98.07N	1.471kN	0.002mm	100	20HRC ~ 70HRC
D	HRD	金刚石圆锥	98.07N	980.7N	0.002mm	100	40HRD ~ 77HRD
E	HREW	直径 3.175mm 球	98.07N	980.7N	0.002mm	130	70HREW ~ 100HREW
F	HRFW	直径 1.5875mm 球	98.07N	588.4N	0.002mm	130	60HRFW ~ 100HRFW
G	HRGW	直径 1.5875mm 球	98.07N	1.471kN	0.002mm	130	30HRGW ~ 94HRGW
H	HRHW	直径 3.175mm 球	98.07N	588.4N	0.002mm	130	80HRHW ~ 100HRHW
K	HRKW	直径 3.175mm 球	98.07NP	1.471kN	0.002mm	130	40HRKW ~ 100HRKW

　　洛氏硬度和布氏硬度在数值上有近似关系，即 $HRC \approx \frac{1}{10}HBW$。

3. 维氏硬度

　　洛氏硬度试验虽可采用不同的标尺来测定由极软到极硬金属材料的硬度，但不同标尺的硬度值间没有简单的换算关系，使用上很不方便。为了能在同一种硬度标尺上测定由极软到极硬金属材料的硬度值，特制定了维氏硬度试验法。

　　维氏硬度的试验原理基本上和布氏硬度试验相同，是用一个相对面间夹角为 136° 的金刚石正四棱锥体压头，如图 1-6 所示，在规定载荷 P 的作用下压入被测试金属表面，保持一定时间后卸除载荷，测量压痕投影的两对角线的平均长度 d，计算出压痕的表面积 S，求出压痕表面积上的平均压力（P/S），以此作为被测试金属的硬度值，称为维氏硬度，用符号 HV 表示。

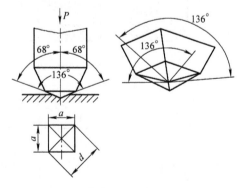

图 1-6

维氏硬度试验原理图

　　与布氏硬度值一样，习惯上也只写出其硬度数值而不标出单位。在硬度符号 HV 之前的数值为硬度值，HV 后面的数值依次表示载荷和载荷保持时间（保持时间为 10 ~ 15s 时不标注）。例如，640HV30 表示在 294.2N（30kgf）

载荷作用下，保持 10～15s 测得的维氏硬度值为 640。

维氏硬度试验法的优点是试验时所加载荷小，压入深度浅，故适用于测试零件表面淬硬层及化学热处理的表面层。同时维氏硬度是一个连续一致的标尺，试验时载荷可任意选择，不影响其硬度值的大小，因此可测定由极软到极硬的各种金属材料的硬度。维氏硬度试验法的缺点是其硬度值的测定较麻烦，工作效率低于洛氏硬度的测定。

1.1.1.4　冲击韧性

在生产实际中，许多机构和零部件都受到冲击载荷的作用，如空气锤的锤杆、压力机的冲头等。瞬时冲击作用所引起的变形和应力比静载荷时大得多，因此表征材料在冲击力作用下的力学性能非常重要。冲击韧性是材料在冲击载荷作用下抵抗变形和断裂的能力，一般用冲击吸收能量 KU 或 KV 表示，单位为 J。KU 和 KV 分别表示 U 型和 V 型缺口试样在摆锤冲击时吸收的能量。试样如图 1-7 所示，具体的尺寸可见 GB/T 229—2020《金属材料 夏比摆锤冲击试验方法》。

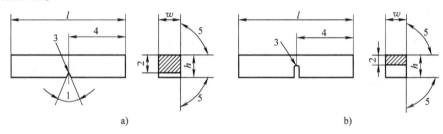

图 1-7

夏比冲击试样

a）V 型缺口　b）U 型缺口

实际上，在冲击载荷下工作的机械零件，很少是受大能量一次冲击而破坏的，往往是经受多次小能量的冲击，因冲击损伤的积累引起裂纹扩展而造成断裂，故用 KU 或 KV 值来反映冲击韧性有一定的局限性。研究结果表明，金属材料承受小能量多次重复冲击的能力取决于材料强度和塑性的综合性指标。

材料的冲击韧性随温度的下降而下降，在某一温度范围内冲击韧性急剧下降的现象称为韧脆转变，发生韧脆转变的温度范围称为韧脆转变温度。材料的使用温度应高于韧脆转变温度。

1.1.1.5　疲劳和断裂韧性

1. 疲劳

有许多机器零件，如轴、齿轮、弹簧、活塞连杆等，都是在交变载荷下工作的，其工作时所承受的应力一般都低于材料的屈服强度。零件在这种交变动载荷作用下，经过较长时间的工作而发生断裂的现象称为疲劳。因此疲劳是零件在循环或交变应力作用下，经过一段时间产生失效的现象。疲劳断裂往往无先兆，会突然产生，危害很大。疲劳强度就是用来表征材料抵抗疲劳的能力。

疲劳强度是通过测定材料在重复的交变载荷作用下而无断裂的最大应力得到的，如图 1-8所示。材料所受交变应力与断裂循环次数之间的关系称为疲劳曲线，即 $R-N$ 曲线。由曲线可知，R 越小，N 值越大。当应力值低于某一数值时，经无数次应力循环也不会发生疲劳断裂，此应力称为材料的疲劳强度（疲劳极限），用 R_{-1}（单位为 MPa）表示。有些材料的疲劳曲线无水平部分，如图 1-9 所示，这时规定某一应力循环次数 N_0（一般钢的交变次数为 10^7 周次、有色金属的交变次数为 10^8 周次）所对应的应力作为疲劳极限。

金属的疲劳强度除了与其化学成分有关外，还受一些其他因素影响，其中主要有：

（1）应力集中　如果零件存有应力集中处，如缺口、键槽、孔等，疲劳强度会下降，所以在设计零件时，应尽可能避免出现应力集中处。

（2）表面状态　由于大多数疲劳失效产生于金属表面，任何表面状态的变化都会影响疲劳强度，如表面渗碳、离子渗氮使钢的表面硬度增高，可以提高疲劳强度，在金属表面形成残余压应力层也可提高疲劳强度。

（3）表面粗糙程度　金属材料表面加工越光滑，疲劳强度就越高。粗糙的零件表面会造成应力集中，形成疲劳裂纹。

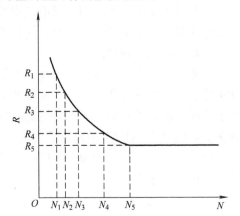

图 1-8

金属疲劳曲线示意图

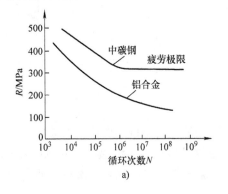
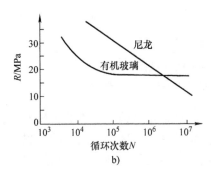

a)　　　　　　　　　　　b)

图 1-9

一些材料实测的疲劳曲线

a）中碳钢及铝合金　b）尼龙及有机玻璃

2. 断裂韧性

工程上使用的材料常常存在一定的缺陷，如夹杂物、缩松、气孔、微裂纹等，这些缺陷都可看作裂纹。金属中存在这些缺陷容易导致材料局部应力集中，在远低于屈服强度的外加应力作用下，裂纹尖端应力可能已远超过屈服点，引起裂纹快速扩展而使材料断裂，这种现象称为低应力脆断。断裂韧性就是反映材料抵抗裂纹失稳扩展的性能指标。

图 1-10 所示为平板上有一条长度为 $2a$ 的裂纹，在外力作用下，其尖端前沿必定存在应力集中。实际断裂应力与原始裂纹长度、裂纹的形状、加载方式及材料抵抗裂纹扩展的能力有关，因此用断裂韧度 K_{IC}（单位为 $MN/m^{3/2}$）表示材料中裂纹各点应力随外加应力变化的比例关系，即

$$K_{IC} = YRa^{\frac{1}{2}} \tag{1-6}$$

式中　Y——与裂纹形状、加载方式及试样几何尺寸有关的
　　　　　量，为量纲一的数；
　　　R——外加应力（MPa）；
　　　a——裂纹半长度（m）。

由式（1-6）可知，当外力增大或裂纹增长时，裂纹尖
端的应力强度因子也随之增大，当 K_{IC} 达到某一临界值时，
裂纹突然失稳扩展，发生快速脆断，这一临界值称为材料的
断裂韧度，其大小反映了材料抵抗裂纹扩展的能力。K_{IC} 可
通过试验测定，是材料常数，与材料本身的成分、组织与结
构有关。

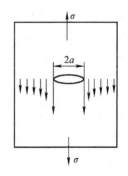

图 1-10

材料具有张开型的裂纹示意图

1.1.2　金属材料的物理性能和化学性能

1.1.2.1　金属材料的物理性能

物理性能是指材料的密度、熔点、热膨胀性、磁性、导热性与导电性等。由于机器零件
的用途不同，对材料的物理性能要求也不同。例如，航空航天相关的零件常使用密度小的
铝、镁、钛合金；电动机、电器上的零件主要考虑材料的导电性；磁介质主要考虑磁性能。

1. 密度

材料的密度是指单位体积材料的质量。常用金属材料的密度见表 1-4。一般将密度小于
$5g/cm^3$ 的金属称为轻金属，密度大于 $5g/cm^3$ 的金属称为重金属。抗拉强度 R_m 与密度 ρ 之
比称为比强度；弹性模量 E 与密度 ρ 之比称为比弹性模量，这两者也是衡量某些零件材料性
能的重要指标。如密度大的材料将增加零件的自重，降低零件的比强度。一般航空航天等领
域都要求材料具有高的比强度和比弹性模量。

表 1-4　　　　　　　　　　　　　　　　　常用金属的物理性能

金属名称	符号	密度 ρ /（g/cm³）	熔点 /℃	热导率 λ /[W/(m·K)]	线胀系数 α /$10^{-6}K^{-1}$	电阻率 ρ /10^8（Ω·m）
铝	Al	10.49	950.8	418.6	19.7	1.5（0℃）
银	Ag	2.70	221.9	221.9	23.6	2.7（0℃）
铜	Cu	8.96	1083	393.5	17.0	1.7（20℃）
铬	Cr	7.19	1903	67.0	6.2	12.9（0℃）
铁	Fe	7.84	1538	75.4	11.7	9.7（0℃）
镁	Mg	1.74	650	153.7	24.3	4.5（0℃）
锰	Mn	7.43	1244	4.98	37.0	185.0（20℃）
镍	Ni	8.90	1453	92.1	13.4	6.8（0℃）
钛	Ti	4.51	1677	15.1	8.2	42.1~47.8（0℃）
锡	Sn	7.30	231.9	62.8	2.3	11.5（0℃）
钨	W	19.30	3380	166.2	4.6	5.1（0℃）

2. 熔点

熔点是指材料的熔化温度。金属都有固定的熔点，常用金属的熔点见表 1-4。陶瓷的熔
点一般显著高于金属及合金的熔点，而高分子材料一般不是完全晶体，没有固定的熔点。

合金的熔点取决于其化学成分，是金属与合金的冶炼、铸造和焊接等重要的工艺参数。

熔点高的金属称为难熔金属（如 W、Mo、V 等），可以用来制造耐高温零件，在航空航天等领域有广泛的应用。熔点低的金属称为易熔金属（如 Sn、Pb 等），可以用来制造熔丝、防火安全阀等零件。

3. 热膨胀性

材料的热膨胀性通常用线胀系数表征。陶瓷的线胀系数最低，金属的次之，高分子材料的最高。常用金属的线胀系数见表 1-4。对精密仪器或机器零件，线胀系数是一个非常重要的性能指标。在异种金属焊接中，常因材料的热膨胀性相差过大而使焊件变形或破坏。

4. 磁性

材料能导磁的性能称为磁性。磁性材料可分为软磁性材料和硬磁性材料。前者是指容易磁化，导磁性良好，但外磁场去掉后磁性基本消失的磁性材料（如电工用纯铁、硅钢片等）；后者是指去磁后仍保持磁场，磁性不易消失的磁性材料（如淬火的钴钢、稀土钴等）。许多金属（如 Fe、Ni、Co 等）均具有较高的磁性。但也有不少金属（如 Al、Cu、Pb 等）是无磁性的。非金属材料一般无磁性。

5. 导热性

材料的导热性用热导率（也称为导热系数）λ 来表征。材料的热导率越大，导热性越好。一般来说，金属越纯，其导热能力越大。常用金属的热导率见表 1-4。金属及合金的热导率远高于非金属材料。

导热性好的材料其散热性也好，可用来制造热交换器等传热设备的零、部件。而导热性差的材料如高合金钢，在锻造或热处理时，加热和冷却速度过快，会引起零件表面与内部大的温差，产生不同程度的膨胀，形成过大的热应力，进而引起材料发生变形或开裂。

6. 导电性

材料的导电性一般用电阻率表征。通常金属的电阻率随温度升高而增加，非金属材料则与此相反。金属一般都具有良好的导电性。导电性与导热性一样，是随合金成分的复杂化而降低的，因而纯金属的导电性总比合金要好。常用金属的电阻率见表 1-4。高分子材料都是绝缘体，但有的高分子复合材料也有良好的导电性。陶瓷材料虽然是良好的绝缘体，但加入某些特殊成分的陶瓷却是有一定导电性的半导体。

1.1.2.2　材料的化学性能

化学性能是指材料在室温或高温时抵抗各种介质化学侵蚀的能力，如耐酸性、耐碱性、抗氧化性等。在腐蚀性介质中或高温条件下使用的零件，比在空气中和常温下的腐蚀更为厉害，所以在设计这一类零件时应特别注意材料的化学性能。一般应采用化学稳定性良好的合金材料，如火电、核电设备可采用耐热钢；医疗仪器、化工设备可应用不锈钢。

通常将材料因化学侵蚀而损坏的现象称为腐蚀，非金属材料的耐蚀性远高于金属材料。金属的腐蚀既容易造成一些隐蔽性和突发性的严重事故，也损失了大量的金属材料。据有关资料介绍，全世界每年由于腐蚀而报废的材料相当于全年金属产量的 $1/4 \sim 1/3$，所以人们对材料耐蚀性的研究也越来越重视。

1.1.3　金属材料的工艺性能

工艺性能是指材料进行冷、热成形加工的难易程度，是其物理性能、化学性能和力学性能在加工过程中的综合反映，是决定材料能否进行加工或如何进行加工的重要因素。工艺性能按加工方法的不同可分为铸造性能、塑性加工性能、焊接性能、切削加工性能及热处理性能等。材料工艺性能的好坏会直接影响制造零件的工艺方法、质量及其制造成本。

1）铸造性能：金属熔化后，注入铸型形成铸件的难易程度，包括金属液体的流动性和收缩性。

2）塑性加工性能：金属材料在塑性加工过程中承受压力加工而具有的塑性变形能力。

3）焊接性能：材料是否易于焊接在一起并保证焊缝质量的性能。

4）切削加工性能：对材料进行切削的难易程度，可用切削抗力的大小、加工表面质量、排屑的难易程度、切削刀具的寿命等指标来衡量。

5）热处理性能：通过材料的加热、冷却产生相变使材料强化的能力，指标有淬硬性、淬透性、淬火变形与淬裂、表面氧化与脱碳、过热与过烧、回火稳定性与脆性等。

在设计零件和选择工艺方法时，都要考虑材料的工艺性能。例如，低碳钢的焊接性能和塑性加工性能优良；高碳钢的焊接性能和切削加工性能都不好；铸铁的铸造性能和切削加工性能优良，塑性加工性能和焊接性能差，所以铸铁大量使用铸件，而不进行焊接和塑性成形。

1.1.4　非金属材料的性能

非金属材料的基本性能包括物理性能、力学性能、与水有关和与热有关的性能及耐久性能等。

1.1.4.1　非金属材料的力学性能

非金属材料的力学性能包括强度、刚度、韧性、蠕变性、减摩性等。一般来说，高分子材料的塑性、刚度、韧性都比钢低，但大多具有减摩性等特点。陶瓷材料由于是离子键或共价键结合，其滑移系数比金属材料小得多，所以大多数陶瓷材料在常温下受外力作用时不产生塑性变形，而是在一定弹性变形后直接发生脆性断裂。此外，陶瓷中还存在气相，其冲击韧度、断裂韧度和抗拉强度比金属材料低得多。

非金属材料的力学性能主要是强度和变形。其强度和变形的概念与金属材料相同，这里着重介绍不同之处。

1. 强度

非金属材料，特别是脆性材料，如陶瓷、玻璃等，在较低的应变值时就发生断裂，所以，陶瓷、玻璃等材料的应力-应变行为不能用拉伸试验确定，最常用的试验方法是弯曲试验。高聚合物的应力-应变行为常用拉伸试验测定。高聚合物的品种繁多，其力学性能变化范围很广。

2. 变形

非金属材料的变形除弹性变形、塑性变形和弹性模量的概念与金属材料相同外，主要还需考虑蠕变、松弛等指标，它们对材料的使用影响较大。

材料在恒定载荷作用下，随着时间延长变形不断增大的现象称为蠕变。蠕变的发展与材料本身的性质、载荷的大小、温度、湿度等因素有关。材料的蠕变性能决定材料长期在载荷作用下的工作性能。

总变形不变，塑性变形增大，弹性变形减小，载荷与应力逐渐降低的现象称为松弛。

1.1.4.2　非金属材料的其他性能

非金属材料具有金属材料无法比拟的一些优点，如质量轻、热导率低、绝缘性好、耐腐蚀等，因而得到广泛应用。

非金属材料的物理性能主要包括密度、孔隙、材料胀缩等，是衡量材料质量和形态的主要指标。密度、松装密度、孔隙率是非金属材料的基本物理性能，能反映出材料的密实程度，对材料的其他性能影响较大。

1. 松装密度

材料在自然状态下包括孔隙或空隙在内的单位体积的质量称为松装密度，可用下式表示：

$$\gamma_0 = \frac{m}{V_0}$$

式中　γ_0——松装密度，单位为 kg/m^3；

　　　m——材料的质量，单位为 kg；

　　　V_0——材料在自然状态下的体积，单位为 m^3。

材料的松装密度通常是指在干燥状态下的材料质量。材料在自然状态下，常含有水分，会影响其质量和体积变化，所以对所测定的材料容重，必须注明含水状态。

2. 密度

材料在绝对密实状态下单位体积的质量称为密度，可用下式表示：

$$\rho = \frac{m}{V}$$

式中　ρ——密度，单位为 kg/m^3；

　　　m——材料的质量，单位为 kg；

　　　V——材料在绝对密实状态下的体积，单位为 m^3。

3. 孔隙率

孔隙率是衡量非金属材料孔隙的指标，它是指材料内部空隙体积占材料总体积的百分比，可用下式计算：

$$P = \frac{V_0 - V}{V_0} \times 100\%$$

式中　P——孔隙率；

　　　V_0——材料在自然状态下的体积，单位为 m^3；

　　　V——材料在绝对密实状态下的体积，单位为 m^3。

4. 材料的胀缩

材料的胀缩是由于大气中温度、湿度的变化或其他介质的作用而引起的膨胀或收缩。材料在使用过程中，其胀缩常受到制品结构的限制，会造成制品的开裂和变形。材料的胀缩主要包括湿胀干缩、热胀冷缩和碳化收缩等。碳化收缩指硅酸盐类材料在大气中受二氧化碳的作用而碳化，产生体积收缩。这种收缩会使制品表面产生微裂纹，并随着碳化的加深而发展，从而影响制品的功能。

非金属材料在使用过程中都会与水接触，而水对材料性能的影响很大，特别是对强度、耐蚀性、耐久性等影响更大。非金属材料与水有关的性能主要有亲水性、吸水性、耐水性和抗渗性等。

非金属材料与热有关的性能主要有导热性、热容、耐热性、耐燃性、耐火性等。

耐久性是指材料在使用过程中，长期受到载荷的作用及大气和其他介质、环境的影响，能正常工作、不破坏、不失去原有性能的性质。影响耐久性的因素有物理作用、化学作用和生物作用。

1.2　常用工程材料

1.2.1　工业用钢

1.2.1.1　钢的分类

钢的分类方法很多，一般按化学成分分为碳素钢和合金钢两大类。碳素钢是指碳的质量分数低于 2.11% 的铁碳合金（包括低碳钢、中碳钢和高碳钢）。合金钢是指为了提高钢的性能，在碳素钢的基础上有意加入一定量合金元素所获得的铁基合金（包括低合金钢、中合金钢和高合金钢）。钢按质量等级可分为普通质量钢、优质钢、高级优质钢、特级优质钢；按金相组织可分为亚共析钢、共析钢和过共析钢；按用途可分为结构钢、工具钢和特殊性能钢。

1.2.1.2　碳素钢

目前工业上使用的钢铁材料中，碳素钢占有很重要的地位，是各种机器零件和结构的主要材料，为此，必须正确了解碳素钢的分类、牌号、用途，以及一些杂质元素对碳素钢的影响，以便准确选择、合理使用碳素钢。碳素钢的编号方法见表 1-5。

表 1-5　　　　　　　　　　　　　　碳素钢的编号方法

分　类	编　号　方　法	
	举　例	说　明
碳素结构钢	Q235AF	"Q" 为 "屈" 字的汉语拼音字首，后面的数字为屈服强度值（单位为 MPa）；A、B、C、D 表示质量等级，从左至右，质量依次提高；F、Z、TZ 分别是沸腾钢、镇静钢和特殊镇静钢的 "沸" "镇" "特镇" 的汉语拼音字首。Q235AF 表示屈服强度为 235MPa、质量为 A 级的沸腾钢
优质碳素结构钢	45 40Mn	两位数字表示碳的平均质量分数，以 0.01% 为单位。如 45 钢，表示碳的平均质量分数为 0.45% 的优质碳素结构钢。40Mn 钢，表示碳的平均质量分数为 0.40% 且有较高含 Mn 量的优质碳素结构钢
碳素工具钢	T8 T8A	"T" 为 "碳" 字的汉语拼音字首，后面的数字表示碳的平均质量分数，以 0.10% 为单位。如 T8 表示碳的平均质量分数为 0.80% 的碳素工具钢，T8A 中的 "A" 表示质量为高级优质

1. 普通碳素结构钢

普通碳素结构钢以 "Q" +屈服强度值 +质量等级符号 +脱氧方法符号来表示，"Q" 后面的数字表示屈服强度值（单位为 MPa）。质量等级符号为 A（$w(S) \leqslant 0.050\%$，$w(P) \leqslant$

0.045%)、B（$w(S) \leq 0.045\%$，$w(P) \leq 0.045\%$）、C（$w(S) \leq 0.040\%$，$w(P) \leq 0.040\%$）、D（$w(S) \leq 0.035\%$，$w(P) \leq 0.035\%$），由A到D，其P、S含量依次下降，质量提高。普通碳素结构钢主要用于一般结构和构件，产品有热轧钢板、钢带、型钢、钢棒等，可供焊接、铆接、栓接构件用，一般在供应状态下使用（即不进行热处理而直接使用）。这种钢共有四个牌号（见表1-6），是以钢材厚度（或直径）不大于16mm的钢的上屈服强度来划分的，Q195、Q215碳含量较低，塑性好，强度较低，一般用于螺钉、螺母、垫片、钢窗等强度要求不高的工件；Q235A可用于农机具中不太重要的工件，如拉杆、小轴、链等，也可用于建筑钢筋、钢板、型钢等；Q235B可用于建筑工程中质量要求较高的焊接构件，在机械中可用于一般的转动轴、吊钩、自行车架等；Q235C、Q235D质量较好，可用于一些较重要的焊接构件及机件；Q275强度较高，可用于摩擦离合器、刹车钢带等。

表1-6　　　　　　碳素结构钢牌号及化学成分（摘自GB/T 700—2006）

牌号	等级	化学成分（质量分数，%），不大于					脱氧方法
		C	Mn	Si	S	P	
Q195	—	0.12	0.50	0.30	0.035	0.040	F、Z
Q215	A	0.15	1.2	0.35	0.050	0.045	F、Z
	B				0.045		
Q235	A	0.22	1.4	0.35	0.050	0.045	F、Z
	B	0.20			0.045		
	C	0.17			0.040	0.040	Z
	D				0.035	0.035	TZ
Q275	A	0.24	1.5	0.35	0.050	0.045	F、Z
	B	0.21			0.045	0.045	Z
	C	0.22			0.040	0.040	Z
	D	0.20			0.035	0.035	TZ

2. 优质碳素结构钢

优质碳素结构钢的牌号用两位数字表示，这两位数字表示钢中碳的平均质量分数的万倍。如40钢为碳的平均质量分数为0.40%的优质碳素结构钢。若钢中含锰量较高（$w(Mn)$ = 0.7%～1.2%）时，在牌号后加上锰的化学符号，如40Mn、65Mn等。对于沸腾钢，在钢号后加字母"F"，如08F。对于高级优质碳素结构钢，在钢号后加字母"A"，如20A。

这类钢与普通碳素结构钢相比，有害杂质及非金属夹杂物含量较少，塑性和韧性较高，多用于制造重要零件。

优质碳素结构钢共有28个牌号，如表1-7所示，包含低碳钢、中碳钢和高碳钢。钢中含碳量不同，其力学性能也不同，可用来制造各种机械零件。

常用的优质碳素结构钢，如08、10钢，其碳含量低，塑性好而强度较低，可用于各种冷变形加工成形件。低碳钢（15、20、25等也称为渗碳钢）焊接性能和冷冲压工艺性好，可用来制造各种标准件、轴套、容器等。同时也可以通过渗碳、淬火、回火制成表面硬度高、耐磨性好、心部有较高韧性和强度的耐磨损、耐冲击的零件，如齿轮、凸轮、销轴、摩擦片等。中碳钢（30、35、40、45、50 等也称为调质钢）通过调质、表面淬火等热处理可制造有良好综合力学性能的机件及表面耐磨、心部韧性好的零件，如传动轴、发动机连杆、机床齿轮等。高碳钢（55、60 等也称为弹簧钢）经淬火和中温回火热处理后可获得高的弹性极限和屈强比、足够的韧性和耐磨性，可用于制造小直径的弹簧、重钢轨、轧辊、钢丝绳等。

高锰的优质碳素结构钢的力学性能比正常锰含量的优质碳素结构钢要好，用途基本相同。

表 1-7　　　　　　　　　　优质碳素结构钢的牌号、成分和性能（GB/T 699—2015）

牌号	化学成分（质量分数,%)			力 学 性 能					钢材交货硬度 HBW	
	C	Si	Mn	R_m /MPa	R_{eL} /MPa	A (%)	Z (%)	KU_2 /J	未热处理	退火钢
				≥					≤	
08	0.05 ~ 0.11	0.17 ~ 0.37	0.35 ~ 0.65	325	195	33	60		131	
10	0.07 ~ 0.13	0.17 ~ 0.37	0.35 ~ 0.65	335	205	31	55		137	
15	0.12 ~ 0.19	0.17 ~ 0.37	0.35 ~ 0.65	375	225	27	55		143	
20	0.17 ~ 0.24	0.17 ~ 0.37	0.35 ~ 0.65	410	245	25	55		156	
25	0.22 ~ 0.29	0.17 ~ 0.37	0.50 ~ 0.80	450	275	23	50	71	170	
30	0.27 ~ 0.34	0.17 ~ 0.37	0.50 ~ 0.80	490	295	21	50	63	179	
35	0.32 ~ 0.39	0.17 ~ 0.37	0.50 ~ 0.80	530	315	20	45	55	197	
40	0.37 ~ 0.44	0.17 ~ 0.37	0.50 ~ 0.80	570	335	19	45	47	217	187
45	0.42 ~ 0.50	0.17 ~ 0.37	0.50 ~ 0.80	600	355	16	40	39	229	197
50	0.47 ~ 0.55	0.17 ~ 0.37	0.50 ~ 0.80	630	375	14	40	31	241	207
55	0.52 ~ 0.60	0.17 ~ 0.37	0.50 ~ 0.80	645	380	13	35		255	217
60	0.57 ~ 0.65	0.17 ~ 0.37	0.50 ~ 0.80	675	400	12	35		255	229
65	0.62 ~ 0.70	0.17 ~ 0.37	0.50 ~ 0.80	695	410	10	30		255	229
70	0.67 ~ 0.75	0.17 ~ 0.37	0.50 ~ 0.80	715	420	9	30		269	229
75	0.72 ~ 0.80	0.17 ~ 0.37	0.50 ~ 0.80	1080	880	7	30		285	241
80	0.77 ~ 0.85	0.17 ~ 0.37	0.50 ~ 0.80	1080	930	6	30		285	241
85	0.82 ~ 0.90	0.17 ~ 0.37	0.50 ~ 0.80	1130	980	6	30		302	255
15Mn	0.12 ~ 0.79	0.17 ~ 0.37	0.70 ~ 1.00	410	245	26	55		163	
20Mn	0.17 ~ 0.24	0.17 ~ 0.37	0.70 ~ 1.00	450	275	24	50		197	
25Mn	0.22 ~ 0.30	0.17 ~ 0.37	0.70 ~ 1.00	490	295	22	50	71	207	
30Mn	0.27 ~ 0.35	0.17 ~ 0.37	0.70 ~ 1.00	540	315	20	45	63	217	187
35Mn	0.32 ~ 0.40	0.17 ~ 0.37	0.70 ~ 1.00	560	335	18	45	55	229	197
40Mn	0.37 ~ 0.45	0.17 ~ 0.37	0.70 ~ 1.00	590	355	17	45	47	229	207
45Mn	0.42 ~ 0.50	0.17 ~ 0.37	0.70 ~ 1.00	620	375	15	40	31	241	217
50Mn	0.48 ~ 0.55	0.17 ~ 0.37	0.70 ~ 1.00	645	390	13	40	31	255	217
60Mn	0.57 ~ 0.65	0.17 ~ 0.37	0.70 ~ 1.00	690	410	11	35		269	229
65Mn	0.62 ~ 0.70	0.17 ~ 0.37	0.90 ~ 1.20	735	430	9	30		285	229
70Mn	0.67 ~ 0.75	0.17 ~ 0.37	0.90 ~ 1.20	785	450	8	30		285	229

注：优质碳素结构钢 S 和 P 的质量分数不大于 0.035%，力学性能仅适用于截面尺寸直径或厚度不大于 80mm 的钢材。

3. 碳素工具钢

碳素工具钢以字母"T" +数字表示,"T"表示碳素工具钢中"碳"的汉语拼音字首,数字表示碳的平均质量分数的千倍,如 T8,其碳的平均质量分数为 0.8%。碳素工具钢质量等级都是优质($w(S) \leqslant 0.030\%$,$w(P) \leqslant 0.035\%$)以上的,高级优质钢($w(S) \leqslant 0.020\%$,$w(P) \leqslant 0.030\%$)在钢号后加"A",如 T8A。

碳素工具钢中碳的质量分数为 0.65% ~1.35%,经淬火、低温回火处理可获得高硬度和高耐磨性,随着含碳量的提高,碳化物量增加,耐磨性提高,但韧性下降。

碳素工具钢的热处理流程为正火 +球化退火 +淬火 +低温回火。其中球化退火的目的是降低硬度,便于加工,为淬火做组织准备。使用状态下的组织为 $M_{回}$ +颗粒状碳化物 + A′(少量)。

由于碳素工具钢热硬性、淬透性差,只用于制造小尺寸的手工工具和低速刃具。T7 ~T9 用于制造承受冲击的工具,如木工工具中的錾子、锤子等;T10 ~T11 用于制造低速切削工具,如钻头、丝锥、车刀等;T12 ~T13 用于制造耐磨工具,如锉刀、锯条等。

1.2.1.3 合金钢

在钢中加入一定量的一种或几种元素,以提高钢的某些性能,这种钢被称为合金钢,所加入的元素称为合金元素。

钢中常用的合金元素有 Si、Mn、Cr、Ni、W、Mo、V、Ti、Nb、Zr 、Al、Cu、Co、N、B、RE 等。通常将合金元素总量(质量分数)小于 5% 的钢称为低合金钢,合金元素总量(质量分数)在 5% ~10% 的钢称为中合金钢,合金元素总量(质量分数)大于 10% 的钢称为高合金钢。

合金钢按用途可分为结构钢、工具钢和特殊用途钢三类。

1. 合金结构钢

合金结构钢的编号中首先用两位数字表示碳的质量分数,以 0.01% 为单位,数字后面用元素符号表示所含的合金元素,当平均含量(质量分数)为 1.50% ~2.49%、2.50% ~3.49%、3.50% ~4.49%、4.50% ~5.49%……时,在相应的合金元素符号后标2、3、4、5等数字。若元素符号后无数字,则表明该元素的名义含量 <1.5%,如 20CrNi3。一些有意加入钢中的微量元素如 Mo、W、V、Nb、Ti、B 等,即使含量远小于 1.5%,也在编号尾部列出元素符号而不标出含量。滚动轴承钢在编号前加字母"G"。高级优质钢在编号后加字母"A",如 60Si2MnA,特级优质钢在编号后加字母"E",如 30CrMnSiE。

合金结构钢可分为工程用钢和机器制造用钢。

(1) 合金工程用钢　合金工程用钢用于各种钢架、桥梁、钢轨、车辆、船舶、压力容器等,多用低合金钢制成钢板和型钢。

低合金高强度结构钢以"Q" +最低屈服强度值 +质量等级符号来表示,该类钢都是镇静钢或特殊镇静钢,其牌号中没有表示脱氧方法的符号,如 Q345C。通常情况下,屈服强度值小于 300MPa 时为碳素结构钢,大于 300MPa 时为低合金高强度结构钢。低合金高强度结构钢的牌号、成分、性能和用途见表 1-8。

表 1-8　　　　　　低合金高强度结构钢的牌号、成分、性能和用途（GB/T 1591—2018）

牌号	化学成分（质量分数,%）											力学性能		用途
	C	Mn	Si	V	Nb	Ti	Cr	Ni	Cu	Mo	B	R_m /MPa	A（%）	
	≤													
Q355	0.24	1.60	0.55				0.30	0.30	0.40			470~630	22	油罐、锅炉、桥梁、车辆、压力容器、输油管道、建筑结构等
Q390	0.20	1.70	0.55	0.13	0.05	0.05	0.30	0.50	0.40	0.10		490~650	20	
Q420	0.20	1.70	0.55	0.13	0.05	0.05	0.30	0.80	0.40	0.20		520~680	19	船舶、压力容器、电站设备、车辆、起重机械等
Q460	0.20	1.80	0.55	0.13	0.05	0.05	0.30	0.80	0.40	0.20	0.004	610~770	17	
Q500	0.18	1.80	0.60	0.01~0.12	0.01~0.11	0.006~0.05	0.60	0.80	0.55	0.20	0.004			
Q550	0.18	2.0	0.60	0.01~0.12	0.01~0.11	0.006~0.05	0.80	0.80	0.80	0.30	0.004	670~830	16	
Q620	0.18	2.60	0.60	0.01~0.12	0.01~0.11	0.006~0.05	1.0	0.80	0.80	0.30	0.004	710~880	15	
Q690	0.18	2.0	0.60	0.01~0.12	0.01~0.11	0.006~0.05	1.0	0.80	0.80	0.30	0.004	770~940	14	

该类钢中 Q355 钢的综合性能好，用于船舶、桥梁、车辆等大型钢结构；Q390 钢含 V、Ti、Nb，强度高，用于中等压力的压力容器；Q460 以上钢含 Mo、B，正火组织为贝氏体，强度高，可用于石化行业中温高压容器。

（2）合金机器制造用钢　合金机器制造用钢用来制造各种机器零件，是机械制造业中用量最大的钢种。根据用途和热处理工艺的不同，合金机器制造用钢可分为调质钢、渗碳钢、弹簧钢、滚动轴承钢、低碳马氏体钢、贝氏体钢、超高强度钢、耐磨钢和易切削钢等。

对不重要的机器零件，当综合力学性能要求不高时，可选用中碳钢，经正火处理即可。

对综合力学性能要求较高的零件，如各类轴、连杆、螺栓等，应选用中碳中合金的调质钢，采用调质处理，如 40Cr、40MnB 等。

对表面要求耐磨、心部要求较高韧性的零件，如变速箱齿轮，应用低碳或低碳合金钢，采用渗碳、淬火＋低温回火的热处理工艺，如 20Cr、20CrMnTi 等。

对要求有高的弹性极限和疲劳强度的弹簧，选用较高含碳量的碳钢或合金钢，采用淬火＋中温回火的热处理工艺，如 60Si2Mn、50CrVA、65Mn 等。

对要求有高硬度、高耐磨性、高的接触疲劳抗力及适当韧性的滚动轴承，应选用高碳的滚动轴承钢制造，采用淬火＋低温回火的热处理工艺，如 GCr15、GCr9SiMn 等。

滚动轴承钢属于合金结构钢，但牌号的命名自成体系，以"滚"的汉语拼音首字母

"G"表示，碳的平均质量分数大于 1%，不标出。合金元素 Cr 后面的数字表示铬的质量分数的千倍值，如 GCr15 表示铬的质量分数为 1.5%。

耐磨钢是指在冲击载荷作用下发生冲击硬化的高锰钢。高锰钢广泛用于既要求耐磨又要求耐冲击的零件，如拖拉机的履带板、球磨机衬板、破碎机牙板、挖掘机铲齿和铁路辙岔等。

2. 合金工具钢

合金工具钢的编号中首先用 1 位数字表示碳的质量分数，以 0.1% 为单位。在碳的质量分数大于 1% 或在高合金工具钢如高速工具钢中，碳的质量分数一般不予标出。合金元素含量的表示同合金结构钢。此外，合金工具钢都属于高级优质钢，在牌号中不再标出字母"A"。

合金工具钢包括刃具钢、模具钢、量具钢等。合金工具钢根据成分可分为低合金工具钢、高合金工具钢和中碳合金工具钢三类。

低合金工具钢应用最广的是 9SiCr、9Mn2V，用于制造形状复杂、要求变形小的低速刃具，如丝锥、板牙等。

高合金工具钢可分为高速工具钢和冷作模具钢。

高速工具钢应用最广的有 W18Cr4V、W6Mo5Cr4V2 等，主要用于制造各种刀具。

冷作模具钢牌号有 Cr12、Cr12MoV，主要用来制造尺寸大、精度和硬度高、耐磨性好的冷作模具。

中碳合金工具钢主要用来制造热作模具，如热锻模、压铸模和热挤压模等，又称为热作模具钢。它在退火状态有较好的加工成形性，易于制造模具，在高温下具有良好的综合力学性能；具有高的抗冷、热疲劳性能、抗氧化性能和淬透性；具有优良的导热性。主要牌号有 5CrNiMo、5CrMnMo 等。

3. 特殊用途钢

特殊用途钢包括不锈钢和耐热钢等。

不锈钢可分为马氏体型不锈钢、奥氏体型不锈钢等。

常用的马氏体型不锈钢有 Cr13 型和 Cr18 型等，主要用于要求有一定强度、硬度和韧性相配合的耐蚀结构件，如轴、齿轮和螺栓等，以及在 350℃ 以下工作的不锈弹性零件及高硬度和耐磨性的零件，如轴、轴承和不锈工具等。

奥氏体型不锈钢与马氏体型不锈钢相比较，具有更高的耐腐蚀性、更好的塑性加工成形性和焊接性，以及更高的使用温度，但力学性能不如马氏体型不锈钢。奥氏体型不锈钢无磁性。常用牌号有 12Cr18Ni9、12Cr13 等。

耐热钢按性能和用途可分为抗氧化钢、热强钢及抗氧化热强钢三类。

1.2.2　铸铁与铸钢

1.2.2.1　铸铁

铸铁是碳的质量分数大于 2.11% 并含有较多硅、锰、硫、磷等元素的多元铁基合金。

常用铸铁的化学成分：$w(C) = 2.5\% \sim 4.0\%$，$w(Si) = 1.0\% \sim 3.5\%$，$w(Mn) = 0.5\% \sim 1.5\%$，$w(P) < 0.2\%$，$w(S) < 0.15\%$，有时还含有一定量的其他合金元素，如 Cr、Mo、V、Cu、Al 等。铸铁的强度、塑性和韧性较差，不易进行锻造，其碳含量接近于共晶

成分，所以熔点低，流动性好，具有优良的铸造性能。此外，其碳含量和硅含量较高，碳大部分不再以碳化物（Fe_3C）而以游离的石墨状态存在。石墨本身具有润滑作用，使铸铁具有良好的减摩性和切削加工性。且铸铁生产简便、成本低廉，因而是应用最广泛的工程材料之一。例如，机床床身、内燃机的气缸体、缸套、活塞环及轴瓦、曲轴等都可用铸铁制造。在各类机械中，铸铁件约占机器总重量的45%～90%。

1. 铸铁的分类和性能特点

根据铸铁在结晶过程中的石墨化程度不同，可分为三类。

（1）灰口铸铁　灰口铸铁是在第一阶段石墨化过程中都得到充分石墨化的铸铁，其断口为暗灰色。工业上所用的铸铁几乎都属于这类铸铁，其特点有：

1）力学性能差，这是由于石墨相当于钢基体中的裂纹或空洞，破坏了基体的连续性，且易导致应力集中。

2）耐磨性能好，这是由于石墨本身有润滑作用。

3）消振性能好，这是由于石墨可以吸收振动能量。

4）铸造性能好，这是由于铸铁硅含量高，成分接近于共晶。

5）切削性能好，这是由于石墨使车屑容易脆断，不粘刀。

根据铸铁中石墨形态的不同，灰口铸铁又分为灰铸铁、可锻铸铁、球墨铸铁、蠕墨铸铁和合金铸铁等。

（2）白口铸铁　白口铸铁是在第一、二阶段的石墨化全部都被抑制，完全按照 Fe - Fe_3C 相图进行结晶而得到的铸铁。这类铸铁组织中的碳全部呈化合碳状态，形成渗碳体，并具有莱氏体组织。其断口白亮，性能硬脆，在工业上很少应用，主要用作耐磨铸铁和炼钢原料。

（3）麻口铸铁　麻口铸铁是在第一阶段的石墨化过程中未得到充分石墨化的铸铁，其组织介于白口铸铁与灰口铸铁之间，含有不同程度的莱氏体，具有较大的硬脆性，工业上也很少应用。

2. 常用铸铁

（1）灰铸铁　灰铸铁是指石墨呈片状分布的铸铁。其产量约占铸铁总产量的80%。灰铸铁的牌号以其汉语拼音的缩写"HT"及三位数的最小抗拉强度值来表示。例如，HT200表示该灰铸铁铸造出的ϕ30mm 的单铸试棒测得的抗拉强度值不小于200MPa。GB/T 9439—2010 将灰铸铁按强度级别分为八个牌号，其中后四个牌号必须进行孕育处理才能得到。

（2）球墨铸铁　球墨铸铁是经球化、孕育处理后石墨呈球状的铸铁。其组织为基体（F、F + P、P）+ 球状 G。球状石墨是铁液经球化处理得到的，球化剂为镁、稀土和稀土镁。为避免白口，并使石墨细小均匀，在球化处理的同时还进行孕育处理，常用孕育剂为硅铁和硅钙合金。

球墨铸铁的牌号用其汉语拼音缩写"QT"及分别代表其最低抗拉强度和伸长率的两组数字组成。

生产中常采用的退火球墨铸铁，其基体上分布着球状石墨，由于球状石墨对基体组织的割裂作用和应力集中作用很小，使球墨铸铁的力学性能优于灰铸铁。其突出特点是屈强比（$R_{p0.2}/R_m$）高，为 0.7～0.8，而钢的屈强比一般只有 0.3～0.5，铸造工艺性能比钢好，因此，球墨铸铁可代替铸钢、锻钢、有色金属和可锻铸铁，制造各种受力复杂，强度、韧性和耐磨性能要求较高的零件，如柴油机的曲轴、凸轮轴、连杆，拖拉机的减速齿轮，大型中压阀门，轧钢机的轧辊等。

球墨铸铁能进行各种热处理，如退火、正火、淬火加回火、等温淬火等，以改变球墨铸铁的基体组织，改善球墨铸铁的性能，从而满足不同的使用要求。退火的目的是去除铸态组织中的自由渗碳体，获得铁素体球墨铸铁，主要用于 QT400 - 18 和 QT450 - 10 的生产。正火的目的在于增加金属基体中珠光体的含量，并使其细化，提高强度、硬度和耐磨性，主要用于 QT600 - 3、QT700 - 2 和 QT800 - 2。正火后须进行回火，以消除应力。对于承受交变载荷的球墨铸铁件，须进行调质处理来提高其综合力学性能。QT900 - 2 等更高强度级别的球墨铸铁则是通过等温淬火获得 $M_{回}$ 组织，适用于要求更高的工件。

(3) 蠕墨铸铁 蠕墨铸铁是20世纪60年代发展起来的一种新型铸铁，是由铁液经蠕化处理和孕育处理得到的。蠕化剂为稀土硅铁镁合金、稀土硅铁合金、稀土硅铁钙合金等。

蠕墨铸铁的组织为基体（F、F + P、P）+ 蠕虫状 G。蠕虫状 G 短而厚，端部圆滑，分布均匀，对基体的破坏作用比片状石墨小。蠕墨铸铁保留了灰铸铁的优良工艺性能和球墨铸铁优良的力学性能，其力学性能介于相同基体组织的灰铸铁与球墨铸铁之间，具有良好的热导率和耐热性。蠕墨铸铁件一般不进行热处理，而以铸态使用。

蠕墨铸铁的牌号用其汉语拼音缩写"RuT"加一组代表其最低抗拉强度的数字组成。蠕墨铸铁常用于制造承受热循环载荷的零件和结构复杂、强度要求高的铸件，如钢锭模、玻璃模具、柴油机气缸、气缸盖、排气阀、液压阀的阀体、耐压泵的泵体等。

1.2.2.2 铸钢

铸钢是将冶炼的钢液直接铸造成为毛坯零件而不进行锻轧成形的钢种。铸钢是重要的金属结构材料之一，其工艺设备简单、生产率高、成本低，因而应用广泛。铸钢主要用于制造形状复杂，综合力学性能要求较高，其他加工方法成形困难而铸铁又难以满足性能要求的零件，例如机车车轮、船舶锚链、重型机械齿轮、变速箱体、轴、轧钢机机架、轴承座、电站汽轮机缸体、阀体等。

铸钢的种类很多，按化学成分可分为碳素铸钢和合金铸钢，按用途可分为铸造结构钢、铸造工具钢和铸造特殊钢。

铸造碳钢钢号一般用"ZG"（表示"铸钢"二字）+ 两组数字，第一组数字表示最低屈服强度值，第二组数字表示最低抗拉强度值，单位均为 MPa。如 ZG270 - 500 表示铸钢最低屈服强度为 270MPa、最低抗拉强度为 500MPa。

1.2.3 有色金属及其合金

在工业生产中，通常把铁及其合金称为黑色金属，把其他非铁金属及其合金称为有色金属。有色金属的产量和用量不均如黑色金属多，但由于其具有许多优良的特性，如特殊的电、磁、热性能，耐蚀性能及高的比强度等，已成为现代工业中不可缺少的金属材料。有色金属的种类很多，主要有 Al、Cu、Mg、Ti 等金属及其合金。

1.2.3.1 铝及铝合金

纯铝的强度很低，但若加入 Mn、Mg、Cu、Zn、Si 等合金元素，就可以极大地提高力学性能，而仍保持密度小、耐腐蚀的优点。一些铝合金还可以通过热处理强化，是制造轻质结构零件的重要材料，所以要求质量轻、强度高的零件多用铝合金制造。

铝合金分为变形铝合金和铸造铝合金两大类。

1. 变形铝合金

变形铝合金又称为压力加工铝合金，根据其主要性能特点，变形铝合金又可分为防锈铝合金、硬铝合金、超硬铝合金、锻造铝合金等。

（1）防锈铝合金　主要是 Al – Mg 合金和 Al – Mn 合金。合金元素 Mg 和 Mn 主要起固溶强化作用，使合金具有比纯铝高的强度。这类合金在锻造退火后呈单相固溶体，故耐蚀性能好，塑性好。此外，将镁加入铝中，能使合金的密度降低，制成的零件比纯铝还轻；将锰加入铝中，能使合金具有较好的耐蚀性。防锈铝合金热处理不可强化，只能以冷塑性变形产生加工硬化来提高其强度、硬度。常用的防锈铝合金 Al – Mn 系合金有 3A21，其耐蚀性和强度高于纯铝，用于制造油罐、油箱、管道、铆钉等需要弯曲、冲压加工的零件。常用的 Al – Mg 系合金有 5A05，其密度比纯铝小，强度比 Al – Mn 合金高，在航空工业中得到广泛应用，如制造管道、容器、铆钉及承受中等载荷的零件。

（2）硬铝合金　主要是 Al – Cu – Mg 合金，还含有少量的 Mn。在合金中加入 Cu 和 Mg 是为了形成强化相，时效时起强化作用；加入 Mn 主要是为了提高合金的耐蚀性，并有一定的固溶强化作用，但 Mn 的析出倾向小，不参与时效。各种硬铝合金均可进行时效强化，也可进行冷变形强化，故具有较好的力学性能，但其耐腐蚀性比纯铝和防锈铝合金低。常用的硬铝合金有 2A11、2A12 等，用于制造冲压件、模锻件和铆接件，如螺旋桨、梁、铆钉等。

（3）超硬铝合金　主要是 Al – Cu – Mg – Zn 合金，并含有少量的 Cr 和 Mn。合金元素 Zn、Cu、Mg 与铝可形成固溶体和多种复杂的强化相，如 $MgZn_2$、Al_2CuMg、$AlMgZnCu$ 等，经淬火和人工时效后，可获得很高的强度和硬度。它是强度最高的铝合金，但塑性较差，冲压性能不好。此外，它的耐腐蚀性和耐热性均较差，当工作温度超过 120℃ 时，会较快软化。常用的超硬铝合金有 7A04、7A09 等，主要用于工作温度较低、受力较大的结构件，如飞机大梁、起落架等。

（4）锻造铝合金　主要有 Al – Cu – Mg – Si 系合金和 Al – Cu – Mg – Fe – Ni 系合金两类。Al – Cu – Mg – Si 系合金可锻性好，力学性能好，用于形状复杂的锻件和模锻件，如喷气发动机压气机叶轮、导风轮等。Al – Cu – Mg – Fe – Ni 系耐热锻铝合金的常用牌号有 2A70、2A80、2A90 等，用于制造高温下工作的零件，如压气机叶片、超声速飞机蒙皮等。

2. 铸造铝合金

按照主加合金元素的不同，铸造铝合金可分为四类。Al – Si 系：代号为“ZL1”+ 两位数字顺序号；Al – Cu 系：代号为“ZL2”+ 两位数字顺序号；Al – Mg 系：代号为“ZL3”+ 两位数字顺序号；Al – Zn 系：代号为“ZL4”+ 两位数字顺序号。如 ZL102 即为 02 号铸造铝硅合金，ZL302 即为 02 号铸造铝镁合金。

Al – Si 系铸造铝合金的铸造性能好，具有优良的耐蚀性、耐热性和焊接性能，用于制造飞机、仪表、电动机壳体、气缸体、风机叶片、发动机活塞等。

铸造铝铜合金以 $CuAl_2$ 为强化相，因而强化效果较好，具有较高的强度和良好的耐热性，但密度大，铸造性能差，有热裂和疏松倾向，耐蚀性较差。常用牌号有 ZAlCu5Mn（ZL201）、ZAlCu4（ZL203）等，主要用于制造在较高温度下工作的高强度零件，如内燃机气缸头、汽车活塞等。

铸造铝镁合金强度高，密度最小（2.55g/cm³），耐蚀性好，但铸造性能差，耐热性差，可以进行淬火时效处理。常用牌号为 ZAlMg10（ZL301）、ZAlMg5Si1（ZL303）等，主要用于制造外形简单、承受冲击载荷、在腐蚀性介质下工作的零件，如舰船配件、氨用泵体等。

铸造铝锌合金价格便宜，铸造性能优良，经变质处理和时效处理后强度较高，但密度大，耐蚀性较差，热裂倾向大。常用牌号为 ZAlZn11Si7（ZL401）、ZAlZn6Mg（ZL402）等，主要用于制造形状复杂、受力较小的汽车、飞机、仪器零件及日用品等。

1.2.3.2 铜及铜合金

铜及铜合金具有优良的物理性能、化学性能，良好的冷、热加工性能。工业生产应用的主要有工业纯铜、黄铜、青铜和白铜。

1. 纯铜

纯铜呈紫红色，因此又称为紫铜。铜的密度为 $8.96g/cm^3$，熔点为 $1083℃$，具有面心立方晶格，无同素异构转变，不能通过热处理强化，一般通过加工硬化来强化。

纯铜突出的优点是导电、导热性好，耐大气腐蚀性较好，无磁性。纯铜强度不高，硬度较低，但塑性好（伸长率 A 约为 45%），有良好的冷、热加工成形性和焊接性，所以纯铜在电气工业和动力机械中得到广泛的应用，如用来制造导线、散热器、冷凝器及配制铜合金等。

2. 黄铜

黄铜是以锌为主加元素的铜合金，因含锌而呈金黄色，故称为黄铜。黄铜按化学成分可分为普通黄铜和特殊黄铜；按工艺可分为加工黄铜和铸造黄铜。

普通黄铜是铜锌二元合金，又称为简单黄铜。普通黄铜的牌号以"H" + 数字表示。"H"为"黄"字的汉语拼音字首，数字表示铜的平均质量分数（%），如 H80 即表示 $w(Cu)=80\%$、$w(Zn)=20\%$ 的普通黄铜。常用牌号有 H80、H62、H59 等，主要用于制造冷凝器、散热管、汽车水箱等。

特殊黄铜是在铜锌合金中再加入其他合金元素的铜合金，又称为复杂黄铜。特殊黄铜的牌号用"H" + 主加元素化学符号 + 铜的平均质量分数（%） + 主加元素的平均质量分数（%）表示。如 HPb59-1 表示 $w(Cu)=59\%$、$w(Pb)=1\%$，其余为锌的铅黄铜。

铸造黄铜以"Z" + "Cu" + 主加元素符号 + 数字的方法表示，其中数字为主加元素的平均质量分数（%）。如 ZCuZn16Si4 表示 $w(Zn)=16\%$、$w(Si)=4\%$ 的铸造硅黄铜，主要用于制造法兰、阀座、支架、手柄等。

3. 青铜

青铜是除黄铜和白铜外的其他铜合金。青铜中使用最早的是铜锡合金，因其外观呈青黑色，故称为锡青铜。近代工业中广泛应用了含 Al、Be、Si、Pb 等的铜基合金，称为铝青铜、铍铜、硅青铜、铅青铜等。

青铜按工艺可分为加工青铜和铸造青铜。

加工青铜的牌号为：Q + 主加元素符号及其平均质量分数（%） + 其他元素平均质量分数（%），如 QSn4-3 为 $w(Sn)=4\%$、$w(Zn)=3\%$ 的锡青铜。铸造青铜的牌号表示方法与铸造黄铜表示方法相同。

锡青铜是以锡为主加元素的铜合金。常用的锡青铜牌号有 QSn4-3、QSn6.5-0.4、ZCuSn10Pb1 等，主要用于耐腐蚀承载件，如弹簧、轴承、齿轮轴、蜗轮、垫圈等。

铝青铜是以铝为主加元素的铜合金，铝的质量分数一般为 5%~11%。其强度、硬度、耐磨性、耐热性及耐腐蚀性高于黄铜和锡青铜，特别是强度与钢相当。常用的铝青铜牌号有 QAl5、QAl7、ZCuAl8Mn13Fe3Ni2 等，主要用于制造船舶、飞机及仪器中的高强度、耐磨、耐蚀件，如齿轮、轴承、摩擦片、蜗轮、轴套、螺旋桨等。

铍铜是以铍为主加元素的铜合金，铍的质量分数为 1.7% ~2.5%。常用的铍铜牌号有 TBe2、TBe1.7、TBe1.9 等，多用于重要的弹性件、耐磨件，如仪表齿轮、精密弹簧、膜片、高速高压轴承、防爆工具、电焊机电极及航海罗盘等重要机械零件。

1.2.3.3　其他有色金属

1. 滑动轴承合金

滑动轴承合金需要有足够的疲劳强度和抗压强度、良好的塑性和韧性、较小的线胀系数、良好的导热性和耐蚀性、低的摩擦系数、良好的耐磨性。为满足性能要求，滑动轴承合金理想的组织应是软的基体上分布着硬的质点或硬的基体上分布着软的质点。当轴旋转时，软的基体（或质点）被磨损而凹陷，减少了轴颈与轴瓦的接触面积，有利于存储润滑油以及轴与轴瓦间的磨合，而硬的质点（或基体）则支承着轴颈，起承载和耐磨作用。软基体（或质点）还能起到嵌藏外来硬杂质颗粒的作用，以避免擦伤轴颈。

常用的滑动轴承合金有锡基轴承合金、铅基轴承合金、铝基轴承合金和铜基轴承合金等。

2. 钛及钛合金

钛及钛合金主要有以下几方面的优点：

（1）比强度高　工业纯钛抗拉强度为 350~700MPa，钛合金抗拉强度可达 1200MPa，和调质结构钢相近。由于钛合金的密度比钢低很多，钛合金的比强度比其他金属材料都高，因此钛及钛合金适用于作为航空航天材料。

（2）热强度高　钛的熔点高，再结晶温度也高，因而钛及钛合金的热强度较高。目前钛合金的使用温度可达 500℃，并向 600℃的高温发展。

（3）耐蚀性好　钛表面能形成一层致密牢固的由氧化物和氮化物组成的保护膜，因此具有好的耐蚀性。钛及钛合金在潮湿大气、海水、氧化性酸（硝酸、铬酸等）和大多数有机酸中，其耐蚀性与不锈钢相当，甚至超过不锈钢。钛及钛合金作为一种耐腐蚀性材料，已广泛应用于航空航天、化工、造船及医疗等行业。

钛合金分为 α 型钛合金（TA）、β 型钛合金（TB）和 α + β 型钛合金（TC）三类。

1.2.4　其他工程材料

机械制造中应用的其他材料种类很多，有塑料、橡胶、陶瓷、皮革等。

塑料是非金属材料中发展最快、前途最广的材料。其种类很多，工业上常用的有：热塑性塑料（加热时变软或熔融，可以多次重塑），如聚氯乙烯、尼龙、聚甲醛等；热固性塑料（加热时逐渐变硬，只能塑制一次），如酚醛树脂、环氧树脂等。塑料密度小、绝缘、耐磨、耐蚀、消声、抗振，易加工成型，加入填充剂后可以获得较高的强度。目前，某些齿轮、蜗轮、滚动轴承的保持架和滑动轴承的轴承衬均有用塑料制造的，但一般工程塑料耐热性差，且会因逐步老化而使性能逐渐变差。

橡胶富有弹性，有较好的缓冲、减振、耐磨、绝缘等性能，常用作弹性联轴器和缓冲器中的弹性元件、橡胶带、轴承衬、密封装置及绝缘材料等。

陶瓷材料是无机非金属固体材料中的一类，可分为普通陶瓷（传统陶瓷）和特种陶瓷两大类。传统的陶瓷是以黏土、长石和石英等天然矿物原料，经粉碎、成型和烧结而制成，按用途可分为日用陶瓷、建筑陶瓷、绝缘陶瓷等。特种陶瓷是以人工制造的化合物为原料制成的，具有特殊的力学、物理或化学性能，这类陶瓷按性能和用途可分为高强度陶瓷、高温陶瓷、耐磨陶瓷、耐酸陶瓷、电解质陶瓷、半导体陶瓷、磁性陶瓷、透明陶瓷、生物陶瓷等。

陶瓷可用于制造发动机气缸内衬、推杆、活塞帽、阀座、凸轮、轴承等零件。

还需指出，随着高科技的发展，出现了将两种或两种以上不同性质的材料通过不同的工艺方法人工合成多相的复合材料。复合材料一般由强度低、韧性好、低模量的材料作为基体材料，用高强度、高模量、脆性大的材料作为增强材料复合而成。这样既可克服单一材料的弱点，又可充分发挥材料的综合性能，既可保持组成材料各自的最佳特性，又可具有组合后的新特性，可根据机械零件对材料性能的要求进行材料设计，从而合理地利用材料。此外，材料科学的研究也由结构材料转向功能材料和智能材料。可以预言，21世纪将是复合材料、功能材料和智能材料迅速发展的时代。

1.3　工程材料的热处理

热处理是指将材料在固态下加热到预定温度，保温一定的时间，然后以预定的方式冷却，从而获得所需性能的一种热加工工艺。其工艺路线如图1-11所示。

通过热处理可以改变钢的内部组织结构，从而改变其工艺性能和使用性能，最大限度地利用钢材的潜力，提高产品质量，延长零件的使用寿命，节约材料和能源。

热处理是一种重要的加工工艺，在机械制造中已被广泛采用。例如，在材料冷、热加工设备制造中有60%～70%的零件要经过热处理，在机车、汽车制造业中需热处理的零件达70%～80%，至于工模具、滚动轴承则100%要经过热处理。若包括预备热处理，则几乎所有零件都要进行热处理。

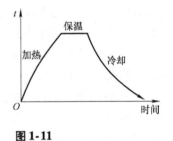

图1-11
热处理工艺路线示意图

热处理与其他加工工艺，如铸造、压力加工等相比，其特点是只通过改变零件的组织来改变性能，不改变其形状。热处理只适用于固态下发生相变的材料，不发生固态相变的材料不能用热处理来强化。

热处理时钢中组织转变的规律称为热处理原理，包括钢的加热转变、珠光体转变、贝氏体转变、马氏体转变和回火转变。根据热处理原理制定的温度、时间、介质等参数称为热处理工艺。根据加热、冷却方式及钢组织性能变化特点的不同，将热处理工艺分类如下：

1）普通热处理：退火、正火、淬火和回火。

2）表面热处理：表面淬火、化学热处理。

3）其他热处理：真空热处理、可控气氛热处理、激光热处理、气相沉积等。

根据在零件生产过程中所处的位置和作用不同，又可将热处理分为预备热处理与最终热处理。预备热处理是指为随后的加工（冷拔、冲压、切削）或进一步热处理做准备的热处理，而通过切削加工等成形工艺得到最终形状和尺寸后赋予零件所要求的使用性能的热处理称为最终热处理。

1.3.1　钢的普通热处理

1. 钢的退火

将组织偏离平衡状态的钢加热到适当温度，保温一定时间，然后缓慢冷却（一般为随炉冷却），以获得接近平衡状态组织的热处理工艺称为退火。

根据热处理的目的和要求不同，钢的退火可分为完全退火、等温退火、球化退火、扩散退火和去应力退火等，各种退火的加热温度范围和工艺曲线如图 1-12 所示。

2. 钢的正火

钢材或钢件加热到 Ac_3（对于亚共析钢）、Ac_1（对于共析钢）和 Ac_{cm}（对于过共析钢）以上 30～50℃，保温一定时间后，在自由流动的空气中均匀冷却，以得到珠光体组织的热处理工艺称为正火。正火后的组织：亚共析钢为 F＋S，共析钢为 S，过共析钢为 S＋Fe_3C_{II}。

正火工艺较简单、经济，在生产中应用较广，主要用于以下几个方面：

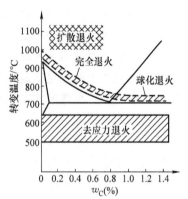

图 1-12

钢的各种退火工艺

（1）作为最终热处理　正火可以细化晶粒，使组织均匀化，减少亚共析钢中的铁素体，使珠光体增多并细化，从而提高钢的强度、硬度和韧性。对于普通结构钢零件，力学性能要求不很高时，可以把正火作为最终热处理。

（2）作为预备热处理　截面较大的合金结构钢件，在淬火或调质处理（淬火加高温回火）前常进行正火，以消除魏氏组织和带状组织，并获得细小而均匀的组织。对于过共析钢，可减少二次渗碳体，并使连续网状渗碳体破碎，为球化退火做准备。

（3）改善切削加工性能　低碳钢或低碳合金钢退火后硬度太低，不便于切削加工。经过正火可提高其硬度至 140～190HBW，接近最佳切削加工硬度，改善其切削加工性能。

（4）节约时间和能源　中碳钢（碳的质量分数为 0.4%～0.7%）以正火代替退火，有利于节约时间和能源。

（5）改善铸件性能　正火可改善铸件性能，使粗大晶粒细化，均匀组织。

3. 钢的淬火

将钢加热到一定温度，保温一定的时间，然后以大于临界淬火速度的速度冷却，使过冷奥氏体转变为马氏体、贝氏体组织的热处理工艺称为淬火。淬火是热处理中最重要的工艺，它可以提高工件的强度、硬度和耐磨性。经淬火得到的组织主要为马氏体，此外存在少量的残留奥氏体。

（1）淬火的目的　淬火的目的就是获得马氏体或贝氏体，提高钢的强度和硬度。

淬火获得的马氏体组织，根据结构分析，奥氏体转变为马氏体时，只有晶格的改变，而没有成分的变化，奥氏体中固溶的碳全部被保留到马氏体中，得到了碳在 α－Fe 中的过饱和固溶体，晶格畸变大，所以其组织硬度、强度高，但塑性、韧性差。马氏体的实际硬度与钢的碳含量密切相关，碳含量越高，钢的硬度也越高，因此要求具有高硬度和高耐磨性的零件应采用高碳钢制造。

由等温淬火得到的贝氏体，根据转变温度不同，分为上贝氏体和下贝氏体。上贝氏体的力学性能较差，生产中一般不使用。下贝氏体除具有较高的强度和硬度外，还有较好的塑性和韧性，即具有优良的综合力学性能，所以在生产中得到广泛应用。

（2）淬火工艺　淬火是一种复杂的热处理工艺，是决定产品质量的关键工序之一。淬火后既要得到细小的马氏体组织又不至于产生严重的变形和开裂，就必须根据钢的成分，零件的大小和形状等，合理地确定淬火加热和冷却方法。马氏体针叶大小取决于奥氏体晶粒大小，为了使淬火后得到细小而均匀的马氏体，首先要在淬火加热时得到细小而均匀的奥氏体。因此，加热温度不宜太高，只能在临界点温度以上 30～50℃。

为了使工件各部分完成组织转变，需要在淬火加热温度保温一定的时间。保温时间取决于钢的化学成分、零件尺寸和形状、装炉量、热源和加热介质等因素，也可用实验方法或经验公式和数据来估算。

淬火冷却是决定淬火质量的关键，为了使工件获得马氏体组织，淬火冷却速度必须大于临界淬火冷却速度，而快冷会产生很大的内应力，容易引起零件的变形和开裂，因此冷却方式是影响淬火质量的关键。

目前常用的淬火冷却介质主要有水、盐水、矿物油、熔融盐、碱等。

目前常用的淬火方法主要有单液淬火法、双液淬火法、分级淬火法、等温淬火法等。

4. 钢的回火

（1）回火的目的　钢在淬火后得到的组织一般是马氏体和残留奥氏体，同时有较大的内应力，这些都是亚稳定状态，必须进行回火，否则零件在使用过程中会发生变形甚至开裂。

回火是将淬火钢重新加热到临界温度以下的某一温度，保温一定时间后，再冷却到室温的一种热处理工艺。回火的目的是：

1）降低脆性，减少或消除内应力，防止零件变形和开裂。

2）获得工艺所要求的力学性能。淬火零件的硬度高且脆性大，通过适当回火可调整硬度，获得所需要的塑性、韧性。

3）稳定工件尺寸。淬火马氏体和残留奥氏体都是亚稳定组织，它们会自发地向稳定的平衡组织——铁素体和渗碳体转变，从而引起工件尺寸和形状的变化。通过回火可使淬火马氏体和残留奥氏体转变为较稳定的组织，保证工件在使用过程中不发生尺寸和形状的变化。

4）对于某些高淬透性的合金钢，空冷便可淬火成马氏体，若采用退火软化，则周期很长。此时可采用高温回火，使碳化物聚集长大，降低硬度，以利于切削加工，同时可缩短软化周期。

（2）回火的种类及应用　淬火钢回火后的组织和性能取决于回火温度，根据回火温度范围不同，可将回火分为以下三类：

1）低温回火。低温回火的温度范围为 150～250℃，回火后的组织为回火马氏体。回火后内应力和脆性降低，保持了高硬度和高耐磨性。

这种回火主要应用于由高碳钢或合金钢制造的工具、模具、滚动轴承及渗碳和表面淬火的零件，回火后的硬度一般为 58～64HRC。

2）中温回火。中温回火的温度范围为 350～500℃，回火后的组织为回火托氏体，硬度一般为 35～45HRC，具有一定的韧性和高的弹性极限及屈服极限。

这种回火主要应用于碳的质量分数为 0.5%～0.7% 的由碳素钢和合金钢制造的各类弹性零件。

3）高温回火。高温回火的温度范围为 500～650℃，回火后的组织为回火索氏体，其硬度一般为 25～35HRC，具有适当的强度和足够的塑性和韧性，即具有良好的综合力学性能。

这种回火主要应用于碳的质量分数为 0.3%～0.5% 的由碳素钢和合金钢制造的各类连接和传动的结构零件，如轴、连杆、螺栓、齿轮等；也可作为要求较高的精密零件、量具等的预备热处理。

通常在生产中将淬火加高温回火的处理工艺称为调质处理，简称为调质。

对于在交变载荷下工作的重要零件，要求其整个截面得到均匀的回火索氏体组织，首先必须使工件淬透。因此，根据工件尺寸不同，要求钢的淬透性也不同，大零件要求选用淬透性高的钢，小零件则可以选用淬透性较低的钢。

1.3.2　钢的表面热处理工艺

对于一些在弯曲、扭转、冲击、摩擦等条件下工作的齿轮、活塞销、轧辊、曲轴颈等机器零件，要求具有表面硬、耐磨，而心部韧性好、抗冲击的特性，仅从选材方面去考虑是很难达到此要求的。如用高碳钢，虽然硬度高，但心部韧性不足；如用低碳钢，虽然心部韧性好，但表面硬度低，不耐磨，所以工业上广泛采用表面热处理来满足上述要求。

目前常用的表面热处理工艺主要有表面淬火和化学热处理。

1. 钢的表面淬火

表面淬火是将零件的表面层淬硬到一定深度，而心部仍保持未淬火状态的一种局部淬火方法。

表面淬火的目的是使表面具有高硬度、耐磨性和疲劳极限；心部在保持一定的强度、硬度的条件下，具有足够的塑性和韧性，即表硬里韧。

表面淬火是利用快速加热使工件表面奥氏体化，而中心尚处于较低温度时迅速予以冷却，表层被淬硬为马氏体，而中心仍保持原来的退火、正火或调质状态的组织。

表面淬火一般适用于中碳钢和中碳低合金钢，也可用于高碳工具钢、低合金工具钢及球墨铸铁等。

常用的表面淬火有感应淬火、火焰淬火、接触电阻加热淬火及激光淬火等表面热处理工艺，最常用的是感应淬火。

（1）感应淬火　它是把工件放入一定频率的感应电流（涡流）中，使表面层快速加热到淬火温度后立即喷水冷却的方法。

感应淬火的优点是加热速度快，生产率高；淬火后表面组织细，硬度高（比普通淬火高 2～3HRC）；加热时间短，氧化脱碳少；淬硬层深度易控制，变形小，产品质量好；生产过程易实现自动化。其缺点是设备昂贵，维修、调整困难，形状复杂的感应线圈不易制造，不适于单件生产。

对于感应淬火的零件，其设计技术条件一般应注明表面淬火硬度、淬硬层深度、表面淬火部位及心部硬度等。在选材方面，为了保证零件经感应淬火后的表面硬度和心部硬度、强度及韧性，一般用中碳钢和中碳合金钢如 40、45、40Cr、40MnB 等。此外，合理地确定淬硬层深度也很重要，一般情况下，增加淬硬层深度可延长表层的耐磨寿命，但也增加了脆性破坏的倾向。因此，选择淬硬层深度时，除考虑磨损外，还必须考虑工件的综合力学性能，保证有足够的强度、抗疲劳性能和韧性。

零件在感应淬火前需要进行预备热处理，一般为调质或正火，以保证零件表面在淬火后得到均匀、细小的马氏体组织和改善零件心部硬度、强度和韧性及切削加工性，并减少淬火变形。零件在感应淬火后需进行低温回火（180～200℃），以降低内应力和脆性，获得回火马氏体组织。

（2）激光淬火 激光淬火是以高能激光束扫描工件表面，使工件表面快速加热到钢的临界点温度以上，利用工件自身大量吸热迅速冷却表面而淬火，实现表面相变硬化。激光淬火的主要特点：

1）加热和冷却速度快。加热速度可达 10^5～10^9℃/s，对应的加热时间为 10^{-3}～10^{-7}s。冷却速度可达 10^4～10^7℃/s。扫描速率越快，冷却速度也越快。

2）硬度高。激光淬火层的硬度比常规淬火层的硬度提高15%～20%，这是因为工件表层获得的是隐针状马氏体。硬化层深度通常为0.3～0.5mm，硬化层硬度一致，耐磨性可提高50%以上。

3）变形小。激光淬火大量用于发动机气缸体、齿轮转向体内孔、导轨等工件的表面淬火。

2. 钢的化学热处理

化学热处理是将钢件置于一定温度的活性介质中保温，使一种或几种元素渗入表面，改变其化学成分和组织，改进表面性能，满足技术要求的热处理过程。按照表面渗入的元素不同，化学热处理可分为渗碳、渗氮、碳氮共渗、渗硼、渗铝等。化学热处理能有效地提高钢件表层的耐磨性、耐蚀性、抗氧化性能及疲劳强度等。

（1）钢的渗碳 钢的渗碳是向钢的表层渗入活性碳原子，增加工件表层碳含量并得到一定渗碳层厚度的化学热处理工艺。渗碳的目的是使低碳（$w(C)$为0.15%～0.30%）钢件表面获得高碳含量（$w(C)$约1.0%），在经过加热淬火和低温回火处理后，可提高表面的硬度、耐磨性和疲劳强度，而使心部仍保持良好的韧性和塑性。因此渗碳主要用于同时受严重磨损和较大冲击载荷的零件，例如各种齿轮、活塞销、套筒等。

渗碳方法有固体渗碳、液体渗碳和气体渗碳。常用的渗碳方法是气体渗碳，它是在含碳的气体介质中通过调节气体渗碳气氛来实现渗碳的目的。气体渗碳的优点是生产率高、劳动条件较好、渗碳过程可以控制、渗碳层的品质和力学性能较好。为了提高渗碳效率和质量，真空渗碳、真空离子渗碳等新技术正在逐步推广应用。

（2）钢的渗氮 渗氮就是在一定温度下向钢件表面渗入活性氮原子的化学热处理工艺。渗氮的目的在于提高钢件表面的硬度和耐磨性，增加疲劳强度和耐蚀性。

渗氮可分为气体渗氮、液体渗氮、离子渗氮等。按渗氮的温度又可分为低温渗氮（渗氮温度低于600℃）和高温渗氮（渗氮温度高于600℃）。目前广泛应用的是气体渗氮和离子渗氮。

离子渗氮是将需渗氮的工件作为阴极，以炉壁作为阳极，在真空炉室内通入氨气，在两电极间加以高压直流电。氨气在高压电场中电离出氮离子，氮离子高速轰击工件表面，使工件表面温度迅速升到450～650℃，氮离子在阴极工件表面上获得电子并还原成氮原子而渗入工件表面，扩散后形成渗氮层。

离子渗氮的优点是渗氮速度快，相比普通渗氮时间可缩短 2/3 以上；渗氮层质量好。缺点是设备复杂，成本高。离子渗氮主要用于中、小工件的表面处理。

由于渗氮工艺复杂、时间长、成本高，只用于耐磨、耐蚀和精度要求高的耐磨件，如发动机气缸、排气阀、阀门、精密丝杆等。随着新工艺（如氮碳共渗、离子渗氮等）的发展，渗氮处理得到越来越广泛的应用。

（3）钢的碳氮共渗　碳氮共渗是在一定温度下向钢的表层同时渗入碳和氮原子的过程，曾称为氰化。目前以中温气体碳氮共渗和低温气体碳氮共渗（即气体软氮化）的应用较为广泛。中温气体碳氮共渗的主要目的是提高钢的硬度、耐磨性和疲劳强度；低温气体碳氮共渗以渗氮为主，其主要目的是提高钢的耐磨性和抗咬合性。

1.4　机械零件常用工程材料的选用

1.4.1　机械零件选材的原则

机械零件材料的选择是一个较复杂的技术经济问题，通常应考虑下述三个方面的要求。

1. 使用性能要求

使用性能包括物理、化学和力学性能，一般应进行如下分析：

（1）零件工作条件的分析　零件的工作条件主要指：零件的受力情况，包括受力形式、载荷性质、承受摩擦的状况；环境状况，如温度、介质；特殊要求，如导热性、导电性等。根据零件工作条件的分析，确定零件的失效形式，从而确定其使用性能。

（2）材料性能要求的确定　从零件的使用性能要求确定对材料的性能要求，从而选择合适的工程材料。

（3）根据性能指标选材需注意的问题

1）材料性能指标与结构强度的关系。材料性能指标一般是通过使用形状比较简单、尺寸较小的标准试样以较简单的加载方法得到的。机械零件的结构强度在很大程度上表示零件的承载能力、寿命与可靠性，是由工作条件（应力、零件形状、尺寸、环境等）、材料（材料成分、组织、性能）、工艺（加工工艺方法及过程）等因素决定的。评定结构强度所用的性能指标是否正确，其重要标志是实验室试样的失效形式与实际零件在工作条件下的失效形式是否相似。由于两者加载、尺寸等条件的不同，在使用相关手册上的性能指标数据时要考虑一定的安全系数，对于非常重要的零件或构件，要从预选材料制成的实际零件中取样试验或模拟工作条件试验，以验证所选性能指标及其大小是否恰当。

2）性能指标在设计中的作用。有些性能指标，如 R_m、$R_{p0.2}$ 和 K_{IC} 等可直接用于设计计算，有些性能指标如 Z、A 和 KV_2 等则不能直接用于设计计算，而要根据这些性能指标的数值大小，估计它们对零件失效的作用。一般认为，这些指标是保证安全性的。但是对于特定零件，这些指标的数值大小，要根据零件之间的类比、零件使用安全等方面的经验来确定。有时会因为性能指标的设定不恰当，而不能充分发挥材料的潜力。例如为避免疲劳破坏，用降低强度、提高塑性和韧性的办法使零件设计得又大又笨重，而导致材料的浪费。

对于一定的材料，在特定状态下，它的硬度与强度、塑性指标间存在一定的关系。对于一般的机械零件，图样上只提出硬度要求，只要硬度达到要求，R_m、A 甚至一定条件下的 KV_2 值也基本确定。只有重要的零件，才在图样上标出其他指标的具体数值。

3）注意性能指标数据的试验条件。相关手册上所列的性能指标数据是用规定尺寸和形状的试样来测定的，试样尺寸不同，对大多数性能指标的影响不大，但对 A 有影响，而 KV_2、K_{IC} 等性能指标受试样尺寸和形状的影响更大。

相关手册上的性能指标数据是材料处于某种处理状态时测定的，同一牌号的材料，在不同状态，其性能指标值不同。同一牌号的材料，锻造与铸造状态的性能指标值不同；不仅未经冷变形与冷变形后的性能指标值不同，而且冷变形程度不同，其性能指标值也不一样；经不同的热处理工艺也得到不同的性能指标值。所以，选用材料时必须注意它是在何种状态下的性能指标值。通常在设计图样上除了注明材料的牌号外，还要在技术条件中注明对加工工艺的要求。

试样的取样部位对测定性能指标也有影响。例如，锻件在顺纤维方向的性能较好；铸件的心部晶粒比表层粗，因此，心部力学性能较差。所以重要零件的锻、铸毛坯要在图样上注明切取检验试样的部位。

2. 工艺性能要求

机械零件都是由设计选用的工程材料，通过一定的加工方式制造出来的。对于金属材料，有铸造、压力加工、焊接、机械加工、热处理等加工方式；对于陶瓷材料，通过粉末压制烧结成型，有的还须进行磨削加工、热处理；对于高分子材料，通过热压、注塑、热挤等方法成型，有的还进行切削加工、焊接等。

材料工艺性能的好坏对零件加工的难易程度、生产率、生产成本有很大影响。因此，选用的材料应具有良好的工艺性，至少要有可行的工艺性。几种主要的加工方法对材料的工艺性能要求如下：

（1）铸造 铸造合金应有高的流动性，小的疏松、缩孔、偏析和吸气性倾向，最好选用共晶或靠近共晶成分的合金。

（2）塑性加工 塑性加工材料应有好的塑性和低的变形抗力，最好选择固溶体组织的合金。

（3）切削加工 切削加工的材料应有小的切削抗力，切屑处理容易，对刀具的磨损小等，故应选用切削性能好的材料。

（4）热处理 热处理应选择热敏感性小，氧化和脱碳倾向小，淬透性高，变形和开裂倾向小的材料。

3. 经济性要求

选择材料不仅要考虑材料本身的价格，还要考虑将材料加工成机械零件的费用。例如铸铁虽比钢材价廉，但对一些单件生产的机座，采用钢板型材焊接往往比用铸铁铸造速度快而成本低。在满足使用要求的前提下，以球墨铸铁代替钢，以廉价材料代替贵重材料，以焊接代替铸造、锻造，以及合理选择热处理方法，提高材料的性能等，这些都是发挥材料潜力的有效措施。在很多情况下，机件的不同部位对材料有不同要求，对此可分别选择材料进行局部镶嵌，如轴承衬采用嵌入轴承合金、蜗轮采用在铸铁轮芯上套装青铜齿圈。也可采用局部热处理、表面涂镀、表面强化（喷丸、滚压）等方法来提高机件的局部品质。

4. 选材的一般步骤

1）分析零件的工作条件及失效形式，提出关键的性能要求，同时考虑其他性能。

2）对与成熟产品中相同类型的零件、通用或简单零件，可采用经验类比法选材。

3）确定零件应具有的主要性能指标值。

4）初步选定材料牌号并确定热处理和其他强化方法。

5）对关键零件，在批量生产前要进行试验，初步确定材料的选择、热处理方法是否合理，冷、热加工性的好坏，待试验满意后再进行批量生产。

1.4.2　典型零件选材实例

1. 齿轮类零件的选材

齿轮在机器中主要用来传递功率和调节速度，根据齿轮的工作条件可知，齿轮承受周期性的弯曲应力和接触应力，齿面承受强烈的摩擦和冲击，所以要求齿轮材料具有高的抗弯强度、疲劳强度和接触疲劳强度，齿面要有高的硬度和耐磨性，齿轮心部要有足够的强度和韧性。故可选用调质钢和渗碳钢。

1）调质钢：用于制造两种齿轮，一种用于制造耐磨性要求较高、冲击韧性要求一般的硬齿面（HRC > 40）齿轮，如车床、钻床、铣床等机床的变速箱齿轮，一般采用 45、40Cr、42SiMn 等材料，齿面经高频感应淬火再回火使用；一种用于软齿面（HBW < 350），低速、低载下工作的齿轮，如车床溜板箱、车床交换齿轮等，通常用 45、40Cr、35SiMn 等材料，经调质或正火处理使用。

2）渗碳钢：用于制造高速、重载、冲击较大的硬齿面（HRC > 55）齿轮，如汽车变速箱齿轮等，常用 20CrMnTi、20CrMo 等材料，齿面经渗碳淬火、低温回火处理使用。

3）对一些受力不大或在无润滑条件下工作的齿轮，如仪表齿轮等，可选用塑料（如尼龙、聚碳酸酯）。

2. 轴类零件的选材

（1）轴类零件的受力特点　轴主要用来支承传动零件并传递运动和动力，其受力特点如下：

1）要传递一定的转矩。

2）大都要承受一定的冲击载荷。

3）需要用轴承支承，在轴颈处应有较好的耐磨性。

4）可能还承受一定的弯曲应力或拉、压应力。

（2）性能要求　轴类零件应具有优良的综合力学性能，以防变形和断裂。轴颈应具有良好的耐磨性。

（3）选材方法　根据轴的受力情况不同，选材方法如下：

1）承受交变拉应力和动载荷的轴类零件，如船用推进器轴、锻锤锤杆等，应选用淬透性好的调质钢，如 30CrMnSi、40MnVB 等。

2）主要承受弯曲和扭转应力的轴类零件，如变速箱传动轴、发动机曲轴、机床主轴等，其表面应力较大，心部应力较小，不需要淬透性很高的钢种，可选用 45 钢或合金调质钢。

3）高精度、高速传动的轴类零件，如镗床主轴，可选用渗氮钢，如 38CrMoAlA 等，并进行调质及渗氮处理。

3. 箱体和支架类零件的选材

主轴箱、变速箱、缸体、缸盖、机床床身等可视为箱体、支架类零件,其形状结构大多较复杂,常采用铸造或焊接方法来生产。这类零件的选材方法如下:

1)受力较大,要求高强度、高韧性,在高温、高压下工作的箱体类零件,如汽轮机机壳,可选用铸钢。

2)受冲击力不大、主要受静压力的箱体或支架类零件,一般选用灰铸铁。

3)受力不大、要求轻或导热性良好的箱体类零件,可选用铸造铝合金,如摩托车发动机缸体。

4)受力很小、自重轻或有绝缘要求的箱体类零件,可选用工程塑料,如电动工具外壳。

5)受力较大、形状简单、生产批量少的箱体或支架类零件,可采用型钢焊接。

4. 常用工具的选材

1)锉刀:钳工工具,要求高硬度、高耐磨,采用 T12、T13。

2)手工锯条:要求高硬度、高耐磨、较好的韧性和弹性,采用 T10、T12、20 钢渗碳。

3)钳工锤:要求高硬度和抗冲击性,采用 T7、T8。

4)麻花钻:要求较高的热硬性和强韧性,采用高速钢。

复习思考题

1. 说明下列力学性能指标的名称、意义和单位:R_m、R_e、R_p、A、Z、HBW、HRC、HV。

2. 绘出低碳钢退火态拉伸 $R-e$ 曲线,指出曲线上各点的含义及试样的变化情况。

3. 说明布氏硬度、洛氏硬度、维氏硬度的测定方法、各自的优缺点和适用场合。

4. 疲劳破坏是如何形成的?提高零件疲劳极限的方法有哪些?

5. 何为冲击韧度?说明冲击韧度的符号和单位。

6. 金属材料主要有哪些物理性能、化学性能和工艺性能?

7. 试分析下列几种说法是否正确,为什么?

1)材料的 E 值越大,塑性越差。

2)脆性材料拉伸时不产生颈缩现象。

3)布氏硬度适合于测试成品材料的硬度,维氏硬度可测试整体材料的硬度。

4)塑性材料零件可用屈服强度作为设计指标,脆性材料应用抗拉强度作为设计指标。

8. 指出下列各钢号的钢种、大致碳含量(质量分数)、质量及用途:

Q235B、45、08F、T10A、Q215A、ZG200 – 400、Q345、40Cr、9SiCr、W18Cr4V、1Cr18Ni9Ti、2Cr13、Cr12MoV、GCr15、ZGMn13、5CrNiMo、60Si2MnA、3Cr2W8V、HT250、RuT340、QT600 – 3、KTH370 – 12、KTZ550 – 04、ZL102、2A70、7A04、ZL301、3A21、2B50、H62、HPb60 – 1、QSn6.5 – 0.4、QBe2、ZCh-SnSb11 – 6、ZChPbSb16 – 16 – 2、TA7、TC4。

9. 现用 40Cr 钢制造车床主轴,心部要求有良好的综合力学性能,轴颈要求硬度高(54~58HRC)并耐磨,请回答下列问题:

1)应进行哪些热处理工艺?

2)热处理后各获得什么组织?

3)热处理工艺在加工工艺路线中如何安排?

10. 现用 20CrMnTi 钢生产汽车齿轮，要求齿面硬度为 58～62HRC，硬化层为 1.0～1.2mm，心部硬度为 35～40HRC，试确定最终的热处理工艺及得到的齿面和心部组织。

11. 为下列零件选择合适的材料，并说明理由。

零件：冲模冲头、压铸模、铣刀刀头、挖掘机铲齿、简单手术刀、化工管道、弹簧钢板、轴承滚珠、高级眼睛架、精密弹簧、飞机起落架、发动机活塞、汽轮机高速轴瓦。

材料：ZGMn13、W18Cr4V、QBe2、7A09、5CrNiMo、1Cr18Ni9Ti、TB3、GCr15、ZCHSnSb11 – 6、3Cr13、9Mn2V、Cr12MoV、ZAlCu4。

12. 何为钢的热处理？何为钢的热处理原理？

13. 常用的淬火方法有哪些？说明它们的主要特点和用途。

14. 回火的目的是什么？常用的回火方法有哪几种？说明各种回火方法得到的组织、性能和应用范围。

15. P、S、M、T、B、A′各代表什么意义？

16. 试分析下列说法是否准确，为什么？

1）钢经淬火处于冷脆状态。

2）共析钢在连续冷却时能生成贝氏体组织。

3）过冷奥氏体冷却速度越快，冷却后的硬度越高。

4）钢中合金元素越多，则淬火后硬度越高。

5）钢的回火温度不能超过 Ac_1。

6）共析钢加热到奥氏体化后，淬火得到的组织主要取决于冷却速度。

7）在同一加热条件下，钢水淬比油淬的淬透性好，小件比大件淬透性好。

17. 用 T10A（$w(C) = 1.0\%$、$Ac_1 = 730℃$、$Ac_{cm} = 800℃$）钢制造冲模的冲头，试制订最终热处理工艺（包括工艺名称和具体参数），并说明热处理各阶段获得的组织及热处理后零件的力学性能。

18. 某齿轮箱齿轮，要求表面硬度 >50HRC，心部有良好的综合力学性能。原来采用 45 钢调质处理 + 齿面高频感应淬火和低温回火，现改用 20 钢。试说明两种材料的热处理工艺、参数及最终的组织。

第 2 章
铸 造 成 形

　　将液态金属浇注到与零件形状、尺寸相适应的铸型型腔中，待其冷却凝固后，获得一定形状的毛坯或零件的方法称为铸造。铸造是生产机器零件毛坯的主要方法之一，其实质是液态金属逐步冷却凝固而成形，也称为金属液态成形。

　　这种方法能够制成形状复杂、特别是具有复杂内腔的毛坯，而且铸件的大小几乎不受限制，重量可从几克到几百吨。铸造常用的原材料来源广泛，价格低廉，所以铸件的成本也较低。因此，铸造在机器制造业中应用极其广泛，各种类型的现代机器设备中铸件所占的比重很大。例如，在机床、内燃机、重型机械中，铸件占机器总重的 70% ~ 90%，在风机、压缩机中占 60% ~ 80%，在农业机械中占 40% ~ 70%，在汽车中占 20% ~ 30%。铸造技术也存在不足，如铸造组织疏松、晶粒粗大，铸件内部易产生缩孔、缩松、气孔等缺陷。因此，铸件的力学性能，特别是冲击韧度，比同样材料锻件的力学性能低；铸造工序多，且难以精确控制，使得铸件质量不够稳定，铸件的废品率较高；劳动条件差，劳动强度比较大。

　　随着铸造技术的发展，铸造工艺的不足之处正不断得到克服。各种铸造新工艺及铸造机械化、自动化使铸件的质量、成品率提高，工人的劳动强度减小，劳动条件得到改善；某些新研制的铸造合金使铸件的力学性能大为提高。精密铸造工艺使铸件的尺寸精度及表面质量提高，成为"少切削、无切削工艺"的重要方法之一。

2.1　液态成形理论基础

2.1.1　金属的凝固

2.1.1.1　液态金属的结构与性质

　　液态金属是通过加热将金属由固态转变为熔融状态而得到的。由于铸造生产中得到的液态金属过热度不高（一般高于熔点 100 ~ 300℃），这种液态金属靠近固态而远离气态。

　　试验表明，金属的熔化是从晶界开始的，是原子间结合的局部破坏。熔化后得到的液态金属由许多呈有序排列的游动原子集团所组成。集团中原子的排列和原有的固体相似，但存在很大的能量起伏和剧烈的热运动。温度越高,原子集团尺寸越小,游动越快。

这些结构特点决定了液态金属具有黏度和表面张力等特性。黏度表征了介质中一部分质点对另一部分质点做相对运动时所受到的阻力。与气体不同,液体(与固体相似)分子处于连续的相互作用之中,作用力较大。液体在外力作用下其形状的改变只需很小的作用力。与固体受力变形不同,这种小作用力下的变形是非弹性的、不可逆的。表面张力是在液体表面上平行于表面方向且在各方向均相等的张力。液体表面最显著的特点之一,就是液面在表面张力的作用下靠近器壁处产生弧形弯曲。

2.1.1.2　液态金属的凝固

物质由液态转化为固态的过程称为凝固。铸造的实质是液态金属逐步冷却凝固而成形。固态金属为晶体,金属的凝固过程又称为结晶。结晶包括形核和长大两个基本过程。

凝固组织就宏观状态而言,指的是铸态时晶粒的形态、大小、取向和分布等情况;铸件的微观组织指晶粒内部结构的形态、大小和分布,以及各种缺陷等。铸件的凝固组织对金属材料的力学性能、物理性能影响甚大。一般情况下,晶粒越细小均匀,金属材料的强度和硬度越高,塑性和韧性越好。影响铸件凝固组织的因素有成分、冷却速度、形核条件等。

2.1.1.3　铸件的凝固方式

在铸件凝固过程中,其断面上一般存在三个区域,即固相区、凝固区和液相区,其中,对铸件质量影响较大的主要是液相和固相并存的凝固区的宽窄。铸件的凝固方式依据凝固区的宽窄划分为逐层凝固、糊状凝固和中间凝固,如图 2-1 所示。

1. 逐层凝固

纯金属或共晶成分合金在凝固过程中因不存在液、固并存的凝固区(图 2-1a),故断面上外层的固体和内层的液体由一条界限(凝固前沿)清楚地分开。随着温度的下降,固体层不断加厚,液体层不断减少,直达铸件的中心,这种凝固方式称为逐层凝固。

2. 糊状凝固

如果合金的结晶温度范围很宽,且铸件的温度分布较为平坦,则在凝固的某段时间内,铸件表面并不存在固体层,而液、固并存的凝固区贯穿整个断面,如图 2-1c 所示。由于这种凝固方式与水泥类似,即先呈糊状而后固化,故称为糊状凝固。

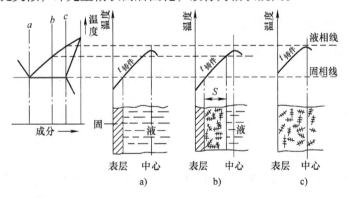

图 2-1

铸件的凝固方式

a)逐层凝固　b)中间凝固　c)糊状凝固

3. 中间凝固

大多数合金的凝固介于逐层凝固和糊状凝固之间，如图2-1b所示，称为中间凝固方式。铸件质量与其凝固方式密切相关。一般来说，逐层凝固时，合金的充型能力强，便于防止缩孔和缩松；糊状凝固时，难以获得结晶紧实的铸件。

铸件的凝固方式决定了铸件的组织结构形式，是影响铸件质量的内在因素。

2.1.1.4 影响铸件凝固方式的因素

影响铸件凝固方式的主要因素有合金的结晶温度范围和铸件的温度梯度。

1. 合金的结晶温度范围

如前所述，合金的结晶温度范围越小，凝固区域越窄，越倾向于逐层凝固。如砂型铸造时，低碳钢为逐层凝固；高碳钢结晶温度范围甚宽，为糊状凝固。

2. 铸件的温度梯度

在合金结晶温度范围已定的前提下，凝固区域的宽窄取决于铸件内外层间的温度梯度，如图2-2所示。若铸件的温度梯度由小变大，则其对应的凝固区由宽变窄。铸件的温度梯度主要取决于：

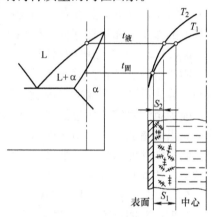

图2-2
温度梯度对凝固区域的影响

（1）合金的性质 合金的凝固温度越低、热导率越高、结晶潜热越大，铸件内部温度均匀化能力越大，而铸型的激冷作用变小，故温度梯度小（如多数铝合金）。

（2）铸型的蓄热能力 铸型蓄热能力越强，激冷能力越强，铸件的温度梯度越大。

（3）浇注温度 浇注温度越高，因带入铸型中热量增多，铸件的温度梯度减小。

通过以上讨论可以得出：具有逐层凝固倾向的合金（如灰铸铁、铝硅合金等）易于铸造，应尽量选用。当必须采用有糊状凝固倾向的合金（如锡青铜、铝铜合金、球墨铸铁等）时，需考虑采用适当的工艺措施，例如选用金属型铸造等，以减小其凝固区域。

2.1.2 金属与合金的铸造性能

金属与合金的铸造性能是指金属与合金在铸造成形工艺过程中，能否容易获得外形正确、内部健全的铸件的性质。铸造性能是重要的工艺性能指标，铸造合金除应具备符合要求的力学性能、物理性能和化学性能外，还必须有良好的铸造性能。铸造性能通常用充型能力、收缩性等来衡量，除合金的化学成分外，工艺因素对铸造性能的影响很大。掌握金属与合金的铸造性能，对采取合理的工艺措施、防止缺陷、提高铸件质量具有重要意义。

2.1.2.1 合金的充型能力

熔融合金填充铸型的过程，简称充型。熔融合金充满铸型型腔，获得形状完整、轮廓清晰的铸件的能力，称为合金的充型能力。充型能力首先取决于熔融金属本身的流动能力（即流动性），同时又受外界条件，如铸型性质、浇注条件、铸件结构等因素影响。因此，充型能力是上述各种因素的综合反映。这些因素通过两个途径发生作用：影响金属与铸型之间的热交换条件，从而改变金属液的流动时间；影响金属液在铸型中的流动力学条件，从而改变金属液的流动速度。延长金属液的流动时间、加快流动速度，都可以改善充型能力。

影响合金充型能力的主要因素有：

1. 合金的流动性

流动性是熔融金属的流动能力，它是影响充型能力的主要因素之一，是液态金属的固有属性。流动性仅与金属本身的化学成分、温度、杂质量及物理性质有关。合金的流动性好，充填铸型的能力就强，就易于获得尺寸准确、外形完整和轮廓清晰的铸件，可避免产生铸造缺陷。合金的流动性用浇注流动性试样的方法来衡量。流动性试样的种类很多，如螺旋形、球形、真空试样等，应用最多的是螺旋形试样，如图 2-3 所示。

决定合金流动性的因素主要有：

（1）合金的种类　合金的流动性与合金的熔点、热导率、合金液的黏度等物理性能有关。如铸钢的熔点高，在铸型中散热快、凝固快，则流动性差。

（2）合金的成分　同种合金中，成分不同的铸造合金具有不同的结晶特点，对流动性的影响也不相同。图 2-4 所示为铅锡合金的流动性与相图的关系曲线。纯金属和共晶合金是在恒温下进行结晶的，结晶时从表面向中心逐层凝固，凝固层的表面比较光滑，对尚未凝固的金属的流动阻力小，故流动性好。特别是共晶合金，熔点最低，因而流动性最好，如图 2-5a 所示。

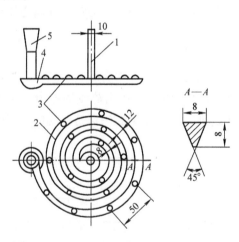

图 2-3

螺旋形标准试样

1—出气口　2—试样铸件　3—试样凸台

4—内浇道　5—浇口杯

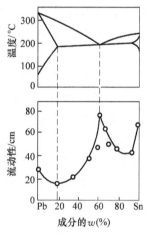

图 2-4

铅锡合金的流动

性与相图的关系

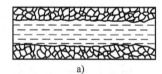

图 2-5

结晶特性对流动性的影响

a）恒温下　b）一定温度范围

在一定温度范围内结晶的亚共晶合金，其结晶过程是在铸件截面上一定的宽度区域内同时进行的。在结晶区域中，既有形状复杂的枝晶，又有未结晶的液体。复杂的枝晶不仅阻碍熔融金属的流动，而且使熔融金属的冷却速度加快，所以流动性差。结晶区间越大，流动性越差，如图 2-5b 所示。

（3）杂质与含气量 熔融金属中出现的固态夹杂物，将使液体的黏度增加，合金的流动性下降。如灰铸铁中锰和硫，多以 MnS（熔点 1650℃）的形式悬浮在铁液中，阻碍铁液的流动，使流动性下降。熔融金属中的含气量越少，合金的流动性越好。

2. 浇注条件

（1）浇注温度 浇注温度对合金的充型能力有决定性影响。浇注温度高，液态金属所含的热量多，在同样的冷却条件下，保持液态的时间长，所以流动性好。浇注温度越高，合金的黏度越低，传给铸型的热量就越多，保持液态的时间便延长，故流动性好，充型能力强。因此，提高浇注温度是改善合金充型能力的重要措施。但浇注温度过高，会使金属的吸气量和总收缩量增大，从而增加铸件产生其他缺陷的可能性（如缩孔、缩松、粘砂、晶粒粗大等）。因此，在保证流动性足够的条件下，浇注温度应尽可能低些。

（2）充型压力 熔融合金在流动方向上所受的压力越大，充型能力越好。砂型铸造时，充型压力是由直浇道的静压力产生的，适当提高直浇道的高度，可提高充型能力。但过高的砂型浇注压力，使铸件易产生砂眼、气孔等缺陷。在低压铸造、压力铸造和离心铸造时，因人为加大了充型压力，故充型能力较强。

3. 铸型条件

熔融合金充型时，铸型的阻力及铸型对合金的冷却作用，都将影响合金的充型能力。

（1）铸型的蓄热能力 它表示铸型从熔融合金中吸收并传出热量的能力。铸型材料的比热容和热导率越大，对熔融金属的冷却作用越强，合金在型腔中保持流动的时间缩短，合金的充型能力越差。

（2）铸型温度 浇注前将铸型预热到一定温度，减小了铸型与熔融金属的温度差，减缓了合金的冷却速度，延长了合金在铸型中的流动时间，则合金充型能力提高。

（3）铸型中的气体 浇注时因熔融金属在型腔中的热作用而产生大量气体。如果铸型的排气能力差，则型腔中气体的压力增大，阻碍了熔融金属的充型。铸造时，除应尽量减少气体的来源外，还应增加铸型的透气性，并开设出气口，使型腔及型砂中的气体顺利排出。

（4）铸件结构 当铸件壁厚过小，壁厚急剧变化、结构复杂，或有大的水平面时，均会使充型困难。因此在进行铸件的结构设计时，铸件的形状应尽量简单，壁厚应大于规定的最小壁厚。对于形状复杂、薄壁、散热面大的铸件，应尽量选择流动性好的合金或采取其他相应措施。

2.1.2.2 合金的收缩

1. 收缩的概念

合金从浇注、凝固直至冷却到室温的过程中，其体积或尺寸缩减的现象，称为收缩。收缩是合金的物理本性，是影响铸件几何形状、尺寸、致密性，甚至造成某些缺陷的重要的铸造性能之一。

合金的收缩量常用体收缩率和线收缩率来表示。金属从液态到常温的体积改变量称为体收缩。金属在固态由高温到常温的线性尺寸改变量称为线收缩。它们分别以单位体积和单位长度的变化量来表示：

$$体收缩率 \qquad \varepsilon_V = \frac{V_0 - V_1}{V_0} \times 100\% = \alpha_V(t_0 - t_1) \times 100\%$$

$$线收缩率 \qquad \varepsilon_l = \frac{l_0 - l_1}{l_0} \times 100\% = \alpha_l(t_0 - t_1) \times 100\%$$

式中　V_0，V_1——金属在 t_0、t_1 时的体积，单位为 m^3；

　　　l_0，l_1——金属在 t_0、t_1 时的长度，单位为 m；

　　　α_V，α_l——金属在 t_0 至 t_1 温度范围内的体积收缩系数和线收缩系数，单位为 1/℃。

合金的收缩可分为三个阶段，如图 2-6 所示。

（1）液态收缩　它是指从浇注温度冷却到凝固开始温度（液相线温度）的收缩，即金属在液态时由于温度降低而发生的体积收缩。

（2）凝固收缩　它是指从凝固开始温度冷却到凝固终止温度（固相线温度）的收缩，即熔融金属在凝固阶段的体积收缩。

（3）固态收缩　它是指从凝固终止温度冷却到室温的收缩，即金属在固态由于温度降低而发生的体积收缩。

合金的液态收缩和凝固收缩表现为合金的体积缩小，通常以体收缩率来表示，它们是铸件产生缩孔、缩松缺陷的基本原因。合金的固态收缩，尽管也是体积变化，但它只引起铸件各部分尺寸的变化，因此，通常用线收缩率来表示，是铸件产生内应力、裂纹和变形等缺陷的主要原因。

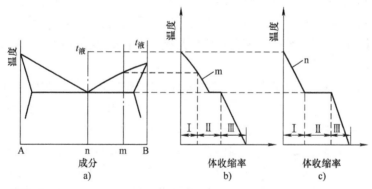

图 2-6

铸造合金收缩过程示意图

　a）合金状态图　　b）一定温度范围合金（m）的收缩过程

　c）共晶合金（n）的收缩过程

　Ⅰ—液态收缩　　Ⅱ—凝固收缩　　Ⅲ—固态收缩

合金的总体收缩为上述三个阶段收缩之和，与合金的成分、温度和相变有关。不同合金的收缩率是不同的。表 2-1 给出了几种铁碳合金的体收缩率。

表 2-1		几种铁碳合金的体收缩率				
合金种类	碳的质量分数（%）	浇注温度/℃	液态收缩（%）	凝固收缩（%）	固态收缩（%）	总体积收缩（%）
碳素钢	0.35	1610	1.6	3	7.86	12.46
白口铸铁	3.0	1400	2.4	4.2	5.4~6.3	12
灰铸铁	3.5	1400	3	0.1	3.3~4	6.9~7.8

2. 影响收缩的因素

（1）化学成分　碳素钢随含碳量增加，凝固收缩增加，而固态收缩略减。灰铸铁中，碳是形成石墨化元素，硅是促进石墨化元素，所以碳硅含量增加，收缩率减小。硫阻碍石墨的析出，使铸铁的收缩率增大。适量的锰可与硫合成 MnS，能抵消硫对石墨的阻碍作用，使收缩率减小。但含锰量过高，铸铁的收缩率又有增加。

（2）浇注温度　浇注温度越高，过热度越大，合金的液态收缩越大。

（3）铸件结构和铸型条件　铸型中的铸件冷却时，因形状和尺寸不同，各部分的冷却速度不同，会对铸件收缩产生阻碍。此外，铸型和型芯对铸件的收缩也将产生机械阻力，铸件的实际线收缩率比自由线收缩率小。因此设计模样时，应根据合金的种类、铸件的形状、尺寸等因素，选取合适的收缩率。

2.1.3　铸造性能对铸件质量的影响

铸造性能对铸件质量有显著的影响。收缩是铸件中许多缺陷，如缩孔、缩松、应力、变形和裂纹等产生的基本原因。充型能力不好，铸件易产生浇不到、冷隔、气孔、夹杂、缩孔、热裂等缺陷。

2.1.3.1　缩孔和缩松

铸型内的熔融合金在凝固过程中，由于液态收缩和凝固收缩所缩减的体积得不到补充，在铸件最后凝固部位将形成空洞。按空洞的大小和分布可分为缩孔和缩松。大而集中的空洞称为缩孔，细小而分散的空洞称为缩松。缩孔和缩松可使铸件的力学性能、气密性和物理化学性能大大降低，以致成为废品。缩孔和缩松是极其有害的铸造缺陷，必须设法防止。

1. 缩孔和缩松的形成

（1）缩孔　缩孔通常隐藏在铸件上部或最后的凝固部位，有时在机械加工中可暴露出来。缩孔形状不规则，孔壁粗糙。缩孔产生的条件是金属在恒温或很小的温度范围内结晶，铸件壁以逐层凝固的方式进行凝固。缩孔的形成过程如图 2-7 所示。液态金属填满铸型（图2-7a）后，因铸型吸热，靠近型腔表面的金属很快就降到凝固温度，凝固成一层外壳（图2-7b），温度下降，合金逐层凝固，凝固层加厚，内部的剩余液体由于液态收缩和补充凝固层的凝固收缩，体积缩减，液面下降，铸件内部出现空隙（图 2-7c），直到内部完全凝固，在铸件上部形成缩孔（图 2-7d）。已经形成缩孔的铸件继续冷却到室温时，因固态收缩，使铸件的外形轮廓尺寸略有缩小（图 2-7e）。

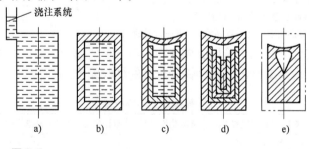

图 2-7

缩孔的形成过程示意图

（2）缩松　形成缩松的基本原因和形成缩孔的相同，但形成的条件却不同。缩松主要出现在结晶温度范围宽、以糊状凝固方式凝固的合金或厚壁铸件中。缩松形成过程如图 2-8 所示。一般合金在凝固过程中都存在液 – 固两相区，树枝状晶在其中不断扩大。枝晶长到一定程度（图 2-8a），枝晶分叉间的熔融金属被分离成彼此孤立的状态，继续凝固时将产生收缩（图 2-8b），这种凝固方式称为糊状凝固。这时铸件中心虽有液体存在，但由于枝晶的阻碍使之无法补缩，在凝固后的枝晶分叉间就形成许多微小的空洞（图 2-8c），有时只有在显微镜下才能辨认出来，这种很细小的空洞称为缩松或显微缩松。

由以上缩孔和缩松的形成过程可得到以下规律：

1）合金的液态收缩和凝固收缩越大（如铸钢，白口铸铁，铝青铜），铸件越易形成缩孔。

2）合金的浇注温度越高，液态收缩越大，越易形成缩孔。

3）结晶温度范围宽的合金，倾向于糊状凝固，易形成缩松。纯金属和共晶成分合金倾向于逐层凝固，易形成集中缩孔。

2. 缩孔和缩松的防止

对一定成分的合金，缩孔和缩松的数量可以相互转化，但其总容积基本一定。图 2-9 所示为铁碳合金成分与总体积收缩率、缩孔和缩松形成倾向的关系。防止铸件中产生缩孔和缩松的基本原则就是针对合金的收缩和凝固特点制订正确的铸造工艺，使铸件在凝固过程中建立良好的补缩条件，尽可能使缩松转化为缩孔，并通过控制铸件的凝固过程使之符合顺序凝固的原则，并在铸件最后凝固的部位放置合理的冒口，使缩孔移至冒口中，即可获得合格的铸件。主要工艺措施有：

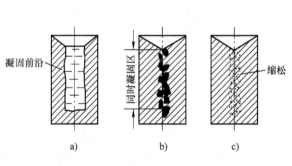

图 2-8

缩松的形成过程示意图

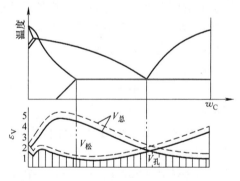

图 2-9

铁碳合金成分与总体积收缩率关系

$V_总$—总体积收缩容积　$V_孔$—缩孔容积

$V_松$—缩松容积　　– – – –浇注温度提高时的收缩曲线

（1）按照定向凝固原则进行凝固　定向凝固原则是指采用各种工艺措施，使铸件上从远离冒口的部分到冒口之间建立一个逐渐递增的温度梯度，从而实现由远离冒口的部分向冒口的方向定向地凝固，如图 2-10 所示。这样铸件上每一部分的收缩都得到稍后凝固部分的合金液的补充，缩孔转移到冒口部位，切除后便可得到无缩孔的致密铸件。

（2）合理地确定内浇道的位置及浇注工艺　内浇道的引入位置对铸件的温度分布有明显影响，应按照定向凝固的原则确定。例如，内浇道应从铸件厚实处引入，尽可能靠近冒口或由冒口引入。

（3）合理地应用冒口、冷铁和补贴等工艺措施　冒口、冷铁和补贴的综合运用是消除缩孔、缩松的有效措施。图2-11是冒口和冷铁的应用。

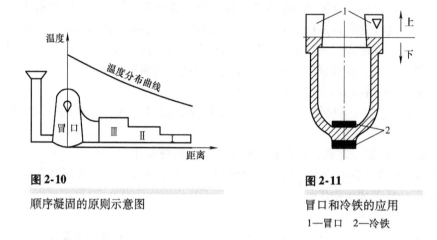

图2-10

顺序凝固的原则示意图

图2-11

冒口和冷铁的应用

1—冒口　2—冷铁

2.1.3.2　铸造应力

铸件在凝固和冷却过程中，由于各部分体积变化不一致、彼此制约而使其固态收缩受到阻碍引起的内应力，称为铸造应力。按阻碍收缩原因的不同，铸造应力分为热应力和收缩应力。铸造应力是液态成形件产生变形和裂纹的基本原因。铸件各部分由于冷却速度不同、收缩量不同而引起的阻碍称为热阻碍；铸型、型芯对铸件收缩的阻碍，称为机械阻碍。由热阻碍引起的应力称为热应力；由机械阻碍引起的应力称为收缩应力（机械应力）。铸造应力可能是暂时的，当引起应力的原因消除以后，应力随之消失，称为临时应力；铸造应力也可能是长期存在的，称为残留应力。

1. 热应力

热应力是由于铸件壁厚不均匀，各部分收缩受到热阻碍而引起的。落砂后热应力仍存在于铸件内，是一种残余铸造应力。

现以图2-12所示的框形铸件为例来说明热应力的形成过程。它由一根粗杆Ⅰ和两根细杆Ⅱ组成（图2-12a）。图2-12上部表示杆Ⅰ和杆Ⅱ的冷却曲线，$t_{临}$表示金属弹塑性临界温度。当铸件处于高温阶段时，T_0—T_1间两杆均处于塑性状态。尽管杆Ⅰ和杆Ⅱ的冷却速度不同，收缩不一致，但两杆都是塑性变形，不产生内应力。继续冷却到T_1—T_2间，此时杆Ⅱ的温度较低，已进入弹性状态，但杆Ⅰ仍处于塑性状态。杆Ⅱ由于冷却快，收缩大于杆Ⅰ，在横杆的作用下将对杆Ⅰ产生压应力，而杆Ⅰ反过来给杆Ⅱ以拉应力（图2-12b）。处于塑性状态的杆Ⅰ受压应力作用产生压缩塑性变形，使杆Ⅰ、Ⅱ的收缩趋于一致，也不产生应力（图2-12c）。当进一步冷却至T_2—T_3间，杆Ⅰ和杆Ⅱ均进入弹性状态，此时杆Ⅰ温度较高，冷却时还将产生较大收缩，杆Ⅱ温度较低，收缩已趋停止。在最后阶段冷却时，杆Ⅰ的收缩将受到杆Ⅱ的强烈阻碍，因此杆Ⅰ受拉，杆Ⅱ受压。到室温时形成残余应力（图2-12d）。

热应力使冷却较慢的厚壁处受拉伸，冷却较快的薄壁处或表面受压缩。铸件的壁厚差别越大，合金的线收缩率或弹性模量就越大，热应力就越大。定向凝固时，由于铸件各部分冷却速度不一致，产生的热应力较大，铸件易出现变形和裂纹，采用时应予以考虑。

2. 收缩应力

铸件在固态收缩时，因受铸型、型芯、浇冒口等外力的阻碍而产生的应力称为收缩应力。一般铸件冷却到弹性状态后，收缩受阻都会产生收缩应力。收缩应力常表现为拉应力，与铸件部位无关。形成原因一经消除（如铸件落砂或去除浇口后），收缩应力也随之消失，因此收缩应力是一种临时应力。但在落砂前，如果铸件的收缩应力和热应力共同作用，其瞬间应力大于铸件的抗拉强度时，铸件会产生裂纹，如图 2-13 所示。

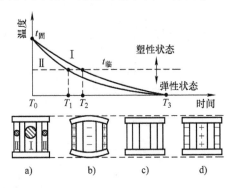

图 2-12

热应力的形成

+—拉应力   −—压应力

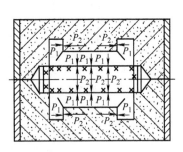

图 2-13

收缩应力的形成

P_1—铸件对砂型的作用力

P_2—砂型对铸件的反作用力

3. 减小和消除铸造应力的措施

1）合理地设计铸件结构。铸件的形状越复杂，各部分壁厚相差越大，冷却时温度越不均匀，铸造应力就越大。因此，在设计铸件时应尽量使铸件形状简单、对称、壁厚均匀。

2）尽量选用线收缩率小、弹性模量小的合金。

3）采用同时凝固的工艺。所谓同时凝固是指采取一些工艺措施，使铸件各部分温差很小，几乎同时进行凝固，如图 2-14 所示。因各部分温差小，不易产生热应力和热裂，故铸件的变形小。

4）设法改善铸型、型芯的退让性，合理设置浇冒口等。

5）对铸件进行时效处理是消除铸造应力的有效措施。时效处理分自然时效、热时效和共振时效等。所谓自然时效，是将铸件置于露天场地半年以上，让其内应力自然消除；热时效（人工时效）又称为去应力退火，是将铸件加热到 550～650℃，保温 2～4h，随炉冷却至150～200℃，然后出炉；共振时效是将铸件在其共振频率下振动 10～60min，以消除铸件中的残余应力。

2.1.3.3 铸件的变形与裂纹

当残余铸造应力超过铸件材料的屈服强度时，铸件将发生塑性变形；当铸造应力超过材料的抗拉强度时，铸件将产生裂纹。铸件产生变形以后，常因加工余量不够或因铸件放不进夹具无法加工而报废。在铸件中存在任何形式的裂纹都严重损害其力学性能，使用时会因裂纹扩展而使铸件断裂，发生事故。

1. 铸件的变形

对于厚薄不均匀、截面不对称以及具有细长特点的杆类、板类及轮类等铸件，当残余铸造应力超过铸件材料的屈服强度时，往往会产生翘曲变形。如前述框形铸件，粗杆Ⅰ受拉伸，细杆Ⅱ受压缩，但两杆都有恢复自由状态的趋向，即杆Ⅰ总是力图压缩，杆Ⅱ总是力图伸长，如果连接两杆的横梁刚度不够，就会出现图 2-15 所示的翘曲变形。变形使铸造应力重新分布，残余应力会减小一些，但不会完全消除。图 2-16 所示 T 形梁铸钢件，当板Ⅰ厚、板Ⅱ薄时，浇注后板Ⅰ受拉、板Ⅱ受压。各自都有力图恢复原状的趋势，板Ⅰ力图缩短一点，板Ⅱ力图伸长一点。若铸钢件刚度不够，将发生板Ⅰ内凹、板Ⅱ外凸的变形。反之，当板Ⅰ薄、板Ⅱ厚时，将发生反向翘曲。

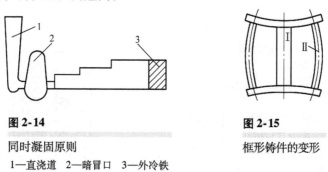

图 2-14

同时凝固原则

1—直浇道　2—暗冒口　3—外冷铁

图 2-15

框形铸件的变形

对于形状复杂的铸件，也可应用上述分析方法来确定它的变形方向。图 2-17 所示车床床身的导轨部分厚，侧壁部分薄，铸造后导轨产生拉应力，侧壁产生压应力，往往发生导轨面下凹变形。有的铸件虽无明显变形，但经切削加工后，破坏了铸造应力的平衡，将产生变形甚至裂纹。

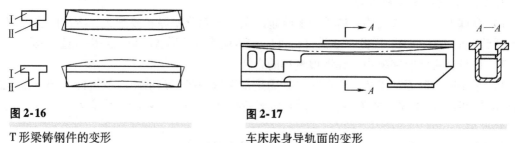

图 2-16

T 形梁铸钢件的变形

图 2-17

车床床身导轨面的变形

前述防止铸造应力的方法，也是防止变形的根本方法。此外，工艺上还可采取某些措施，如反变形法，即在模样上做出与挠曲量相等、但方向相反的预变形量来消除床身导轨的变形；对某些重要的易变形铸件，可采取提早落砂，落砂后立即将铸件放入炉内退火的办法来消除机械应力。

2. 铸件的裂纹

当铸造应力超过金属的强度极限时，铸件便产生裂纹。裂纹是严重的铸造缺陷，必须设法防止。裂纹按形成的温度范围分为热裂和冷裂两种。

（1）热裂　热裂是铸件在凝固后期，在接近固相线的高温下形成的。因为合金的线收缩并不是在完全凝固后开始的，在凝固后期，结晶出来的固态物质已形成了完整的骨架，开始了线收缩，但晶粒间还存有少量液体，故金属的高温强度很低。在高温下铸件的线收缩若受到铸型、型芯及浇注系统的阻碍，机械应力超过了其高温强度，即发生热裂。热裂的形状特征是：裂纹短，缝隙宽，形状曲折，缝内呈氧化色。

防止热裂的措施有：①应尽量选择凝固温度范围小、热裂倾向小的合金；②应提高铸型和型芯的退让性，以减小机械应力；③浇道、冒口的设计要合理；④对于铸钢件和铸铁件，必须严格控制硫的含量，防止热脆性。

（2）冷裂　冷裂是在较低温度下，由于热应力和收缩应力的综合作用，铸件内应力超过合金的强度极限而产生的。冷裂多出现在铸件受拉应力的部位，尤其是具有应力集中处（如尖角、缩孔、气孔以及非金属夹杂物等的附近）。冷裂的特征是：裂纹细小，呈连续直线状，缝内有金属光泽或轻微氧化色。

铸件的冷裂倾向与热应力的大小密切相关。铸件的壁厚差别越大，形状越复杂，特别是大而薄壁的铸件，越易产生冷裂纹。不同铸造合金的冷裂倾向不同。灰铸铁、白口铸铁、高锰钢等塑性差的合金较易产生冷裂；塑性好的合金因内应力可通过其塑性变形来自行缓解，故冷裂倾向小。铸钢中含磷量越高，冷裂倾向越大。

凡是减小铸件内应力或降低合金脆性的因素均能防止冷裂。

2.2　砂型铸造方法

砂型铸造是应用最为广泛的铸造方法。目前，世界各国的砂型铸件占铸件总产量的80%以上。掌握砂型铸造是合理选择铸造方法和正确设计铸件的基础。砂型铸造的基本工艺过程如图 2-18 所示。

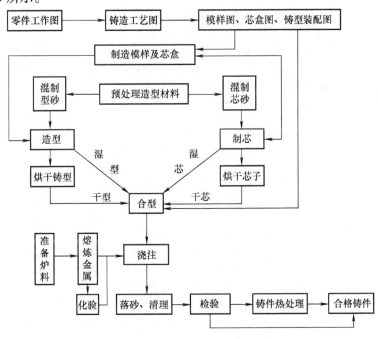

图 2-18

砂型铸造的基本工艺过程示意图

造型（芯）是砂型铸造最基本的工序。按型（芯）砂紧实型和起模方法的不同，造型方法分为手工造型和机器造型两大类。

2.2.1　手工造型

全部用手工或手动工具完成的造型工序称为手工造型。手工造型操作灵活，工艺装备简单，适应性强，但劳动强度大，生产率低，常用于单件和小批量生产。它适用于各种形状的铸件。手工造型的方法很多，常用手工造型方法的特点和应用见表2-2。

表2-2　　　　　　　　　　　　常用手工造型方法的特点和应用范围

造型方法名称		主　要　特　点	适　用　范　围
按模样特征分类	整模造型	模样为整体模，分型面是平面，铸型型腔全部在一个砂箱内。造型简单，铸件精度和表面质量较好	最大截面位于一端并且为平面的简单铸件的单件、小批量生产
	分模造型	模样沿最大截面分为两半，型腔位于上、下两个砂箱内。造型简便，节省工时	最大截面在中部，一般为对称铸件，适用于套类、管类及阀体等形状较复杂的铸件的单件、小批量生产
	挖砂造型	模样虽为整体，但分型面不是平面。为了取出模样，造型时用手工挖去阻碍起模的型砂。其造型费工时，生产率低，要求工人技术水平高	用于分型面不是平面的铸件的单件、小批量生产
	假箱造型	为了克服上述挖砂造型的缺点，在造型前特制一个底胎（假箱），然后在底胎上造下箱。由于底胎不参加浇注，故称为假箱。此法比挖砂造型简便，且分型面整齐	用于成批生产的铸件
	活块造型	当铸件上有妨碍起模的小凸台、肋板时，制模时将它们做成活动部分。造型起模时先起出主体模样，然后再从侧面取出活块。造型生产率低，要求工人技术水平高	主要用于带有凸出部分、难以起模的铸件的单件、小批量生产
	刮板造型	用刮板代替模样造型，能大大节约木材，缩短生产周期。但造型生产率低，要求工人技术水平高，铸件尺寸精度差	主要用于等截面或回转体的大、中型铸件的单件、小批量生产，如大带轮、铸管、弯头等
按砂箱特征分类	两箱造型	铸型由上型和下型构成，操作方便	这是造型的最基本方法，适用于各种铸型、各种批量
	三箱造型	铸件的最大截面位于两端，必须用分开模、三个砂箱造型，模样从中箱两端的两个分型面取出。造型生产率低，且需合适的中箱（中箱高度与中箱模样的高度相同）	主要用于手工造型，单件、小批量生产具有两个分型面的中、小型铸件
	脱箱造型（无箱造型）	采用活动砂箱造型，在铸型合型后，将砂箱脱出，重新用于造型。浇注时为了防止错型，需用型砂将铸型周围填紧，也可在铸型上加套箱	用于小铸件的生产。砂箱尺寸大多小于400mm×400mm×400mm
	地坑造型	在地面砂床中造型，不用砂箱或只用上箱，减少了制造砂箱的投资和时间。但操作麻烦，劳动量大，对工人的技术水平要求较高	生产要求不高的中、大型铸件，或用于砂箱不足时批量不大的中、小铸件的生产

2.2.2 机器造型

用机器全部完成或至少完成紧砂操作的造型工序称为机器造型。机器造型生产率高,劳动条件好,对环境污染小。机器造型铸件的尺寸精度和表面质量高,加工余量小,但设备和工装费用高,生产准备时间较长,适用于中、小型铸件成批大量生产。

2.2.2.1 紧砂方法

目前机器造型绝大部分都是以压缩空气为动力来紧实型砂的。机器造型的紧砂方法为压实、震实、震压和抛砂四种基本方式,其中以震压式应用最广。图 2-19 所示为震压紧砂机构原理图。工作时首先将压缩空气自震压进气口引入震压气缸,使震压活塞带动工作台及砂箱上升,震压活塞上升使震压气缸的排气孔露出,压气排出,工作台便下落,完成一次震动。如此反复多次,将型砂紧实。当压缩空气引入压实气缸时,工作台再次上升,压头压入砂箱,最后排除压实气缸内的压缩空气,砂箱下降,完成全部紧实过程。

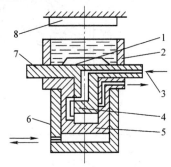

图 2-19

震压紧砂机构原理图
1—模板 2—砂箱 3—震压进气口
4—震压活塞 5—压实活塞
6—压实气缸 7—工作台 8—压头

抛砂紧实如图 2-20 所示,它是利用抛砂机头的电动机驱动高速叶片(900 ~ 1500r/min),连续地将传送带运来的型砂在机头内初步紧实,并在离心力的作用下,型砂呈团状被高速(30 ~ 60m/s)抛到砂箱中,使型砂逐层紧实。抛砂紧实的同时完成填砂与紧实两个工序,生产率高,型砂紧实密度均匀。抛砂机适应性强,可用于任何批量的大、中型铸型或大型芯的生产。

2.2.2.2 起模方法

型砂紧实以后,就要从型砂中正确地起出模样,使砂箱内留下完整的型腔。造型机大都装有起模机构,如图 2-21 所示,其动力多半是应用压缩空气。目前应用广泛的起模机构有顶箱、漏模和翻转三种。

1. 顶箱起模

图 2-21a 所示为顶箱起模示意图。型砂紧实后,开动顶箱机构,使四根顶杆自模板四角的孔(或缺口)中上升,把砂箱顶起,此时固定模样的模板仍留在工作台上,这样就完成了起模工序。顶箱起模的造型机构比较简单,但起模时易漏砂,因此只适用于型腔简单且高度较小的铸型,多用于制造上型,以省去翻箱工序。

2. 漏模起模

漏模起模方法如图 2-21b 所示,为了避免起模时掉砂,将模样上难以起模部分做成可以从漏板的孔中漏下,即将模样分成两部分,模样本身的平面部分固定在模板上,模样上各凸起部分可向下抽出,在起模过程中由于模板托住图中 A 处的型砂,因而可以避免掉砂。漏模起模机构一般用于形状复杂或高度较大的铸型。

3. 翻转起模

如图 2-21c 所示,型砂紧实后,砂箱夹持器将砂箱夹持在造型机转板上,在翻转气缸的推动下,砂箱随同模板、模样一起翻转 180°,然后承受台上升,接住砂箱后,夹持器打开,砂箱随承受台下降，与模板脱离而起模。这种起模方法不易掉砂，适用于型腔较深、形状复杂的铸型。下型通常比较复杂，且本身为了合箱的需要，也需翻转 180°，因此翻转起模多用来制造下型。

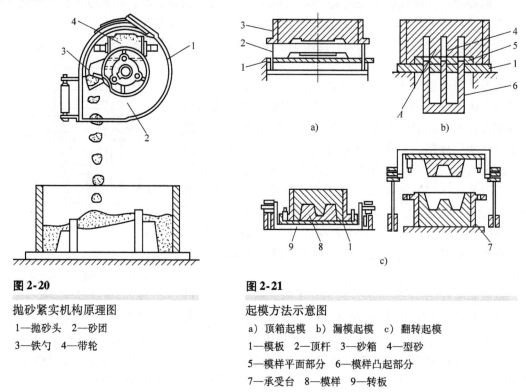

图 2-20

抛砂紧实机构原理图
1—抛砂头 2—砂团
3—铁勺 4—带轮

图 2-21

起模方法示意图

a）顶箱起模 b）漏模起模 c）翻转起模

1—模板 2—顶杆 3—砂箱 4—型砂
5—模样平面部分 6—模样凸起部分
7—承受台 8—模样 9—转板

2.2.3 造型生产线简介

造型生产线是根据铸造工艺流程，将造型机、翻转机、下芯机、合型机、压铁机、落砂机等，用铸型输送机或辊道等运输设备联系起来，并采用一定控制方法控制而组成的机械化、自动化造型生产体系。

自动造型生产线如图 2-22 所示。浇注冷却后的上箱在工位 1 被专用机械卸下并被送到工位 13 落砂，带有型砂和铸件的下箱靠输送带 16 从工位 1 移至工位 2，并因此进入落砂机 3 中落砂。落砂后的铸件跌落到专用输送带送至清理工段，型砂由另一输送带送往砂处理工段。落砂后的下箱被送往自动造型机 4 处，上箱则被送往自动造型机 12，模板更换靠小车 11 完成。

自动造型机制作好的下型用翻转机 8 翻转 180°，并于工位 7 处被放置到输送带 16 的平车 6 上，被运至合型机 9，平车 6 预先用特制刷 5 清理干净。自动造型机 12 上制作好的上型顺辊道 10 运至合型机 9，与下型装配在一起。合型后的铸型 14 沿输送带移至浇注工段 15 进行浇注。浇注后的铸型沿交叉的双水平形输送带冷却后再输送到工位 1、2。下芯的操作是在铸型从工位 7 移至工位 9 的过程中完成的。自动造型生产线由于劳动组织合理，极大地提高了生产率。

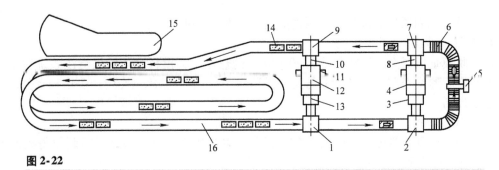

图 2-22

自动造型生产线

1、2、7、9、13—工位　3—落砂机　4、12—自动造型机　5—特制刷　6—平车　8—翻转机
10—辊道　11—小车　14—铸型　15—工段　16—输送带

2.3　特种铸造方法

与普通砂型铸造不同的其他铸造方法统称为特种铸造。各种特种铸造方法均有其突出的特点和一定的局限性，下面简要介绍常用的特种铸造方法。

2.3.1　熔模铸造

在易熔模样（简称熔模）的表面包覆多层耐火材料，然后将模样熔去，制成无分型面的型壳，经焙烧、浇注而获得铸件的方法称为熔模铸造。

2.3.1.1　熔模铸造的工艺过程

1. 制造压型

压型是制造熔模的模具，如图 2-23a 所示。压型尺寸精度和表面质量要求高，它决定了熔模和铸件的质量。批量大、精度高的铸件所用压型常用钢或铝合金加工制成，小批量生产可用易熔合金。

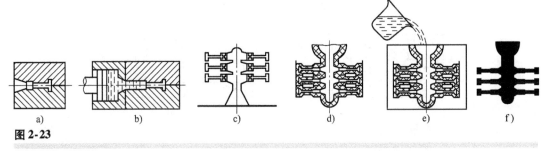

图 2-23

熔模铸造的工艺过程

a）压型　b）压制蜡模　c）蜡熔模组　d）结壳脱模　e）浇注　f）带有浇注系统的铸件

2. 制造熔模

熔模材料主要有蜡基模料和松香基模料，后者用于生产高精度铸件。生产中常把由 50% 石蜡和 50% 硬脂酸配成的糊状蜡基模料压入压型，如图 2-23b 所示，待其冷凝后取出，然后将多个熔模焊在蜡制的浇注系统上制成熔模组，如图 2-23c 所示。

3. 制造型壳

在熔模组表面浸涂一层石英粉水玻璃涂料，然后撒一层细石英砂并浸入氯化铵溶液中硬化。重复挂涂料、撒砂、硬化 4~8 次，便制成 5~10mm 厚的型壳。型壳内面层撒砂粒度细小，外表层（加固层）粒度粗大。制得的型壳如图2-23d所示。

4. 脱模、焙烧

通常脱模是把型壳浇口向上浸在80~90℃的热水中，模料熔化后从浇注系统溢出。焙烧是把脱模后的型壳在800~950℃焙烧，保温0.5~2h，以去除型壳内的残蜡和水分，并使型壳强度提高。

5. 浇注、清理

型壳焙烧后可趁热浇注，如图2-23e所示。去掉型壳，清理型砂、毛刺便得到所需铸件，如图2-23f所示。

2.3.1.2　熔模铸造的特点及适用范围

熔模铸造方法由于其工艺过程的特殊性具有以下特点：

1）由于铸型精密又无分型面，铸件精度高，表面质量好，表面粗糙度值可达$Ra12.5~1.6\mu m$。

2）可制造形状复杂的铸件，最小壁厚可达0.7mm，最小孔径可达1.5mm。

3）能适应各种铸造合金，尤其适于生产高熔点和难以加工的合金铸件。

4）工序复杂，生产周期长，铸件成本较高，铸件尺寸和质量受到限制。铸件的质量一般不超过25kg。

熔模铸造适用于制造形状复杂、难以加工的高熔点合金及有特殊要求的精密铸件，目前，主要用于汽轮机，燃汽轮机叶片，切削刀具，仪表元件，汽车、拖拉机及机床等零件的生产。

2.3.2　金属型铸造

金属型铸造是将液体金属自由浇到金属铸型内而获得铸件的方法。金属型可重复使用多次，故又称为永久型。

2.3.2.1　金属型的构造

按照分型面的位置，金属型分为整体式、垂直分型式、水平分型式和复合分型式。图2-24所示为水平分型式和垂直分型式结构简图。其中垂直分型式便于布置浇注系统，铸型开合方便，故容易实现机械化，应用较广。

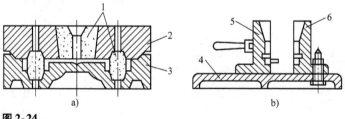

图2-24

金属型结构简图

a）水平分型式　b）垂直分型式

1—型芯　2—上型　3—下型　4—模底板　5—动型　6—定型

生产中常根据铸造合金的种类选择金属型材料。浇注低熔点合金（锡、锌、镁等）可选用灰铸铁；浇注铝合金、铜合金可选用合金铸铁；浇注铸铁和钢可选用球墨铸铁、碳素钢和合金钢等。

2.3.2.2　金属型铸造的工艺要点

1. 金属型预热

金属型浇注前需预热，预热温度为：铸铁件250~350℃，非铁合金铸件100~250℃。

预热的目的是减缓铸型的激冷作用，避免产生浇不到、冷隔、裂纹等缺陷。

2. 涂料

为了保护铸型，调节铸件冷却速度，改善铸件表面质量，铸型表面应喷刷涂料。涂料由粉状耐火材料（氧化锌、石墨、硅粉等）、水玻璃黏结剂和水制成。

3. 浇注温度

由于金属型导热快，所以浇注温度应比砂型铸造高 20 ~ 30℃，铝合金为 680 ~ 740℃，铸铁为 1300 ~ 1370℃。

4. 及时开型

因为金属型无退让性，铸件在金属型内停留时间过长，容易产生铸造应力而开裂，甚至会卡住铸型。因此，铸件凝固后应及时从铸型中取出。通常铸铁件出型温度为 780 ~ 950℃，出型时间为 10 ~ 60s。

2.3.2.3　金属型铸造的特点和应用范围

1）铸件冷却速度快，组织致密，力学性能好。

2）铸件精度和表面质量较高，铸件表面粗糙度 Ra 值可达 12.5 ~ 6.3μm。

3）实现了"一型多铸"，提高了生产率，改善了劳动条件。

4）金属型不透气且无退让性，铸件易产生浇不到、裂纹或白口等缺陷。

金属型铸造适于批量生产非铁合金铸件，如发动机活塞、缸体、缸盖、泵体、轴瓦、轴套等。对于铸铁件只限于形状简单的中、小件生产。

2.3.3　压力铸造

熔融金属在高压下迅速充型并凝固而获得铸件的方法称为压力铸造，简称压铸。常用压射比压为 30 ~ 70MPa，压射速度为 0.5 ~ 50m/s，有时高达 120m/s，充型时间为 0.01 ~ 0.2s。高压、高速充填铸型是压铸的重要特征。

2.3.3.1　压铸设备及压铸工艺过程

压铸通过压铸机完成，压铸机分为热室和冷室两大类。热室压铸机的压室与坩埚连成一体，适于压铸低熔点合金；冷室压铸机的压室与坩埚分开，广泛用于压铸铝、镁、铜等合金铸件。冷室卧式压铸机应用最广，其工作原理如图 2-25 所示。合型后，把金属液浇入压室，压射冲头将液态金属压入型腔，保压冷凝后开型，利用顶杆顶出铸件。

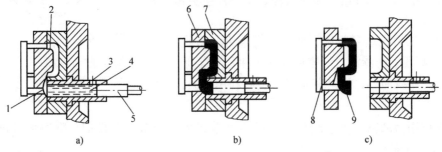

图 2-25

冷室卧式压铸机的工作原理图

a）合型　b）压铸　c）开型

1—浇道　2—型腔　3—浇入液态金属处　4—液态金属　5—压射冲头　6—动型　7—定型

8—顶杆　9—铸件及余料

2.3.3.2 压力铸造的特点和应用范围

1）铸件尺寸精度高，表面粗糙度 Ra 值可达 $3.2 \sim 0.8\mu m$，压铸件大都不需机加工即可直接使用。

2）可压铸形状复杂的薄壁精密铸件，铝合金铸件最小壁厚可达 $0.5mm$，最小孔径达 $\phi0.7mm$，在铸件表面可获得清晰的图案及文字，可直接铸出螺纹和齿形。

3）铸件组织致密，力学性能好，其强度比砂型铸件提高 $25\% \sim 40\%$。

4）生产率高，冷室压铸机的生产率为 $75 \sim 85$ 次/h，热室压铸机高达 $300 \sim 800$ 次/h，并容易实现自动化。

5）由于压射速度高，型腔内的气体来不及排除而形成针孔。铸件凝固快，补缩困难，易产生缩松，影响铸件的内在质量。

6）设备投资大，铸型制造费用高，周期长，故只适于大批量生产。

压铸主要用于生产铝、锌、镁等合金铸件，在汽车、拖拉机等制造中得到广泛应用。目前，压铸件重的达 $50kg$，轻的只有几克，如发动机缸体、缸盖、箱体、支架、仪表及照相机壳体等。近年来，真空压铸、充氧压铸、半固态压铸的开发利用，扩大了压铸的应用范围。

2.3.4 低压铸造

用较低的压力（$0.02 \sim 0.06MPa$）使金属液自下而上充填型腔，并在压力下结晶，以获得铸件的方法称为低压铸造。

2.3.4.1 低压铸造的工艺过程

低压铸造示意图如图 2-26 所示。把熔炼好的金属液倒入保温坩埚，装上密封盖，升液导管使金属液与铸型相通，锁紧铸型。将干燥的压缩空气通入坩埚内，金属液便经升液导管自下而上平稳地压入铸型并在压力下结晶，直至全部凝固。撤除液面压力，升液导管内的金属液流回坩埚，开启铸型，取出铸件。

2.3.4.2 低压铸造的特点和应用范围

1）充型平稳，无冲击、飞溅现象，不易产生夹渣、砂眼、气孔等缺陷。

2）借助压力充型和凝固，铸件轮廓清晰，组织致密，对于薄壁、耐压、防渗漏、气密性好的铸件尤为有利。

3）浇注系统简单，浇口兼冒口，金属利用率高，通常可达 90% 以上。

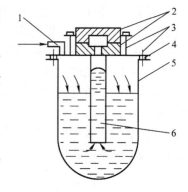

图 2-26

低压铸造示意图
1—进气管 2—铸型 3—紧固螺栓
4—密封盖 5—坩埚 6—升液导管

4）充型压力和速度便于调节，可适用于金属型、砂型、石膏型、陶瓷型及熔模型壳等，容易实现机械化、自动化生产。

低压铸造主要用于生产质量要求高的铝、镁合金铸件，如气缸体、缸盖、活塞、曲轴箱等，并成功地铸造了重达 $200kg$ 的铝活塞、$30t$ 重的铜螺旋桨及大型球墨铸铁曲轴。从 20 世纪 70 年代起出现了侧铸式、组合式等高效低压铸造机，开展了定向凝固及大型铸件的生产等研究，提高了铸件质量，扩大了低压铸造的应用范围。

2.3.5　离心铸造

离心铸造是将液态金属浇入高速旋转的铸型，在离心力作用下凝固成形的铸造方法。离心铸造适合生产中空的回转体铸件，并可省去型芯。

2.3.5.1　离心铸造的类型

根据铸型旋转轴空间位置不同，离心铸造机可分为立式和卧式两大类，如图 2-27 所示。

立式离心铸造机的铸型绕垂直轴旋转，如图 2-27a 所示。由于离心力和液态金属本身重力的共同作用，使铸件的内表面为一回转抛物面，造成铸件上薄下厚，而且铸件越高，壁厚差越大。因此，它主要用于生产高度小于直径的圆环类铸件，也能浇注成形铸件，如图 2-27b 所示。

卧式离心铸造机的铸型绕水平轴旋转，如图 2-27c 所示。由于铸件各部分冷却条件相近，故铸件壁厚均匀。它适于生产长度较大的管、套类铸件。

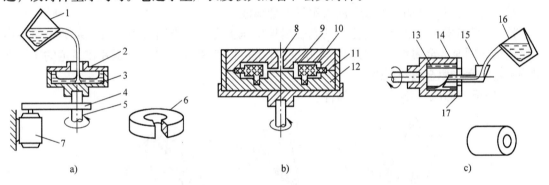

图 2-27

离心铸造示意图

a）立式离心铸造　b）立式离心浇注成形铸件　c）卧式离心铸造

1、16—浇包　2、14—铸型　3、13—液体金属　4—带轮和带　5—旋转轴　6—铸件
7—电动机　8—浇注系统　9—型腔　10—型芯　11—上型　12—下型　15—浇注槽　17—端盖

2.3.5.2　离心铸造的特点和应用范围

1）铸件在离心力的作用下结晶，组织致密，无缩孔、缩松、气孔、夹渣等缺陷，力学性能好。

2）铸造圆形中空铸件时，可省去型芯和浇注系统，简化了工艺，节约了金属。

3）便于铸造双金属铸件，如钢套镶铸铜衬，不仅表面强度高、内部耐磨性好，还可节约贵重金属。

4）离心铸件内表面粗糙，尺寸不易控制，需增大加工余量来保证铸件质量，且不适宜易产生偏析的合金。

离心铸造是生产管、套类铸件的主要方法，如铸铁管、铜套、气缸套、双金属钢背铜套、双金属轧辊、加热炉辊道、造纸机滚筒等。目前，我国已建有年产量达数十万吨的现代化离心铸管厂。

2.3.6　挤压铸造

挤压铸造（又称为液态模锻）是用铸型的一部分直接挤压金属液，使金属在压力作用下成形、凝固而获得零件或毛坯的方法。

2.3.6.1 挤压铸造的原理及工艺过程

最简单的挤压铸造法如图2-28所示。其工作原理是在铸型中浇入一定量的液态金属，上型随即向下运动，使液态金属自下而上充型。挤压铸造的压力和速度较低，无涡流飞溅现象，且铸件成形时伴有局部塑性变形，因此铸件致密而无气孔。

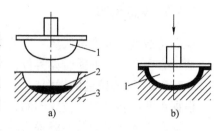

图2-28

挤压铸造原理

a）合型前 b）合型后

1—上型 2—金属液 3—下型

挤压铸造所采用的铸型大多是金属型，图2-29所示为挤压大型薄壁铝合金铸件的工艺过程。挤压铸型由两扇半型组成，一扇固定，另一扇活动。挤压工艺过程为：

1）铸型准备。清理铸型、型腔内喷涂料、预热等，使铸型处于待浇注状态。

2）浇注。向敞开的铸型底部浇入定量的金属液。

3）合型加压。逐渐合拢铸型，液态金属被挤压上升，并充满铸型，而多余的金属液由顶部挤出。同时，金属液中所含的气体和杂质也随同一起挤出，进而升压并在预定的压力下保持一定时间，使金属液凝固。

4）完成。卸压，开型，取出铸件。

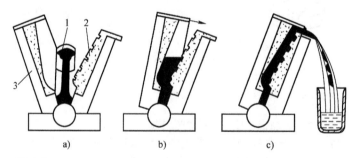

图2-29

挤压铸造工艺

a）浇注 b）挤压 c）去除多余的金属

1—浇包 2—型芯 3—挤压铸造机

2.3.6.2 挤压铸造的特点及应用范围

挤压铸造与压力铸造、低压铸造具有共同点，即利用比压的作用使铸件成形并予"压实"，获得致密铸件。其特点是：

1）挤压铸件的尺寸精度和表面质量高。尺寸精度达IT11~IT13，表面粗糙度值Ra值达6.3~1.6μm。

2）无需开设浇冒口，金属利用率高。

3）适应性强，大多数合金都可采用挤压铸造。

4）工艺简单，节省能源和劳力，容易实现机械化和自动化。生产率比金属型铸造高1倍。

挤压铸造可用于生产要求强度较高、气密性好的铸件及薄板类铸件，如各种阀体、活塞、机架、轮毂、耙片和铸铁锅等。

2.3.7　实型铸造

实型铸造又称为气化模铸造和消失模铸造，其原理是用泡沫塑料（包括浇冒口系统）代替木模或金属模进行造型，造型后不取出模样，铸型呈实体，浇入液态金属后，模样燃烧并气化消失，金属液充填模样的位置，冷却凝固成铸件。图 2-30 所示为实型铸造的工艺过程。

实型铸造由于铸型没有型腔和分型面，不必起模和修型，与普通铸造相比有以下优点：工序简单、生产周期短、效率高、铸件尺寸精度高，可采用无黏结剂型砂，劳动强度低，而且零件设计自由度大。

实型铸造应用范围较广，几乎不受铸件结构、尺寸、重量、材料和批量的限制，特别适用于生产形状复杂的铸件。

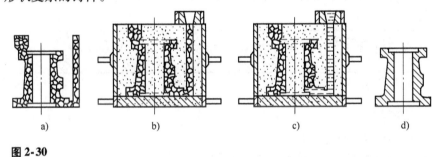

图 2-30

实型铸造工艺过程示意图

a）模样　b）浇注前的铸型　c）浇注　d）铸件

2.4　铸造工艺设计

2.4.1　铸造工艺设计的内容

铸造工艺设计是根据铸件的结构特点、技术要求、生产批量、生产条件等，确定铸造方案和工艺参数，并绘制工艺图，编制工艺卡和工艺规范。其主要内容包括选择铸件的浇注位置、分型面、浇注系统，确定加工余量、收缩率和起模斜度，设计砂芯等。

2.4.1.1　浇注位置的选择

浇注位置是指浇注时铸件在铸型中所处的空间位置。浇注位置选择正确与否对铸件质量影响很大。选择时应考虑以下原则：

1）铸件的重要加工面应朝下或位于侧面。这是因为铸件上部凝固速度慢，晶粒较粗大，易在铸件上部形成砂眼、气孔、渣孔等缺陷。铸件下部的晶粒细小，组织致密，缺陷少，质量优于上部。当铸件有几个重要加工面或重要面时，应将主要的和较大的加工面朝下或侧立。受力部位也应置于下部。无法避免在铸件上部出现加工面时，应适当加大加工余量，以保证加工后的铸件质量。图 2-31 所示的机床床身导轨和铸造锥齿轮的锥面都是主要的工作面，浇注时应朝下。图 2-32 为吊车卷筒，主要加工面为外侧柱面，采用立位浇注，卷筒的全部圆周表面位于侧位，以保证质量均匀一致。

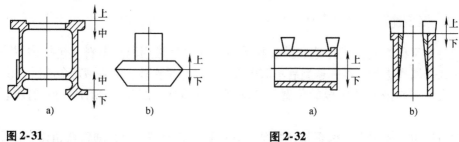

图 2-31

主要工作面朝下原则

a）床身导轨　b）锥齿轮

图 2-32

吊车卷筒的浇注位置

a）不合理　b）合理

2）铸件的宽大平面应朝下。这是因为在浇注过程中，熔融金属对型腔上表面的强烈辐射，容易使上表面型砂急剧地膨胀而拱起或开裂，在铸件表面造成夹砂结疤缺陷，如图 2-33 所示。

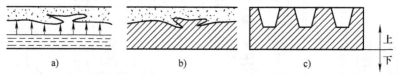

图 2-33

大平面的浇注位置选择

a）铸件拱起开裂　b）铸件夹砂结疤　c）平板的浇注位置

3）面积较大的薄壁部分应置于铸型下部或垂直、倾斜位置。图 2-34 所示为箱盖铸件，将薄壁部分置于铸型上部，易产生浇不足、冷隔等缺陷；而将薄壁部分改置于铸型下部后，可避免出现缺陷。图 2-35 所示为双排链轮的浇注位置。

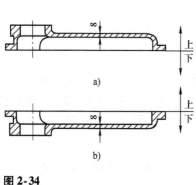

图 2-34

箱盖的浇注位置

a）不合理　b）合理

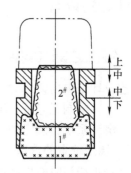

图 2-35

双排链轮的浇注位置

4）形成缩孔的铸件，应将截面较厚的部分置于上部或侧面，以便于安放冒口，使铸件自下而上（朝冒口方向）定向凝固，如图 2-36 所示。

5）应尽量减小型芯的数量，且便于安放、固定和排气。图 2-37 所示为床脚铸件，采用图 2-37a 所示的方案时，中间空腔需要一个很大的型芯，增加了制芯的工作量；应采用

图 2-37b 所示的方案，中间空腔由自带芯形成，简化了造型工艺，并便于合型和排气，安放型芯牢靠、合理。

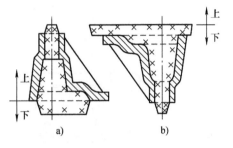

图 2-36

支架的浇注位置

　a）不合理　b）合理

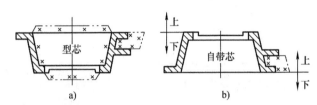

图 2-37

机床床脚的浇注位置

　a）不合理　b）合理

2.4.1.2　铸型分型面的选择

　　分型面为铸型之间的结合面。分型面选择得是否合理，对铸件的质量影响很大，选择不当将使制模、造型、合型，甚至切削加工等工序复杂化。分型面的选择应在保证铸件质量的前提下，使造型工艺尽量简化，节省人力、物力。分型面的选择应考虑以下原则：

　　1）便于起模，使造型工艺简化。

　　① 为了便于起模，分型面应选在铸件的最大截面处。

　　② 分型面的选择应尽量减小型芯和活块的数量，以简化制模、造型、合型工序。

　　③ 分型面应尽量平直。图 2-38 所示为起重臂分型面的选择。若按图 2-38a 所示的方案分型，则必须采用挖砂或假箱造型；应采用图 2-38b 所示的方案分型，并采用分模造型，可使造型工艺简化。

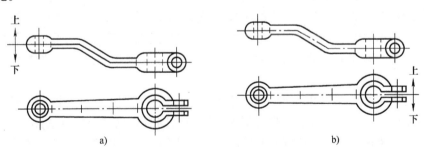

图 2-38

分型面的选择

　a）不合理　b）合理

　　④ 尽量减少分型面，特别是在机器造型时，只能有一个分型面。如果铸件不得不采用两个或两个以上的分型面时，可以如图 2-39 所示，利用外芯等措施减少分型面。

　　2）尽量将铸件的重要加工面或大部分加工面、加工基准面放在同一个砂箱中，以避免产生错箱、披缝和毛刺，降低铸件精度和增加清理工作量。图 2-40 所示的箱体如采用 Ⅰ 分型面选型时，铸件两尺寸变动较大，以箱体底面为基准面加工 A、B 面时，凸台高度、铸件的壁厚等难以保证；若用 Ⅱ 分型面，则整个铸件位于同一砂箱中，就不会出现上述问题。

3）使型腔和主要芯位于下箱，便于下芯、合型和检查型腔尺寸，如图 2-41 所示。

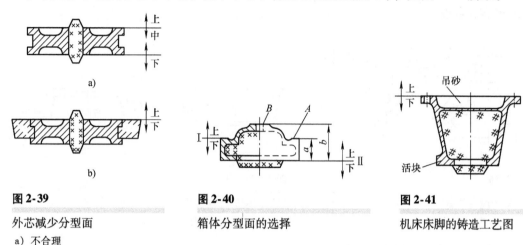

图 2-39

外芯减少分型面

a）不合理

b）通过外芯减少分型面

图 2-40

箱体分型面的选择

图 2-41

机床床脚的铸造工艺图

2.4.1.3 铸造工艺参数的确定

铸造工艺参数包括收缩余量、加工余量、起模斜度、铸造圆角及芯头、芯座等。

1. 收缩余量

为了补偿收缩，模样比铸件图样尺寸增大的数值称为收缩余量。收缩余量的大小与铸件尺寸大小、结构的复杂程度和铸造合金的线收缩率有关，通常以铸件的线收缩率表示。

2. 加工余量

铸件为进行机械加工而加大的尺寸称为机械加工余量。在零件图上标有加工符号的地方，制模时必须留有加工余量。加工余量的大小，要根据铸件的大小、生产批量、合金种类、铸件复杂程度及加工面在铸型中的位置来确定。灰铸铁件表面光滑平整，精度较高，加工余量就小；铸钢件的表面粗糙，变形较大，其加工余量比铸铁件要大些；有色金属件由于表面光洁、平整，其加工余量可以小些；机器造型比手工造型精度高，故加工余量也可小一些。

零件上的孔与槽是否铸出，应考虑工艺上的可行性和使用上的必要性。一般来说，较大的孔与槽应铸出，以节约金属、减少切削加工工时，同时可以减小铸件的热节；较小的孔，尤其是位置精度要求高的孔、槽则不必铸出，留待机加工反而更经济。砂型铸造最小铸孔见表 2-3。

表 2-3   砂型铸造最小铸孔   （单位：mm）

铸造合金	壁　　厚	最小孔径
灰铸铁	3 ~ 10	6 ~ 10
	20 ~ 25	10 ~ 15
	40 ~ 50	12 ~ 18
铸钢		30 ~ 50
铝合金、镁合金		20
铜合金		25

3. 起模斜度

为使模样容易地从铸型中取出或型芯自芯盒中脱出，所设计的平行于起模方向在模样或芯盒壁上的斜度，称为起模斜度。起模斜度的大小应根据立壁的高度、造型方法和模样材料来确定。立壁越高，斜度越小；外壁斜度比内壁小；机器造型的斜度一般比手工造型的斜度小；金属模斜度比木模斜度小。

4. 芯头

芯头指型芯的外伸部分，不形成铸件轮廓，只落入芯座内，用以定位和支撑型芯。模样上用以在型腔内形成芯座并放置芯头的突出部分也称为芯头。因此芯头的作用是保证型芯能准确地固定在型腔中，并承受型芯本身所受的重力、熔融金属对型芯的浮力和冲击力等。此外，型芯还利用芯头向外排气。铸型中专为放置芯头的空腔称为芯座。芯头和芯座都应有一定斜度，以便于下芯和合型。

2.4.1.4　铸造工艺简图的绘制

铸造工艺简图是利用各种工艺符号，把制造模样和铸造所需的资料直接绘制在零件图上的图样。它决定了铸件的形状、尺寸、生产方法和工艺过程。

铸造工艺简图通常是在零件的蓝图上加注红、蓝色的各种工艺符号，把分型面、加工余量、起模斜度、芯头、浇冒口系统等表示出来，铸件线收缩率可用文字说明。

对于大批量生产的定型产品或重要的试验产品，应画出铸件图、模样（或模板）图、芯盒图、砂箱图和铸型装配图等。

2.4.2　铸造工艺实例

铸造工艺设计的内容，最终要归结到在对零件图进行工艺分析的基础上，绘制出铸造工艺图。下面给出 C6140 车床进给箱体（图 2-42a）的铸造工艺实例。材料为 HT200，生产批量为单件小批或大批量生产。其工艺分析如下：

因该铸件为没有特殊质量要求的表面，故浇注位置和分型面的选择主要以简化造型工艺为原则，同时应尽量保证基准面 D 的质量。进给箱体的工艺设计有图 2-42b 所示的三种方案。

方案 Ⅰ ——分型面在轴孔轴线上，此时，凸台 A 距分型面较近，又处于上箱，若采用活块，型砂易脱落，故改用型芯来成形，槽 C 则用型芯或活块制出。本方案的主要优点是适于铸出轴孔，铸后轴孔的飞边少，便于清理。同时，下芯头尺寸较大，型芯稳定性好。其主要缺点是基准面 D 朝上，使该面较易产生缺陷，且型芯数量较多。

方案 Ⅱ ——从基准面 D 分型，铸件绝大部分位于下箱，此时，凸台 A 不妨碍起模，但凸台 E 和槽 C 妨碍起模，也需采用活块或型芯来克服。它的缺点除基准面朝上外，还有轴孔难以直接铸出。轴孔若拟铸出，因无法制出型芯头，必须加大型芯与型壁间的间隙，致使飞边清理困难。

方案 Ⅲ ——从 B 面分型，铸件全部位于下箱，其优点是铸件不会产生错箱缺陷，基准面朝下，易于保证质量，同时铸件最薄处在铸型下部，不易产生浇不足、冷隔的缺陷。缺点是凸台 E、A 和槽 C 都需采用活块或型芯，内腔型芯上大下小稳定性差。若拟铸出轴孔，其缺点与方案 Ⅱ 相同。

上述诸方案虽各有优缺点，但结合具体生产条件，仍可对比找出最佳方案。

1. 大批量生产

在大批量生产条件下，为了减少切削加工量，轴孔需要铸出。此时，为了使下芯、合箱及铸件的清理简便，只能按照方案 I 从轴孔轴线处分型。为便于采用机器造型，应避免活块，故凸台和凹槽均采用型芯。为了克服基准面朝上的缺点，必须加大 D 面的加工余量。

2. 单件、小批生产

在此条件下，因采用手工造型，故活块较型芯更为经济；同时，因铸件的精度较低，尺寸偏差较大，轴孔不必铸出，留待直接切削加工。显然，在单件生产条件下，宜采用方案 II 或方案 III；小批生产时，三个方案均可考虑，视具体条件而定。

铸造工艺图的绘制在工艺分析的基础上，根据生产批量及具体生产条件，首先确定浇注位置和分型面，然后确定工艺参数，如机械加工余量、起模斜度、铸造圆角、铸造收缩率等。同时还要确定型芯的数量、芯头尺寸及浇注系统的尺寸等。图 2-42c 是在大批量生产条件下绘制的铸造工艺图，图中组装而成的型腔大型芯的细节未能表示。

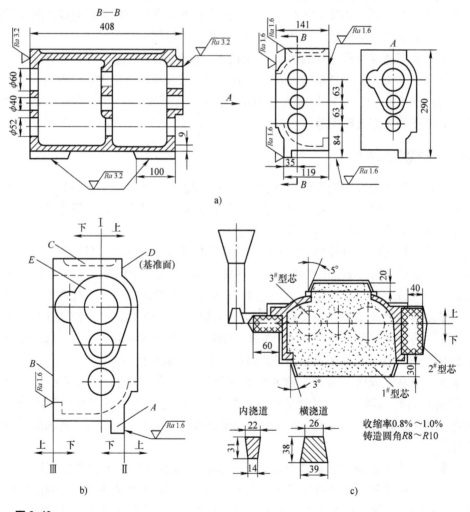

图 2-42

车床进给箱

a）零件图   b）分型面的选择   c）铸造工艺图

2.5 铸件结构工艺性

铸件结构工艺性是指铸件结构应符合铸造生产要求，即满足铸造性能和铸造工艺对铸件结构的要求。合理的铸件结构不仅能保证铸件质量，满足使用要求，而且工艺简单、生产率高、成本低。

2.5.1 铸造合金性能的影响

铸件结构如果不能满足铸造合金性能的要求，将可能产生浇不足、冷隔、缩松、气孔、裂纹和变形等缺陷。

2.5.1.1 铸件壁厚的设计

1. 铸件的最小壁厚

在确定铸件壁厚时，首先要保证铸件达到所要求的强度和刚度，同时还必须从铸造合金性能的可行性来考虑，以免铸件产生某些铸造缺陷。由于每种铸造合金的流动性不同，在相同铸造条件下，所能浇注出的铸件允许的最小壁厚亦不同。如果所设计的铸件壁厚小于允许的"最小壁厚"，铸件就易产生浇不足、冷隔等缺陷。在各种工艺条件下，铸造合金能充满型腔的最小厚度，称为铸件的最小壁厚。铸件的最小壁厚主要取决于合金的种类、铸件的大小及形状等因素。表 2-4 给出了一般砂型铸造条件下几种合金的铸件最小壁厚。

表 2-4　　　　　　　　砂型铸造条件下几种合金的铸件最小壁厚　　　　　　（单位：mm）

铸造方法	铸件尺寸	合金种类					
		铸钢	灰铸铁	球墨铸铁	可锻铸铁	铝合金	铜合金
砂型铸造	< 200 × 200	8	5 ~ 6	6	5	3	3 ~ 5
	200 × 200 ~ 500 × 500	10 ~ 12	6 ~ 10	12	8	4	6 ~ 8
	> 500 × 500	15 ~ 20	15 ~ 20	15 ~ 20	10 ~ 12	6	10 ~ 12

2. 铸件的临界壁厚

在铸造厚壁铸件时，容易产生缩孔、缩松、结晶组织粗大等缺陷，从而使铸件的力学性能下降。因此，在设计铸件时，如果一味地采取增加壁厚的方法来提高铸件的强度，其结果可能适得其反。这是因为各种铸造合金都存在一个临界壁厚。在最小壁厚和临界壁厚之间就是适宜的铸件壁厚。

据资料推荐，在砂型铸造条件下，各种铸造合金的临界壁厚约等于其最小壁厚的三倍。

3. 铸件壁厚应均匀，避免厚大截面

铸件壁过厚容易使铸件内部晶粒粗大，并产生缩孔、缩松等缺陷。图 2-43a 所示圆柱座铸件，其内孔需装配一根轴。现因壁厚过大，而出现缩孔。若采用图 2-43b 所示挖空或图 2-43c 所示设置加强肋板，则其壁厚呈均匀分布，在保证使用性能的前提下，既可消除缩孔缺陷，又能节约金属材料。当铸件各部分壁厚难以做到均匀一致，甚至存在很大差别时，为减小应力集中，可采用逐步过渡的方法，以防止壁厚的突变，如图 2-44 所示。

2.5.1.2 铸件壁间连接的设计

为减少热节，防止缩孔，减少应力，防止裂纹，壁间连接应有圆角连接并逐步过渡，避免十字交叉和锐角连接，如图 2-45 所示。

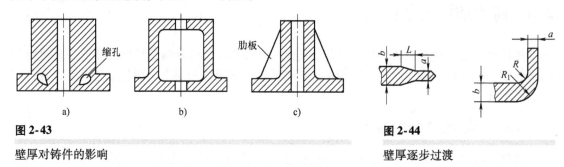

图 2-43

壁厚对铸件的影响

图 2-44

壁厚逐步过渡

2.5.1.3　避免铸件收缩受阻的设计

当铸件收缩受到阻碍，所产生的内应力超过材料的抗拉强度时将产生裂纹，如图 2-46a 所示轮形铸件，可借助弯曲轮辐（图 2-46b）的微量变形自行减缓内应力，或采用奇数轮辐数，防止开裂。

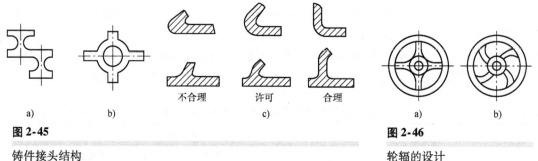

图 2-45

铸件接头结构

a) 交错接头　b) 环状接头　c) 锐角连接过渡形式

图 2-46

轮辐的设计

2.5.1.4　防止铸件翘曲变形的设计

细长形或平板类铸件在收缩时易产生翘曲变形。如图 2-47 所示，改不对称结构为对称结构或采用加强肋，可提高其刚度，有效地防止铸件变形。

2.5.2　铸造工艺的影响

合理的铸件结构设计，除了满足零件的使用性能要求外，还应使其铸造工艺过程尽量简化，以提高生产率，降低废品率，为生产过程的机械化创造条件。

2.5.2.1　铸件外形设计

避免侧凹、窄槽和不必要的曲面，以简化外形，便于操作。图 2-48a 所示的端盖存在侧凹，需三箱造型或增加环状型芯。若改为图 2-48b 所示的结构，可采用简单的两箱造型，使造型过程大为简化。图 2-49a 所示箱体具有窄小沟槽，操作困难，容易掉砂。若改为图 2-49b 所示的结构，既便于操作又能保证铸件质量。在图 2-50a 中，托架 A、B 为曲面，制造模样、芯盒费工、费料。若改为图 2-50b 所示的直线结构，可降低制模费用 30%。凸台、肋条的设计应便于起模。图 2-51a 中凸台、肋条的设计均阻碍起模，需采用活块或型芯。图 2-51b 所示的结构避免了活块或型芯，造型简单。

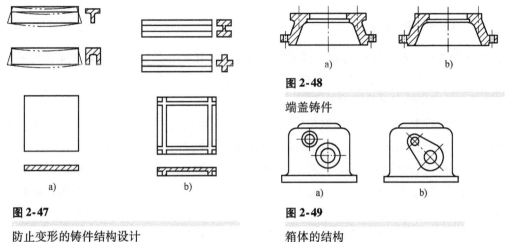

图 2-47

防止变形的铸件结构设计

a）不合理　b）合理

图 2-48

端盖铸件

图 2-49

箱体的结构

2.5.2.2　铸件内腔设计

尽量减少不必要的型芯，型芯增加材料消耗且工艺复杂，成本提高，并容易产生铸造缺陷。因此，设计铸件内腔时应尽量少用或不用型芯。如图 2-52a 所示的铸件，其内腔只能用型芯成形，若改为图 2-52b 所示的结构，可用自带型芯成形。如图 2-53a 所示，为便于型芯固定、排气和清理，铸件有两个型芯，其中水平芯呈悬臂状态，需用芯撑（A）支撑。若按图 2-53b 所示改为整体芯，则支撑稳固，排气畅通，清砂方便。薄壁或进行耐压实验的铸件尽量不用芯撑，可在铸件上设计工艺孔，增加芯头支撑点，也便于排气和清理。

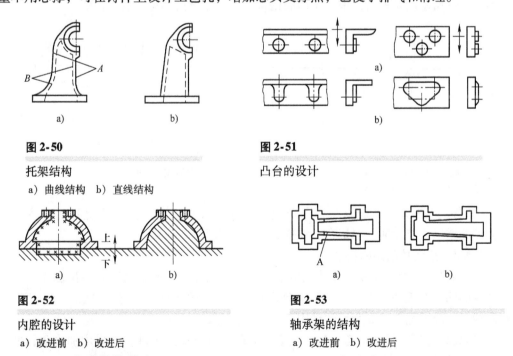

图 2-50

托架结构

a）曲线结构　b）直线结构

图 2-51

凸台的设计

图 2-52

内腔的设计

a）改进前　b）改进后

图 2-53

轴承架的结构

a）改进前　b）改进后

2.5.2.3　考虑结构斜度

为了起模方便，凡垂直于分型面的非加工表面应设计结构斜度。一般金属型或机器造型时，结构斜度可取 0.5°~1°，砂型和手工造型时可取 1°~3°。

2.5.3　铸造方法的影响

当设计铸件结构时，除应考虑上述工艺和合金所要求的一般原则外，对于采用特种铸造方法的铸件，还应根据其工艺特点考虑一些特殊要求。

2.5.3.1　熔模铸件的结构特点

1）便于从压型中取出蜡模和型芯。图2-54a所示结构由于带孔凸台朝内，注蜡后无法从压型中抽出型芯；而图2-54b所示结构则克服了上述缺点。

2）为了便于浸渍涂料和撒砂，孔、槽不宜过小或过深。孔径应大于2mm。对于通孔，孔深/孔径不大于6；对于不通孔，孔深/孔径不大于2；槽深为槽宽的2～6倍，槽深应大于2mm。

3）壁厚应能满足顺序凝固的要求，不要有分散的热节，以便利用浇注系统进行补缩。

4）因蜡模的可熔性，所以可铸出各种复杂形状的铸件。可将几个零件合并为一个熔模铸件，以减少加工和装配工序。图2-55所示为车床的手轮手柄，图2-55a为加工装配件，图2-55b为整铸的熔模铸件。

2.5.3.2　金属型铸件的结构特点

1）铸件的外形和内腔应力求简单，尽可能加大铸件的结构斜度，避免采用直径过小或过深的孔，以保证铸件能从金属型中顺利取出，以及尽可能地采用金属型芯。图2-56a所示铸件，其内腔内大外小，而ϕ18mm孔过深，金属型芯难以抽出。在不影响使用的条件下，改成图2-56b所示的结构后，增大了内腔结构斜度，则金属芯可顺利抽出。

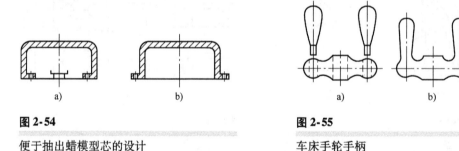

图2-54　　　　　　　　　　　　　　　　　图2-55

便于抽出蜡模型芯的设计　　　　　　　　　车床手轮手柄

a）原结构　b）改进后结构

2）铸件的壁厚差别不能太大，以防出现缩松或裂纹。同时为防止浇不足、冷隔等缺陷，铸件的壁厚不能太薄。如铝合金铸件的最小壁厚为2～4mm。

2.5.3.3　压铸件的结构特点

1）压铸件的外形应使铸件能从压型中取出，内腔也不应使金属型芯抽出困难。因此要尽量消除侧凹，在无法避免而必须采用型芯的情况下，也应便于抽芯。如图2-57a所示，B处妨碍抽芯，改成图2-57b所示的结构后，利于抽芯。

2）压铸件壁厚应尽量均匀一致，且不宜太厚。对厚壁压铸件，应采用加强肋，减小壁厚，以防厚壁处产生缩孔和气孔。

3）充分发挥嵌件的优越性，以便制出复杂件，改善压铸件局部性能和简化装配工艺。为使嵌件在铸件中联接可靠，应将嵌件镶入铸件的部分制出凹槽、凸台或滚花等。

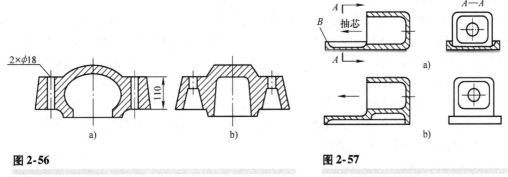

图 2-56

金属型铸件结构与抽芯

　a）无法抽芯　　b）便于抽芯

图 2-57

压铸件结构与抽芯

2.5.3.4　离心铸件的结构特点

离心铸件的内外直径不宜相差太大，否则将造成内外壁的离心力相差太大。此外，若是绕垂直轴旋转，铸件的直径应大于高度的三倍，否则将造成内壁下部的加工余量过大。

2.6　铸造成形新发展

科学技术在各个领域的突破，尤其是计算机的广泛应用，促进了铸造技术的飞速发展。各种工艺技术与铸造技术的相互渗透和结合，也促进了铸造新工艺、新方法的发展。以下从铸造凝固理论、铸造方法及计算机应用等方面对铸造成形技术的发展进行概述。

2.6.1　凝固理论推动铸造的新发展

随着凝固理论研究的发展和深入，人们逐渐认识到凝固过程和铸件质量的密切关系，从而促使人们去寻求通过控制凝固过程来获得优质铸件的新途径。

1. 定向凝固和单晶、细晶铸造

1953 年 Charlmers 提出了被称为定向凝固科学里程碑的成分过冷理论。20 世纪 60 年代，定向凝固技术成功地应用于航空发动机涡轮叶片的制备。由于叶片内部全部是纵向柱状晶，晶面与主应力方向平行，故各项性能指标较高，可大幅度提高叶片的高温性能，使其寿命延长。这项技术的应用有力推动了航空工业的发展。半个多世纪以来，人们不仅开发了许多先进的定向凝固技术，同时对定向凝固理论也进行了丰富和发展。

细晶铸造技术是继单晶铸造技术之后发展起来的又一新型的铸造工艺技术，为改善中低温条件下使用的铸件的组织和力学性能开辟了新的途径。细晶铸造技术是通过控制普通熔模铸造工艺强化形核，阻止晶粒长大，获得平均晶粒尺寸小于 $1.6\mu m$ 的均匀、细小、各向同性的等轴晶铸件，改善了铸件的组织形态，显著地提高了铸件的中低温疲劳性能，同时也改善了拉伸、持久性能。

2. 半固态铸造

半固态金属（SSM）铸造工艺技术已经历几十年的研究与发展。搅动铸造制备的合金一般称为非枝晶组织合金或部分凝固铸造合金。由于采用该技术的产品具有高质量、高性能和高合金化的特点，因而该技术具有强大的生命力。除军事装备上的应用外，它开始主要集中

用于机动车的关键部件，例如，用于汽车轮毂，可提高性能、减轻重量、降低废品率。该技术也逐渐在其他领域获得应用，生产高性能和近净成形的部件。半固态金属铸造工艺的成形机械也相继推出。目前已研制生产出 600 ~ 2000t 的半固态铸造用压铸机，成形件重量可达 7kg 以上。当前半固态金属铸造工艺已得到广泛应用，被认为是 21 世纪最具发展前途的近净成形和新材料制备技术之一。

与传统液态成形技术相比，半固态金属铸造工艺技术具有以下优点：成形温度低；延长了模具的使用寿命；节省能源，改善了生产条件和环境；铸件质量提高；加工余量小；扩展了压铸合金的范围并可以发展金属复合材料。

3. 快速凝固铸造

快速凝固要求金属与合金凝固时具有极大的过冷度，可由极快速冷却（大于104℃/s）或液态金属的高度净化来实现。快速凝固可以显著细化晶粒；可极大地提高固溶度（远超过相图中的固溶度极限），从而提供显著增加强化效果的可行性；可能出现常规凝固条件所不会出现的亚稳定相；还可能凝固成非晶体金属。这就可能赋予快速凝固金属或合金各种优异的力学及化学物理性能。例如，铝合金用作汽车发动机连杆材料是人们过去不可想象的，而快速凝固所赋予材料的优异性能，使这一想象成为现实。

4. 其他凝固铸造

在凝固理论指导下还出现了悬浮铸造、旋转振荡结晶法和扩散凝固铸造。悬浮铸造又称为悬浮浇注，可分为外在悬浮铸造和内生悬浮铸造两种。前者在浇注过程中将一定量的金属粉末加入合金流作为外来晶核；后者是凝固前在合金液中促成活化晶核（如机械搅拌促成晶核）。悬浮铸造可消除柱状晶区，减少缺陷和液态收缩，减小偏析和改变组织形貌。而旋转振荡结晶法则是巧妙地将定向凝固、离心铸造的振荡结合起来的复合铸造方法。扩散凝固铸造是将含低溶质的球形金属粉粒充满型腔，然后把高溶质液体压入金属粉粒之间，依靠液体中高溶质扩散，均匀成分及微观组织，缩短凝固时间，消除壁厚效应，减小凝固收缩，甚至在大多数情况下可以不用冒口。这为提高铸件质量、降低金属消耗等方面都创造了良好条件。

5. 差压铸造

差压铸造又称为"反压铸造"，其实质是使液态金属在压差的作用下充填到预先有一定压力的型腔内，进行结晶、凝固而获得铸件，它成功地将低压铸造和压力下结晶两种先进的工艺方法结合起来，从而使理想的浇注、充型条件和优越的凝固条件相配合，展示了巨大的发展前途。

由于差压铸造能有效地控制压力差，针对不同铸件给出最佳的压差值，获得最佳的充型速度，所以金属液补缩能力强，对结晶温度范围宽的合金也具有良好的补缩效果。又因在压力下结晶，它迫使刚刚结晶的晶粒发生塑性变形而消除微观缩松，且压力下结晶有利于减少气体的析出，从而减小针孔的危害。

2.6.2 造型技术的新发展

1. 气体冲压造型

这是近年来迅速发展的低噪声造型方法，其主要特点是在紧实前先将型砂填入砂箱和辅助框内，然后在短时间内开启快速阀门给气，对松散的型砂进行脉冲冲击，紧实成形，气体压力达 $3 \times 10^5 Pa$，且压力增长率 $\Delta P/\Delta t > 40MPa/s$，可一次紧实成形，无需辅助紧实。气体冲压造型具有砂型紧实度高、均匀，能生产复杂铸件，噪声小，节能，设备简单等优点，主要用于汽车、拖拉机、缝纫机、纺织机械所用的铸件。

2. 静压造型

静压造型的特点是消除了振、压造型机的噪声污染，改善了铸造厂的环境。其工艺过程是：首先将砂箱置于装有通气塞的模板上，通入压缩空气，使之穿过通气塞排出，型砂被压向模板，越靠近模板，型砂密度越高，最后用压实板在型砂上进一步压实，使其上、下硬度均匀，起模即成铸型。由于型砂紧实效果好，铸件尺寸精度高。静压造型目前主要用于汽车和拖拉机的气缸等复杂结构的铸件。

3. 真空密封造型

真空密封造型也称为 V 法造型，是一种全新的物理造型方法。其基本原理是在特制的砂箱内填入无水黏结剂的干砂，用塑料薄膜将砂箱密封后抽成真空，借助铸型内外的压力差，使型砂紧实成形。V 法造型用于生产面积大、壁薄、形状不太复杂及表面要求十分光洁、轮廓十分清晰的铸件，目前在叉车配重块、艺术铸件、大型标牌、钢琴弦架、浴缸等生产领域得到广泛应用。

4. 冷冻造型

冷冻造型又称为低温造型，由英国摩根先进陶瓷公司首先研制出来，并于 1977 年建成世界上第一条冷冻造型自动生产线。冷冻造型法采用石英砂作为骨架材料。加入少量水，必要时还加入少量黏土，按普通造型方法制好铸型后送入冷冻室里，用液态氮或二氧化碳作为制冷剂，使铸型冷冻，借助于包覆在砂粒表面的冰冻水分而实现砂粒的结合，使铸型具有很高的强度和硬度。浇注时，铸型温度升高，水分蒸发，铸型逐渐解冻，稍加振动立即溃散，可方便地取出铸件。

与其他造型方法相比，这种造型方法的特点是：型砂配制简单，落砂清理方便；对环境污染少；铸型强度高、硬度大、透气性好；铸件表面光洁、缺陷少；成本低。

2.6.3 计算机技术推动铸造的新发展

铸造过程计算机模拟仿真是铸造学科的前沿领域，是改造传统铸造产业的必由之路，也是当今世界各国铸造领域学者关注的热点。运用计算机对铸造生产过程进行设计、仿真、模拟，可以帮助工程技术人员优化工艺设计，缩短产品制造周期，降低生产成本，确保铸件质量。

1. 铸造过程的数值模拟

大部分铸造缺陷产生于凝固过程，凝固过程的数值模拟，可以帮助工程技术人员在实际铸造前对铸件可能出现的各种缺陷及其大小、部位和发生的时间予以有效的预测，在浇注前采取对策，以确保铸件的质量。目前，铸造凝固过程数值模拟的研究主要集中在以下几方面：

1）铸件收缩缺陷判据和铸件缩孔、缩松定量预测。此方法已在铸造厂得到应用，并取得满意的结果。尤其对大型铸钢件的预测，与生产实际吻合良好。

2）应力场的模拟。铸造过程应力场的数值模拟能帮助工程师预测和分析铸件裂纹、变形及残余应力，为提高铸件尺寸精度及稳定性提供了科学依据。

3）凝固组织的模拟。凝固组织是继温度场、流场计算机模拟之后的又一模拟方向。利用数值模拟可以预先设计凝固组织、预测材料性能、预报铸造缺陷、优化铸造工艺，具有很大的理论意义和实用价值。凝固组织计算机模拟比温度场模拟、流场模拟复杂得多，随着技术的发展和研究工作的深入，先后出现了蒙特－卡洛模型、相场模型及基于界面稳定性理论的晶体生长模型等凝固组织的计算机模拟技术。

目前，微观组织模拟取得了显著成果，它能够模拟枝晶生长、共晶生长、柱状晶等轴转变等。微观组织模拟可以分毫米、微米和纳米量级，并通过宏观量如温度、速度、变形等，利用相应的方程进行计算。如对汽车曲轴中球铁微观组织进行数值模拟，将模拟结果与实验结果比较，实际石墨球的数量、尺寸与模拟结果基本吻合，结果令人满意。

2. 铸造工艺 CAD

铸造工艺 CAD 技术越来越受到铸造技术人员的青睐。通过计算机进行铸造工艺辅助设计，为铸造工艺设计的科学化、精确化提供了良好的工具，成为铸造技术开发和生产发展的重要内容之一。利用 CAD 技术可进行冒口、浇注系统、加工余量、冷铁、分型面、型芯的形状和尺寸的确定。近年来，国内外在铸造工艺计算机辅助设计方面已做了较多的研究和开发，相继出现了一批较实用的软件。如美国铸造协会（AFS）的 AFS – software 软件，可用于铸钢、铸铁的浇冒口设计；英国 Foseco 公司的 FEEDERALC 软件可计算铸钢件的浇冒口尺寸、补缩距离及选择保温冒口套等；国内清华大学研制开发的 FTCAD 软件适用于球铁浇冒口系统设计等。铸造工艺计算机辅助设计程序的功能主要表现在以下几方面：

1）铸件的几何、物理量计算，包括铸件体积、表面积、质量及热模数的计算。

2）浇注系统的设计计算，包括选择浇注系统的类型和各部分截面面积计算。

3）补缩系统的设计计算，包括冒口、冷铁的设计计算及合理补缩通道的设计。

4）绘图，包括铸件图、铸造工艺图、铸造工艺卡等图形的绘制和输出。

3. 铸造过程的计算机控制

铸造生产过程中，有效地实施铸造过程控制是铸造生产的重要环节。提高检测技术水平，才能使铸件质量得到保证。在现代铸造生产中常用计算机控制型砂处理、造型操作；控制压力铸造的生产过程；控制合金液的自动浇注等。带有计算机的设备将会随时记录、储存和处理各种信息，实现过程最优控制。例如，一条机械化树脂砂生产线，实施全过程实时控制需要 40 台可编程序控制器（PC），砂温低时控制器便起动加热器将原砂加热至一定温度范围，在砂温未达到预定温度之前，控制器能向树脂砂多加固化剂，以保证一定的脱模时间。在控制过程中，计算机将读得的树脂流量与预期值进行比较，根据差值自动调整树脂泵转速，以达到预期流量。计算机的这种调整周期仅需 1s 的时间，这样便能及时地弥补由于树脂泵泄漏、管道堵塞和黏度变化等造成的流量损失，使得系统质量和实时性大为提高。

📖 复习思考题

1. 什么是液态合金的充型能力？它与合金流动性有何关系？合金流动性对铸件质量有何影响？
2. 合金收缩由哪三个阶段组成？各会产生哪些铸造缺陷？
3. 试述提高液态金属充型能力的方法，采用这些方法时应注意什么问题？
4. 何谓合金的收缩？影响合金收缩的因素有哪些？
5. 什么是熔模铸造？试述其过程。在不同批量下，其压型生产方法有何不同？
6. 压力铸造有何优点？它与熔模铸造的使用范围有何显著不同？
7. 为什么在进行铸件设计时需要分析铸件的初步分型方案？试举例说明。
8. 什么是铸件的结构斜度？它与起模斜度有何异同？
9. 铸件的浇注位置对铸件质量有何影响？应按什么原则选取？
10. 浇注系统一般由哪几个基本组元组成？各组元的作用是什么？

第 3 章
塑 性 成 形

塑性成形是指固态金属在外力作用下产生塑性变形，获得所需形状、尺寸及力学性能的毛坯或零件的加工方法。各类钢和有色金属大都具有一定的塑性，均可在冷态或热态下进行塑性成形加工。

塑性成形与其他成形工艺相比，具有以下特点：

1. 改善金属的组织，提高金属的力学性能

金属坯料经过锻压加工后，可消除金属铸锭内部的气孔、缩孔和粗大的树枝状结晶等缺陷，并由于金属的塑性变形和再结晶，可使粗大的晶粒细化，得到致密的金属组织，从而提高金属材料的力学性能。坯料内部的杂质随着塑性变形而形成纤维状组织，在零件设计时，若正确选用零件受力方向与纤维组织方向的配合，可提高零件的冲击韧度。因此，采用塑性成形加工方法制成的零件，其强度高，在承受同样大小载荷的情况下，零件尺寸可以较小，既节省金属，又减轻机器的重量。例如，美国用 315000kN 模锻水压机模锻 F-102 歼击机上所用的整体大梁，取代了用 272 个零件和 3200 个铆钉组装成的骨架，强度、刚性都较好，节省了高强度合金钢，使飞机重量减轻了 45.5~54.5kg。所以，用塑性成形加工方法生产毛坯与一般的铸造方法相比，在改善金属内部组织、提高力学性能方面具有优势。

2. 节约金属材料和切削加工工时，提高金属材料的利用率和经济效益

塑性成形加工方法是金属材料在外力作用下，使其体积重新分配，从而获得毛坯（或零件）的形状和尺寸。而切削加工是依靠切除多余的金属而获得零件的形状和尺寸。因此，采用塑性成形制坯，再经切削加工成为所需要的零件比用普通坯料（如圆钢、方钢等）直接切削加工成形，可节省大量金属，提高金属材料的利用率，也可节约切削加工工时。如某型号汽车上的曲轴，净重 17kg，采用钢坯直接切削加工时，切屑为轴重的 189%；而用塑性成形件再切削加工后，切屑只占轴重的 30%，并可减少 1/6 的切削加工工时。

3. 具有较高的劳动生产率

以生产内六角螺钉为例，用模锻成形的生产率比用棒料直接切削加工成形提高约 50 倍；如果采用多工位冷锻工艺，则可提高到 400 倍以上。据国外资料介绍，每模锻 100 万吨钢，由于生产率提高，相当于可减少切削加工工人 2~3 万人，少用 15000 台机床。特别是板料

冲压加工方法，既不能用其他加工方法所代替，又具有很高的劳动生产率。在实际生产中，尤其是大批量生产中，塑性成形方法具有显著的经济效果。

4. 适应性广

用塑性成形加工方法能生产小至几克的仪表零件和大至上百吨重的大型锻件。

但是塑性成形加工方法也存在以下缺点：锻件的结构工艺性要求较高；对形状复杂特别是内腔复杂的零件或毛坯难以甚至不能锻压成形；通常锻压件（主要指锻造毛坯）的尺寸精度不高，还需配合切削加工等方法来满足精度要求；塑性加工方法需要重型的机器设备和较复杂的模具，模具的设计制造周期长，初期投资费用高。

塑性成形加工方法主要有自由锻、模锻、挤压、拉拔、轧制、板料冲压等，如图3-1所示。

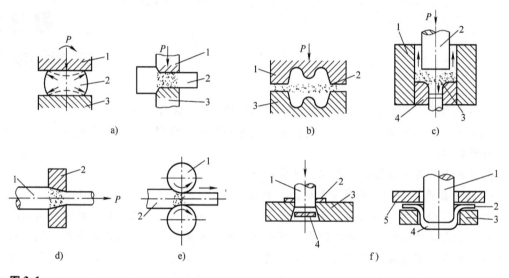

图 3-1

各种塑性成形方法

a）自由锻　1—锤头　2—坯料　3—下抵铁　b）模锻　1—上模　2—坯料　3—下模

c）挤压　1—挤压筒　2—冲头　3—坯料　4—挤压凹模　d）拉拔　1—坯料　2—拉拔模

e）轧制　1—轧辊　2—坯料　f）板料冲压　1—凸模　2—板料　3—凹模　4—冲下部分　5—压板

总之，塑性成形具有独特的优越性，已获得广泛应用，凡承受重载荷、对强度和韧性要求高的机器零件，如机器的主轴、曲轴、连杆、重要齿轮、凸轮、叶轮及炮筒、枪管、起重吊钩等，通常采用锻件做毛坯。据统计，飞机上的锻件重量占总重量的85%，在汽车上占80%，在机车上占60%。

3.1　塑性成形理论基础

3.1.1　塑性成形的实质

具有一定塑性的金属坯料在外力作用下，当坯料内的应力达到一定的条件，便发生塑性变形，这是能够制造塑性成形件的根据。塑性成形加工需要研究创造怎样的条件使金属产生所需要的塑性变形。

　　所有金属都是晶体结构。金属材料为什么能够产生塑性变形，要从其晶体结构进行研究和说明。工业上常用金属材料都是由很多晶粒组成的多晶体。而每个晶体是由无数具有一定位向、原子呈规则排列的晶格所组成。要研究多晶体塑性变形的实质，首先必须研究单个晶粒或单晶体的塑性变形机理。

3.1.1.1　单晶体的塑性变形

　　单晶体是指原子排列方式完全一致的晶体。单晶体的晶格只有受到切应力作用，并达到临界值时，才发生塑性变形。单晶体的塑性变形主要方式有两种，一为滑移变形，二为双晶变形（亦叫孪晶）。而滑移是主要变形方式。

　　1. 滑移

　　滑移是晶体内的一部分相对另一部分沿原子排列紧密的晶面做相对滑动，图 3-2 是单晶体塑性变形过程示意图。晶体未受到外界作用时，晶格内的原子处在平衡位置的状态（图 3-2a）。当晶体受到外力作用时，晶格内的原子离开原平衡位置，晶格发生弹性变形，此时若将外力除去，则晶格将回复到原始状态，此为弹性变形阶段（图 3-2b）。当外力继续增加，晶体内滑移面上的切应力达到一定值后，则晶体的一部分相对另一部分发生滑动，此现象称为滑移，此时为弹塑性变形（图 3-2c）。晶体发生滑移后，除去外力，晶体不能全部回复到原始状态，这就产生了塑性变形（图 3-2d）。晶体在晶面上发生滑移，实际上并不需要整个滑移面上的所有原子同时一起移动，即刚性滑移，而是当旧原子对破坏和新原子对形成时沿滑移面出现位错，通过位错在切应力作用下的不断运动来实现滑移，如图 3-3 所示。

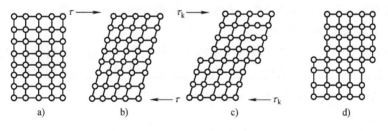

图 3-2

单晶体的塑性变形

　a）未变形前　b）弹性变形　c）弹塑性变形　d）塑性变形后

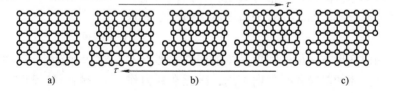

图 3-3

通过位错运动形成滑移的示意图

　a）未变形前　b）位错运动　c）塑性变形后

　　在晶体内一个晶面发生滑移后，晶体的变形量很小，很多晶面同时滑移积累起来就形成滑移带，如图 3-4 所示，从而形成可见的变形。常见的三种金属晶格中，体心立方晶格和面心立方晶格对称性好，滑移系多，晶体可在多方向上发生滑移。晶体发生滑移后，其外表形状发生变化，体积保持不变，相对滑移后晶体的两部分仍保持晶格位向的一致性。

2. 双晶

双晶亦叫孪晶。双晶是晶体在外力作用下晶格的一部分相对另一部分发生转动。未变形部分和变形部分的交界面称为双晶面。在双晶面两侧形成镜面对称，如图3-5所示。产生双晶变形所需要的切应力一般都高于产生滑移变形所需要的切应力。双晶变形量虽然很小，但是由于双晶变形改变了晶格的位向，有利于进一步产生滑移变形。

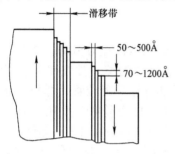

图3-4

很多晶面滑移组成的滑移带

(1Å = 0.1nm)

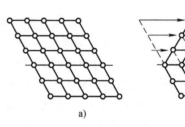

图3-5

晶体的双晶

a) 变形前　b) 变形后

双晶一般发生在晶体内滑移系少的金属中，具有六方晶格的金属产生双晶变形的倾向较大。增加变形速度会促使双晶的发生。在冲击力作用下容易产生双晶。

3.1.1.2 多晶体的塑性变形

工业上用的金属绝大部分是多晶体，是由大量的大小、形状、晶格排列位向各不相同的晶粒所组成。各晶格之间相互联接的是一层很薄的晶粒边界，晶界是相邻两个位向不同晶粒的过渡层，又因晶界处有杂质存在，原子排列是不规则的。由此可知，多晶体的塑性变形比单晶体的塑性变形复杂得多。

多晶体的塑性变形可分为晶内变形与晶间变形。晶粒内部的塑性变形称为晶内变形。晶粒之间相互移动或转动称为晶间变形。在多晶体内，单就一个晶粒来分析，其塑性变形的方式和单晶体的塑性变形方式是一样的，即主要变形方式为滑移和双晶。图3-6所示为多晶体塑性变形示意图。

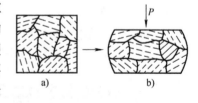

图3-6

多晶体塑性变形示意图

a) 变形前　b) 变形后

多晶体的晶内变形方式虽然和单晶体的塑性变形方式一样，但是，多晶体的晶粒各个位向不同，因此在外力作用下各个晶粒所处的塑性变形条件不同。有些晶粒处于有利的塑性变形条件，有些则不利。这主要取决于晶粒内晶格排列的方向性，即滑移平面所处的方向。在许多滑移平面中，与外力作用方向成45°角的滑移平面，产生的切应力最大，易于达到发生塑性变形所需要的临界值，产生塑性变形。而其邻近的晶粒，其沿滑移平面上的切应力尚未达到临界值，而处于非塑性变形状态，只能通过晶粒转动或者双晶变形以后，才能进一步产生滑移变形。图3-7所示为多晶体晶粒位向与受力变形关系的示意图，图中②、③晶粒易产生滑移，①、④晶粒不易产生滑移。

在多晶体的晶界处，由于相邻晶粒间的位向差别，会产生晶格的畸变，并有杂质存在，以及晶粒间的犬牙交错状态，对多晶体的变形造成很大障碍。在低温时，晶界强度一般比晶粒内部强度高，变形抗力大，不易变形。在高温时，晶界强度降低，晶粒间易于相互移动。晶界相对于晶粒的体积所占比例大，其强度高，变形抗力大，不易产生塑性变形。大量实验结果表明，多晶体的塑性变形正是由于存在晶界和各晶粒的位向差别，其变形抗力要比同种金属的单晶体高得多。同时，由于晶粒越细，在一定体积的晶体内晶粒数目就越多，变形就可以分散到更多的晶粒内进行，使各晶粒的变形比较均匀，不致产生太大的应力集中，所以细晶粒金属的塑性和韧性均较好。

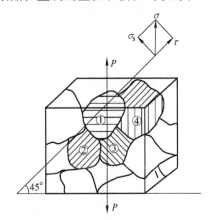

图 3-7

多晶体晶粒位向与受力变形关系
示意图

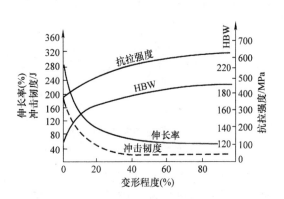

图 3-8

常温下塑性变形对低碳钢力学性能的影响

3.1.2　冷变形强化与再结晶

金属的塑性变形可在不同的温度下产生，由于变形时温度不同，塑性变形将对金属组织和性能产生不同的影响。

在塑性变形中随变形程度增大，金属的强度、硬度升高，而塑性和韧性下降，如图3-8所示。其原因是滑移面上的碎晶块和附近晶格的强烈扭曲，增大了滑移阻力，使继续滑移难以进行。这种随变形程度增加，强度、硬度升高而塑性、韧性下降的现象称为冷变形强化（或加工硬化）。

冷变形强化是一种不稳定现象，具有自发地回复到稳定状态的倾向，但在室温下这种回复不易实现。当将金属加热至其熔化温度的 20% ~30% 时，晶粒内扭曲的晶格将恢复正常，内应力减少，冷变形强化部分消除，这一过程称为回复，如图 3-9 所示。回复温度为

$$T_{回} = （0.2 \sim 0.3） T_{熔}$$

式中　$T_{回}$——金属的回复温度，单位为 K；

　　　$T_{熔}$——金属的熔点，单位为 K。

当温度继续升高至其熔化温度的 40% 时，金属原子获得更多的热能，开始以某些碎晶或杂质为核心结晶成新的晶粒，从而消除全部冷变形强化现象。这一过程称为再结晶，如图3-9所示。再结晶温度为

$$T_{再} = 0.4T_{熔}$$

式中　$T_{再}$——金属的再结晶温度，单位为 K。

利用金属的冷变形强化可提高金属强度，这是工业生产中强化金属材料常用的一种手段。但是，在塑性成形加工生产中，冷变形强化给金属继续进行塑性变形带来困难，应加以消除。在实际生产中，常采用加热的方法使金属发生再结晶，从而再次获得良好的塑性，这种工艺操作称为再结晶退火。

金属的塑性变形一般分为冷变形和热变形两种。在再结晶温度以下的变形称为冷变形。变形过程中无再结晶现象，变形后的金属只具有冷变形强化现象。所以在变形过程中变形程度不宜过大，以免产生破裂。冷变形能使金属获得较高的硬度，产品表面质量好，尺寸精度高，一般不需再切削加工。生产中常用冷变形来提高产品的表面质量和性能。冲压、冷挤压、冷锻等都属于冷变形。

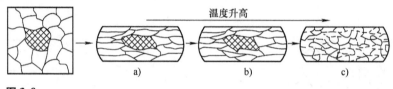

图 3-9

金属的回复和再结晶示意图

a）塑性变形后的组织　b）金属回复后的组织　c）再结晶组织

在再结晶温度以上的变形称为热变形。其间，再结晶速度大于变形强化速度，则变形产生的强化会随时因再结晶软化而消除，变形后金属具有再结晶组织，从而消除冷变形强化痕迹。因此，在热变形过程中，金属始终保持低的塑性变形抗力和良好的塑性，可以加工尺寸较大或形状较复杂的工件。塑性加工生产多采用热变形来进行。但热变形过程中金属表面易形成氧化皮，产品表面质量和尺寸精度较低。自由锻、热模锻、热轧、热挤压等都属于热变形。

3.1.3　锻造比与锻造流线

冶炼后的金属液不可能十分纯净，总是或多或少地存在一些低熔点杂质。铸锭冷凝后，这些杂质分布在晶界上，无明显的方向，在热变形过程中，粗大的晶粒破碎，沿着金属流动方向拉长，如图 3-10 所示。与此同时，铸锭中脆性杂质顺着金属主要伸长方向呈碎粒状或链状分布；而塑性杂质随着金属变形，沿主要伸长方向呈带状分布，这样热锻后的金属组织就具有一定的方向性，通常称为锻造流线，又称为纤维流线，如图 3-11 所示。

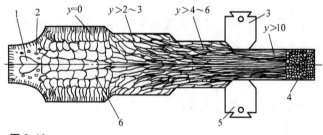

图 3-10

热锻对晶粒组织的影响

1—缩孔　2—缩松　3—上砧块　4—再结晶的等轴晶　5—下砧块

6—等轴晶

纤维组织的形成使金属产生各向异性，锻件在纵向（平行于纤维方向）上的塑性和韧性增加，而在横向（垂直于纤维方向）上则下降。杂质分布的流线化程度与锻造比有关，流线化程度越高，这种差别就越明显。锻造比是锻造时变形比的一种表示方法，通常用变形前后的截面比、长度比或高度比来表示。

$$拔长锻造比\ y_{拔} = \frac{A_0}{A} = \frac{L}{L_0}$$

$$镦粗锻造比\ y_{镦} = \frac{A}{A_0} = \frac{H_0}{H}$$

式中　A_0、L_0、H_0——变形前坯料的横截面积、长度和高度；

　　　　A、L、H——变形后坯料的横截面积、长度和高度。

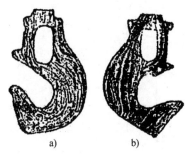

图 3-11

拖钩的纤维流线

a) 模锻钩　b) 切削加工的拖钩

锻造比对金属的组织和性能有很大影响。一般情况下，增加锻造比，可使金属组织细密化，提高锻件的力学性能。但是，当锻造比过大，金属组织的紧密程度和晶粒细化程度都已达到极限状况，锻件的力学性能不再升高，而是增加各向异性。

锻造比越大，锻造流线越明显。由于锻造流线的形成使金属的力学性能呈现方向性。图 3-12 所示为碳素结构钢钢锭采用不同锻造比进行拔长后的力学性能变化曲线。由曲线可以看出：锻造比增加时，钢的强度在横向和纵向上差别不大，而塑性和韧性差别很大；纵向的塑性、韧性明显好于横向。

锻造流线的稳定性很高，形成后不能用热处理方法消除，只有经过塑性加工，使金属变形，才能改变其方向和形状。因此，在设计和制造零件时，尽量使零件工作时的最大正应力与流线方向一致，使切应力或冲击力与流线方向垂直，使流线组织的分布尽可能与零件的外形轮廓相符而不被切断，使材料的力学性能得到最充分的发挥。图 3-11a 所示为模锻钩，流线分布合理，使用寿命长，且材料消耗少，而图 3-11b 所示是用板材直接切削加工出的拖钩，拖钩内侧流线组织被切断，使用时容易沿切断处断裂。图 3-13 所示为不同成形工艺齿轮的流线分布，图 3-13a 所示是用棒料直接切削成形的齿轮，齿根处的切应力平行于流线方向，强度最差，寿命最短；图 3-13b 所示为扁钢经切削加工而成的齿轮，齿 1 的根部切应力与流线方向垂直，强度高，齿 2 的情况正好相反，性能差，寿命短；图 3-13c 所示为棒料镦粗后再经切削加工而成的齿轮，流线呈径向放射状，各齿的切应力方向均与流线近似垂直，强度与寿命较高；图 3-13d 所示为热轧成形的齿轮，流线完整且与齿廓一致，未被切断，强度最高，寿命最长。

3.1.4　塑性成形基本规律

为合理制订塑性成形工艺规程，正确使用工具和掌握操作技术，必须掌握塑性成形加工时金属的成形规律。所谓成形规律，就是塑性成形时金属质点流动的规律，它应该阐明：在给定的条件下，变形体内将出现什么样的位移速度（位移增量）场和位移场。根据位移场就可以立即求得物体形状、尺寸的变化，并可方便地求得应变场。掌握了流动规律就能合理地选择工步和设计成形模具，以及分析成形工件的质量问题。

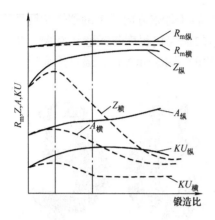

图 3-12

锻造比对力学性能的影响

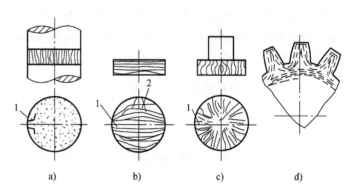

图 3-13

不同成形工艺齿轮的流线分布

a）棒料经切削成形　b）扁钢经切削成形

c）棒料镦粗后切削成形　d）热轧成形

1、2—齿

3.1.4.1　体积不变定律

金属塑性变形后的体积等于变形前的体积，称为体积不变定律。实际上，因变形中压合了气孔、缩松和内部的微裂纹，使密度略有增加。此外，加热中产生的氧化皮等使变形后体积略有减小，但其数值很小，可忽略不计。应用体积不变定律可算出各工序尺寸。

3.1.4.2　最小阻力定律

塑性变形时金属各质点首先向阻力最小的方向移动，称为最小阻力定律。一般金属的某一质点移动时阻力最小的方向是通过该质点向金属变形部分的周边所作的法线方向，因为质点沿此方向移动的距离最短，所需的变形功最小。例如，圆形截面的金属径向流动，方形、长方形截面分成四个区域，分别朝垂直于四条边的方向流动，最后逐渐变成圆形、椭圆形，如图 3-14 所示。由此可知，圆形截面金属在各方向上流动均匀，故镦粗时总是先把坯料锻成圆柱体。圆柱体坯料镦粗时，与上、下砧铁接触的两端其金属移动速度比无摩擦力的中间部分慢（因金属移动受到摩擦力阻碍），所以成形后呈腰鼓形，如图 3-15 所示。

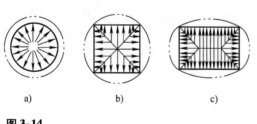

图 3-14

不同截面的金属流动情况

a）圆形　b）正方形　c）长方形

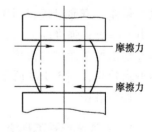

图 3-15

金属镦粗变形

3.1.5　金属的锻造性能

金属的锻造性能是衡量材料经受塑性成形加工时成形的难易程度。金属锻造性能的好坏，常用塑性和变形抗力两个指标来衡量。塑性越高，变形抗力越低，则认为该金属的锻造性能好。金属的锻造性能取决于金属的本质和变形条件。

3.1.5.1 金属本质的影响

1. 化学成分

不同化学成分的金属其锻造性能不同。一般来说，纯金属的锻造性能比合金的锻造性能好。碳素钢随含碳量增加，锻造性能变差。钢中合金元素含量越多，合金成分越复杂，锻造性能越差。钢中硫、磷含量多也会使锻造性能变差。例如纯铁、低碳钢和高合金钢，它们的锻造性能是依次下降的。

2. 金属组织

纯金属和固溶体（如奥氏体）具有良好的锻造性能，金属化合物（如渗碳体）使锻造性能变坏；铸态柱状组织和粗晶结构不如细小而又均匀的晶粒结构的锻造性能好。

3.1.5.2 变形条件的影响

1. 变形温度

通常，随着变形温度的升高，金属内原子动能增加，原子间的结合力减弱，表现为材料的塑性提高而变形抗力减小。对于碳素钢而言，当加热温度超过 Ac_{cm} 或 Ac_3 线时，其组织转变为塑性良好的单相奥氏体组织，重结晶过程也加快，所有这些都能提高金属的锻造性能。因此，适当提高变形温度对改善金属的锻造性能有利。但温度过高，会使金属产生氧化、脱碳、过热等缺陷，甚至使锻件产生过烧而报废，所以应严格控制锻造温度范围。

锻造温度范围是指始锻温度（开始锻造的温度）与终锻温度（停止锻造的温度）间的温度范围。它的确定以合金相图为依据。例如，碳素钢的锻造温度范围如图 3-16 所示，始锻温度比 AE 线低 200℃ 左右，终锻温度约为 800℃。终锻温度过低，金属的冷变形强化严重，变形抗力急剧增加，使加工难以进行，强行锻造，将导致锻件破裂报废。而始锻温度过高，会造成过热、过烧等缺陷。

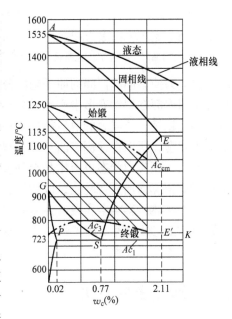

图 3-16
碳素钢的锻造温度范围

2. 变形速度

变形速度对金属锻造性能的影响比较复杂，变形速度在不同范围内对锻造性能可能有相反的影响。随着变形速度的提高，金属的回复和再结晶过程来不及消除加工硬化的影响，使金属的塑性下降，变形抗力提高。但当变形速度超过某个临界值后，由于塑性变形的热效应，使金属内的温度升高，从而又改善了锻造性能。如图 3-17 所示，当变形速度在 b 和 c 附近时，变形抗力较小，塑性较高，锻造性能较好。高速锤锻和高能成形就是利用这一原理加工低塑性材料，此时对应变形速度为图 3-17 的 c 点附近。但常用的一些锻造方法，其变形速度都低于上述临界速度，故对于本质塑性差的合金钢和高碳钢，均采用减慢变形速度的工艺，以防止坯料破裂。

3. 应力状态

不同的压力加工方法，在金属内部产生的应力状态不同。甚至在同一种变形方式下，金属内部不同部位的应力状态也可能不一样，如图3-18所示。挤压时，坯料内部的应力状态为三向受压应力；拉拔时，沿坯料的径向为压应力，轴向为拉应力；平砧镦粗时，在坯料中心附近存在三向压应力，而在侧面层，水平方向的切应力转变为拉应力。

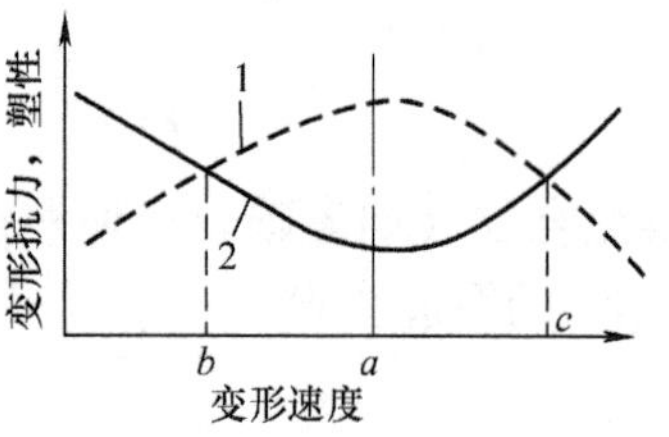

图3-17

变形速度对塑性及变形抗力的影响

1—变形抗力曲线　2—塑性变化曲线

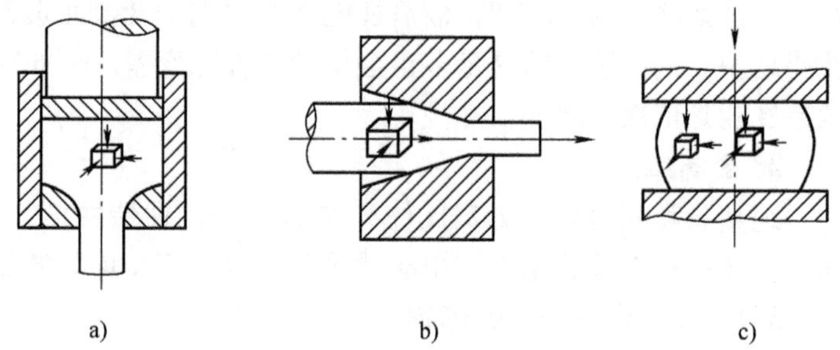

图3-18

不同变形方式时的应力状态

a）挤压　b）拉拔　c）自由锻

拉应力使不同晶面间的原子趋向分离，从而可能导致坯料的破裂。相反，压应力有利于压合金属内部在塑性变形中产生的微小裂纹，增加金属的塑性。实践证明，压应力的数目越多，塑性越好；拉应力的数目越多，塑性越差。例如坯料在自由镦粗时，外侧层呈两压一拉的应力状态，所以在外侧表面易产生裂纹。

当然，压应力状态也会增加金属变形时的内部摩擦，使变形抗力增大。为实现变形加工，就要相应增加设备吨位，以增加加工能力。

综上所述，影响金属锻造性能的因素是很复杂的。选择压力加工方法和制订锻造工艺的原则是，在充分发挥金属塑性、满足成形要求的前提下，尽量减少变形抗力，降低设备吨位，减少能耗，使锻件生产达到优质、低耗的要求。

3.2 塑性成形方法

3.2.1 锻造

3.2.1.1 自由锻

将金属坯料放在铁砧上，用冲击力或压力使其自由变形获得所需形状的成形方法，称为自由锻。自由锻时坯料的变形不受模具限制，锻件形状和尺寸主要靠锻工的技术水平来保证，所用设备和工具有很大的通用性。这种方法主要用于单件生产，锻件重量可小到1kg以下，也可大到数百吨，并且是生产大锻件的唯一方法。因此，在重型机械制造中自由锻具有特别重要的作用。由于自由锻件的形状和尺寸主要依靠锻工的操作来保证，对锻工的技术水平要求较高。自由锻主要用于单件、小批生产及维修工作中。

1. 自由锻设备

自由锻造过程中主要靠坯料局部变形，所以需要的设备能力比模锻小。常用的自由锻设备有锻锤和压力机两大类。通常几十千克的小锻件采用空气锤,两吨以下的中小型件采用蒸汽 – 空气锤,大钢锭和大锻件则在水压机上锻造。

(1) 空气锤　它是利用电动机直接驱动的锻锤,其结构小,打击速度快,有利于小件一次打火成形。空气锤的吨位是以落下部分的重量来表示的,最小为65kg,最大可达1000kg。

(2) 蒸汽 – 空气锤　它大都以600~900kPa的蒸汽或压缩空气为动力。

(3) 水压机　水压机是用水泵产生的高压水为动力进行工作的。水压机加工具有工作行程大、变形速度低、工件变形均匀等优点,并且工作中无振动,可制成大吨位设备,适合以钢锭为坯料的大件加工。水压机的缺点是结构较大,供水和操作系统等附属设备较复杂。

2. 自由锻工序

根据作用与变形要求不同,自由锻的工序分为基本工序、辅助工序和精整工序三类。

(1) 基本工序　它是改变坯料的形状和尺寸,以达到锻件基本成形的工序,包括镦粗、拔长、冲孔、弯曲、切割、扭转、错移等,其中最常用的是镦粗、拔长和冲孔。

(2) 辅助工序　它是为基本工序操作方便而进行的预先变形工序,如压钳口、倒棱、切肩等。

(3) 精整工序　它是修整锻件的最后尺寸和形状,消除表面的不平和歪扭,使锻件达到图样要求的工序,如修整鼓形、平整端面、校直弯曲等。

3.2.1.2　模锻

模锻是使加热到锻造温度的金属坯料,在锻模模腔内一次或多次承受冲击力或压力的作用,而被迫流动成形,以获得锻件的加工方法。

与自由锻相比,模锻的优点是生产率高,锻件的尺寸精度高,表面粗糙度低,材料利用率提高50%,能锻制形状比较复杂的锻件,操作简单,易于实现机械化等。但锻模制造周期长,成本高,模锻件不能太大。因此,模锻适用于中小型锻件的成批和大量生产。图3-19为典型的模锻件。

由于现代化大生产的要求,模锻生产越来越广泛地应用在国防工业和机械制造业中,如飞机、坦克、汽车、拖拉机、轴承等的制造。按质量计算,飞机上的锻件中模锻件占85%,坦克上占70%,汽车上占80%,机车上占60%。

模锻按使用的设备不同分为锤上模锻、胎模锻、压力机上模锻等。

1. 锤上模锻

锤上模锻所用的设备主要是蒸汽 – 空气模锻锤,其工作原理与自由锻锤基本相同。模锻锤的吨位一般为1~16t,模锻件的质量一般在150kg以下。与其他模锻方法相比,锤上模锻具有适应性强,可以独立完成各种类型锻件的锻造,以及设备费用较低等优点,在锻造生产中占有非常重要的地位。

锻模结构如图3-20所示,由带有燕尾的上模和下模两部分组成。上模靠楔铁紧固在锤头上,随锤头一起做上下往复运动;下模用紧固楔铁固定在模垫上。上、下模合在一起,其中部形成完整的模膛。

模膛根据其功用不同可分为制坯模膛和模锻模膛两大类。

(1) 制坯模膛　它是用于将形状复杂的模锻件初步锻成近似锻件形状的模膛。制坯模膛有以下几种:

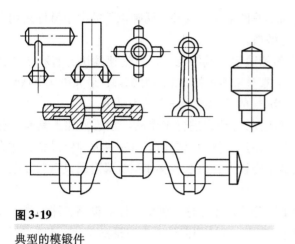

图 3-19

典型的模锻件

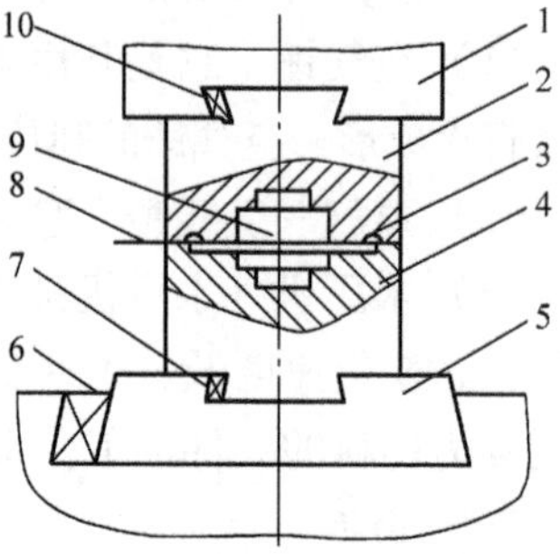

锤上锻模

1—锤头 2—上模 3—飞边槽
4—下模 5—模垫
6、7、10—紧固楔铁
8—分模面 9—模膛

图 3-20

1）拔长模膛。用它来减小坯料某部分的横截面积，以增加该部分的长度。拔长模膛有开式和闭式两种，如图 3-21 所示，一般设在锻模的边缘。操作时一边送进坯料，一边翻转。

2）滚压模膛。它有开式和闭式两种（图 3-22）。操作时需不断翻转坯料，用它来减小坯料某部分的横截面积，以增大另一部分的横截面积，主要是使金属进一步接近模锻件的形状。

3）弯曲模膛。如图 3-23 所示，弯曲模膛用以使坯料弯曲。

4）切断模膛。如图 3-24 所示，它是在上模与下模的角部组成一对刀口，用来切断金属。

此外，还有成形模膛、镦粗台、击扁模膛等制坯模膛。

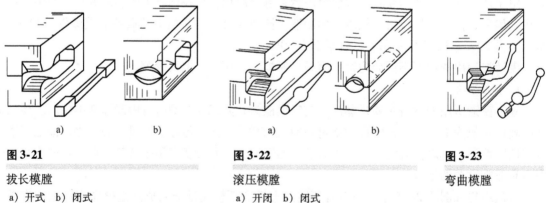

a)	b)

图 3-21

拔长模膛

a）开式 b）闭式

a)	b)

图 3-22

滚压模膛

a）开闭 b）闭式

图 3-23

弯曲模膛

（2）模锻模膛 它是用于模锻件成形的模膛，可分为预锻模膛和终锻模膛。

1）预锻模膛。它是为了改善终锻时金属的流动条件，避免产生充填不满和折叠，使锻坯最终成形前获得接近终锻形状的模膛。它可以提高终锻模膛的寿命。其结构比终锻模膛高度大，宽度小，无飞边槽，模锻斜度和圆角大。

2）终锻模膛。它是模锻时最后成形用的模膛。它的形状应与锻件的形状相同，尺寸需按锻件尺寸放大一个收缩量。钢件收缩量取 1.5%。另外，沿模膛四周有飞边槽，用以增加金属从模膛中流出的阻力，促使金属充满模膛，同时容纳多余的金属。对于具有通孔的锻件，由于不可能靠上下模的突起部分把金属完全挤压掉，终锻后会在孔内留下一薄层金属，称为冲孔连皮，如图 3-25 所示。把冲孔连皮和飞边冲掉后，才能得到有通孔的模锻件。

图 3-24

切断模膛

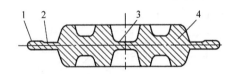

图 3-25

带有冲孔连皮及飞边的模锻件

1—飞边　2—分模面　3—冲孔连皮

4—锻件

　　根据模锻件的复杂程度不同，所需变形的模膛数量不等，可将锻模设计成单膛锻模或多膛锻模。单膛锻模是在一副锻模上只具有终锻模膛一个模膛，如齿轮坯模锻件，就可将截下的圆柱形坯料直接放入单膛锻模中成形。多膛锻模是在一副锻模上具有两个以上模膛的锻模，如弯曲连杆模锻件的锻模即为多膛锻模，如图 3-26 所示。

　　2. 胎模锻

　　胎模锻是在自由锻设备上使用胎模生产模锻件，是介于自由锻和模锻之间的一种锻造方法，故兼有这两种锻方法的特点。一般先用自由锻方法使坯料预成形，然后放在胎模中终锻成形。胎模一般不固定在锤头或砧座上，操作简单灵活，锻模结构也较简单。它在没有模锻设备的中小型工厂得到广泛采用。

　　按胎模结构有以下几种类型：

　　（1）摔模　它是一种简单的胎模，一般用于锻造回转体锻件。其中普通摔模用于修整光圆轴类锻件，成形摔模用于台阶轴类锻件的成形锻造，如图 3-27a 所示。

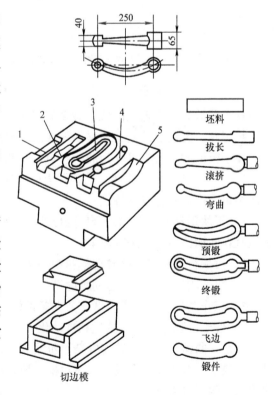

图 3-26

弯曲连杆的模锻过程

1—拔长模膛　2—滚挤模膛　3—终锻模膛

4—预锻模膛　5—弯曲模膛

（2）扣模　它用于具有平直侧面的非回转体锻件的成形。锻造时锻件不翻转，扣形后翻模 90°，在锤砧上平整侧面。它具有敞开的模膛；锻件不产生飞边，如图 3-27b 所示。

（3）套筒模　它主要用于生产以镦粗为主要成形方式的锻件，其结构分为开式和闭式两种，如图 3-27c、d 所示。

（4）合模　它用来锻造形状比较复杂的锻件。合模由上、下模及导向凸凹台组成，如图 3-27e 所示。在锻造过程中，多余金属流入飞边槽形成飞边。合模是一种通用性较广的胎模，适用于各种锻件的终锻成形，特别是非回转体类锻件，如连杆、叉形锻件等。

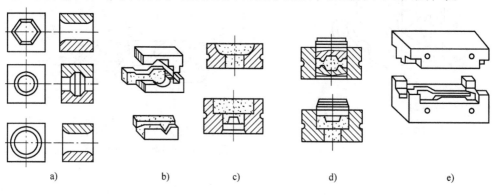

| a) | b) | c) | d) | e) |

图 3-27

胎模种类

a）摔模　b）扣模　c）开式套筒模　d）闭式套筒模　e）合模

3. 其他设备上模锻

锤上模锻具有工艺较简便、金属在高度方向上充填性较好等优点，但也存在锻打振动大、噪声高、劳动条件差、效率低等缺点。因此大吨位的模锻锤有逐步被压力机所取代的趋势。用于模锻的压力机可分为曲柄压力机、摩擦压力机、平锻机和精密模锻等。

（1）曲柄压力机上模锻　曲柄压力机的吨位一般为 200～1200kN。与锤上模锻相比，曲柄压力机上模锻具有以下特点：

1）滑块运动速度较低，金属变形速度低，有较充分的时间进行再结晶，所以低塑性金属适宜在曲柄压力机上进行模锻。

2）滑块行程一定，金属在模膛中一次便可锻压成形，生产率较高。

3）机架刚度大，锻模运动精度高，故锻件精度比锤上模锻的高。

4）工作时振动小、噪声低、劳动条件好。

5）便于实现操作的机械化和自动化。

但是，曲柄压力机的结构复杂、价格高，锻模的造价也较贵。由于金属变形速度低而且是一次成形，有较多的金属流入飞边槽，所以模膛高度方向上的填充性比锻锤差，也不能完成拔长、滚压等操作。

曲柄压力机上模锻适用于以镦粗或挤压方式变形的批量较大而精度较高的锻件，如齿轮、气阀、连杆、叶片等。

（2）摩擦压力机上模锻　在摩擦压力机上进行模锻主要是利用飞轮、螺杆及滑块的向下运动所积蓄的能量来实现。吨位为 3500kN 的摩擦压力机使用较多，最大吨位可达

10000kN。摩擦压力机上模锻具有以下特点：

1）由于滑块运动速度低，金属变形过程中的再结晶现象可以充分进行，因而特别适宜于锻造低塑性合金钢和有色金属等。

2）摩擦压力机承受偏心载荷的能力差，通常只适用于单膛锻模进行模锻。

3）由于打击速度低，可采用组合式模具。因组合式模具的许多零件易于标准化，使模具设计和制造简化，节约了材料，降低了生产成本。

4）摩擦压力机设有下顶出器，可锻出小模锻斜度和小余块的模锻件，使模锻件更接近零件的形状和尺寸。

5）摩擦压力机的滑块行程不固定，并具有一定的冲击作用，因而可实现轻打、重打。它可在一个模膛内进行多次锻打，这不仅能满足模锻各种主要成形工序的要求，还可以进行弯曲、压印、热压、精压、切飞边、冲连皮及校正等工序。

（3）平锻机上模锻　平锻机的主要结构与曲柄压力机相同，只因滑块是做水平运动，故称为平锻机。平锻机上锻模可以有两个相互垂直的分模面，主分模面在冲头与凹模之间，另一分模面在可分开的两个半凹模之间。此外，由于冲头行程固定，工件难以一次成形，因此平锻机要经多模膛逐步变形才能制成锻件。平锻机的吨位一般为 500～31500kN，可加工 $\phi25～\phi230mm$ 的棒料。

平锻机上模锻的特点如下：

1）扩大了模锻的适用范围，可以锻出锤上和曲柄压力机上无法锻出的锻件，如图 3-28 所示；还可以进行切飞边、切断、弯曲和热精压等工步。

2）生产率高，每小时可生产 400～900 件。

3）锻件尺寸精确，表面粗糙度低。

4）节约金属，材料利用率可达 85%～95%。

5）对非回转体及中心不对称的锻件较难锻造，且平锻机造价较高。

（4）精密模锻　精密模锻是锻制高精度锻件的一种先进工艺，它能够锻出形状复杂的零件，如锥齿轮、叶片等。图 3-29 为精锻汽车差速器行星锥齿轮，其齿形可以直接锻出。

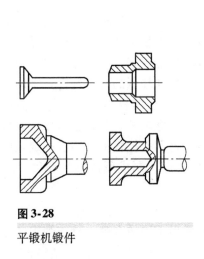

图 3-28

平锻机锻件

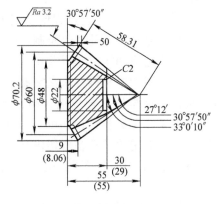

图 3-29

差速器行星锥齿轮锻件图

精密模锻的特点如下：

1）锻件公差小，表面质量高，完全可以不用切削加工或只经过磨削加工成形，因而能大大减少切削加工工作量，提高材料利用率。模锻件尺寸精度可达 IT15~IT12，表面粗糙度为 $Ra3.2~1.6\mu m$。

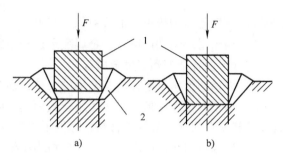

2）锻件内部形成按轮廓形状分布的封闭纤维组织，因而力学性能好。精密模锻的模具费用高，仅在大批量生产中使用才合算。

精密模锻的工艺要点如下：

1）选择坯料。确定坯料尺寸时，应考虑零件形状及充型条件。例如精锻锥齿轮，坯料直径是重要参数。如果直径过大（图

图 3-30

精密模锻坯料与凹模接触情况
a）不合理 b）合理
1—坯料 2—凹模

3-30a），则坯料端面缺陷如裂纹、夹杂等将会移至齿面，使齿轮寿命降低。因此，坯料直径应接近锥齿轮小端直径（图3-30b)。坯料表面质量也应严格要求，不允许有麻点、裂纹等缺陷，以保证齿面质量良好。

2）坯料加热应在少（无）氧加热炉中进行，最好采用感应加热，使坯料氧化层厚度最小。

3）精密模锻应选择运动精度高的压力机，如热模锻曲柄压力机。

3.2.2 板料冲压

利用冲模使板料产生分离或变形，以获得零件的加工方法称为板料冲压。板料冲压通常在室温下进行，故也称为冷冲压。只有当板料厚度超过8mm时才采用热冲压。

板料冲压具有下列特点：

1）可以冲压出形状复杂的零件，废料较少。

2）产品具有足够高的精度和较低的表面粗糙度，互换性能好。

3）能获得质量轻、材料消耗少、强度和刚度较高的零件。

4）冲压操作简单，工艺过程便于实现机械化、自动化，生产率高，故零件成本低。

但冲模制造复杂，模具材料及制作成本高，只有在大批量生产时才能充分显示其优越性。冲压工艺广泛应用于汽车、飞机、农业机械、仪表电器、轻工和日用品等工业部门。

板料冲压所用的原材料要求在室温下具有良好的塑性和较低的变形抗力。常用的金属材料有低碳钢、高塑性低合金钢、铜、铝、镁及其合金的金属板料、带料等。板料冲压工艺还可以加工非金属板料，如纸板、绝缘板、纤维板、塑料板、石棉板、硬橡胶板等。

冲压生产中常用的设备有剪切机和压力机等。剪切机用来把板料剪切成一定宽度的条料，以供下一步的冲压工序用。压力机用来实现冲压工序，制成所需形状和尺寸的成品零件。

3.2.2.1 板料冲压的基本工序

板料冲压的基本工序按变形性质分为分离工序和成形工序两大类。每一类中又包括许多不同工序。

1. 分离工序

分离工序是使坯料的一部分与另一部分相分离的工序，主要有：

（1）冲孔和落料　冲孔与落料是使坯料按封闭轮廓分离的工序，又称为冲裁。冲孔和落料两种工序的坯料变形过程、模具结构基本是一样的。落料是被分离的部分为成品，周边是废料，冲孔则是被分离的部分是废料，周边是成品，如图 3-31 所示。

1）冲裁过程分析。图 3-32 为金属冲裁过程。当凸模（冲头）接触板料向下运动时，金属板料首先产生弹性变形，进而进入塑性变形阶段，一部分坯料相对另一部分坯料产生错移，同时也产生冷变形强化现象。随着凸模进入凹模深度的增加，冷变形强化加剧，凸模、凹模刃口附近的坯料产生应力集中，出现微裂纹并迅速向内层扩展，直至板料被切断。

冲裁件被剪断分离后，其断裂面分成两部分。塑性变形过程中，由冲头挤压切入所形成的表面很光滑，表面质量最佳，称为光亮带。材料在剪断分离时所形成的断裂表面较粗糙，称为断裂带。

冲裁件断面质量主要与凹凸模间隙、刃口锋利程度有关，同时也受模具结构、材料性能及厚度等因素的影响。

2）凹凸模间隙。凹凸模间隙对冲裁件质量、冲裁力大小、模具寿命等有很大影响。间隙合适，上下裂纹重合，冲裁件断口表面平整、毛刺小，且冲裁力小；间隙过小，上下裂纹不重合，上下裂纹中间将产生二次剪切，在断口中部留下撕裂面，出现第二个光亮带，端面出现被挤长的毛刺，而且模具刃口很快磨损钝化，降低模具寿命；间隙过大，材料的弯曲拉伸变形增大，裂纹在距刃口稍远的侧面上下不重合，致使断口光亮带窄，毛刺大而厚，难以去除。

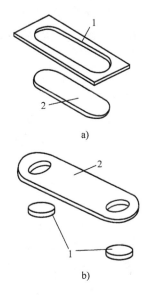

图 3-31

落料与冲孔示意图

a）落料　b）冲孔

1—废料　2—工件

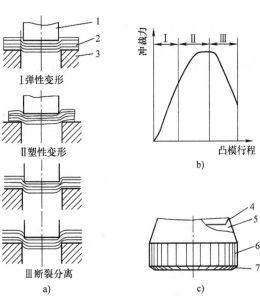

图 3-32

冲裁过程

a）变形三阶段　b）冲裁力的变化

c）冲裁零件断面

1—凸模　2—工件　3—凹模　4—毛刺　5—断裂带

6—光亮带　7—塌角

3）凹凸模刃口尺寸的确定。刃口尺寸的设计应遵循以下原则：落料时凹模刃口尺寸等于落料件尺寸，凸模尺寸为凹模尺寸减去间隙 z；冲孔时凸模尺寸等于孔的尺寸，凹模尺寸为凸模尺寸加上 z。

4）冲裁力计算。冲裁力是选用压力机吨位和检验模具强度的重要依据。平刃冲模的冲裁力按下式计算：

$$F = KL\delta\tau \times 10^{-3}$$

式中　F——冲裁力，单位为 kN；

　　　L——冲裁件周边长度，单位为 mm；

　　　τ——板料剪切强度，单位为 MPa；

　　　δ——板料厚度，单位为 mm；

　　　K——系数，与模具间隙、刃口钝化、板料的力学性能、厚度等的波动有关，一般取 1.3。

5）冲裁件的排样。排样是指落料件在条料、带料或板料上进行合理布置的方法。排样合理可使废料减少，材料利用率大为提高。图 3-33 为同一个冲裁件采用四种不同的排样方式时材料的消耗对比。

落料件的排样有两种类型：无搭边排样和有搭边排样。无搭边排样是用落料件形状的一个边作为另一个落料件的边缘，如图 3-33d 所示。这种排样材料利用率高，但毛刺不在同一个平面内，且尺寸不易精确，因此，只有在对冲裁件质量要求不高时才采用。有搭边排样即是在各个落料件之间均留有一定尺寸的搭边。其优点是毛刺小，而且在同一个平面内，冲裁件尺寸准确，质量较高，但材料消耗多，如图 3-33a、b、c 所示。

（2）修整　修整是利用修整模沿冲裁件外缘或内孔刮去一薄层金属，以提高冲裁件的加工精度和降低剪断面表面粗糙度的冲压方法。

修整冲裁件的外形称为外缘修整，修整冲裁件的内孔称为内缘修整，如图 3-34 所示。修整后冲裁件的精度可达 IT6 ~ IT7，表面粗糙度 Ra 值可达 $0.8 ~ 1.6\mu m$。

（3）切断　切断是指用剪刃或冲模将板料沿不封闭轮廓进行分离的工序。剪刃安装在剪切机上，把大板料剪成一定宽度的条料，以供下一步冲压工序使用。而冲模是安装在压力机上，用以制取形状简单、精度要求不高的平板零件。

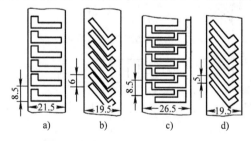

图 3-33

不同排样方式材料消耗对比

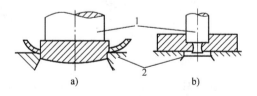

图 3-34

修整工序简图

a）外缘修整　b）内缘修整

1—凸模　2—凹模

（4）精密冲裁　用压边圈使板料冲裁区处于静压作用下，抑制剪裂纹的发生，实现塑性变形分离的冲裁方法称为精密冲裁。目前大中型工厂使用的冲裁模多数设计有压边圈。

（5）切口　将材料沿不封闭的曲线部分地分离开，其分离部分的材料发生弯曲，这种冲压方法称为切口。

2. 成形工序

成形工序是使坯料的一部分相对于另一部分产生相对位移而不破裂的工序。

（1）拉深　拉深是指通过模具把板料加工成空心体，或对已初拉成形的空心体进行继续拉深成形的工序。此工序又称为拉延，如图 3-35 所示。拉深件的种类很多，大体可分为旋转体、矩形和复杂形状的零件。在实际生产中，拉深工序往往与其他成形工序相结合，制成各种极为复杂的零件，如图 3-36 所示。

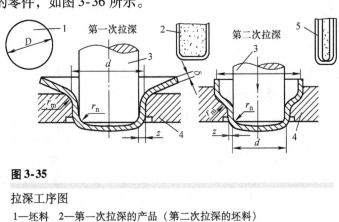

图 3-35

拉深工序图

1—坯料　2—第一次拉深的产品（第二次拉深的坯料）
3—凸模　4—凹模　5—成品

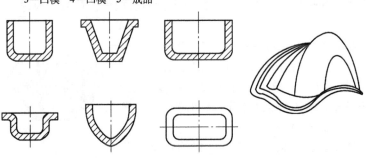

图 3-36

各种拉深件

1）拉深变形过程。拉深变形过程如图 3-37 及图 3-38 所示。在拉深过程中，与凸模底部相接触的那部分金属，最后成为拉深件的底部，变形很小。环形部分则变形成为侧壁，扇形网格变成了矩形网格。如果认为拉深前后材料厚度不变，则拉深前的扇形小面积与拉深后的矩形小面积相等。可见，坯料上的每一个这样的扇形小单元体在切向受到压应力作用，而在半径方向上受到拉应力作用。

2）拉深件毛坯尺寸的计算。在正常的拉深过程中工件的厚度变化可以忽略不计，所以确定拉深毛坯尺寸时，可按照拉深前后毛坯与工件的表面积不变的原则计算。

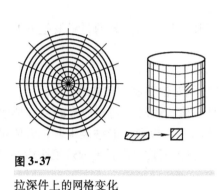

图 3-37

拉深件上的网格变化

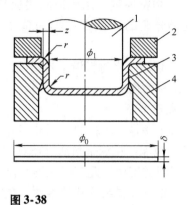

图 3-38

拉深过程

1—凸模 2—压边圈 3—工件
4—凹模

考虑到由于材料具有某种程度的方向性和凸、凹模之间的间隙不均等原因,拉深后的工件顶端一般都不整齐,通常都需要修边,将不平整的部分切去,故在计算毛坯尺寸前,要在拉深件高度方向加修边余量,其值为 2~8mm。

3)拉深系数与拉深次数。在进行拉深变形时,为了使毛坯内部的应力不超过材料的强度极限,同时又能充分利用材料的塑性,必须正确地确定拉深件的拉深次数。而坯料每一次拉深变形的程度取决于拉深系数 $m = d/D$,即拉深件直径与坯料直径的比例。m 越小,则变形程度越大,坯料被拉入凹模越困难,从底部到边缘过渡部分的应力也越大。如果应力超过金属的抗拉强度,拉深件底部就被拉穿。所以 m 不能太小,一般取 0.5~0.8,对于塑性好的金属可取较小值。如果拉深系数过小,则可进行多次拉深。这时,拉深系数应比前一次拉深大些,一般取 0.7~0.8。多次拉深操作往往需进行中间退火处理。

4)拉深废品及缺陷。从拉深过程可以看出,当毛坯中多余三角形在拉深过程中不能顺利变厚及沿高度方向伸长时,拉深件未拉入凹模中的凸缘部分就会起皱。起皱严重时,凸缘部分将不能通过凹凸模间隙,从而导致坯料被拉穿,如图 3-39 所示。

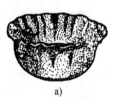

a) b)

图 3-39

起皱与拉穿

a)起皱 b)拉穿

为防止坯料被拉穿,应采取以下工艺措施:①凹凸模必须有合理的圆角;②采用合理的凹凸模间隙 z;③采用合理的拉深系数 m;④为了减小摩擦,以降低拉深件壁部的拉应力,减少模具的磨损,拉深时通常要加润滑剂进行润滑。

(2)弯曲 弯曲是坯料的一部分相对于另一部分弯曲成一定角度的工序,如图 3-40 所示。弯曲时材料内侧受压缩,外侧受拉伸。当外侧拉应力超过坯料的抗拉强度时,即会造成金属破裂。坯料越厚,内弯曲半径 r 越小,则压缩及拉伸应力越大,越容易弯裂。为防止弯裂,弯曲的最小半径应为 $r_{\min} = (0.25~1)\delta$,$\delta$ 为金属板料的厚度。材料塑性好,则弯曲半径可小些。弯曲时还应尽可能使弯曲线与坯料纤维方向垂直,如图 3-41 所示。若弯曲线与纤维方向一致,则容易产生破裂。此时可用增大最小弯曲半径来避免。

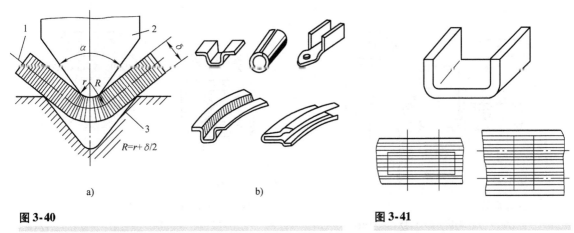

图 3-40

弯曲过程中金属变形简图

a）弯曲过程　b）弯曲产品

1—工件　2—凸模　3—凹模

图 3-41

弯曲时的纤维方向

在弯曲结束后，由于弹性变形的恢复，坯料会略微弹回一点，使弯曲的角度增大。此现象称为回弹现象。一般回弹角为 0°～10°。因此在设计弯曲模时必须使模具的角度比成品件角度小一个回弹角，以便在弯曲后得到准确的弯曲角度。

（3）翻边　翻边是使平板坯料上的孔或外圆获得内、外凸缘的变形工序，如图 3-42 所示。

翻边时易出现的质量问题是翻边边缘破裂，这是由于翻边时的塑性变形过大。翻边时的塑性变形程度用翻边系数 $K_0 = d_0/d$ 来衡量。d_0 为翻边前的孔径尺寸，d 为翻边后的内孔尺寸。

为了避免翻边孔破裂，一般取 $0.65 \leqslant K_0 \leqslant 0.72$，同时，凸模的圆角半径 $r_{凸} = （4～9）$ δ。若零件所需凸缘的高度较大，翻边时极易破裂，可采用先拉深后冲孔再翻边的工艺。

（4）成形　成形是利用局部变形使坯料或半成品改变形状的工序，如图 3-43 所示。成形主要用于制造刚性的肋条或增大半成品的部分内径等。图 3-43a 是用橡皮压肋，图 3-43b 是用橡皮芯胀形。

3.2.2.2　冲模的分类与构造

冲模是冲压生产中必不可少的模具。冲模结构合理与否对冲压件质量、冲压生产率及模具寿命等都有很大影响。冲模可分为简单模、连续模和复合模。

1. 简单模

在压力机的一次行程中只完成一道工序的模具称为简单模。图 3-44 为落料用的简单模示意图，其结构是凹模 9 用凹模压板 8 固定在下模板 7 上，下模板用螺栓固定在压力机的工作台上，凸模 1 用凸模压板 6 固定在上模板 3 上，上模板则通过模柄 2 与压力机的滑块连接。因此，凸模可随滑块做上下运动，用导柱 5 和导套 4 使凸模 1 向下运动时能对准凹模孔，并使凸、凹模间保持均匀间隙。工作时，条料在凹模上沿两个导板 11 之间送进，碰到定位销 10 停止。当凸模向下冲压，冲下的零件进入凹模孔，则条料夹住凸模并随凸模一起回程向上运动。当条料碰到固定在凹模上的卸料板 12 时，则被卸料板推下并继续在导板间送进。上述动作不断重复，冲出一个又一个零件。这种模具结构简单，容易制造，适用于冲压件的小批量生产。

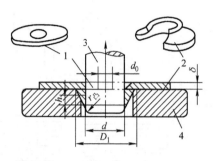

图 3-42

翻边简图

1—坯料 2—翻边 3—凸模 4—凹模

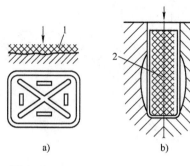

图 3-43

成形工序简图

1—橡皮 2—橡皮芯

2. 连续模

连续模又叫级进模。压力机的一次冲程中，在模具不同部位上同时完成数道冲压工序的模具称为连续模，如图 3-45 所示。工作时定位销 3 对准预先冲出的定位孔，上模向下运动，落料凸模 4 进行落料，冲孔凸模 5 进行冲孔。当上模回程时，卸料板 6 从凸模上推下残料。这时再将坯料 7 向前送进，执行第二次冲裁。如此循环进行，每次送进距离由挡料销控制。连续模生产率高，易于实现自动化，但要求定位精度高，制造比较麻烦，成本高，适于大批量生产。

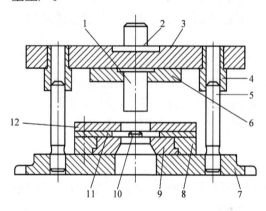

图 3-44

简单模

1—凸模 2—模柄 3—上模板 4—导套
5—导柱 6—凸模压板 7—下模板 8—凹模压板
9—凹模 10—定位销 11—导板 12—卸料板

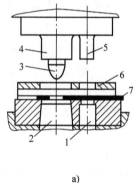

图 3-45

连续模

a) 冲压前 b) 冲压时

1—冲孔凹模 2—落料凹模 3—定位销 4—落料凸模
5—冲孔凸模 6—卸料板 7—坯料 8—成品 9—废料

3. 复合模

压力机的一次行程中，在模具的同一位置完成一道以上工序的模具称复合模。图 3-46 为一落料及拉深复合模。其结构特点是有一个凸凹模，凸凹模外端为落料的凸模，而内孔则为拉深时的凹模。因此，压力机一次行程内可完成落料和拉深两道工序。压板既可作卸料板，又可作压边圈。此种模具能保证较高的零件精度和平整性，生产率高，但模具制造复杂，成本高，适合于大批量生产中小型零件。

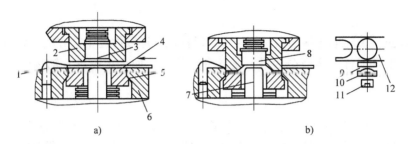

图 3-46

落料及拉深的复合模

a）冲压前　b）冲压时

1—挡料销　2、3—凸凹模（落料凸模、拉深凹模）　4—条料
5—压板（卸料器）　6—落料凹模　7—拉深凸模　8—顶出器
9—落料成品　10—开始拉深件　11—零件（成品）　12—废料

3.2.3　其他塑性加工方法

为了满足工业生产飞速发展的需要，新的压力加工方法和工艺不断出现，并迅速在生产中得到推广和应用，如轧制、精密模锻、拔制、超塑性成形、粉末冶金等。

3.2.3.1　挤压成形

挤压是用强大压力作用于模具，迫使模具内的金属坯料产生定向塑性变形并从模孔中挤出，从而获得所需零件或半成品的加工方法。

挤压产品的尺寸精确、表面质量高、生产率高，可生产用轧制方法所不能生产的形状复杂的管材、型材及零件。

挤压方法有多种，根据金属坯料加热温度不同，可分为热挤压、冷挤压、温挤压；根据金属的流动方向不同，可分为正挤压、反挤压、复合挤压和径向挤压等，如图 3-47 所示。

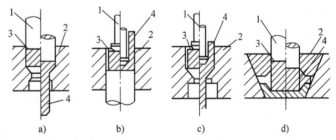

图 3-47

挤压的几种方式

a）正挤压　b）反挤压　c）复合挤压　d）径向挤压

1—凸模　2—凹模　3—坯料　4—挤压产品

3.2.3.2　轧制成形

轧制也叫压延，它是指金属坯料通过一对旋转轧辊之间的间隙而使坯料受挤压产生横截面减少、长度增加的塑性变形过程。

轧制是生产型材、棒板带材和管材的主要方法，近年来还越来越广泛地用于制造零件。轧制与一般的锻压方法相比，具有生产率高、产品质量好、成本低、节约金属等优点。按轧辊的形状、轴线配置等的不同，轧制除基本的圆辊轧制外还可分为辊锻、辗环、横轧、斜轧等。

1. 辊锻

辊锻是使坯料通过一对旋转的装有圆弧形模块的轧辊时受辗压而变形的加工方法，如图 3-48 所示，目前用来制造扳手、钻头、连杆、履带、汽轮机叶片等。它既可作为模锻前的制坯工序，也可直接辊锻锻件。

2. 辗环

辗环是通过扩大环形坯料的内、外径来获得各种环形零件的工艺方法，如图 3-49 所示。这种方法生产的环类件，其横截面可以是各种形状的，如火车轮箍、轴承座圈、齿轮及凸缘等。

3. 横轧

横轧是轧辊轴线与坯料轴线平行，且轧辊与坯料做相对转动的轧制方法。图 3-50 所示为齿轮横轧，坯料在图示位置被高频感应加热，带齿形的轧辊由电动机带动旋转，并做径向进给，迫使轧轮与坯料发生对辗。在对辗过程中，坯料上受轧辊齿顶挤压的地方变成齿槽，而相邻金属受轧辊齿部反挤而上升，形成齿顶。

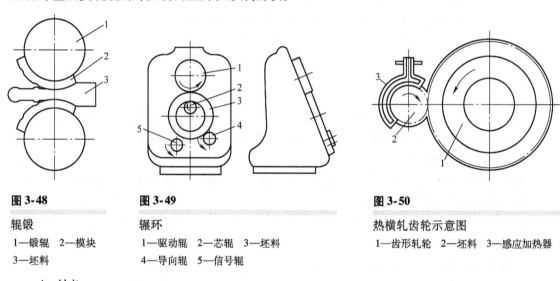

图 3-48
辊锻
1—锻辊　2—模块
3—坯料

图 3-49
辗环
1—驱动辊　2—芯辊　3—坯料
4—导向辊　5—信号辊

图 3-50
热横轧齿轮示意图
1—齿形轧轮　2—坯料　3—感应加热器

4. 斜轧

轧辊相互倾斜配置，以相同方向旋转，坯料在轧辊的作用下反向旋转，同时还做轴向运动，即螺旋运动，这种轧制称为斜轧。图 3-51a 所示为轧制钢球；图 3-51b 所示为轧制周期变截面型材。斜轧可以直接热轧出带螺旋线的高速滚刀体、自行车后闸壳及冷轧丝杠等。

5. 楔横轧

利用两个外表面镶有楔形凸块、做同向旋转的平行轧辊对沿轧辊轴向送进的坯料进行轧制的方法称为楔横轧，如图 3-52 所示。楔横轧的变形过程主要是靠两个楔形凸块压缩坯料使坯料径向尺寸变小，长度增加。根据轧辊数目不同和楔形凸块的几何形状不同，楔横轧可分为两辊式楔横轧、三辊式楔横轧、板式楔横轧及弧形式楔横轧四种。楔横轧主要用于加工阶梯轴、锥形轴等各种对称的零件或毛坯。

3.2.3.3　拉拔成形

拉拔是使金属坯料通过一定形状的模孔，使其横截面减小、长度增加的加工方法。金属丝、细管材包括一些异型材皆可用拉拔的方法生产，如图 3-53 所示。

拉拔一般是在冷态下进行的。拔制产品的形状和尺寸精确，表面质量好，机械强度高。

由于在拉拔过程中有加工硬化效应，故每道拔制过程中的变形量有限，否则易断裂。另外，为保证拉拔质量，坯料在拔制前要经表面处理，在拉拔时要使用润滑剂，在多道拉拔过程中还要安排再结晶退火。

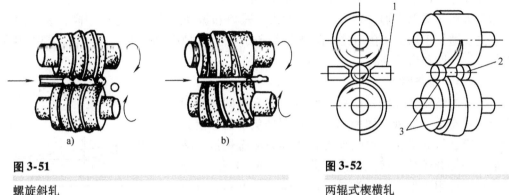

图 3-51
螺旋斜轧

a) 轧制钢球　b) 轧制周期变截面型材

图 3-52
两辊式楔横轧

1—导板　2—轧件　3—带楔形凸块的轧辊

3.2.3.4 超塑性成形

超塑性是指金属材料在特定条件下所表现出来的极大的异常塑性现象。

一般塑性较好的金属材料的伸长率只有百分之几十，但在超塑性情况下其伸长率可达百分之几百乃至百分之一千以上。例如，具有超塑性的钢，其伸长率可达 500%，纯钛超过 300%，铝合金超过 1000%。但并不是所有的金属材料都具有超塑性。一般来说，只有流动应力对应变速率的变化非常敏感的金属在某些特定的条件才有可能出现超塑性。

与其他压力加工方法相比，超塑性成形具有变形抗力低、充模性能好、工件尺寸精确、机加工余量小，以及具有细小均匀的晶粒组织等特点。另外，一些难于变形加工的材料，也可以进行超塑性成形。图 3-54 为超塑性板料拉深的示意图。

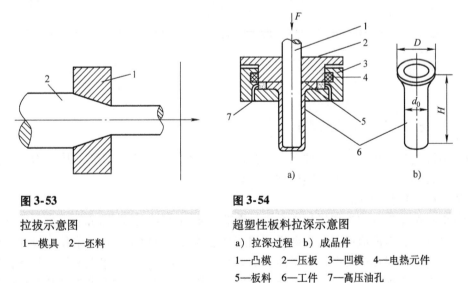

图 3-53
拉拔示意图

1—模具　2—坯料

图 3-54
超塑性板料拉深示意图

a) 拉深过程　b) 成品件

1—凸模　2—压板　3—凹模　4—电热元件

5—板料　6—工件　7—高压油孔

3.2.3.5 摆动辗压

上模的轴线与被辗压坯料（坯料放在下模上并同轴）的轴线倾斜一个角度 γ，上模一面绕轴线旋转，一面对坯料进行压缩（每一瞬时仅压缩坯料横截面的一部分），这种加工方法称为摆动辗压，如图 3-55 所示。若上模母线是一直线，则辗压的表面为平面；若母线为一曲线，则能辗压出上表面为形状较复杂的曲面的锻件。

摆动辗压为局部变形，省力，没有冲击，噪声和振动都很小，生产率高，易实现自动化。它主要适用于加工回转体类、盘饼类或带凸缘的半轴类锻件，如汽车半轴、扬声器导磁体、推力轴承圈和齿轮等。

3.2.3.6　液态模锻

将定量的熔化金属倒入凹模型腔内，在金属即将凝固或半凝固状态下（即液、固两相共存）用冲头加压，使其凝固，以得到所需形状锻件的加工方法称为液态模锻。液态模锻是一种介于铸、锻之间的工艺方法，可实现少、无切削锻造，可用于生产各种有色金属、碳钢、不锈钢以及脆性灰铸铁和球墨铸铁工件，可生产出用普通模锻法无法成形而性能要求高的复杂工件，例如铝合金活塞，镍、黄铜高压阀体，铜合金涡轮，球墨铸铁齿轮和钢法兰等锻件。

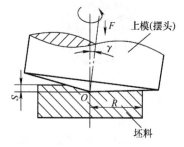

图 3-55　摆动辗压

但液态模锻不适于制造壁厚小于 5mm 的空心工件，因为会造成结晶组织不均匀，无法保证锻件质量。

3.2.3.7　高速高能成形

高速高能成形的共同特点是在极短时间（几毫秒）内，将化学能、电能、电磁能或机械能传递给被加工的金属材料，使之迅速成形。其主要加工方法有：

1）爆炸成形。它是利用炸药爆炸时所产生的高能冲击波，通过不同介质使坯料产生塑性变形的方法。

2）电液成形。它是利用在液体介质中高压放电时所产生的高能冲击波，使坯料产生塑性变形的方法。

3）电磁成形。它是利用电流通过线圈产生磁场，其磁力作用于坯料使工件产生塑性变形。

3.3　塑性成形工艺设计

3.3.1　自由锻工艺规程的制订

自由锻工艺规程包括绘制锻件图、计算坯料质量和尺寸、确定变形工序、选定设备和工具、确定锻件加热和冷却及锻后热处理规范等内容。

3.3.1.1　绘制锻件图

锻件图是根据零件图考虑机加工余量、锻造公差和余块等绘制而成的。自由锻件一般均需后续机械加工，表面应留有加工余量。加工余量的大小取决于零件的形状、尺寸、精度要求和生产数量，同时还应考虑设备条件和工人的技术水平等。在技术上可行和经济合理的条件下，应尽量减少加工余量。为了简化锻件形状，便于锻造，往往在锻件的某些部位添加一部分附加金属，这部分附加金属称为余块。当零件上带有较小的凹挡、台阶、凸肩、法兰和孔时，皆需附加余块。添加余块会增加金属材料消耗和切削加工工时，故应合理安排锻件的余块。具体数值及确定方法可参考有关资料。

典型锻件图的画法如图 3-56 所示。在锻件图中，锻件的外形用粗实线描绘。零件的主

要形状用双点画线描绘，以供工人锻
造操作时参考。锻件的尺寸和锻造公
差标注在尺寸线上面，相应的零件尺
寸标注在尺寸线的下面并用括弧括起
来。为了便于生产，大型锻件的尺寸
的尾数取 0 或 5，小型锻件取 0 或偶
数。当需检验锻件的力学性能时，还
要考虑试样的尺寸和取位。

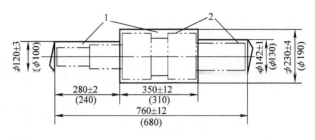

图 3-56

余量、余块及锻件图的画法
1—余块　2—余量

3.3.1.2　计算坯料质量和尺寸

1. 坯料质量

坯料的质量为锻件的质量与锻造时各种金属损耗的质量之和，可按下式进行计算：

$$m_{坯} = m_{锻} + m_{烧} + m_{芯} + m_{切}$$

式中　　$m_{坯}$——坯料质量；

$\quad\quad m_{锻}$——锻件质量；

$\quad\quad m_{烧}$——坯料在加热时因表面氧化而烧损的质量，它与坯料的材料种类、加热次数等
　　　　　有关，常取锻件质量的 2.5% 左右；

$\quad\quad m_{芯}$——冲孔时的芯料质量；

$\quad\quad m_{切}$——锻造中被切掉部分的质量，如修切端部的料头，采用钢锭时切掉的钢锭的头
　　　　　部和尾部等。

2. 坯料尺寸

确定坯料尺寸时，先根据计算出的坯料质量算出坯料的体积，然后考虑锻造比和采取的
变形方式等因素确定坯料截面尺寸，最后再确定坯料的长度尺寸或钢锭的尺寸。确定坯料尺
寸时，应考虑到坯料在锻造过程中必需的变形程度，即锻造比的问题。对于以碳素钢锭作为
坯料并采用拔长方法锻制的锻件，锻造比一般不小于 2.5；如果采用轧材作坯料，则锻造比
可取 1.3 ~ 1.5。根据计算所得的坯料质量和截面大小，即可确定坯料长度尺寸或选择适当
尺寸的钢锭。

3.3.1.3　确定变形工序

确定变形工序的依据是锻件的形状、尺寸及技术要求等。对于饼块类锻件，基本变形工
序是镦粗或局部镦粗；对于轴杆类锻件，基本变形工序是拔长；若需增大锻造比，应先镦粗
（或局部镦粗）后再拔长；对于空心类锻件，基本变形工序是镦粗加冲孔（有时还需扩孔）；
对于曲轴类锻件，基本变形工序是拔长和错移。若用钢锭为坯料，通常需增加切割头部和尾
部等工序。

工艺规程的内容还包括选择锻造设备、确定加热火次、确定所用工夹具、加热设备、加
热及冷却规范、热处理及锻件的后续热处理等。

3.3.2　自由锻工艺规程实例

现以冷轧轧辊为例，说明自由锻工艺的编制。锻造工艺规程一般用文字写在工艺卡上，
作为锻件生产的准则。表 3-1 给出了冷轧轧辊自由锻的工艺卡。

3.3.3　模锻工艺规程的制订

模锻工艺规程包括制订锻件图、计算坯料尺寸、确定模锻工步（模膛）、选择设备及安排修整工序等。模锻工艺规程是指导模锻件生产、规定操作规范、控制和检验产品质量的依据。

表 3-1　　　　　　　　　　　　　　　　冷轧轧辊自由锻工艺卡

锻件名称	冷轧轧辊	锻件重量	3.2t	锻造比	6.43
材　料	9Cr2	钢锭重量	5.5t	炉子温度	1200℃
每锭锻件	1	钢锭利用率	58.2%	始锻温度	1150℃
锻件等级	2	工时定额	186min	终锻温度	850℃
锻钢火次	4	锻造设备	2500t 水压机	冷却方式	坑冷

火次	工序说明	工步简图	设备	工时定额/min	工具
	钢锭加热至1150℃				
I	1. 在头部锻出料柄 2. 倒棱成直径为630mm		2500t	40	上、下砧块，剁刀，套筒
II	3. 镦粗至直径φ1050mm 4. 拔长为直径φ620mm		2500t	48	球凹面压板，下漏盘，上、下砧子，压克棍，剁刀，套筒
	中间退火	780～800℃，保温6h			
III	5. 分段克压（I、II、III）		2500t	108	上球凹面压板，下漏盘
IV	6. 按克压锻出III 7. 锻出I 8. 进一步修整，切去头部		2500t	108	上、下砧子，套筒

3.3.3.1 制订锻件图

锻件图是生产和检验锻件及设计锻模的依据。根据零件图来制订模锻件图时,工艺上应考虑下列问题:

1. 分型面的确定

分型面即是上、下锻模在模锻件上的分界面。锻件分型面的位置选择得合适与否,关系到锻件成形、锻件出模、材料利用率等一系列问题。选择分型面应遵循以下原则:

1) 保证模锻件能从模膛中取出,一般应选在模锻件最大尺寸的截面上。如图 3-57 所示零件,若选 $a-a$ 面为分型面,则无法从模膛中取出锻件。

2) 防止上、下模产生错模现象,分型面的位置应保证其上、下模膛的轮廓相同。图 3-57 所示的 $c-c$ 面就不符合此原则。

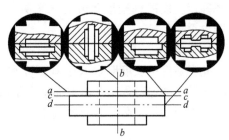

3) 为有利于金属充满模膛,便于模具加工,节约金属材料,分型面要选在能使模膛深度最浅的位置上。图 3-57 所示的 $b-b$ 面就不适合。

4) 节约金属材料,减少切削加工的工作量。以图 3-57 所示的 $b-b$ 面作分型面时,零件中间的孔锻造不出来,只能作余块,所以该面不宜选作分型面。

5) 最好使分型面为一个平面,使上、下锻模的模膛深度基本一致,差别不宜过大,以便于制造锻模。

图 3-57

分型面的选择比较图

按上述原则综合分析,图 3-57 中的 $d-d$ 面是最合理的分型面。

2. 加工余量、公差、余块、模锻斜度、圆角半径、冲孔连皮

在模锻件图中,除要求加工余量、公差、余块外,还要设计模锻斜度、圆角半径、冲孔连皮,以便模锻件能顺利锻成。

(1) 加工余量、公差和余块 模锻时金属坯料是在锻模中成形的,因此,模锻件的尺寸较精确,其公差和加工余量比自由锻件小得多。加工余量一般为 $1\sim4\mathrm{mm}$,公差一般取在 $0.6\sim6\mathrm{mm}$。对于孔径 $d>25\mathrm{mm}$ 的带孔模锻件,孔应锻出,但需留冲孔连皮。冲孔连皮的厚度与孔径 d 有关,当孔径为 $30\sim80\mathrm{mm}$ 时,冲孔连皮的厚度为 $4\sim8\mathrm{mm}$。

(2) 模锻斜度 模锻件上平行于锤击方向的表面必须具有斜度,如图 3-58 所示,以便从模膛中取出锻件。对于锤上模锻,模锻斜度一般为 $5°\sim15°$。模锻斜度与模膛深度和宽度有关。

(3) 圆角半径 在模锻件上所有两平面的交角处均需做成圆角,如图 3-59 所示。这样可增大锻件强度,使锻造时金属易于充满模膛,避免锻模上的内尖角处产生裂纹,减缓锻模外尖角处的磨损,从而提高锻模的使用寿命。钢的模锻件外圆角半径 (r) 取 $1.5\sim12\mathrm{mm}$,内圆角半径 (R) 比外圆角半径大 $2\sim3$ 倍。模膛越深,圆角半径取值就越大。

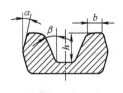

图 3-58

模锻斜度

图 3-59

圆角半径

上述内容确定后，即可绘制锻件图。绘制方法与自由锻件图类似。图 3-60 为齿轮坯的模锻件图，图中双点画线为零件轮廓外形，分型面选在锻件高度方向的中部，零件轮辐部分不加工，故不留加工余量，图上内孔中部的两条直线为冲孔连皮切掉后的痕迹线。

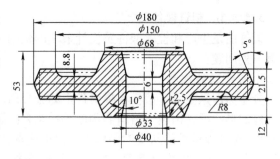

图 3-60

齿轮坯模锻件图

3.3.3.2 确定模锻工步

模锻工步主要根据模锻件的形状和尺寸来确定。模锻件按形状分为长轴类与盘类两大类。

1. 长轴类

此类零件的长度明显大于其宽度和高度，如台阶轴、曲轴、连杆、弯曲摇臂等，如图 3-61 所示。锻造过程中锤击方向垂直于锻件的轴线，终锻时金属沿高度与宽度方向流动，而长度方向流动不显著，因此常选用拔长、滚压、弯曲、预锻和终锻等工步。

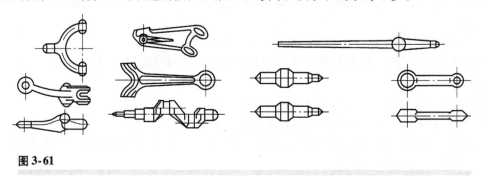

图 3-61

长轴类锻件

拔长和滚压时，坯料沿轴线方向流动，金属体积重新分配，使坯料的横截面积与锻件相应的横截面积近似相等。坯料的横截面积大于锻件最大横截面积时，可只选用拔长工步。而当坯料的横截面积小于锻件最大横截面积时，采用镦粗和滚压工步。

锻件的轴线为曲线时，应选用弯曲工步。

对于小型长轴类锻件，为减少钳口料和提高生产率，常采用一根棒料同时锻造几个锻件的锻造方法，因此应增设切断工步，将锻好的件切离。

对于形状复杂的锻件，还需选用预锻工步，最后在终锻模膛中模锻成形。如锻造弯曲连杆模锻件，其模锻过程如图 3-26 所示。

2. 盘类

此类锻件主轴尺寸较短，在分型面上投影为圆形或长、宽尺寸相近，如齿轮、凸缘、十字轴、万向节叉等，如图 3-62 所示。模锻过程中，锤击方向与坯料轴线方向相同，终锻时金属沿高度、宽度及长度方向均产生流动，因此常选用镦粗、终锻等工步。

对于形状简单的盘类锻件，可只用终锻工步成形。对于形状复杂、有深孔或高肋的锻件，则应增加镦粗工步。

3.3.3.3　坯料计算

坯料计算方法与自由锻相同。坯料重量为锻件、飞边、连皮、钳口料头和氧化皮重量的总和，一般飞边是锻件重量的 20% ~ 25%，氧化皮是锻件、飞边、连皮等重量总和的 2.5% ~4%。

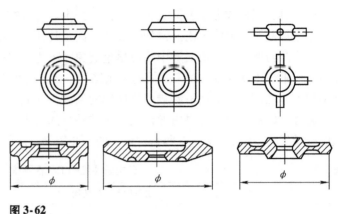

图 3-62

盘类零件

3.3.3.4　选择模锻设备

模锻锤吨位的选择可参阅有关文献。

3.3.3.5　安排修整工序

1. 切边和冲孔

模锻件一般都带有飞边和连皮，需在压力机上的切边模和冲孔模上将其切去，如图 3-63 所示。当锻件为大量生产时，切边和冲连皮可在一个较复杂的复合模或连续模上联合进行。

2. 校正

在切边及其他工序中都可能引起锻件变形，应进行校正。大中型锻件在热态下校正，小型锻件也可冷态校正，可在终锻模膛或专门的校正模具中进行校正。

3. 热处理

模锻件进行热处理的目的是消除模锻件的过热组织或冷变形强化组织，使模锻件具有所需的力学性能，一般采用正火或退火。

4. 清理

为了提高模锻件的表面质量，改善切削加工性能，需要进行表面处理，去除在生产过程中形成的氧化皮、所沾油污及其他表面缺陷等。

5. 精压

对于要求精度高和表面粗糙度低的模锻件，应进行精压。精压可全部或部分代替切削加工。精压可分为平面精压和体积精压两类，如图 3-64 所示。

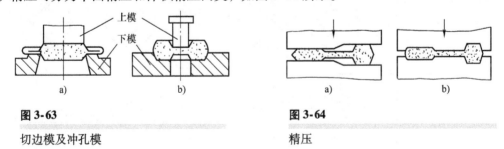

图 3-63

切边模及冲孔模

a）切边模　b）冲孔模

图 3-64

精压

a）平面精压　b）体积精压

3.4　塑性加工方法的结构工艺性

3.4.1　自由锻件的结构工艺性

由于锻件是在固态下成形的，锻件所能达到的复杂程度不如铸件。自由锻使用简单的和通用性工具，锻件成形主要依靠工人的操作技术。许多在铸造中很合理的零件结构，在自由锻造中很难甚至不可能锻出。例如锥面、斜面及其他复杂截面，非平面的交接结构，以及加强肋、小凸台等，在自由锻造中均应尽量避免，改为简单的、平直的形状。否则将导致费工费料，质量也不易保证。对于必需的复杂结构，当然可以应用余块以简化锻件外形，最后用切削加工方法制出，但在不影响使用性能的条件下，应尽可能修改设计，使之适应自由锻造的工艺性。因此，对设计自由锻件结构工艺性总的要求是在满足使用要求的前提下，零件形状应尽量简单和规则。表3-2是锻件设计的一些例子。常见的自由锻件类型如图3-65所示。

表3-2　　　　　　　　　　自由锻件结构工艺性要求

要　　求	工艺性不好的结构	工艺性好的结构
1. 避免锥面或斜面	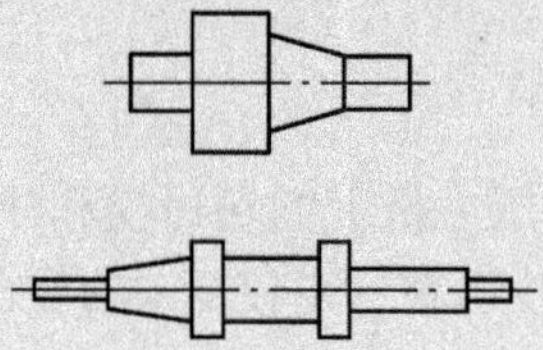	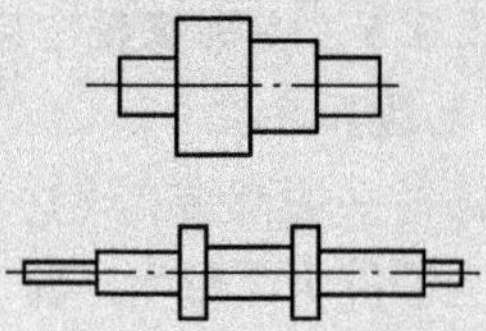
2. 避免圆柱面与圆柱面相交	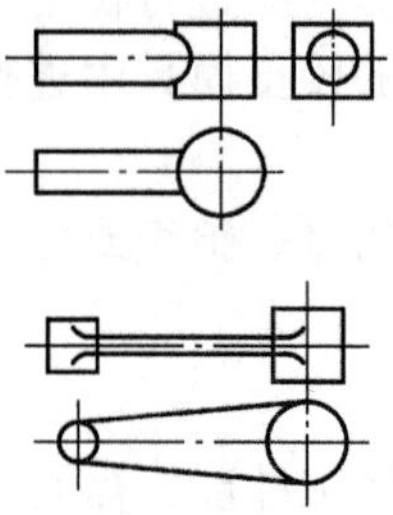	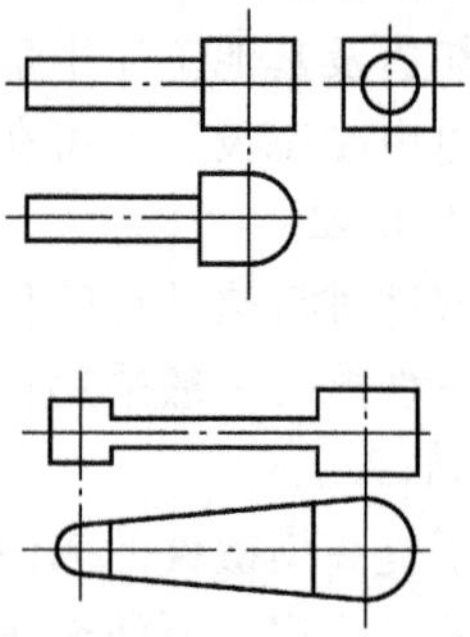
3. 避免肋板及凸台等结构	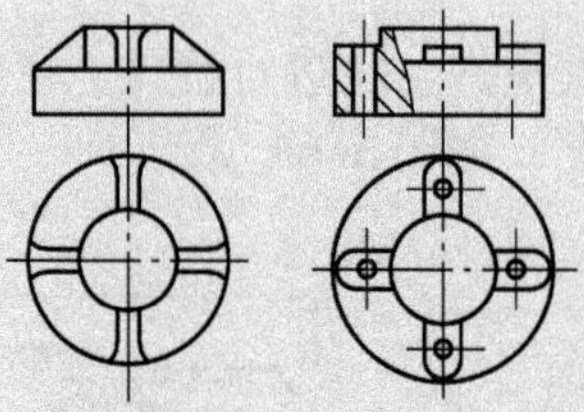	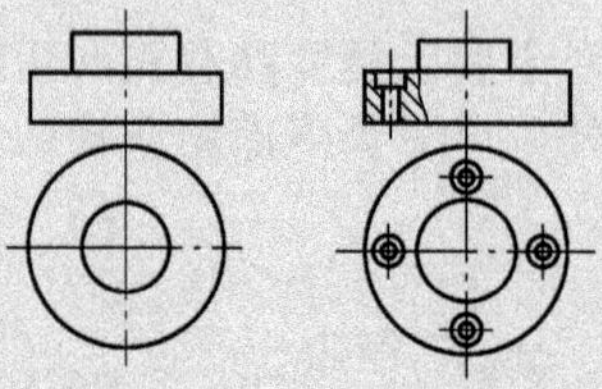
4. 对于形状复杂的零件，可用焊接或机械连接方法组成整体	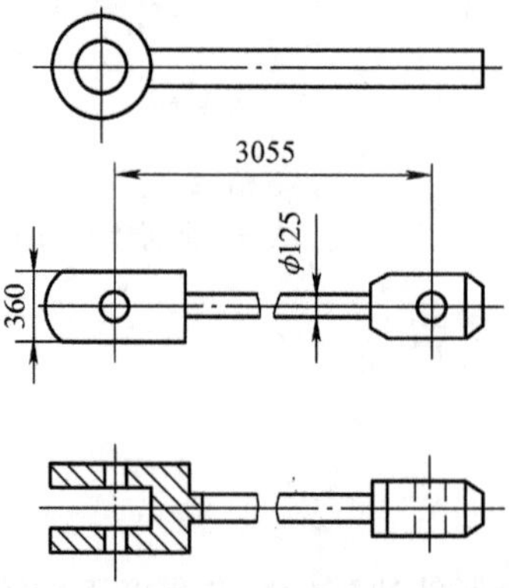	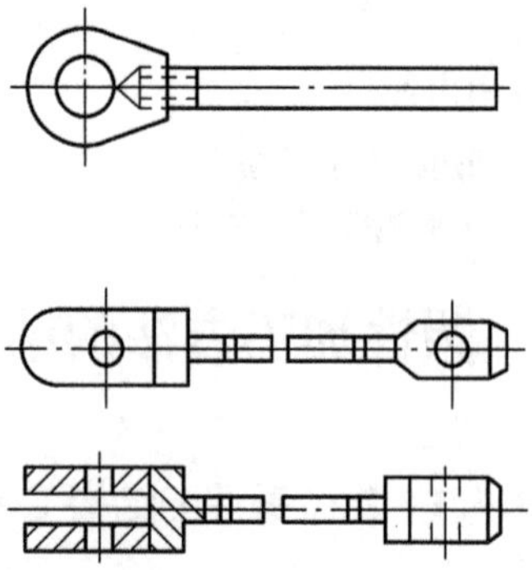

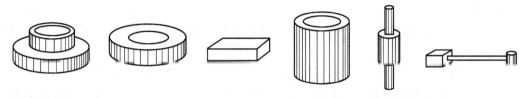

图 3-65

自由锻造锻件类型

3.4.2　模锻件的结构工艺性

设计模锻零件时，应根据模锻特点和工艺要求，使零件结构符合下列原则：

1）模锻件应具有合理的分型面，以满足制模方便、锻件易于出模等要求。

2）由于模锻件尺寸精度高，表面粗糙度低，因此只有与其他机件配合的表面才需进行机加工，其他表面均应设计成非加工表面。零件上与锤击方向平行的非加工表面，应设计出模锻斜度。非加工表面所形成的角都应按模锻圆角设计。

3）零件的外形应力求简单、平直和对称，截面相差不宜过于悬殊，避免高肋、薄壁、凸起等不利于成形的结构。图 3-66a 所示零件的最小截面与最大截面之比，若小于 0.5 就不宜采用模锻，因该零件凸缘高而薄，中间凹槽过深，难于用模锻方法制造；图 3-66b 所示零件扁而薄，薄的部位金属冷却快，变形抗力提高，难以成形；图 3-66c 所示零件的凸缘高而薄，不仅制造锻模困难，而且不利于金属充满模膛和锻件出模，若能改成图 3-66d 所示的形状，模锻成形就容易了。

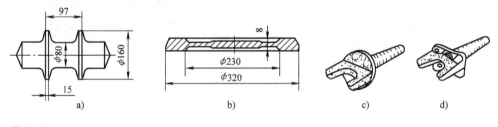

图 3-66

模锻零件的形状

4）应避免窄沟、深槽、深孔及多孔结构，以利于金属充满模膛、模具制造和延长零件寿命。

5）形状复杂的锻件应采用锻 – 焊或锻 – 机械连接组合工艺，以减少余块，简化模锻工艺。

3.4.3　板料冲压件的结构工艺性

在设计冲压件时，应在满足使用要求的前提下，尽量使冲压件具有良好的工艺性能，这对于保证产品质量，提高生产率，节约金属材料和降低生产成本具有重要的意义。

3.4.3.1　对各类冲压件的共同要求

1）尽量采用普通材料代替贵重材料，如用碳钢代替合金钢。尽可能采用较薄的板料，而在刚度较弱的部位采用加强肋结构，这样，既能降低材料费用，又能减小冲压力，如

图3-67所示。

2）冲压件尽量采用简单而对称的外形，使冲压时坯料受力均衡，简化加工工序，便于模具制造。

图3-68为汽车消声器后盖，形状简化后，冲压过程由8道工序减为2道工序。

3）对冲压件的精度要求不宜过高，否则要增加精整工序。一般对冲压件表面质量的要求是应尽量避免高于原材料所具有的表面质量。

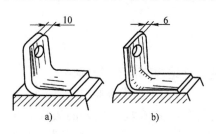

图 3-67

加强肋

a）无加强肋　b）有加强肋

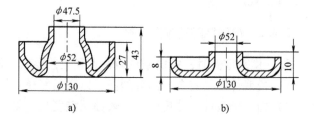

图 3-68

消声器后盖形状的改进

a）改进前　b）改进后

4）改进结构，简化工艺，节省材料。如冲－焊组合结构，如图3-69所示，或应用冲口工艺，如图3-70所示。

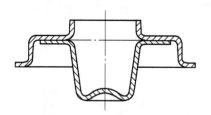

图 3-69

冲－焊结构

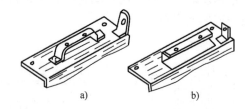

图 3-70

冲口工艺应用

a）铆接　b）冲压工艺

3.4.3.2　对冲裁件的要求

1）工件外形应尽量采用无废料的排样，如图3-71所示，以提高材料的利用率。

2）冲孔时应力求简单、对称，尽可能采用圆形、矩形等规则形状。

3）避免长槽与细长悬臂结构，孔径、孔与边缘间的距离不得小于板厚，长臂、窄槽的宽度也应大于板料的厚度。图3-72所示是不合理结构。

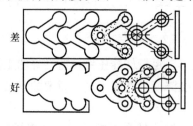

图 3-71

零件形状与材料利用率的关系

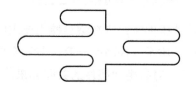

图 3-72

不合理的长槽结构

4) 圆孔直径大于板料厚度 δ，方孔的边长大于 0.9δ，孔与孔之间及孔到工件边缘的距离不得小于 δ，外缘凸出或凹进尺寸大于 1.5δ，如图 3-73 所示。

5) 冲裁线相交处应有圆角过渡，以免尖角导致应力集中而使模具开裂。其圆角半径应大于板厚的 1/2。

3.4.3.3　对拉深件的要求

1) 外形力求简单，最好采用轴对称形状，以减少拉深次数。

2) 应尽量避免深度过大。否则需要增加拉深次数，而且也易出现废品。

3) 拉深件的圆角半径要合适。一般来说，拉深件上各处的圆角半径应尽量大些，以利于成形和减少拉深次数。尤其底部转角和凸缘处转角应有较大圆角半径，否则将增加拉深次数与整形工序。

3.4.3.4　对弯曲件的要求

1) 弯曲件形状应尽量对称，弯曲半径不得小于材料允许的最小弯曲半径 r_{min}。r_{min} 一般为 $(0.25 \sim 1)\delta$。

若弯曲时产生的拉伸应力垂直于纤维组织方向，弯曲半径还应加倍。

2) 弯曲边不宜过短，否则难以弯曲成形。如果要求具有很短的弯曲边，可先留出余量，以增大弯曲边，弯好后再切去。

3) 弯曲带孔件时，为避免孔的变形，孔的位置应如图 3-74 所示，$L > 1.5\delta$。

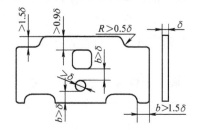

图 3-73

冲孔件尺寸与厚度的关系

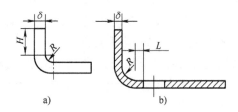

图 3-74

弯曲件结构工艺性

a) 弯曲边高　b) 带孔的弯曲件

3.5　塑性成形新发展

塑性成形已成为当今先进制造技术的重要发展方向。产品零件粗加工和精加工的大多数将采用塑性成形的方式实现。工业部门的广泛需求为塑性成形新工艺和新设备的发展提供了强大的原动力和空前的机遇。通过与计算机的紧密结合，数控加工、激光成形、人工智能、材料科学和集成制造等一系列与塑性加工相关联的技术发展速度之快，学科领域交叉之广是过去任何时代所无法比拟的。

1. 精密塑性成形技术

精密成形技术对于提高产品精度、缩短产品交货期、减少切削加工和降低生产成本均有着重要意义。

在精密塑性成形方面，精密冲裁技术、超塑性成形技术、航空制造技术、冷挤压技术、成形轧制、无飞边热模锻技术、温锻技术、多向模锻技术发展很快。例如 700mm 汽轮机叶片精密辊锻和精整复合工艺已成功应用于生产；楔横轧技术在汽车、拖拉机精密轴类锻件的生产中显示出极佳的经济性。除传统的锻造工艺外，近年来半固态金属成形技术也日趋成熟，引起工业界的普遍关注。所谓半固态金属成形，是指对液态金属合金在凝固过程中经搅拌等特殊处理后得到的具有非枝晶组织结构、固液相共存的半固态坯料进行的各种成形加工。这种新的金属加工技术可分为半固态锻造、挤压、轧制和压铸等几种主要工艺类型，具有节省原材料、降低能耗、提高模具寿命、改善制品性能等一系列优点，并可生产复合材料的产品，是 21 世纪新兴金属塑性成形的关键技术。

此外，在粉末冶金和塑料加工方面，金属粉末超塑性成形、粉末注射成形、粉末喷射和喷涂成形，以及塑料注射成形中气体辅助技术和热流道技术的成功应用，大大扩充了现代精密塑性加工的应用范围。

2. 快速制模技术

快速成形技术对于模具的快速制造产生了重要的影响和推动作用。用于小批量生产的塑料模具和冲压模具可以依照快速成形方法直接用硅橡胶、环氧树脂或金属材料制造。用于大批量生产的各种模具也可由快速成形和铸造技术相结合的方法制造。

快速制模技术由于具有制造周期短、成本低、综合经济效益高等优点，十分适合于新产品开发和小批量多品种的生产方式，发展非常迅速。除了快速成形在快速制模中应用外，电弧喷涂成形技术、实型铸造制模技术、锌基合金制模技术、低熔点合金制模技术、铜基合金制模技术、电铸技术在注射模具中的应用、环氧树脂制模技术、叠层钢板制模技术等快速制模的新工艺、新方法和新设备层出不穷，显示出强大的生命力和显著的经济效益。

3. 塑性成形过程的计算机模拟

塑性成形过程计算机模拟是近年来最活跃的研究领域。塑性加工数值模拟技术已实用化，得到了很多大型企业的应用，现已应用到净成形、切削加工、前沿领域的微成形、液压成形和镁、铝等难变形轻合金的成形。目前数值模拟在板、管材成形和机械加工时材料的流动应力、摩擦、逆向工程中材料参数等的数值处理方面已取得较大的进展。而未来发展方向主要在三维复杂零件成形加工过程的模拟、并行处理的计算机系统。如板料成形数值模拟对制订成形工艺和设计模具结构体现出了越来越显著的作用。

复习思考题

1. 模具 CAD/CAM 系统由哪几个功能模块组成？各功能模块的作用是什么？
2. 一个完整的冲裁模 CAD 系统，一般包括哪几个功能模块？
3. 模具材料优化专家系统一般由哪几个功能模块组成？
4. 金属压力加工的主要生产方式有哪几种？其特点如何？
5. 塑性变形是如何实现的？
6. 冷变形和热变形后金属组织和性能各发生什么变化？
7. 如何提高金属的塑性？最常用的措施有哪些？
8. 金属变形遵循什么基本规律？如何运用？
9. 何谓自由锻？它在应用上有何特点？

10. 自由锻设备和模锻设备在原理和结构上有何不同？

11. 自由锻工序如何分类和应用？

12. 简述曲柄压力机的工作原理及状况。

13. 对于汽车制造中的大量齿轮、连杆和十字轴等锻件，应选用何种锻造方法和设备？

14. 冲压基本工序包括哪些最主要的形式？

15. 冲裁变形分为哪几个阶段？如何评定冲裁件的断面质量？

第 4 章
焊 接 技 术

焊接是一种永久性连接金属材料的工艺方法，是现代工业生产中用来制造各种金属结构和机械零件的主要工艺方法之一。

将材料、型材或零件连接成机器零部件的方式有机械连接、物理化学连接和冶金连接（焊接）三类。这些连接成形技术在机械制造、建筑、车辆、石油化工、原子能、航空航天及各种尖端科技领域中发挥着重要作用。机械连接是指用螺钉、螺栓和铆钉等紧固件将两分离型材或零件连接成一个复杂零件或部件的过程。物理化学连接是用黏胶通过毛细作用、分子间力作用或者相互扩散及化学反应等，将两个分离表面连接成不可拆接头的过程，通常指封接、胶接等。冶金连接即为焊接，不同于螺钉连接、铆钉连接等机械连接的方法，其实质就是利用加热或加压（或者加热和加压），使分离的两部分金属靠得足够近，原子互相扩散，形成原子间的结合。

焊接的优点是：节省材料，减轻结构重量；接头的密封性好，可承受高压；加工与装配工序简单，可缩短加工周期；易于实现机械化和自动化生产，能提高生产率及产品质量等。但焊接是一个不均匀的加热和冷却过程，焊接件会产生焊接应力和变形，因此，必须采取一定的工艺措施予以防止。焊接技术广泛应用于汽车、船舶、飞机、建筑、电子等工业部门。

焊接方法的种类很多，各种焊接方法从原理理论到焊接技术、工艺都有较大的不同，但按焊接过程的物理特点可归纳为三大类，即熔化焊、压焊和钎焊。图 4-1 是常用的焊接分类。

熔化焊是利用局部加热的方法，将工件的焊接处加热到熔化状态，形成熔池，然后冷却结晶，形成焊缝，将两部分金属连接成一个整体的工艺方法，简称熔焊。

压焊是焊接过程中必须对焊件施加压力，同时加热或不加热，以完成焊接的方法。

钎焊是利用熔点比母材低的填充金属熔化之后，填充接头间隙并与固态的母材相互扩散实现连接的一种焊接方法。

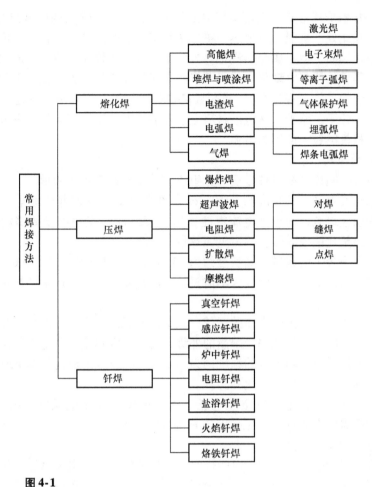

图 4-1

常用的焊接分类

4.1 焊接成形理论基础

4.1.1 熔化焊的冶金过程

熔化焊是应用最广泛的焊接方法，其关键是要有一个能量集中、加热温度足够高的热源，因此，熔化焊方法常以热源的种类命名，如气焊（气体火焰为热源）、电弧焊（电弧为热源）、电渣焊（熔渣电阻热为热源）、激光焊（激光束为热源）、电子束焊（电子束为热源）、等离子弧焊（压缩电弧为热源）等。电弧焊是目前应用最广泛的熔化焊焊接方法，因此，这里仅以电弧焊来分析焊接成形的理论基础。

4.1.1.1 焊接电弧

焊接电弧是在焊条端部与焊件之间的空气电离区内产生的一种强烈而持久的放电现象，电弧实质上是在一定条件下电荷通过两电极间气体空间的一种导电过程。

1. 焊接电弧的形成

通常情况下气体是不导电的，焊接引弧时，电弧焊电源输出端的两个电极即焊条（焊丝）和焊件瞬时接触形成短路，表面局部突出部位首先接触，强大的电流流经焊条（焊丝）与焊件接触点，在此处产生强烈电阻热，将焊条与工件表面加热到熔化，形成液态小桥，拉开电极则液态小桥爆断，使金属受热汽化。当两个电极脱离瞬间，由于电流的急剧变化，产生比电源电压高得多的感应电动势，使得两极间电场强度达到很大数值，因此阴极材料表面的热电子获得足够的动能（逸出功），自阴极高速射向阳极。飞射中，高速运行的电子猛烈撞击两极间的气体分子、原子和从电极材料上蒸发的中性粒子，把它们电离成带电粒子，即离子和电子，这种带电粒子束即为电弧。

2. 焊接电弧的结构

电弧由阴极区、阳极区和弧柱区三部分组成，其结构如图4-2所示。

阴极区是电子发射区，其长度约为10^{-4}cm。在阴极表面发射电子最集中处形成一个很亮的斑点，称为阴极斑点，斑点处电流密度高达$10^{3}A/cm^{2}$。发射电子要消耗一定能量，所以阴极区提供的热量比阳极区低，约占电弧热量的36%。

阳极区是受电子轰击的区域，其长度约为10^{-4}cm。在阳极表面接受100%电子束的轰击形成的高温区域称为阳极斑点。阳极区不需要消耗能量发射电子，产生的热量约占电弧热量的43%。

弧柱区是位于阴、阳两极区中间的区域，几乎占电弧的整个长度部分。弧柱中心温度虽高，但由于电弧周围的冷空气和焊接熔滴的外溅，所产生的热量只占电弧热量的21%左右。

用钢焊条焊接钢材时，阴极区的温度约为2400K，阳极区的温度约为2600K。由于电弧温度很高，一般的难熔材料也会熔化和沸腾。

为保证顺利引弧，焊接电源的空载电压（引弧电压）应是电弧电压的1.8～2.25倍，电弧稳定燃烧时所需的电弧电压（工作电压）为29～45V。

4.1.1.2　焊接的冶金过程

焊接的冶金过程如图4-3所示。电弧焊时，母材和焊条受到电弧高温作用熔化而形成熔池。金属熔池可看作一个微型冶炼炉，其内要进行熔化、氧化、还原、造渣、精炼及合金化等一系列物理、化学过程。由于大多数熔化焊是在大气中进行，金属熔池中的液态金属与周围的熔渣及空气接触，产生复杂、激烈的化学反应，这就是焊接的冶金过程。

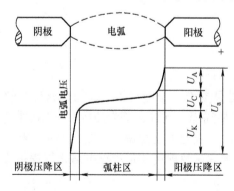

图4-2

电弧的结构及电压分布示意图

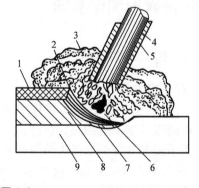

图4-3

焊条电弧焊过程
1—固态焊渣　2—液态溶渣　3—气体
4—焊条芯　5—焊条药皮　6—金属熔滴
7—熔池　8—焊缝　9—工件

在焊接冶金反应中，金属与氧的作用对焊接影响最大。焊接时由于电弧的高温作用，氧气分解为氧原子，氧原子要和多种金属发生氧化反应，如：

$$Fe + O \rightarrow FeO \qquad Mn + O \rightarrow MnO$$
$$Si + 2O \rightarrow SiO_2 \qquad 2Cr + 3O \rightarrow Cr_2O_3$$
$$2Al + 3O \rightarrow Al_2O_3$$

有的氧化物（如 FeO）能溶解在液态金属中，冷凝时因溶解度下降而析出，成为焊缝中的杂质，影响焊缝质量，是一种有害的冶金反应物；大部分金属氧化物（如 SiO_2、MnO）则不溶于液态金属，会浮在熔池表面进入焊渣中。不同元素与氧的亲和力是不同的，几种常见金属元素按与氧的亲和力大小顺序排列为：

$$Al \rightarrow Ti \rightarrow Si \rightarrow Mn \rightarrow Fe$$

在焊接过程中，将一定量的脱氧剂，如 Ti、Si、Mn 等加在焊丝或药皮中，进行脱氧，使其生成的氧化物不溶于金属液而成渣浮出，从而净化熔池，提高焊缝质量。

在焊接冶金反应过程中，氢与熔池的作用对焊缝质量也有较大影响。氢易在焊缝中造成气孔，即使溶入的氢不足以形成气孔，固态焊缝中多余的氢也会在焊缝中的微缺陷处集中形成氢分子，这种氢的聚集往往在微小空间内形成局部的极大压力，使焊缝变脆（氢脆）。

氮在液态金属中也会形成脆性氮化物，其中一部分以片状夹杂物的形式残留于焊缝中，另一部分则使钢的固溶体组织中含氮量增加，从而使接头焊缝变脆。焊缝的形成，其实质是金属再熔炼的过程，与一般冶金过程相比，有以下特点：

1）金属熔池体积很小（$2 \sim 3cm^3$），熔池处于液态的时间很短（10s 左右），各种冶金反应过程不充分。例如冶金反应过程所产生的气体无法及时析出，杂质不能上浮到熔池表面等。

2）熔池温度高，使金属元素产生强烈的烧损和蒸发。同时，熔池周围又被冷的金属包围，冷却速度快，使焊缝产生应力和变形，严重时甚至开裂。

为了保证焊缝质量，可从以下两方面采取措施：

1）减少有害元素进入熔池。其主要措施是机械保护，如气体保护焊中的保护气体（CO 和 Ar 气）、埋弧焊焊剂所形成的熔渣及焊条药皮产生的气体和熔渣等，使电弧空间的熔滴和熔池与空气隔绝，防止空气进入。此外，还应清理坡口及焊缝两侧的锈、水、油污，烘干焊条，去除水分等，避免有害气体和杂质的产生。

2）添加合金元素，清除进入熔池中的有害元素。主要通过在焊接材料中加入合金元素、脱氧剂等，进行脱氧、脱硫、脱磷、去氢和渗合金，从而保护和调整焊缝的化学成分，如：

$$FeO + Mn \rightarrow MnO + Fe \qquad Si + 2FeO \rightarrow SiO_2 + 2Fe$$
$$MnO + FeS \rightarrow MnS + FeO \qquad CaO + FeS \rightarrow CaS + FeO$$

4.1.1.3 焊接热循环

焊接时，电弧沿着工件逐渐前移并对工件进行局部加热，因此，在焊接过程中，焊缝附近的金属都将由常温状态被加热到较高的温度，然后再逐渐冷却至室温。由于各点金属所处的位置不同，与焊缝中心的距离不等，所以各点的最高加热温度是不同的，达到最高加热温度的时间也不同。焊缝及其母材上某点的温度随时间变化的过程称为焊接热循环。不同点，其热循环不同。对焊接质量有重要影响的参数包括最高加热温度 T_m、在过热温度 1100℃ 以上停留的时间 $t_{过}$ 和冷却速度等，如图 4-4 所示。

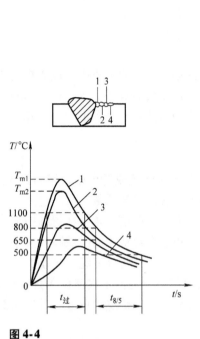

图 4-4

焊接热循环曲线

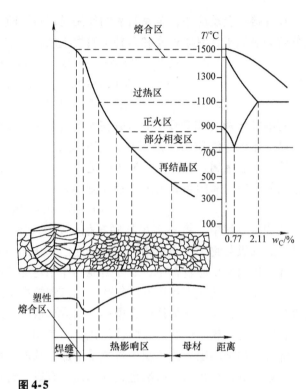

图 4-5

低碳钢焊接接头的组织变化

焊接热循环使焊缝附近的金属相当于受到一次不同规范的热处理，其特点是加热和冷却速度都很快，对易淬火钢，焊后会发生空冷淬火，产生马氏体组织；对其他材料，易产生焊接变形、应力及裂纹。

4.1.1.4　焊接接头组织与性能

以低碳钢为例，说明焊接过程造成的金属组织性能的变化，如图 4-5 所示。受焊接热循环的影响，焊缝附近的母材组织和性能发生变化的区域，称为焊接热影响区。熔化焊焊缝和母材的交界线称为熔合线。熔合线两侧有一个很窄的焊缝与热影响区的过渡区，称为熔合区，也称为半熔化区。因此，熔化焊接头常由焊缝区、熔合区、热影响区组成。

1. 焊缝区

热源移走后，熔池中的液体金属立刻开始冷却结晶，从熔合区许多未熔化完的晶粒开始，以垂直熔合线的方式向熔池中心生长为柱状树枝晶，而低熔点物质将被推向焊缝最后结晶部位，形成成分偏析。这样焊接后，焊缝组织是由液体金属结晶成的铸态组织，宏观组织是柱状粗晶粒，成分偏析严重，组织不致密。但由于熔池金属也受到电弧吹力，保护气体吹动和焊条摆动等干扰作用，使焊缝金属的柱状晶呈倾斜层状，这相当于小熔池炼钢，冷却快，且使晶粒有所细化。利用焊接材料的渗合金作用，可调整其合金元素含量，从而使焊缝金属的力学性能不低于母材。

2. 熔合区

熔合区是焊缝向热影响区过渡的区域，是焊缝和母材金属的交界区，其加热温度处于固相线和液相线之间。焊接过程中，部分金属熔化，部分未熔化，冷却后，熔化金属成为铸态组织，未熔化金属因加热温度过高而形成过热粗晶组织。这种组织使此区强度下降，塑性、韧度极差，常是裂纹及局部脆性破坏的发源区。在低碳钢焊接接头中，尽管此区很窄（仅0.1~1mm），但在很大程度上决定着焊接接头的性能。

3. 热影响区

热影响区是焊接过程中，母材因受热（但未熔化）而发生组织性能变化的区域。对碳钢而言，由于焊缝附近各点受热程度不同，热影响区常由以下几部分组成：

1）过热区。过热区是指热影响区内具有过热组织或晶粒显著粗大的区域，宽1~3mm。其加热温度在1100℃至固相线之间。由于加热温度高，奥氏体晶粒急剧长大，冷却后得到粗晶组织。该区金属的塑性、韧度很低，焊接刚度大的结构或碳含量较高的易淬火钢时，易在此区产生裂纹。

2）正火区。正火区是指热影响区内相当于受到正火热处理的区域，宽1.2~4mm。其加热温度为Ac_3~1100℃。此温度下金属发生重结晶加热，形成细小的奥氏体组织，空冷后即获得细小而均匀的铁素体和珠光体组织，因此，该区的力学性能优于母材。

3）部分相变区。热影响区内发生部分相变的区域，其加热温度为Ac_1~Ac_3。受热影响，此区中珠光体和部分铁素体转变为细晶粒奥氏体，而另一部分铁素体因温度太低来不及转变，仍为原来的组织，因此，已发生相变组织和未发生相变组织在冷却后会使晶粒大小不均，力学性能较母材差。

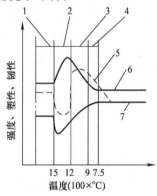

低碳钢焊接接头的组织、性能变化如图4-6所示。分析其变化可得：焊接接头中熔合区和过热区的力学性能最差。有时焊接结构的破坏不在焊缝上而在热影响区内，就是因为有热影响区的存在且其性能很差，又未能引起注意的结果。所以，对于焊接结构，热影响区越小越好。

图 4-6

低碳钢焊接接头的性能分布
1—焊缝熔合区　2—过热区
3—正火区　4—部分相变区
5—韧性　6—强度　7—塑性

热影响区的大小和组织性能变化的程度取决于焊接方法、焊接规范、接头形式等因素。热源热量集中、焊接速度快时，热影响区就小。实际应用中，电子束焊的热影响区最小，总宽度一般小于1.4mm。气焊的热影响区总宽度最大可达27mm，由于接头的破坏常从热影响区开始，为消除热影响区的不良影响，焊前可先预热工件，以减小焊件上的温差和冷却速度。对于容易淬硬的钢材，例如中碳钢、高强度合金钢等，热影响区中最高加热温度在Ac_3以上的区域，焊后易出现淬硬组织——马氏体；最高加热温度在Ac_1~Ac_3的区域，焊后易形成马氏体+铁素体混合组织。所以，易淬硬钢焊接热影响区的硬化、脆化更为严重，且随着碳含量、合金元素含量的增加，其热影响区的硬化、脆化倾向越趋严重。

4.1.2　金属的焊接性能

4.1.2.1　金属焊接性的概念

焊接性是金属材料对焊接加工的适应性，其主要指在一定的焊接工艺条件下，获得优质焊接接头的难易程度。焊接性受焊接材料、焊接方法、构件类型及使用要求等几个方面因素的影响，它包含工艺焊接性和使用焊接性两方面。工艺焊接性是指焊接接头产生缺陷的倾向，尤其是出现各种裂缝的可能性，是表征该金属材料进行焊接的难易程度。使用焊接性是指焊接接头在使用过程中的可靠性，包括焊接接头的力学性能及一些特殊性能（如耐热性、耐蚀性等），表征焊接后能不能使用的问题。

金属材料的焊接性不是一成不变的，同一种金属材料采用不同的焊接方法、焊接材料与焊接工艺（包括预热和热处理等），其焊接性可能有很大差别。工艺焊接性可随着新的焊接方法、焊接材料和工艺措施的不断出现及其完善而变化，某些原来不能焊接或不易焊接的金属材料也会变成能够焊接或易于焊接。例如，化学活泼性极强的钛的焊接是比较困难的，曾一度认为钛的焊接性较差，但自从氩弧焊技术成熟以后，钛及其合金的焊接结构已在航空等工业部门中得到广泛应用。同时随着新能源技术的发展，等离子弧焊接、真空电子束焊接、激光焊接等新的焊接方法相继出现，钨、钼、钽、铌、锆等高熔点金属及其合金的焊接都已成为可能。

4.1.2.2　钢材焊接性的评价方法

影响钢材焊接性的主要因素是化学成分。各种化学元素加入钢中以后，对焊缝组织、性能、夹杂物的分布，以及对焊接热影响区的淬硬程度等影响不同，产生裂缝的倾向也不同。其中，碳的影响最为明显，其他元素的影响可折算成碳的影响，因此，常用碳当量法来评价被焊钢材的焊接性。硫、磷对钢材焊接性的影响很大，在各种合格的钢材中，硫、磷都受到严格的控制。

碳素钢及低合金结构钢的碳当量 C_{eq} 的经验公式为

$$C_{eq} = w(C) + \frac{w(Mn)}{6} + \frac{w(Cr) + w(Mo) + w(V)}{5} + \frac{w(Ni) + w(Cu)}{15}$$

根据经验，一般 $C_{eq} < 0.4\%$ 时，钢材塑性良好，钢材热影响区淬硬和冷裂倾向较小，焊接性优良，在一般的焊接工艺条件下，焊件不会产生裂缝，但对厚大工件或在低温下焊接时应预热。当 C_{eq} 为 $0.4\% \sim 0.6\%$ 时，钢材塑性下降，淬硬及冷裂倾向增加，焊接性下降。焊前需采用保护性措施，如焊前适当预热，焊后缓慢冷却。当 $C_{eq} > 0.6\%$ 时，钢材塑性较低，淬硬和冷裂倾向严重，焊接性很差，焊前需高温预热，焊接时要采取减少焊接应力和防止开裂的工艺措施，焊后需要进行适当的热处理等。

利用碳当量法评价钢材的焊接性是粗略的，因为钢材的焊接性还受结构刚度、焊后应力条件、环境温度等影响。例如，当钢板厚度增加时，结构刚度增大，焊后残余应力也较大，焊缝中心部位将出现三向拉应力，这时实际允许的碳当量值将降低。因此，在实际工作中确定材料的焊接性，除初步估算外，还应根据具体情况进行抗裂试验及焊接接头使用焊接性试验，为制订合理的工艺规程与规范提供依据。

4.1.3　焊接应力和变形

焊接后焊件内产生的应力，将会影响后续的机械加工精度，降低结构承载能力，严重时会导致焊件开裂。变形则会使焊件形状和尺寸发生变化，若变形量过大则会因无法矫正而使焊件报废。

4.1.3.1　焊接应力与变形产生的原因

焊件在焊接过程中受到局部加热和冷却是产生焊接应力和变形的主要原因。图4-7所示为低碳钢平板对焊时产生的应力和变形示意图。

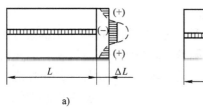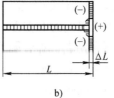

a) b)

图 4-7

平板对焊的应力

a）焊接过程中 b）冷却后

　　平板焊接加热时，焊缝区的温度最高，其余区域的温度随离焊缝距离的变远而降低。热胀冷缩是金属特有的物理现象，由于各部分加热温度不同，单位长度的胀缩量 $\varepsilon = \alpha \pm \Delta T$ 也不相同。即受热时按温度分布的不同，焊缝各处应有不同的伸长量。假如这种自由伸长不受任何阻碍，则钢板焊接时的变化如图 4-7a 中的虚线所示。但实际上由于平板是一个整体，各部分的伸长必须相互协调，不可能各处都能实现自由伸长，最终平板整体只能协调伸长 ΔL。因此，被加热到高温的焊缝区金属因其自由伸长量受到两侧低温金属自由伸长量的限制而承受压应力（-），当压应力超过屈服强度时产生压缩塑性变形，使平板整体达到平衡。同时，焊缝区以外的金属则需承受拉应力（+），所以，整个平板存在着相互平衡的压应力和拉应力，如图 4-7b。

　　一般情况下，焊件塑性较好，结构刚度较小时，焊件自由收缩的程度就较大。这样，焊接应力将通过较大的自由收缩变形而相应减小。其结果必然是结构内部的焊接应力较小而结构外部表现的焊接变形较大；相反，如果焊件刚度大，其自由收缩受到很大限制，则内部焊接应力就会较大，而外部焊接变形则较小。焊接变形的基本形式见表 4-1。

表 4-1　　　　　　　　　　　　　焊接变形的基本形式

焊接变形	焊接变形基本形式图	产 生 原 因
收缩变形		由焊接后纵向（沿焊缝方向）和横向（垂直于焊接方向）收缩引起
角变形		V 形坡口对焊后，由于焊缝截面形状上下不对称，焊缝收缩不均所致
弯曲变形		焊接 T 形梁时，由于焊缝布置不对称，焊缝纵向收缩引起
扭曲变形		焊接工字梁时，由于焊接顺序和焊接方向不合理所致
波浪变形		焊接薄板时，由于焊缝收缩使薄板局部产生较大压应力而失去稳定所致

4.1.3.2　焊接应力与变形的危害

工件在焊接后产生焊接应力和变形，对结构的制造和使用都会产生不利影响。焊接变形可能使焊接结构尺寸不合要求，焊装困难，间隙大小不一致等，直至影响焊件质量。矫正焊接变形不仅浪费工时，增加制造成本，且会降低材料塑性和接头性能。同样焊接变形会使结构形状发生变化，出现内在附加应力，降低承载能力，甚至引起裂纹，导致脆断；应力的存在也有可能诱发应力腐蚀裂纹。除此之外，残余应力是一种不稳定状态，在一定条件下会衰减而使结构产生一定变形，造成结构尺寸不稳定，所以，减小和防止焊接应力与变形是十分必要的。

4.1.3.3　焊接应力和变形的防止

1. 焊接应力的防止及消除措施

1) 设计时焊缝不要密集交叉，截面和长度要尽可能小，以减小焊接应力。

2) 选择合理的焊接顺序。焊接时，应尽量让焊缝自由收缩或牵制。焊接的顺序一般为：①先焊收缩量较大的焊缝；②先焊工作时受力较大的焊缝，这样可使受力较大的焊缝预受压应力；③先焊错开的短焊缝，后焊直通的长焊缝，如图4-8所示。

3) 当焊缝仍处在较高温度时，锤击或碾压焊缝，使焊件伸长，以减小焊接残余应力。

4) 采用小的热输入能量，多层焊，也可减小焊接残余应力。

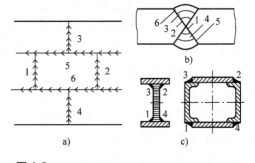

图4-8
合理安排焊接顺序

5) 焊前将工件预热后进行焊接，可使焊缝与周围金属的温差缩小，焊后又能均匀地缓慢冷却，有效地减小了焊接残余应力，同时也能减小焊接变形。

6) 焊后进行去应力退火，也可消除焊接残余应力。工艺上将焊件缓慢加热到550~650℃，保温一定时间，再随炉冷却，利用材料在高温时屈服强度下降和发生蠕变现象来达到松弛残余应力的目的。这种方法可消除80%左右的残余应力。

2. 焊接变形的防止和消除措施

1) 设计时焊缝不要密集交叉，截面和尺寸尽可能小，与防止应力一样也是减小焊接变形的有力措施。

2) 采用反变形法，如图4-9和图4-10所示，即焊前正确判断焊接变形的大小和方向，在焊装时让工件反向变形，以此补正焊接变形。

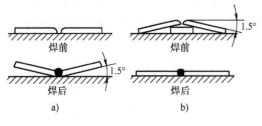

图4-9
平板对焊反变形

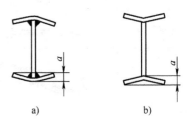

图4-10
工字梁反变形
a) 焊后变形　b) 用反变形法补正变形

3）采用焊前刚性固定，如图 4-11 所示，即采用强制手段（如用夹具或点焊固定等）来约束焊接变形，但会形成较大的焊接应力，且焊后去除约束后，焊件会出现少量回弹。

4）采用合理的焊接规范。焊接变形一般随焊接电流的增大而增大，随焊接速度的增加而减小。因此，可通过调整焊接规范来减小变形。

5）选用合理的焊接顺序，如对称焊，如图 4-8 所示。焊接时使对称于截面中轴的两侧焊缝的收缩能够互相抵消或减弱，以减小焊接变形。此外，长焊缝的分段退焊也能减小焊接变形，如图 4-12 所示。

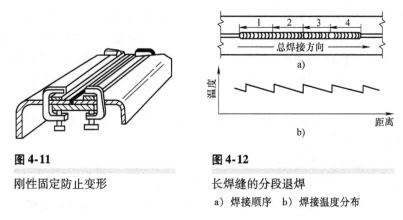

图 4-11

刚性固定防止变形

图 4-12

长焊缝的分段退焊

a）焊接顺序　b）焊接温度分布

6）采用机械或火焰矫正法来减小焊接变形，如图 4-13 和图 4-14 所示，就是使焊接结构产生新的变形以抵消原有的焊接变形。机械矫正是依靠新的塑性变形来矫正焊接变形，适用于塑性好的低碳钢和普通低合金钢。火焰矫正是依靠新的收缩变形来矫正原有的焊接变形，此法仅适用于塑性好，且无淬硬倾向的材料。

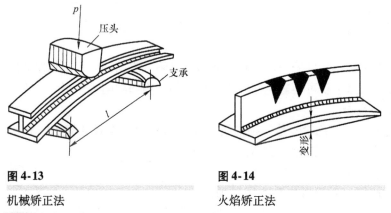

图 4-13

机械矫正法

图 4-14

火焰矫正法

4.1.4　焊接缺陷及预防措施

焊接缺陷可分为由工艺因素引起的缺陷和由冶金因素引起的缺陷两类。工艺性焊接缺陷是工艺成形方面形成的，主要有咬边、未焊透、夹渣等；冶金焊接缺陷是指在焊接过程中由于物理、化学、冶金过程中未能满足一定要求而形成的，主要有气孔、裂纹等。

1. 未焊透

由于坡口设计或加工不当、钝边过大、焊接电流太小、焊条操作不当或焊速太快等因素会造成未焊透缺陷。预防措施：①正确选用和加工坡口尺寸，保证良好的装配间隙；②采用合适的焊接参数；③仔细清理层间的熔渣。

2. 夹渣

采用多层焊时未及时清理上一层焊渣、运条操作不当、焊条熔渣太黏会造成夹渣缺陷。预防措施：①选用合适的焊条型号；②采用合适的运条方式利于熔渣上浮；③及时清理层间熔渣。

3. 气孔

高温中生成的 H_2、CO 气体进入焊接熔池，而在熔池冷却结晶形成焊缝过程中不能逸出时会在焊缝生成气孔。H_2、CO 可能来源于水、油、油漆及焊条药皮中所含的纤维素等碳氢化合物的高温分解，也可能是空气中 O 或 H_2O 侵入过多造成。预防措施：①清除焊缝附近区域的铁锈、油污、油漆等污染物；②烘干焊条；③适当提高熔池的高温停留时间，即放慢焊速，以利气体逸出；④焊接电流不要太大，以免造气剂过早分解；⑤尽量采用短弧焊。

4. 裂纹

裂纹按其成因分为焊缝冷却结晶后生成的冷裂纹和焊缝冷却凝固以前生成的热裂纹。焊接裂纹是危害最大的焊接缺陷。

热裂纹的生成常与 S、P 等杂质太多有关，S、P 会跟铁生成 FeS、Fe_2P，与铁形成低熔点脆性共晶物，聚集在最后凝固的树枝状晶界间和焊缝中心区（$Fe_2P + Fe$ 熔点为 943℃，$FeS + Fe$ 熔点为 985℃）。预防措施：①严格控制焊缝中 S、P 杂质的含量；②填满弧坑；③减慢焊速，即减慢结晶速度，最后冷却区域不形成太大应力；④改善焊缝形状；⑤选择高 Mn 的焊条。

冷裂纹的生成更加复杂，它主要与氢脆有关。预防措施：①烘干焊条，清除焊缝附近的油污等；②对碳当量高或构件刚度大的焊件采用 250~400℃预热；③其他因焊件材质而异的措施。

4.1.5 焊接缺陷的检查

焊接缺陷按发生部位可分为表面缺陷和内部缺陷。表面缺陷一般用眼睛或低倍放大镜进行检查，焊接表面微裂纹可用着色检验或磁粉探伤；内部缺陷可用射线探伤和超声波探伤。

1. 表面缺陷检查

（1）着色检验 着色检验是一种渗透探伤法，使用喷罐式气雾剂，先用清洗气雾剂清洗，再用渗透气雾剂（红色）渗透，再清洗，最后用显像气雾剂（白色）显示。

（2）磁粉探伤 磁粉探伤是利用外加磁场在焊件上产生的磁力线，遇有裂纹等缺陷时，会弯曲跑出焊件表面，形成漏磁场，产生极性，吸附磁粉，以显示裂纹等缺陷的形貌、部位和尺寸，如图 4-15 所示。

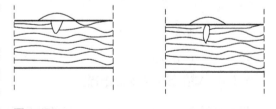

图 4-15

磁粉探伤示意图

2. 内部缺陷检查

（1）射线探伤 射线探伤有 X - 射线、γ - 射线和高能射线等类型，其原理是利用射线经过裂纹等缺陷时，衰减较小，在底片感光较强，而显示出缺陷的形状、尺寸和位置，如图4-16和图4-17所示。

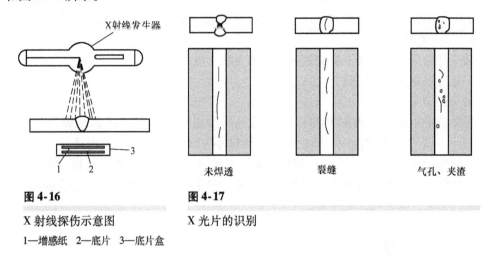

图 4-16
X 射线探伤示意图
1—增感纸　2—底片　3—底片盒

图 4-17
X 光片的识别

未焊透　　裂缝　　气孔、夹渣

（2）超声波探伤　超声波探伤是向焊接接头发出定向的超声波，遇有缺陷时，超声波在到达接头底面之前就返回接收器，在荧光屏上显示出脉冲波形，从而判断缺陷的位置和大小。这种方法不能判断缺陷的类型，如图4-18所示。

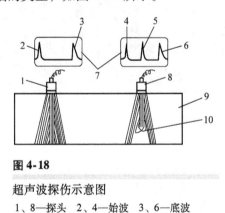

图 4-18
超声波探伤示意图
1、8—探头　2、4—始波　3、6—底波
5—缺陷波　7—荧光屏　9—焊件　10—缺陷

4.2　焊接方法

4.2.1　熔化焊

4.2.1.1　焊条电弧焊

焊条电弧焊是利用电弧作为热源，用手工操纵焊条进行焊接的方法。手工操作包括引燃电弧、送进焊条和沿焊缝移动焊条。电弧在焊条与工件（母材）之间燃烧，电弧热使母材熔化形成熔池，焊条金属芯熔化以熔滴形式借助重力和电弧吹力进入熔池，燃烧、熔化的药皮进入熔池成为熔渣浮在熔池表面，保护熔池不受空气侵害。药皮分解产生的气体环绕在电弧周围，隔绝空气，保护电弧、熔滴和熔池金属。当焊条向前移动熔化新母材时，原熔池和

熔渣凝固，形成焊缝和焊渣。

焊条电弧焊设备简单、操作灵活，可焊接多种金属材料，室内外焊接效果相近，但对焊工操作水平要求较高，生产率较低，不适合钛等活泼、难熔和低熔点金属的焊接。

4.2.1.2　埋弧焊

埋弧焊是电弧在焊剂层下燃烧进行焊接的方法，电弧的引燃、焊丝的送进和电弧沿焊缝的移动，是由设备自动完成的。

1. 埋弧焊设备

埋弧焊设备由焊车、控制箱和焊接电源三部分组成。小车式埋弧焊焊机的示意图如图 4-19 所示。焊车由送丝机构、焊接机头、焊接小车、操纵盘（带有电流表、电压表、焊速调节器和各种开关按钮）、焊丝盘和焊剂漏斗等组成。控制箱内装有控制和调节焊接参数的各种电气元件。埋弧焊电源有交流和直流两种。除上述小车式焊机外，还有适用于大型结构焊件的门架式、悬臂式埋弧焊机。

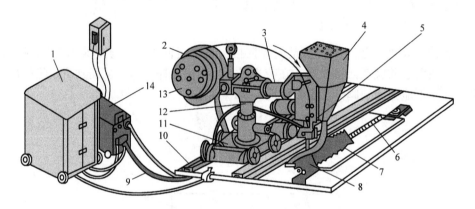

图 4-19

埋弧焊焊机示意图

1—焊接电源　2—焊丝盘　3—横梁　4—焊剂漏斗　5—焊接机头　6—焊缝　7—焊渣　8—焊剂
9—焊接电缆　10—导轨　11—焊接小车　12—立柱　13—操纵盘　14—控制箱

2. 埋弧焊的焊接过程及工艺

埋弧焊焊接过程如图 4-20 所示。电源接在导电嘴 6 和焊件 1 上，焊剂 2 流经焊剂漏斗 3 均匀地堆覆在焊件 1 上，形成厚度为 40~60mm 的焊剂层。焊丝 4 经送丝滚轮 5 和导电嘴 6 连续进入焊剂层下的电弧区，维持电弧平稳燃烧。随着焊车的匀速行走，完成电弧沿焊缝自行移动的操作。

埋弧焊焊缝形成过程如图 4-21 所示，在颗粒状焊剂层下燃烧的电弧使其附近的焊丝、焊件和焊剂熔化，并蒸发出气体。焊丝、焊件熔化形成熔池，焊剂熔化形成熔渣，蒸发的气体使液态熔渣形成一个笼罩着电弧和熔池的封闭的熔渣泡。具有表面张力的熔渣泡有效阻止空气侵入熔池和熔滴，使熔化金属得到焊剂层和熔渣泡的双重保护，同时阻止熔滴向外飞溅，减少热量损失，加大熔深。随着焊丝沿焊缝前移，熔池凝固成焊缝，密度小的熔渣结成覆盖焊缝的焊渣。没有熔化的大部分焊剂回收后可重新使用。

埋弧焊焊丝从导电嘴伸出的长度较短，可大幅度提高焊接电流，使熔深明显加大。一般埋弧焊电流强度比焊条电弧焊高四倍左右。当板厚在 24mm 以下对接时，不开坡口也能将工件焊透，但为保证焊接质量，一般板厚在 10mm 以上就要开坡口。

埋弧焊也适于焊接大直径（＞250mm）的筒体环焊缝，焊接时应采用滚轮架，使被焊筒体转动，如图 4-22 所示。为防止熔池和液态熔渣从筒体表面流失，焊丝施焊位置要偏离中心线一定距离。

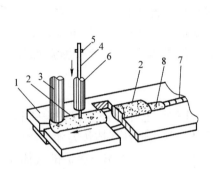

图 4-20

埋弧焊焊接过程

1—焊件　2—焊剂　3—焊剂漏斗
4—焊丝　5—送丝滚轮　6—导电嘴
7—焊缝　8—焊渣

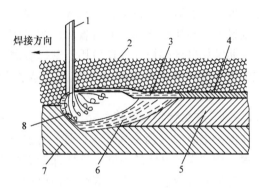

图 4-21

埋弧焊焊缝成形示意图

1—焊丝　2—焊剂　3—熔化的焊剂
4—焊渣　5—焊缝　6—熔池
7—焊件　8—电弧

3. 埋弧焊的特点及应用

埋弧焊与焊条电弧焊相比有以下优点：

1）生产率高，节省焊接材料。由于埋弧焊时的电流比焊条电弧焊大得多，电弧在焊剂层下稳定燃烧，无熔滴飞溅，热量集中，焊丝熔敷速度快，焊件熔深大，较厚的焊件不开坡口也能焊透，节省加工坡口的工时和费用，减少焊丝填充量，焊接时无须更换焊条，比焊条电弧焊快5～10 倍，焊接生产率高。未熔化的焊剂可回收重用，又无焊条头浪费，节省焊接材料。

2）焊接质量好。埋弧焊时，熔滴、熔池金属得到焊剂和熔渣泡双重保护，有害气体侵入减少。焊接操作自动化，工艺参数稳定，无人为操作的不利因素，焊缝成形光洁平直，内部组织均匀，焊接质量好。

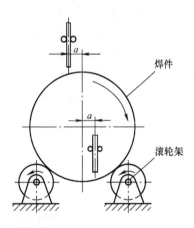

图 4-22

环焊缝埋弧焊示意图

3）劳动条件好。埋弧焊操作过程的自动化，降低了焊工劳动强度，电弧在焊剂层下燃烧，无刺眼弧光，焊接烟雾少，无飞溅，焊工操作可省去面罩，劳动条件得到大幅度改善。

埋弧焊与焊条电弧焊相比也有以下缺点：

1）埋弧焊适于焊接长直的平焊缝或较大直径的环焊缝，不适用于立焊、横焊、仰焊和不规则形状焊缝。另外，焊前的准备工作量较大，对焊件坡口加工、接缝装配均匀性等要求较高。

2）埋弧焊电流强度较大，低于100A 时电弧不稳定，所以不适于焊接3mm 以下厚度的薄板。

3）埋弧焊焊剂的成分主要是 MnO、SiO_2 等氧化物，难以完成 A1、Ti 等氧化性极强金属及合金的焊接。

4）设备费用一次性投资较大。

由于埋弧焊具有上述特点，故在大型机械、铁路车辆、造船、压力容器、桥梁、核电、海洋开发设备、军用装备等行业有着广泛的应用，是使用最普遍的焊接方法之一。埋弧焊除了用于金属结构件的焊接外，还可用于基体金属表面耐磨、耐腐蚀合金层的堆焊。

埋弧焊主要有单面焊双面一次成形、双面焊、窄间隙埋弧焊、带极埋弧堆焊等工艺方法。

4.2.1.3　气体保护电弧焊

气体保护电弧焊（简称气体保护焊）是用外加气体作为电弧介质并保护电弧和焊接区的电弧焊。按照保护气体的不同，气体保护焊分为两类：使用惰性气体作为保护的惰性气体保护焊，包括氩弧焊、氦弧焊、混合气体保护焊等；使用 CO_2 气体作为保护的气体保护焊，简称 CO_2 焊。

1. 惰性气体保护焊

（1）保护气体和电极材料　使用氩气（Ar）作为保护气体的气体保护焊称为氩弧焊，使用氦气（He）或氩气和氦气混合气体作为保护气体的气体保护焊分别称为氦弧焊或混合气体保护焊。Ar 和 He 是惰性气体，在高温下，既不溶于金属也不与任何金属发生化学反应。Ar 和 He 都是单原子分子气体，高温下不会吸热分解，在这种气体中燃烧的电弧热量损失少，是理想的保护气体。Ar 的优点是成本低，电弧燃烧非常稳定，熔化的焊丝熔滴很容易呈稳定的轴向射流过渡，飞溅小。He 的优点是电弧燃烧温度高，焊速较快，但飞溅大，成本高。以 Ar 作为基体，加入一定量的 He 形成混合气体，可以取长补短，应用更广泛。

氩弧焊按所用电极不同，分为钨极氩弧焊（TIG 或 GTAW）和熔化极氩弧焊（MIG 或 GMAW）两种，如图 4-23 所示。

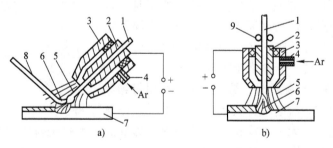

图 4-23

氩弧焊示意图

a）钨极氩弧焊　b）熔化极氩弧焊

1—焊丝或电极　2—导心嘴　3—喷嘴　4—进气管　5—氩气流

6—电弧　7—焊件　8—填充焊丝　9—送丝滚轮

1）钨极氩弧焊。钨极氩弧焊采用钨作为电极（也称作非熔化极气体保护焊），电弧在钨极和工件之间燃烧，利用电弧产生的热量熔化工件，有时也采用填充焊丝把工件焊接在一起。用纯钨作为电极时，由于纯钨的电子逸出功较高，不利于电子发射，为降低电子逸出功，易于引弧，常用钍钨棒和铈钨棒作为电极。钍是放射性元素，不利于劳动健康防护，现大多数已采用铈钨棒电极。

钨合金电极在焊接过程中本身不熔化。钨极氩弧焊需要另外填充金属，可采用母材焊丝或含所需合金元素的焊丝，从钨极前方添加。还可采用焊件夹条（代替焊丝的金属夹条先放在焊缝中）或焊件卷边等形式焊接。

为防止钨合金熔化，钨极氩弧焊焊接电流不能太大，采用直流正接，所以一般适于焊接厚度小于 4mm 的薄板。

钨极氩弧焊焊接铝合金及镁合金，为了去除熔池表面存在的高熔点氧化膜（如 Al_2O_3 的熔点为 2050℃），防止焊缝出现氧化物造成的表面皱皮或内部气孔、夹渣等，应采用直流反接，利用"阴极破碎"作用消除氧化膜。其原理是氧化膜电子逸出容易，反接时钨极接正极，产生的正离子撞击动能大，使氧化膜发生破碎。采用交流钨极氩弧焊时，焊接电流发生周期性的交替变化，因此兼有上述直流正接和反接的两方面特点，也能成功用来焊接铝合金和镁合金，正负半波起正接和反接的作用。

2）熔化极氩弧焊。熔化极氩弧焊用焊丝作为电极，电弧在纯氩或富氩气体中燃烧，焊丝不断熔化填充到熔池中，冷凝后形成焊缝。为提高焊丝熔敷速度，可使用大电流，因而母材熔深大，生产率高，适于焊接中厚板，但为减少飞溅，保护气体中 He 的比例应小于 10%。

熔化极氩弧焊根据熔滴过渡的形式可分为自由过渡和短路过渡。自由过渡一般采用喷射过渡，这种熔滴过渡形式出现在弧长较长而电流较大的熔化极氩弧焊中。焊丝端部的液态金属受强大的电磁力或电磁力与等离子流力的综合作用，以细小的熔滴沿焊丝轴线方向迅速经电弧空间进入熔池，形成以喷射为特征的熔滴过渡。根据不同的工艺条件，喷射过渡又可分为射滴、射流、旋转射流和亚射流等过渡形式。

当电弧长度足够短而电流又较小时，熔滴在尚未长得很大并从焊丝端部脱落之前，即与熔池接触形成短路液桥，电弧熄灭，然后液桥金属在电磁收缩力和熔池表面张力的共同作用下开始出现颈缩并断开，完成熔滴向熔池的过渡，此后电弧复燃，焊丝在电弧加热下熔化并形成新的熔滴，熔滴长大又与熔池产生短路，如此反复不断，如图 4-24 所示。

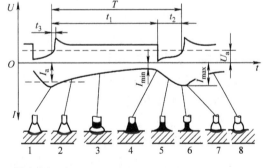

图 4-24

短路过渡过程及其电流电压波形

短路过渡主要用于细丝 CO_2 气体保护焊，理想的焊丝直径为 $\phi0.8 \sim \phi1.2mm$。短路过渡由于电弧短、电流小、对焊件熔透能力弱，适用于薄板的焊接；同时也因电弧功率小、熔池小、冷却快、液态金属不易流淌，还适用于全位置焊接。

（2）惰性气体保护焊的特点及应用

1）用惰性气体作保护可焊接化学性质活泼的非铁金属及其合金或特殊性能钢等，如不锈钢。

2）电弧燃烧稳定，飞溅小，表面无熔渣，焊缝成形美观，焊接质量好，可用于厚件单面焊的打底焊。

3）电弧在气流压缩下燃烧，热量集中，焊缝周围气流冷却，热影响区小，焊后变形小，适宜薄板焊接。

4）电弧为明弧，操作方便，易于自动控制焊缝。

5）氩气、氦气价格较贵，焊件成本高。

综上所述，氩弧焊主要适于焊接铝、镁、钛及其合金，稀有金属锆、钼，不锈钢、耐热钢和低合金钢等。脉冲钨极氩弧焊还适于焊接0.8mm以下的薄板。

2. CO_2 气体保护焊（简称 CO_2 焊）

CO_2 焊是利用廉价的 CO_2 作为保护气体，既可降低焊接成本，又可充分利用气体保护焊的优势。

CO_2 焊的焊接过程如图4-25所示，CO_2 气体经焊枪喷嘴沿焊丝周围喷射形成保护层，使电弧、熔滴和熔池与空气隔绝。由于 CO_2 气体是氧化性气体，在高温下气体分解后会氧化金属，烧损合金元素，所以不能焊接易氧化的非铁金属和不锈钢。因 CO_2 气体冷却能力强，熔池凝固快，焊缝中易产生气孔。若焊丝中碳含量高，则飞溅较大。因此要使用冶金中能产生脱氧和渗合金的特殊焊丝来完成 CO_2 焊。

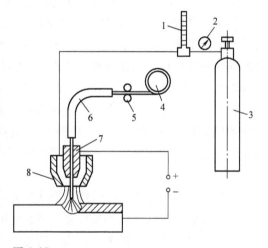

图4-25

CO_2 焊示意图

1—流量计　2—减压器　3—CO_2 气瓶
4—焊丝盘　5—送丝机构　6—送丝软管
7—导电嘴　8—焊枪喷嘴

CO_2 焊分为自动焊和半自动焊两种。单件、小批生产焊件或短曲、不规则焊缝采用半自动焊（送丝自动，电弧移动靠手工操作），成批生产焊件或长直焊缝和环焊缝采用自动焊（送丝和电弧移动均自动进行）。

CO_2 焊设备包括：主电路系统（弧焊电源）、控制系统、焊枪（或行走小车）、供气系统、冷却系统（水冷和气冷）。

CO_2 焊的特点如下：

1）生产率高。CO_2 焊电流大，焊丝熔敷速度快，焊件熔深大；CO_2 焊易于自动化；焊后焊缝表面无焊渣，生产率比焊条电弧焊提高1~4倍。

2）成本低。焊接时不需要涂料焊条和焊剂，且 CO_2 气体价廉，尽管焊丝成本高一些，但总成本仅为焊条电弧焊和埋弧焊的40%左右。

3）焊缝质量较好。由于保护气流的压缩使电弧热量集中，加上 CO_2 气流强冷却，焊接热影响区小，焊后变形小。用细丝适于焊接0.8~4mm的薄板，用粗丝加大电流可焊接较厚工件。由于 CO_2 气体将空气隔离，焊丝中 Mn 的含量高，所以焊缝含氢量低，焊接接头抗裂性好，焊接质量较好。

4）焊缝操作位置不受限制。

5）由于是氧化性保护气体，不宜焊接非铁金属和不锈钢。

6）焊缝成形稍差。飞溅较大，不能在有风的地方施焊。

7）焊接设备较复杂，使用和维修不方便。

CO_2 焊主要适用于焊接低碳钢和强度级别不高的普通低合金结构钢焊件，焊件厚度最大可达 50mm（对接形式）。CO_2 焊广泛应用于船舶、汽车、机车等工业部门。

4.2.1.4　其他熔化焊

1. 电渣焊

电渣焊是利用电流通过液态熔渣所产生的电阻热熔化母材和填充金属进行焊接的方法。电渣焊的基本系统如图 4-26 所示。两焊件垂直放置（呈立焊缝），相距 25 ～ 55mm，两侧装有水冷铜滑块，底部加装引弧板，顶部装有引出板。

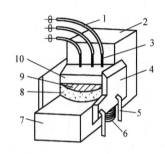

图 4-26

电渣焊
1—导电嘴　2、7—焊件　3—焊丝
4—水冷铜滑块　5—冷却水管
6—焊缝　8—凝固金属　9—熔池
10—渣池

开始焊接时，焊丝与引弧板短路引弧，电弧将不断加入的焊剂熔化为熔渣并形成渣池。当渣池达到一定厚度时，将焊丝迅速插入其内，电弧熄灭，电弧过程转变为电渣过程，依靠渣池电阻热，使焊丝和焊件熔化形成熔池，并保持 1700 ～ 2000℃。随着焊丝的不断送进，熔池逐渐上升，水冷铜滑块上移，同时熔池底部被水冷铜滑块强迫凝固形成焊缝。渣池始终浮于熔池上方，既产生热量，又保护熔池，此过程一直延续到接头顶部。根据焊件厚度不同，可采用一根或多根焊丝。

电渣焊的接头形式有对接、角接和 T 形接头。其中以均匀截面的对接接头最容易焊接；对于形状复杂的不规则截面，应改成矩形截面再焊接。

电渣焊与其他焊接方法相比，特点如下：

1）很厚的工件可一次焊成，如单丝可焊厚度为 40 ～ 60mm；单丝摆动可焊厚度为 60 ～ 150mm；而三丝摆动可焊厚度达 450mm。

2）生产率高，焊接材料消耗少，任何厚度的焊件均不开坡口，仅留 25 ～ 35mm 间隙，即可一次焊成。

3）焊缝金属较纯净，渣池覆盖在熔池上，保护良好；且焊缝自下而上结晶，利于熔池中气体和杂质的上浮排出。

但是该方法由于焊接区高温持续时间较长，热影响区比其他焊接方法都宽，晶粒粗大，易产生过热组织，因此，焊缝力学性能下降。对于较重要的构件，焊后须正火处理，以改善其性能。电渣焊主要用于厚壁压力容器和铸 - 焊、锻 - 焊、厚板拼焊等大型构件的制造，焊接厚度一般应大于 40mm。焊件材料常用碳素钢、合金钢和不锈钢等。

2. 等离子弧焊和切割

等离子弧实质上是一种导电截面被压缩得很小、能量转换非常激烈、电离度很大、热量非常集中的压缩电弧，如果将前述钨极氩弧焊的钨极缩入焊炬内，再加一个带小直径孔道的铜质水冷喷嘴，如图 4-27 所示，这样电弧在冲出喷嘴时就会产生三种压缩作用：一是两极间的电弧通过喷嘴细孔道的机械压缩，称为机械压缩效应；二是水冷喷嘴使弧柱外层冷却，迫使带电粒子流向弧柱中心收缩，称为热压缩效应；三是无数根平行导体所产生的自身磁场，使弧柱进一步压缩，称为磁压缩效应。这样就将电弧压缩成能量高度集中的高温等离子弧，温度可达 24000 ~ 50000K，能量密度可达 $10^5 ~ 10^6 W/cm^2$（一般钨极氩弧最高温度为 10000 ~ 24000K，能量密度在 $10^4 W/cm^2$ 以下）。弧柱内的气体被充分电离，形成离子化的导电气体，即等离子体，故称为等离子弧。等离子弧焰流速可达音速的数倍，表现出强大的冲击力。

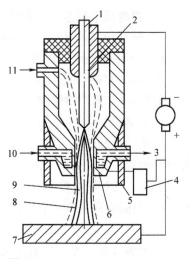

图 4-27

等离子弧焊

1—电极　2—陶瓷垫圈　3—出水
4—高频振荡器　5—同轴喷嘴
6—水冷喷嘴　7—焊件　8—保护气体
9—等离子弧　10—进水　11—气体

等离子弧技术可以用于等离子弧切割。这是利用等离子弧的高温将被割件熔化，并借助弧焰的机械冲击力把熔融金属强制排除，从而形成割缝以实现切割。由于等离子弧的上述特点，等离子切割特别适用于切割高合金钢、铸铁、铜、铝、镍、钛及其合金、难熔金属和非金属，且切割速度快（每小时几十至上百米）、热影响区小、切口较窄、切割边质量高、切割厚度可达 150 ~ 200mm。

等离子弧焊是等离子弧的又一应用。它与等离子弧切割的区别在于把等离子弧调成温度较低、冲击较小的"柔性弧"，且在等离子弧周围接通保护气（氩气），以排除空气的有害影响。大电流等离子弧焊对于厚度在 13mm 以下的工件不开坡口可一次焊透。施焊时，等离子流在熔池前方穿透一个小孔，热源向前移动时，小孔也随之向前运行，小孔前端熔化金属便从小孔旁流向熔池后方，逐渐填满原先产生的小孔，形成双面焊缝。

15A 以下的等离子弧焊称为微束等离子弧焊。电流小到 0.1A 的等离子弧仍很稳定，能保持良好的电弧挺度和方向性，主要用于焊接厚度为 0.01 ~ 1mm 的箔材和薄板。

综上所述，等离子弧焊除了具有能量集中、热影响区小、焊接质量好、生产率高等优点外，还具有以下特点：一是小孔效应，能较好地实现单面焊双面成形；二是微束等离子弧焊可焊箔材和薄板。等离子弧焊特别适用于各种难熔、易氧化及某些热敏感性强的金属材料（如钨、钼、铍、铜、铝、钽、镍、钛及其合金以及不锈钢、超高强度钢）的焊接。

3. 电子束焊

利用加速和聚焦的电子束轰击置于真空或非真空中的焊件所产生的热能进行焊接的方法，称为电子束焊。电子束产生原理如图 4-28 所示，由一个加热的钨丝作为阴极，通电加热到高温而发射大量电子，这些电子在阴极和阳极（与焊件等电位）间的高压作用下加速，经电磁透镜聚焦成高能量密度（可达 $10^9 W/cm^2$）的电子束，以极大的速度冲击到焊件极小的面积上，使焊件迅速熔化甚至汽化。根据焊件的熔化程度适当移动焊件，即可得到所需的焊接接头。

随着科学技术的发展，尤其是原子能和导弹技术的发展，大量应用了锆、钛、钽、钼、铌、铂、镍及其合金，焊接这些金属用一般气体保护焊并不能得到满意的结果，而以电子束为能源的电子束焊可顺利解决上述稀有和难熔金属的焊接问题。电子束焊可分为真空电子束焊、低真空电子束焊和非真空电子束焊。

真空电子束焊是目前应用最广的一种电子束焊，它是把工件放在真空室（真空度在

666×10^{-4} Pa 以上）内，利用在真空室内产生的电子束，经聚焦和加速并撞击工件，使动能转化为热能的一种熔化焊。低真空电子束焊是使电子束通过隔离阀和气阻孔道引入低真空室（真空度为 1 ~ 13Pa）。非真空电子束焊也称为大气电子束焊，它是将真空条件下形成的电子束流经充氮的气室，然后与氮气一起进入大气环境中施焊。非真空电子束焊摆脱了真空工作室的限制，扩大了电子束焊的应用范围。电子束焊一般不用填充焊丝，若要保证焊缝正面具和背面具有一定堆高时，可在焊缝上预加垫片。采用真空电子束焊，焊前必须进行严格的除锈和清洗，不允许有残留有机物。对接缝隙约为板厚的 1/10，但不能超过 0.2mm。

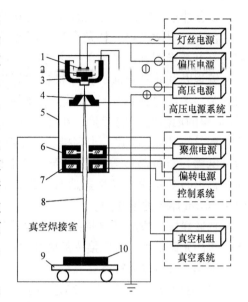

图 4-28

真空电子束焊
1—灯丝　2—阴极　3—聚束极　4—阳极
5—电子枪　6—聚焦透镜　7—偏转线圈
8—电子束　9—焊接台　10—焊件

电子束焊具有以下特点：

1）保护效果极佳，焊接质量好。真空电子束焊是在真空中进行的，因此焊缝不会氧化、氮化，也不会吸氢，不存在焊缝金属的污染问题。所以，真空电子束焊特别适于焊接化学活泼性强、纯度高且易被大气污染的金属，如铝、钛、锆、钼、铍、钽、高强度钢、高合金钢和不锈钢等。

2）能量密度大。电子束束斑能量密度可达 $10^6 \sim 10^8 \mathrm{W/cm^2}$，比电弧能量密度约高 100 ~ 1000 倍，因此，可焊难熔金属，如铌、钽、钨等；可焊厚截面工件，如厚度达 200 ~ 300mm 的钢板，厚度超过 300mm 的铝合金板。

3）焊接变形小。电子束焊可焊接一些已加工好的组合零件，如齿轮组合件等。

4）电子束焊参数调节范围广，适应性强。电子束焊接参数可各自单独调节，而且调节范围很宽，它可焊 0.1mm 的薄板，也能焊 200 ~ 300mm 的厚板；可焊低合金结构钢、不锈钢，也可焊难熔金属、活泼金属以及复合材料、异种金属，如铜 - 镍、钼 - 镍、钼 - 铜、钼 - 钨、铜 - 钨等，还能焊用一般焊接方法难以焊接的复杂形状的焊件。

5）真空电子束焊设备复杂、造价高，且焊件尺寸受真空室的限制。

还应指出，由于电子束焊是在压强低于 10Pa 的真空中进行，易蒸发的金属及其合金和含气量较多的材料，会妨碍焊接过程的进行。因此，一般含锌较高的铝合金（如铝 - 锌 - 镁）、铜合金（如黄铜）及未脱氧处理的低碳钢，不能用真空电子束焊接。

4. 激光焊与切割

激光是一种强度高、单色性和方向性好的相干光，聚焦后的激光束能量密度极高，可达 $10^{13} \mathrm{W/cm^2}$，在千分之几秒甚至更短时间内，光能转变成热能，其温度可达 10000℃ 以上，极易熔化和汽化各种对激光有一定吸收能力的金属和非金属材料，可以用来焊接和切割。

激光焊接设备的结构框图如图 4-29 所示。激光发生器利用固体（如红宝石、钕玻璃）、气体（如 He - Ne、CO_2）及其他介质受激辐射效应而产生激光。常用的激光发生器有固体和气体两种。

以脉冲形式输出的红宝石激光器和钕玻璃激光器对电子工业和仪表工业微型焊件特别合适，可实现薄片（0.2mm 以上）、薄膜（几微米到几十微米）、丝与丝（直径为 0.02 ~ 0.2mm）、密封缝焊以及异种金属、异种材料的焊接，如集成电路外引线的焊接，集成电路内引线（硅片上蒸镀有 1.8μm 厚的铝膜与 50μm 厚的铝箔间）的焊接，小于 1mm 的不锈钢、铜、镍、钽等金属丝的对接、搭接、十字接、T 形接，集成电路块、密封微型继电器、石英晶体等器件外壳、航空仪表零件的密封焊接。连续输出的 CO_2 激光发生器适合于缝焊，可进行从薄板的精密焊到 50mm 厚板的穿孔焊。

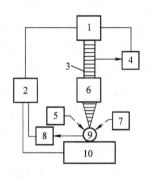

图 4-29

激光焊示意图
1—激光器　2—程控设备
3—激光束　4、8—信号器
5—观测瞄准器　6—光学系统
7—辅助能源　9—焊件
10—转台

普通焊接方法的焊接接头形式也适合于激光焊，但因为激光焊接的光斑很小，所以接头的间隙要小，装配要严格。

激光焊具有以下特点：

1）能量密度大。适合于高速加工，能避免"热损伤"和焊接变形，故可进行精密零件、热敏感性材料的焊接，在电子工业和仪表工业中应用广泛。

2）灵活性大。激光焊接时，激光焊接装置不需要和被焊工件接触，激光束能用偏转棱镜或通过光导纤维引导到难接近的部位进行焊接。激光还可以穿过透明材料进行焊接，如真空管中电极的焊接。

3）激光辐射能量的释放极其迅速。不仅使焊接生产率高，而且被焊材料不易氧化，可在大气中焊接，不需要真空环境和气体保护。

激光切割的原理是利用聚焦后的激光束使工件材料瞬间汽化而形成割缝。大功率 CO_2 气体激光发生器所输出的连续激光可以切割钢板、钛板、石英、陶瓷和塑料等。切割金属材料时，采用同轴吹氧工艺可提高切割速度。

5. 堆焊

堆焊是为增大或恢复焊件尺寸，或使焊件表面获得具有特殊性能的熔敷金属而进行的焊接。在零件表面堆焊的目的在于修复零件或提高其耐磨、耐热、耐蚀等方面的性能。

堆焊是焊接的一个特殊分支，有振动电弧堆焊、等离子弧堆焊、气体保护堆焊和电渣堆焊等。

堆焊加工的主要特点是：

1）采用堆焊修复已失去精度或表面破损的零件，可省材料、省费用、省工时，延长零件的使用寿命。

2）堆焊层的特殊性能可提高零件表面耐磨、耐热、耐蚀等性能，发挥材料的综合性能和工作潜力。

3）由于堆焊材料往往与工件材料的差别较大，堆焊具有明显的异种金属焊接的特点，因此对焊接工艺及其参数要求较高。

堆焊的应用已遍及各种机械产品的制造和维修部门，在冶金机械、重型机械、汽车、动力机械、石油化工设备等领域均有广泛的应用。

4.2.2　压焊

压焊是指在加热或不加热状态下对组合焊件加压，使其产生塑性变形，并通过再结晶和扩散等作用，使两个分离表面的原子形成金属键而连接的焊接方法。压焊的类型很多，其中最常用的是电阻焊和摩擦焊。压焊在汽车制造、铁路机车等工业部门中广泛使用。

4.2.2.1　电阻焊

电阻焊是对组合焊件经电极加压，利用电流通过焊接接头的接触面及邻近区域产生的电阻热来进行焊接的方法，根据接头形式常分为点焊、缝焊和对焊。

1. 点焊

点焊是将焊件装配成如图 4-30 所示的搭接接头后，在两柱状电极间压紧，通电，利用电阻热局部熔化母材形成焊点的电阻焊方法，如图 4-31 所示。

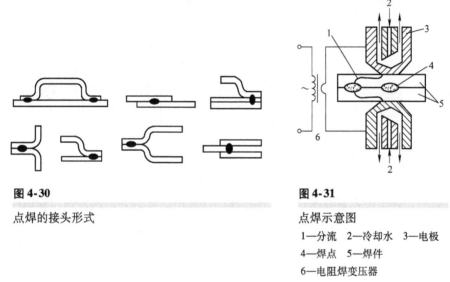

图 4-30

点焊的接头形式

图 4-31

点焊示意图
1—分流　2—冷却水　3—电极
4—焊点　5—焊件
6—电阻焊变压器

点焊时，先加压使两焊件紧密接触，然后通电加热。由于焊件接触处电阻较大，热量集中，使该处的温度迅速升高，金属熔化，形成一定尺寸的熔核。当切断电流、去除压力后，两焊件接触处的熔核凝固而形成组织致密的焊点。电极与焊件接触处所产生的热量因被导热性好的铜（或铜合金）电极与冷却水传走，故电极和焊件接触处不会焊合。

对大面积冲压件，比如汽车覆盖件，常采用多点焊法，以提高生产率。多点点焊机可以有 2~100 对电极，相应地可同时完成 2~200 个焊点。多点点焊机可以全部电极同时压下，同时进行焊接。这样，焊接变形最小。更多情况下是电极依次放下，分批点焊，以缩小设备容量。

点焊的主要工艺参数是电极压力、焊接电流和通电时间。电极压力过大，则接触电阻下降，热量减少，造成焊点强度不足；电极压力过小，则焊件间接触不良，热源虽强，但不稳定，甚至出现飞溅、烧穿等缺陷。焊接电流不足，则热量不足，熔深过小，甚至造成未熔化；电流过大，则熔深过大，并有金属飞溅，甚至引起烧穿。通电时间对点焊质量的影响与电流相似。

点焊前，需严格清理焊件表面的氧化膜、油污等，避免因焊件接触电阻过大而影响点焊质量和电极寿命。此外，点焊时有部分电流流经已焊好的焊点，使焊接处电流减小，出现分流现象。为减少分流现象，点焊间距不应过小。

2. 缝焊

缝焊是连续的点焊过程，是用连续转动的盘状电极代替柱状电极，使焊后获得相互重叠的连续焊缝，如图4-32所示。其盘状电极不仅对焊件加压、导电，同时依靠自身的旋转带动焊件前移，完成缝焊。

缝焊时的分流现象较严重，焊接相同板厚的工件时，焊接电流约为点焊的1.5~2倍。缝焊接头形式如图4-33所示。

3. 对焊

对焊是利用电阻热将焊件端面对接焊合的一种电阻焊，可分为电阻对焊和闪光对焊，如图4-34所示。图4-35是对焊的几种应用实例。

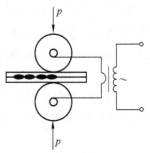

图4-32

电阻缝焊

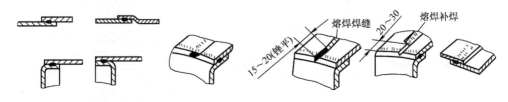

图4-33

缝焊的接头形式

电阻对焊时，将焊件夹紧在电极上，预加压力并通电，接触处迅速加热，到塑性状态后增大压力，同时断电，接触处产生塑性变形并形成牢固接头。

电阻对焊操作简单，接头较光滑，但焊件接头表面清理要求严格，否则易造成加热不均匀或夹渣。

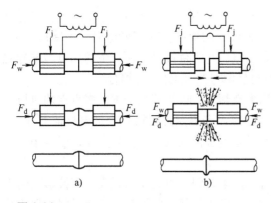

图4-34

对焊示意图

a）电阻对焊　b）闪光对焊

F_j—夹紧力　F_w—挤压力　F_d—顶锻力

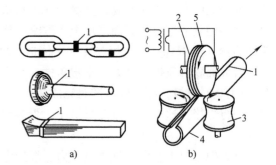

图4-35

对焊应用实例

a）对焊工件　b）对焊管材

1—焊缝　2—滚盘　3—挤压滚轮

4—焊件　5—绝缘层

闪光对焊时，焊件夹紧在电极上，然后接通电源，并使焊件缓慢接触。强电流通过少数触点使其迅速熔化、汽化。在磁场作用下，液态金属爆破飞出，造成"闪光"。由于焊件不断送进，可保持一定的闪光时间。当焊件端面加热到全部熔化时，迅速对焊件加压并断电，焊件即在压力下产生塑性变形而焊合在一起。在闪光对焊过程中，一部分焊件端面的氧化物及杂质随闪光火花带走，另一部分在加压时随液体金属挤出，故接头中夹渣少，质量高，但金属损耗多，焊后有毛刺需要清理。

不论哪种对焊，焊接端面的形状和尺寸应尽量相同，以保证焊件接触端面加热均匀。

4. 电阻焊的特点及应用

1）加热迅速且温度较低，焊件热影响区及变形小，易获得优质接头。

2）不需要外加填充金属和焊剂。

3）无弧光，噪声小，烟尘、有害气体少，劳动条件好。

4）电阻焊件结构简单、自重轻，气密性好，易于获得形状复杂的零件。

5）易实现机械化、自动化，生产率高。

电阻焊耗电量较大，焊机复杂，造价较高，而且在焊接时影响电阻大小的因素都可使电阻热波动，故接头质量不稳定，在一定程度上限制了电阻焊在某些重要构件上的应用。

点焊适用于低碳钢、不锈钢、铜合金、铝镁合金等，主要用于板厚为 4mm 以下的薄板冲压结构的焊接。缝焊主要用于板厚为 3mm 以下、焊缝规则的密封结构的焊接，如油箱、消声器等。对焊主要用于制造封闭形零件（如自行车圈、锚链）、轧制材料接长（如钢管、钢轨的接长）、异种材料制造（如高速钢与中碳钢对焊成的铰刀、铣刀、钻头等）。

4.2.2.2 摩擦焊

摩擦焊是利用工件接触端面在相对旋转运动中相互摩擦所产生的热量使端部达到热塑性状态，然后迅速顶锻产生塑性变形而实现接合的一种焊接方式。

1. 摩擦焊的工艺过程

摩擦焊的过程如图 4-36 所示，可分为连续驱动式和储能式（惯性式）两种焊接方式。

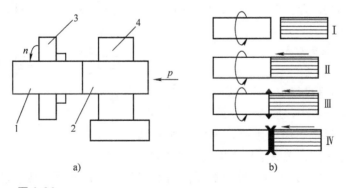

图 4-36

摩擦焊

a）连续驱动式　b）储能式

1—工件 1　2—工件 2　3—移动夹头　4—旋转夹头　n—工件转速

p—轴向压力

连续驱动式摩擦焊是使一个工件高速旋转，另一工件则以相当大的压力压向旋转工件，使接头摩擦升温。当加热至塑性状态时，利用制动器或断电使旋转工件停转，同时保持或增大轴向压力进行顶锻，直至焊接完成，如图4-37a所示。

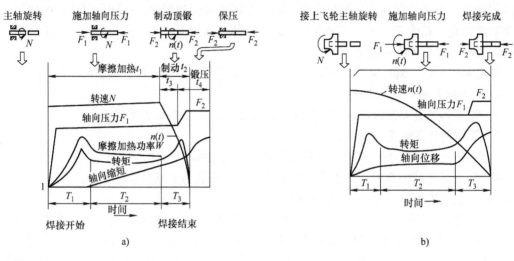

图 4-37

摩擦焊的工艺过程

　a）连续驱动式　b）储能式

储能式摩擦焊是将飞轮和一个焊件加速到预定速度，使飞轮与电动机脱开或断电，同时使两工件接触并加压，将飞轮的动能转化成热能。当飞轮停止转动时，加压顶锻，完成焊接，如图4-37b所示。

储能式摩擦焊所需要的电动机功率比连续驱动式摩擦焊要小。

2. 摩擦焊接头形式

摩擦焊接头一般是等端面的，也可是不等端面，但必须有一个端面是圆形。图4-38给出了几种摩擦焊接头的适用形式。

3. 摩擦焊的特点及应用

摩擦焊的优点如下：

1）接头的质量好且稳定。摩擦焊温度低于焊件金属的熔点，热影响区小；接头在顶锻力的作用下，完成塑性变形和再结晶，组织致密；焊件端面的氧化膜和油污被摩擦清除，接头不易产生气孔和夹渣。

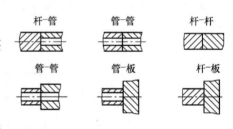

图 4-38

摩擦焊的接头形式

2）焊接生产率高、成本低。摩擦焊操作简单且不需填充金属，易于自动控制，生产率较高；设备简单、能耗少，其能耗仅为闪光对焊的1/10～1/5，成本低。

3）适用范围广。摩擦焊不仅适用于常用的黑色金属和有色金属，也适于在常温下力学性能、物理性能差异很大的特种材料、异种材料。

4）生产条件好。摩擦焊无火花、弧光及尘毒，操作方便，工人劳动强度小。

摩擦焊的缺点如下：

1）焊件必须依靠旋转进行摩擦，难以焊接非圆截面工件，盘状及薄壁管件因难以夹持、固定，故也难以焊接。

2）受电动机功率和压力限制，目前可以焊接的最大截面为 $200cm^2$。

3）焊机一次性投资大，只有应用于较大批量生产时才能达到低成本目的。

摩擦焊广泛应用于圆形工件、棒料、管子的对接。实心焊件直径为 2～100mm，管子的外径在数百毫米范围内。

4.2.3 钎焊

钎焊是采用比母材熔点低的金属材料做钎料，将焊件和钎料加热到高于钎料熔点并低于母材熔点的温度，利用液态钎料润湿母材，填充接头间隙并与母材相互扩散，冷凝后实现连接的焊接方法。

钎焊一般是钎料和钎剂配合使用。钎剂的作用是改善液体钎料对母材的润湿性能，去除母材和钎料表面的氧化膜，覆盖在母材和钎料的表面，隔绝空气，保护钎料和工件不被氧化。

按钎料的熔点不同，钎焊可分为硬钎焊和软钎焊。

1. 软钎焊

软钎料的熔点在 450℃ 以下，接头强度低，一般为 60～190MPa，工作温度低于 100℃。软钎焊由于所使用的钎料熔点低，渗入接头间隙的能力较强，具有较好的焊接工艺性。常用的软钎料是锡基合金，也称为锡焊。锡基钎料具有良好的导电性。软钎焊的钎剂主要有松香、氯化锌溶液等。

2. 硬钎焊

硬钎料的熔点在 450℃ 以上，接头强度较高，均在 200MPa 以上，工作温度也较高。硬钎料主要有铝基、银基、铜基、镍基合金等。钎剂主要有硼砂、硼酸、氟化物（氟硼酸钾）、氯化物等。

3. 钎焊接头及加热方式

钎焊接头形式有板料搭接、套件镶接等，如图 4-39 所示。这些接头都有较大的钎接面，可保证接头有良好的承载能力。

钎焊的加热方式分为火焰加热、电阻加热、感应加热、炉内加热、盐浴加热及烙铁加热等，可依据钎料种类、工件形状与尺寸、接头数量、质量要求及生产批量等综合考虑选择。其中烙铁加热温度较低，一般只适用于软钎焊。

4. 钎焊的特点及应用

1）钎焊要求工件加热的温度较低，接头组织、性能变化小，焊件变形小，接头光滑平整，工件尺寸精确。

2）可焊接焊接性差异大的异种金属，工件厚度不受限制。

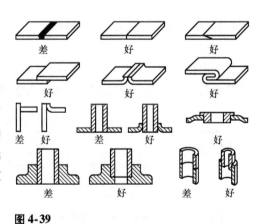

图 4-39

钎焊的接头形式

3）生产率高。对焊件整体加热钎焊时，可同时钎焊由多条（甚至上千条）接缝组成的复杂构件。

4）钎焊设备简单，生产投资费用少。

钎焊主要用于焊接精密、微型、复杂、多焊缝、异种材料的焊件。目前，软钎焊广泛用于电子、电器仪表等部门，特别是集成电路的表面贴装（SMT）和微组装技术（MPT）；硬钎焊则用于制造硬质合金刀具、钻探钻头、换热器、冷凝器及车辆管路系统等。

4.3 焊接结构工艺设计

焊接结构工艺设计是根据产品的生产性质和技术要求，结合生产实际条件，运用现代焊接技术知识和先进的生产经验，确定焊接生产方法和程序的过程。焊接结构工艺设计不仅直接关系到产品的制造质量、劳动生产率和制造成本，而且是设计焊接设备和工装、进行生产管理的主要依据。其主要内容是根据焊接结构工作时的负荷大小和种类、工作环境、工作温度等使用要求，合理选择结构材料、焊接材料和焊接方法，正确设计焊接接头、制订工艺和焊接技术条件等。

各种焊接结构主要的生产工艺过程为：备料—装配—焊接—焊接变形矫正—质量检验—表面处理（油漆、喷塑或热喷涂等）。备料包括型材选择，型材外形矫正，按比例放样、划线，下料切割，边缘加工，成形加工（折边、弯曲、冲压、钻孔等）；装配是利用专用夹具或其他紧固件装置将加工好的零件或部件组装成一体，进行定位焊，准备焊接；焊接是根据焊件的材质、尺寸、使用性能要求、生产批量及现场设备情况选择焊接方法，确定焊接参数，按合理顺序施焊。

4.3.1 焊接材料

不同的焊接方法，其焊接材料是不同的。这里主要介绍焊条电弧焊和埋弧焊的焊接材料。

4.3.1.1 焊条电弧焊的焊接材料

1. 焊条的组成及其作用

焊条由焊芯和药皮组成。焊芯是焊条中被药皮包覆的金属芯。焊接时，焊芯既是电极又是填充金属。药皮是压涂在焊芯表面的涂料层。药皮原料的种类、名称及作用见表4-2。

表4-2　　　　　　　　　　　焊条药皮原料的种类、名称及作用

原料种类	原料名称	作用
稳弧剂	碳酸钾，碳酸钠，长石，大理石，钛白粉，钠水玻璃，钾水玻璃	改善引弧性能，提高电弧燃烧的稳定性
造气剂	淀粉，木屑，纤维素，大理石	造成一定量的气体，隔绝空气，保护焊接熔滴与熔池
造渣剂	大理石，萤石，菱苦土，长石，锰矿，钛铁矿黄土，钛白粉，金红石	造成具有一定物理、化学性能的熔渣，保护焊缝；碱性渣中的CaO还可脱硫、磷

（续）

原料种类	原料名称	作　用
脱氧剂	锰铁，硅铁，钛铁，铝铁，石墨	降低电弧气氛和熔渣的氧化性，脱除金属中的氧；锰还起脱硫作用
合金剂	锰铁，硅铁，铬铁，钼铁，钒铁，钨铁	使焊缝金属获得必要的合金成分
黏结剂	钾水玻璃，钠水玻璃	将药皮牢固地粘在焊芯上

2. 焊条的种类

国家标准将焊条按化学成分划分为若干大类，国家机械工业委员会则在1987年的《焊接材料产品样本》中将焊条按用途划分为十大类。表4-3列出了两种分类有关内容的对应关系。

表4-3　　　　　　　　　　　　　　　　焊条分类

焊条大类（按化学成分分类）			焊条大类（按用途分类）			
国家标准编号	名　称	代号	类别	名　称	代号	
					字母	汉字
GB/T 5117—2012	碳钢焊条	E	一	结构钢焊条	J	结
GB/T 5118—2012	热强钢焊条	E	一	结构钢焊条	J	结
			二	钼和铬钼耐热钢焊条	R	热
			三	低温钢焊条	W	温
GB/T 983—2012	不锈钢焊条	E	四	不锈钢焊条	G	铬
					A	奥
GB/T 984—2001	堆焊焊条	ED	五	堆焊焊条	D	堆
GB/T 10044—2006	铸铁焊条及焊丝	EZ	六	铸铁焊条	Z	铸
GB/T 13814—2008	镍及镍合金焊条	—	七	镍及镍合金焊条	Ni	镍
GB/T 3670—1995	铜及铜合金焊条	TCu	八	铜及铜合金焊条	T	铜
GB/T 3669—2016	铝及铝合金焊条	TAl	九	铝及铝合金焊条	L	铝
—	—	—	十	特殊用途焊条	TS	特

焊条按其药皮性质分为酸性焊条和碱性焊条两大类。药皮中含有多量酸性氧化物的焊条称为酸性焊条。药皮中含有多量碱性氧化物的焊条称为碱性焊条。在碳素钢焊条和低合金钢焊条中，低氢焊条是碱性焊条，如E5015（J507）、E5016（J506）；其他药皮类型的焊条均属酸性焊条。酸性焊条适用于焊接一般的结构钢。碱性焊条适于焊接重要的结构钢或合金钢结构，焊成的焊缝金属中有害元素（如硫、磷、氢、氧、氮等）含量很低，抗裂性及强度好，但碱性焊条的工艺性能和抗气孔性能差。因此，采用碱性焊条时，必须将焊件接缝处及其附近的油污、锈等清除干净，并烘干焊条，去除水分。

3. 焊条的选用

焊条的种类很多，选用是否得当，将直接影响焊接质量、生产率和产品成本。选用焊条时通常考虑以下几个方面：

1）等强度原则。结构钢的焊接，一般应使焊缝金属与母材等强度，即焊条的抗拉强度等级等于或稍高于母材的抗拉强度。对于不要求等强度的接头，可选用强度等级比母材低的焊条。

2）同成分原则。对特殊用钢（耐热钢、低温钢、不锈钢等）的焊接，为保证接头的特殊性能，应使焊缝金属的主要合金成分与母材相同或相近。

3）抗裂性要求。对于焊接或使用中容易产生裂纹的结构，如形状复杂、厚度大、刚度大、高强钢、母材碳含量高或硫、磷杂质较多、受动载荷作用的焊件，以及在低温环境中施焊或使用的结构等，应选用抗裂性能优良的低氢型焊条。

4）抗气孔要求。对于焊前难以清理、容易产生气孔的焊件，应选用酸性焊条。

5）低成本要求。在酸、碱性焊条都能满足要求时，为降低成本，一般应选用酸性焊条。

以上原则中，前两条原则一般必须遵循，后三条原则应视具体情况而定。要综合考虑，全面衡量，选择符合实际需要的焊条。

4.3.1.2 埋弧焊的焊接材料

埋弧焊的焊接材料有焊丝和焊剂。埋弧焊的焊丝，除作为电极和填充金属外，还有渗合金、脱氧、去硫等冶金作用。埋弧焊焊剂有熔炼焊剂和非熔炼焊剂两类。熔炼焊剂呈现玻璃状颗粒，主要起保护作用；非熔炼焊剂除起保护作用外，还有渗合金、脱氧、去硫等冶金作用。焊剂易吸潮，使用前一定要烘干。埋弧焊通过焊丝和焊剂的合理匹配，以保证焊缝的金属化学成分和性能。

4.3.2 焊件材料

4.3.2.1 焊件材料的选择

焊接结构件在选材时，总的原则是在满足使用性能的前提下，选用焊接性好的材料。根据焊接性的概念，可知碳含量 $w(C)$ 小于 0.25% 的碳素钢和碳含量 $w(C)$ 小于 0.2% 的低合金高强度钢由于碳当量低，而具有良好的焊接性。所以，焊接结构件应尽量选用这一类材料。碳含量 $w(C)$ 大于 0.5% 的碳素钢和碳当量大于 0.4% 的合金钢，由于碳当量高，焊接性不好，一般不宜作焊接结构件的材料。

对于不同部位选用不同强度和性能的钢材拼焊而成的复合构件，应充分注意不同材料焊接性的差异，一般要求焊接接头强度不低于被焊钢材中的强度较低者。因此，进行焊接工艺设计时，应对焊接材料提出要求，并且对焊接性较差的钢采取相应措施（如预热或焊后热处理等）。对于焊接结构中需采用焊接性尚不明确的新材料时，则须预先进行焊接性试验，以保证设计方案及工艺措施的正确性。焊接结构应尽量采用工字钢、槽钢、角钢和钢管等型材，这样，可以减少焊缝数量，简化焊接工艺，提高结构件的强度和刚度。对于形状比较复杂的部分甚至可采用铸钢、锻件或冲压件焊接而成。此外，还应综合考虑经济性等因素。

4.3.2.2 常用金属材料的焊接性能

1. 碳素钢和低合金结构钢的焊接性能

（1）低碳钢 低碳钢的焊接性优良，一般情况下用任何一种焊接方法和最普通的焊接工艺都能获得优良的焊接接头。但在低温下焊接厚件时应将焊件预热到 100~150℃，某些重要结构件焊后还应进行退火处理，对电渣焊焊后的焊件应进行正火处理，以细化热影响区的晶粒。

（2）中碳钢　随着碳含量的增加，中碳钢的焊接性降为中等，焊缝中易产生热裂，热影响区易产生淬硬组织甚至产生冷裂。热裂纹是焊缝金属在高温状态下产生的裂纹，一般产生在焊缝金属中，属于结晶裂纹，其特征是沿晶界开裂。热裂纹产生的因素有焊缝金属的化学成分（形成低熔点共晶偏聚于晶界处）、焊缝横截面形状（焊缝熔宽与熔深的比值越大，则热裂倾向越小）、焊件残余应力等。冷裂纹一般是在焊后（相当低的温度下，大约在钢 Ms 点附近）产生，有时甚至放置相当长的时间后才产生。产生冷裂纹的因素有焊接接头处产生淬硬组织、焊接接头内含氢量较多和焊接残余内应力较大等。

中碳钢焊件通常采用焊条电弧焊和气焊。焊接时将焊件适当预热（150~250℃），选用合理的焊接工艺，尽可能选用低氢型焊条，焊条使用前烘干，焊接坡口尽量开成 U 形，焊后尽可能缓冷等，都能防止焊接缺陷的产生。

（3）高碳钢　高碳钢的碳含量 $w(C)$ 大于 0.6%，其焊接性差，一般仅用焊条电弧焊和气焊对其进行补焊。补焊是为了修补工件缺陷而进行的焊接。为防止焊缝裂纹，应合理选用焊条，焊前应对工件进行退火处理。若采用结构钢焊条，则焊前必须预热（一般为 250~350℃），焊后注意缓冷并进行消除应力退火。

（4）低合金结构钢　强度级别较低的低合金结构钢（$R_e \leqslant 390\mathrm{MPa}$），合金元素少，碳当量低（$CE < 0.4\%$），焊接性好，一般不需预热。当板较厚或环境温度较低时，才进行预热（100~150℃）。

强度级别较高的低合金结构钢（$R_e > 390\mathrm{MPa}$）淬硬、冷裂倾向增加，焊接性较差。一般焊前要预热（150~250℃），并对焊件和焊接材料进行严格清理和烘干，同时应选用低氢型焊条并采用合理的焊接顺序。低合金结构钢常用焊条电弧焊和埋弧焊焊接。

2. 铸铁的焊接性能

铸铁的焊接性差，其焊接过程会产生以下几个问题：

1）焊接接头易产生白口及淬硬组织。焊接过程中碳和硅等石墨化元素会大量烧损，焊后冷却速度很快，不利于石墨化，易出现白口及淬硬组织。

2）裂纹倾向大。由于铸铁是脆性材料，抗拉强度低、塑性差，当焊接应力超过铸铁的抗拉强度时，会在热影响区或焊缝中产生裂纹。

3）焊缝中易产生气孔和夹渣。铸铁中含较多的碳和硅，焊接时被烧损后会形成 CO 气体和硅酸盐熔渣，极易在焊缝中形成气孔和夹渣缺陷。

由于铸铁的焊接性差，一般不宜作焊接结构材料，当铸铁件出现局部损坏时往往只进行修复性补焊。铸铁的补焊有热焊法和冷焊法。热焊法是焊前将焊件整体或局部预热到 650~700℃，然后用电弧焊或气焊补焊。施焊过程中铸件温度不应低于 400℃，焊后缓冷或再将焊件加热到 600~650℃进行去应力退火。冷焊法是焊前不预热或仅预热到 400℃以下，然后用电弧焊或气焊补焊。

热焊法能有效地防止产生白口组织和裂纹，焊缝利于机加工，但需配置加热设备，焊条电弧焊时采用碳、硅含量较低的 EZC 型灰铸铁焊条和 EZCQ 铁基球墨铸铁焊条。冷焊法易出现白口组织、裂纹和气孔，但成本较低，冷焊时常用低碳钢焊条 E5016（J506）、高钒铸铁焊条 EZV（Z116）、纯镍铸铁焊条 EZNi（Z308）和镍铜铸铁焊条 EZiCu（Z508）。

3. 常用有色金属及其合金的焊接性能

（1）铜及铜合金　铜及铜合金的焊接性比低碳钢差，在焊接时经常出现下列情况：

1）铜及铜合金的导热性好，热容量大，母材和填充金属不能很好地熔合，易产生焊不透现象。

2）铜及铜合金的线膨胀系数大，凝固时收缩率大，因此其焊接变形大。如果焊件的刚度大，限制焊件的变形，则焊接应力就大，易产生裂纹。

3）液态铜溶解氢的能力强，凝固时其溶解度急剧下降，氢来不及逸出液面，易生成气孔。

4）铜在高温时极易氧化，生成氧化亚铜（Cu_2O），它与铜易形成低熔点的共晶体，分布在晶界上，易引起热裂纹。

5）铜合金中的许多合金元素（锌、锡、铅、铝及锰等）比铜更易氧化和蒸发，从而降低焊缝的力学性能，并易产生热裂、气孔和夹渣等缺陷。

铜及铜合金通常采用氩弧焊、气焊和钎焊进行焊接，焊前需预热，焊后需进行热处理。

为保证铜及铜合金的焊接质量，常采取如下措施：

1）严格控制母材和填充金属中的有害成分，对重要的铜结构件，必须选用脱氧铜作为母材。

2）清除焊件、焊丝等表面上的油、锈和水分，以减少氢的来源。

3）焊前预热以弥补热传导损失，并改善应力分布状况；焊后进行再结晶退火，以细化晶粒和破坏晶界上的低熔点共晶体。

（2）铝及铝合金　铝及铝合金焊接时的特点如下：

1）极易氧化。在焊接过程中，铝及铝合金极易生成熔点高（约2050℃）、密度大（$3.85g/cm^3$）的氧化铝，阻碍金属之间的良好结合，并易造成夹渣。解决办法是：焊前清除焊件坡口和焊丝表面的氧化物，焊接过程中采用氩气保护，并采用直流反接；在气焊时，采用熔剂，并在焊接过程中不断用焊丝挑破熔池表面的氧化膜。

2）容易形成气孔。液态铝的溶氢能力强，凝固时其溶氢能力下降，易形成氢气孔。

3）容易产生热裂纹。铝及铝合金的线膨胀系数约为钢的两倍，凝固时的体积收缩率达6.6%左右，因此，焊接某些铝合金时，往往由于过大的内应力而在脆性温度区间内产生热裂纹。

4）铝在高温时强度和塑性很低，焊接时常由于不能支持熔池金属而引起焊缝塌陷或烧穿，因此，焊接时需要采用垫板。

铝及铝合金的焊接常用氩弧焊、气焊等，一般采用通用焊丝HS311。

（3）钛及钛合金　钛及钛合金焊接时的特点如下：

1）焊接时吸收气体使接头变脆。钛是化学活泼性非常强的元素，在液态或高于600℃的固态下，极易吸收氧、氮、氢，发生显著脆化。氧易形成固溶体而引起硬度、强度升高，塑性下降。氮会形成很脆的氮化物。氢是钛中最有害的元素，400℃时在钛中具有很大溶解度，冷却过程中，由于溶解度下降，使氢气来不及排出而聚集成气孔。

2）易产生裂纹。由于钛及钛合金的熔点高、导热性差、热容量小，焊接时熔池具有积累热量多、尺寸大、高温停留时间长和冷却速度慢等特点，易使焊接接头产生过热组织，晶粒变粗大，脆性严重和出现裂纹。

因此，钛及钛合金的焊接须对焊接区域采取有效的保护措施。不能用氧乙炔焊、焊条电弧焊及 CO_2 气体保护焊等方法，而应采用氩弧焊、等离子弧焊、真空电子束焊、点焊等方法。

表 4-4 列出了常用金属材料的焊接性能，可供选择焊接结构材料时参考。

表 4-4　　　　　　　　　　　　　　常用金属材料的焊接性能

金属材料	气焊	焊条电弧焊	埋弧焊	CO_2 气体保护焊	氩弧焊	电子束焊	电渣焊	点焊缝焊	对焊	摩擦焊	钎焊
低碳钢	A	A	A	A	A	A	A	A	A	A	A
中碳钢	A	A	B	B	A	A	A	B	A	A	A
低合金钢	B	A	A	A	A	A	A	A	A	A	A
不锈钢	A	A	B	B	A	A	B	A	A	A	A
耐热钢	B	A	B	C	A	A	D	B	C	D	A
铸钢	A	A	A	A	A	A	A	（-）	B	B	B
铸铁	B	B	C	C	A	（-）	B	（-）	D	D	B
铜及铜合金	B	B	C	C	B	B	D	D	D	A	A
铝及铝合金	B	C	C	D	A	A	D	A	A	B	C
钛及钛合金	D	D	D	D	A	A	D	B-C	C	D	B

注：A—焊接良好，B—焊接性能较好，C—焊接性能较差，D—焊接性能差，（-）—很少采用。

4.3.3　焊接接头工艺

4.3.3.1　焊接接头的设计

焊接接头的设计包括焊接接头形式设计和坡口形式设计。设计接头形式主要考虑焊件的结构形状和板厚、接头使用性能要求等因素。设计坡口形式主要考虑焊缝能否焊透、坡口加工难易程度、生产率、焊条消耗量、焊后变形大小等因素。

1. 焊接接头形式设计

焊接接头按其结合形式分为对接接头、盖板接头、搭接接头、T 形接头、十字接头、角接接头和卷边接头等，如图 4-40 所示。常见的焊接接头形式有对接接头、搭接接头、角接接头和 T 形接头。

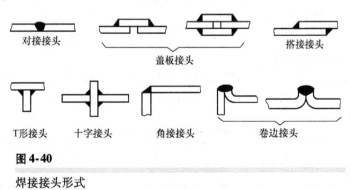

对接接头　　　盖板接头　　　搭接接头

T 形接头　　十字接头　　角接接头　　卷边接头

图 4-40

焊接接头形式

　　对接接头应力分布均匀，节省材料，易于保证质量，是焊接结构中应用较多的一种，但对下料尺寸和焊前定位装配尺寸要求精度高。锅炉、压力容器等焊件常采用对接接头。搭接接头不在同一平面，接头处部分相叠，应力分布不均匀，会产生附加弯曲力，降低疲劳强度，多耗费材料，但对下料尺寸和焊前定位装配尺寸要求精度不高，且接头结合面大，能增加承载能力。所以薄板、细杆焊件，如厂房金属屋架、桥梁、起重机吊臂等桁架结构常用搭接接头。点焊、缝焊工件的接头为搭接，钎焊也多采用搭接接头，以增加结合面。角接接头和T形接头根部易出现未焊透，引起应力集中，因此接头处常开坡口，以保证焊接质量。角接接头多用于箱式结构。对于1～2mm厚的薄板，气焊或钨极氩弧焊时，为避免接头烧穿，又节省填充焊丝，可采用卷边接头。

　　2. 焊接接头坡口形式设计

　　开坡口的根本目的是使接头根部焊透，同时也使焊缝成形美观，此外通过控制坡口的大小，能调节焊缝中母材金属与填充金属的比例，使焊缝金属达到所需的化学成分。坡口的常用加工方法有气割、切削加工（车或刨）和碳弧气刨等。

　　焊条电弧焊的对接接头、角接接头和T形接头中有各种形式的坡口，其选择主要取决于焊件板材厚度。

　　（1）对接接头坡口形式设计　　对接接头的坡口基本形式有I形坡口、Y形坡口、双Y形坡口、带钝边U形坡口、带钝边双U形坡口、单边V形坡口、双单边V形坡口、带钝边J形坡口、带钝边双J形坡口等。图4-41中列出其中五种坡口形式。此外，还有带垫板的I形坡口等。

　　（2）角接接头坡口形式设计　　角接接头的坡口基本形式有I形坡口、错边I形坡口、Y形坡口、带钝边单边V形坡口、K形（带钝边双单边V形）坡口等，如图4-42所示。

　　（3）T形接头坡口形式设计　　T形接头的坡口基本形式有I形坡口、带钝边单边V形坡口、K形（带钝边双单边V形）坡口等，如图4-43所示。

　　焊条电弧焊板厚小于6mm时，一般采用I形坡口；但对于重要结构件，板厚大于3mm就需开坡口，以保证焊接质量。板厚为6～26mm可采用Y形坡口，这种坡口加工简单，但焊后角变形大。板厚为12～60mm可采用双Y形坡口；在同等板厚情况下，双Y形坡口比Y形坡口需要的填充金属量约少1/2，且焊后角变形小，但需双面焊。带钝边U形坡口比Y形坡口省焊条，省焊接工时，但坡口加工较麻烦，需切削加工。

　　埋弧焊焊接较厚板，采用I形坡口时，为使焊剂与焊件贴合，接缝处可留一定的间隙。

　　坡口形式的选择既取决于板材厚度，也要考虑加工方法和焊接工艺性。如对于要求焊透的受力焊缝，尽量采用双面焊，以保证接头焊透，变形小。但这样会使生产率下降。若不能采用双面焊时才开单面坡口焊接。

　　对于不同厚度的板材，为保证焊接接头两侧加热均匀，接头两侧板材截面应尽量相同或相近，如图4-44所示。不同厚度钢板对接时允许的厚度差见表4-5。

表4-5		不同厚度钢板对接允许的厚度差		（单位：mm）
较薄板的厚度 δ_1	>2～5	>5～9	>9～12	>12
允许的厚度差 $\delta - \delta_1$	1	2	3	4

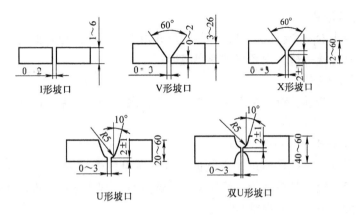

图 4-41

几种对接接头的坡口形式设计

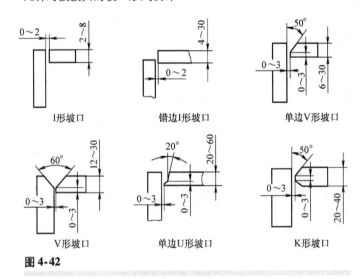

图 4-42

角接接头的坡口形式设计

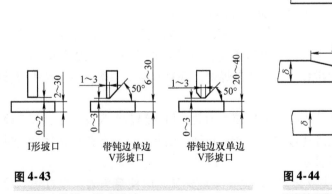

图 4-43

T 形接头的坡口形式设计

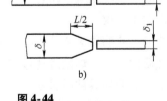

图 4-44

不同板厚对接

a）不合理　b）合理

4.3.3.2 焊缝形式

焊缝是焊接接头的一个组成部分，焊缝的形式由焊接接头的形式而定。根据焊缝的截面形状，焊缝形式有对接焊缝、角焊缝和塞焊缝等。

4.3.3.3 焊缝的布置

焊缝的布置是否合理，将直接影响结构件的焊接质量和生产率。因此，设计焊缝位置时应考虑下列原则。

1. 焊缝应尽量处于平焊位置

各种位置的焊缝，其操作难度是不同的。以焊条电弧焊焊缝为例，其中平焊操作最方便，易于保证焊接质量，是焊缝位置设计中的首选方案。其次选择立焊、横焊位置。仰焊位置的施焊难度最大，不易保证焊接质量。

2. 焊缝要布置在便于施焊的位置

焊条电弧焊时，焊条应能伸到焊缝的位置，如图4-45所示。点焊、缝焊时，电极要能伸到待焊位置，如图4-46所示。埋弧焊时，要考虑焊缝所处的位置能否存放焊剂。设计时若忽略这些问题，就无法施焊。

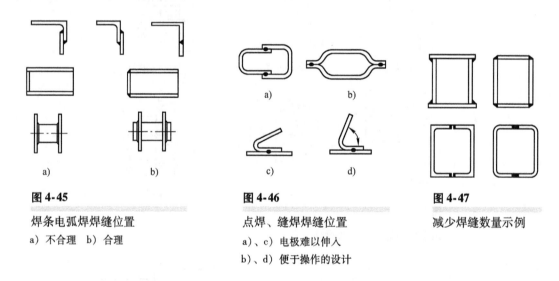

图4-45

焊条电弧焊焊缝位置

a）不合理 b）合理

图4-46

点焊、缝焊焊缝位置

a）、c）电极难以伸入

b）、d）便于操作的设计

图4-47

减少焊缝数量示例

3. 焊缝布置要有利于减少焊接应力与变形

1）尽量减少焊缝数量及长度，缩小不必要的焊缝截面尺寸。设计焊件结构时，可通过选取不同形状的型材、冲压件来减少焊缝数量。如图4-47所示的箱式结构，若用平板拼焊，需要四条焊缝；若改用槽钢拼焊，只需两条焊缝。焊缝数量的下降，既可减少焊接应力和变形，又可提高生产率。

焊缝截面尺寸的增大会使焊接变形量随之加大，但焊缝截面尺寸过小，又会降低焊件结构强度，且截面过小、焊缝冷速过快，易产生缺陷。因此，在满足焊件使用性能的前提下应尽量减少不必要的焊缝截面尺寸。

2）焊缝布置应避免密集或交叉。焊缝密集或交叉，会使接头处严重过热，导致焊接应力与变形增大，甚至开裂。因此两条焊缝之间应隔开一定距离，一般要求其间隔大于三倍的板材厚度，且不小于100mm，如图4-48所示。处于同一平面焊缝转角的尖角处相当于焊缝交叉，易产生应力集中，应尽量避免，改为平滑过渡结构。即使不在同一平面的焊缝，若密集堆垛或排布在一列都会降低焊件的承载能力。

3）焊缝布置应尽量对称。当焊缝布置对称于焊件截面中心轴或接近中心轴时，可使焊接中产生的变形相互抵消而减小焊后的总变形量。焊缝位置对称分布在梁、柱、箱体等结构中尤其重要，如图 4-49 所示，图 4-49a 中焊缝布置在焊件的非对称位置，会产生较大的弯曲变形，不合理；图 4-49b、c 将焊缝对称布置，均可减少弯曲变形。

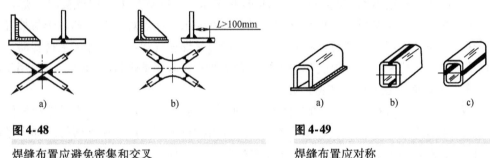

图 4-48

焊缝布置应避免密集和交叉

a）不合理　b）合理

图 4-49

焊缝布置应对称

4）焊缝布置应尽量避开最大应力位置或应力集中位置。尽管优质的焊接接头能与母材等强度，但焊接时难免出现不同程度的焊接缺陷，使结构的承载能力下降。所以在设计受力的焊接结构时，最大应力和应力集中的位置不应布置焊缝。在图 4-50a 中，大跨度钢梁的最大应力处在钢梁中间，若整个钢梁结构由两段型材焊成，焊缝布置在最大应力处，则整个结构的承载能力将下降；若改用图 4-50b 所示的结构，钢梁由三段型材焊成，虽然增加了一条焊缝，但焊缝避开最大应力处，提高了钢梁的承载能力。在压力容器结构设计中，为使焊缝避开应力集中的转角处，不应采用图 4-50c 所示的无折边封头结构，而应采用图 4-50d 所示的有折边封头结构。

5）焊缝布置应避开机械加工表面。有些焊件的某些部位需切削加工，如采用图 4-51a 所示的结构，为便于机加工，一般先车削内孔后焊接轮辐。为避免内孔加工精度受焊接变形影响，应采用图 4-51b 所示的结构，焊缝布置应离加工面远些。对机加工表面要求高的零件，由于焊后接头处的硬化组织影响加工质量，焊缝布置应避开机加工表面。图 4-51d 所示结构比图 4-51c 合理。

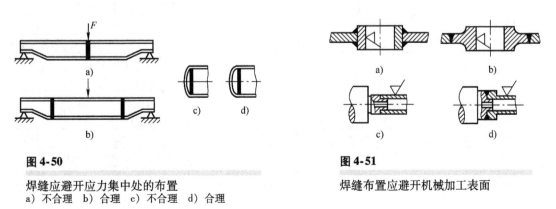

图 4-50

焊缝应避开应力集中处的布置
a）不合理　b）合理　c）不合理　d）合理

图 4-51

焊缝布置应避开机械加工表面

4.3.4　焊接方法的选择

各种焊接方法都有各自的特点及适用范围，要根据焊件的结构形状及材质、焊接质量要求、生产批量和现场设备等，在综合分析焊件质量、经济性和工艺可能性之后，确定最适宜的焊接方法。

选择焊接方法时应依据下列原则：

1）焊接接头使用性能及质量要符合结构技术要求。选择焊接方法时既要考虑焊件能否达到力学性能要求，又要考虑接头质量能否符合技术要求。如点焊、缝焊都适于薄板轻型结构的焊接，缝焊才能焊出有密封要求的焊缝。又如氩弧焊和气焊虽都能焊接铝材容器，但接头质量要求高时，应采用氩弧焊。又如焊接低碳钢薄板，若要求焊接变形小，应选用CO_2焊或点（缝）焊，而不宜选用气体保护焊。

2）提高生产率，降低成本。若板材为中等厚度，选择焊条电弧焊、埋弧焊和气体保护焊均可。如果是平焊长直焊缝或大直径环焊缝，且为批量生产，应选用埋弧焊。如果是位于不同空间位置的短曲焊缝，且为单件或小批量生产，采用焊条电弧焊为好。氩弧焊几乎可以焊接各种金属及合金，但成本较高，所以主要用于焊接铝、镁、钛合金结构及不锈钢等重要焊接结构。焊接铝合金工件，当板厚大于10mm时，采用熔化极氩弧焊为好，板厚小于6mm时应采用钨极氩弧焊。

低碳钢和低合金结构钢的焊接性能好，各种焊接方法均适用。若焊件板厚为中等厚度（10～20mm），可选用焊条电弧焊、埋弧焊和气体保护焊。氩弧焊成本较高，一般不宜选用。若焊件是薄板轻型结构，且无密封要求，则采用点焊可提高生产率；如果有密封要求，则可选用缝焊。但当焊接合金钢、不锈钢等重要工件时，则应采用氩弧焊等保护条件较好的焊接方法。对于稀有金属或高熔点合金的特殊构件，可考虑采用等离子弧焊、真空电子束焊、脉冲氩弧焊，以确保焊件质量。对于微型箔件，应选用微束等离子弧焊或脉冲激光点焊。

表4-6所列为常用焊接方法的比较，可供选择焊接方法时参考。

表4-6　　　　　　　　　　　　　　　　常用焊接方法的比较

焊接方法	热影响区大小	变形大小	生产率	可焊空间位置	适用板厚[①]/mm	设备费用
气体保护焊	大	大	低	全	0.5～3	低
焊条电弧焊	较大	较小	较低	全	可焊1以上，常用3～20	较低
埋弧自动焊	小	小	高	平	可焊3以上，常用6～60	较高
氩弧焊	小	小	较高	全	0.5～25	较高
CO_2焊	小	小	较高	全	0.8～30	较低～较高
电渣焊	大	大	高	立	可焊25～1000以上，常用35～450	较高
等离子弧焊	小	小	高	全	可焊0.025～1000以上，常用1～12	高
电子束焊	极小	极小	高	平	5～60	高
点焊	小	小	高	全	可焊10以下，常用0.5～3	较低～较高
缝焊	小	小	高	平	3以下	较高

① 主要指一般钢材。

4.3.5　焊接参数的选择

焊接时，为保证质量而选定的物理量（焊条直径、焊接电流、焊接速度和弧长等）即为焊接参数。

1）焊条直径与焊接电流的选择。焊条直径的粗、细主要取决于焊件的厚度。焊件较厚，则应选择较粗的焊条；焊件较薄，则应选择较细的焊条。立焊和仰焊时，焊条直径应比平焊时细些。焊条直径的选择见表4-7。

表 4-7　　　　　　　　　　　　　　　　　焊条直径的选择

焊接厚度/mm	2	3	2 ~ 7	8 ~ 12	>12
焊条直径/mm	1.6 ~ 2.0	2.5 ~ 3.2	3.2 ~ 4.0	4.0 ~ 5.0	4.0 ~ 5.8

焊接电流一般按 $I = (30 ~ 60)d$（d 为焊条直径）选取，但还要根据焊件厚度、接头形式、焊接位置、焊条种类等因素，通过试焊进行调整。

2）焊接速度。焊接速度过快，易使焊缝的熔池浅，焊缝宽度小，甚至可能产生夹渣和焊不透的缺陷；焊接速度过慢，熔池较深，焊缝宽度增加，特别是薄件易烧穿。

3）弧长。弧长过长，燃烧不稳定，熔池减小，空气易侵入而产生缺陷。一般情况下，尽量采用短弧操作，弧长一般不超过焊条直径，大多为 2 ~ 4mm。

4.3.6　焊接实例

例题　图 4-52a 所示为低压储气罐，壁厚为 8mm，压力为 1.0MPa，温度为常温，介质为压缩空气，大批量生产。

焊接结构工艺设计要求如下：

1）结构分析。图 4-52b 所示为低压储气罐装配焊接图，筒节、封头 I、封头 II 焊合成筒体，储气罐由筒体及四个法兰管座焊合而成。

2）选择母材材料。根据技术参数，考虑到封头拉深、筒节卷圆、焊接工艺及成本，筒节、封头及法兰管座选用塑性和焊接性好的普通碳素结构钢 Q235A，短管选用优质碳素结构钢 10 钢。

3）设计焊缝位置及焊接接头、坡口形式。筒节的纵焊缝和筒节与封头相连处两条环焊缝均采用对接 V 形坡口单面焊，法兰与短管焊合采用不开坡口角焊缝，法兰管座与筒体焊合采用开坡口角焊缝。

4）选择焊接方法和焊接材料。各条角焊缝长度均较短，且大部分焊缝在弧面上，故采用焊条电弧焊方法，焊条选用 E4303（J422），选用弧焊变压器（因为选用的是酸性焊条）。焊接筒体的三条纵、环焊缝时，为保证质量，提高生产率，采用埋弧焊方法，焊丝选用 H08A，配合焊剂 HJ431。

5）主要工艺流程如图 4-53 所示。

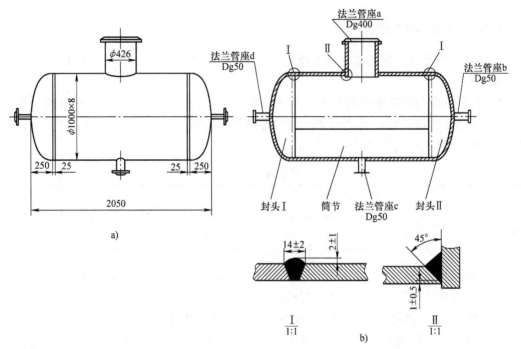

图 4-52

低压储气罐设计、装配示意图

a）设计图　b）装配图

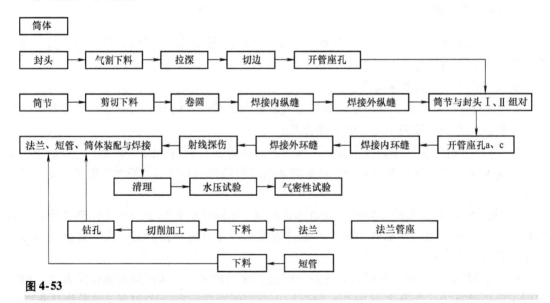

图 4-53

焊接低压储气罐的主要工艺流程

4.4　焊接技术新发展

现代焊接技术自发明至今已有百余年的历史，工业生产中的一切重要产品，如航空航天及核能工业中产品的生产制造都离不开焊接技术。当前，新兴工业的发展更促使焊接技术不断前进，如微电子工业的发展促进了微型连接工艺和设备的发展；陶瓷材料和复合材料的发展促进了真空钎焊、真空扩散焊、喷涂及粘接工艺的发展。焊接技术随着科学技术的进步而不断发展，主要体现在以下几个方面：

1. 计算机技术在焊接中的应用

计算机用于焊接生产过程是现代焊接工程的重要标志之一。利用计算机可对焊接电流、电压、焊接速度、气体流量和压力等参数进行快速综合运算分析和控制，也可对各种焊接过程的数据进行数理统计分析，总结出焊接不同材料、不同板厚的最佳参数方程和图表。利用计算机代替常规数控来控制焊接工夹具自动定位和焊机（或焊件）的运动轨迹，其精度可达 ±0.0025mm，且通用性强。计算机图像处理可用于 X 射线底片上焊缝缺陷的识别，以及识别焊接过程中电弧和焊缝熔池的形态与位置。如弧焊设备微机控制可完成对焊接过程的开环和闭环控制，可对焊接电流、焊接速度、弧长等多项参数进行分析和控制，对焊接操作程序和参数变化等做出显示和数据保留，从而给出焊接质量的确切信息。目前，以计算机为核心建立的各种控制系统包括焊接顺序控制系统、PID 调节系统、最佳控制及自适应控制系统等。这些系统均在电弧焊、压焊和钎焊等不同的焊接方法中得到应用。

计算机软件技术在焊接中的应用越来越得到人们的重视。目前，计算机模拟技术已用于焊接热过程、焊接冶金过程、焊接应力和变形等的模拟；数据库技术被用于建立焊工档案管理数据库、焊接符号检索数据库、焊接工艺评定数据库、焊接材料检索数据库等；在焊接领域，CAD/CAM 的应用正处于不断开发阶段，焊接的柔性制造系统也已出现。

2. 焊接机器人和智能化

焊接机器人是焊接自动化的革命性进步，它突破了焊接刚性自动化的传统方式。开拓了一种柔性自动化新方式。焊接机器人的主要优点是：稳定和提高焊接质量，保证焊接产品的均一性；提高生产率，一天可 24h 连续生产；可在有害环境下长期工作，改善了工人劳动条件；降低了对工人操作技术的要求；可实现小批量产品焊接自动化；为焊接柔性生产线提供了技术基础。

为提高焊接过程的自动化程度，除了控制电弧对焊缝的自动跟踪外，还应实时控制焊接质量，为此需要在焊接过程中检测焊接坡口的状况，如熔宽、熔深和背面焊道成形等，以便能及时地调整焊接参数，保证良好的焊接质量，这就是智能化焊接。智能化焊接的第一个发展重点在视觉系统，它的关键技术是传感器技术。目前，智能化焊接虽然还处在初级阶段，但其前景广阔，是一个重要的发展方向。

有关焊接工程的专家系统，近年来国内外已有较深入的研究，并已推出或准备推出某些商品化焊接专家系统。焊接专家系统是具有相当于专家的知识和经验水平，以及具有解决焊接专门问题能力的计算机软件系统。在此基础上发展起来的焊接质量计算机综合管理系统在焊接中也得到应用，其内容包括对产品的初始试验资料和数据的分析、产品质量检验、销售监督等，其软件包括数据库、专家系统等技术的具体应用。

3. 焊接能源

目前，焊接热源已非常丰富，如火焰、电弧、电阻、超声、摩擦、等离子弧、电子束、激光束、微波等，但焊接热源的研究与开发并未终止。其新的发展可概括为三个方面：首先是对现有热源的改善，使它更为有效、方便、经济适用，在这方面电子束和激光束焊接的发展较显著；其次是开发更好、更有效的热源，采用两种热源叠加的方法以求获得更强的能量密度，例如在电子束焊中加入激光束等；最后是节能技术，因为焊接所消耗的能源很大，所以出现了不少以节能为目标的新技术，如太阳能焊、电阻点焊中利用电子技术的发展来提高焊机的功率因数等。

4. 提高焊接生产率

提高焊接生产率是推动焊接技术发展的重要驱动力。提高生产率的途径有两个方面。其一是提高焊接熔敷率。焊条电弧焊中的铁粉焊、重力焊、躺焊等工艺，埋弧焊中的多丝焊、热丝焊均属此类，其效果显著。例如三丝埋弧焊，其工艺参数分别为 2200A×33V、1400A×40V、1400A×40V，采用坡口截面较小，背面采用挡板或衬垫，50~60mm 的钢板可一次焊透成形，焊速达到 2m/min 以上，其熔敷率是焊条电弧焊的 100 倍以上。其二是减少坡口截面及熔敷金属量。近 20 年来最突出的成就是窄间隙焊接。窄间隙焊接以气体保护焊为基础，利用单丝、双丝或三丝进行焊接。无论接头厚度如何，均可采用对接形式。例如，钢板厚度为 50~300mm 时，间隙均可设计为 13mm 左右，因而所需熔敷金属量大幅度降低，从而大大提高了生产率。窄间隙焊接的主要技术问题是如何保证两侧熔透和保证电弧中心自动跟踪处于坡口中心线上。为解决这两个问题，世界各国相继开发出多种方案，因而出现了种类多样的窄间隙焊接法。电子束焊、激光束焊及等离子弧焊时，可采用对接接头，且不开坡口，因此是理想的窄间隙焊接法，这也是它们受到广泛重视的重要原因。

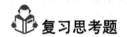复习思考题

1. 解释下列名词：焊接热循环、金属的焊接性、碳当量。
2. 焊接接头组织包括哪几个部分？低碳钢焊接接头各部分的性能如何？
3. 焊接应力、变形和缺陷有哪些危害？产生原因是什么？
4. 埋弧自动焊和焊条电弧焊相比有何特点？应用范围怎样？
5. 直流电弧焊为什么有正接和反接的区别？其应用场合有什么不同？
6. 等离子弧和电弧有何异同？它们各自的应用范围如何？
7. 试简要介绍电阻焊中的点焊、缝焊和对焊。
8. 钎焊和熔化焊相比有何根本区别？钎剂有何作用？
9. 熔化焊、压焊和钎焊各是如何实现原子间结合而达到焊接目的的？
10. 为什么焊条药皮成分中一般含有锰？在各种自动焊中用什么代替药皮的作用？
11. 简述碳素钢和低合金结构钢的焊接性能。
12. 简述焊缝布置的基本原则。
13. 试为下列情况选择焊接方法。
①钢板（厚度为20mm）拼成的大型工字梁；②角钢组成的汽车吊臂（桁架结构）；③铝制压力容器；④电路板；⑤薄板焊成的带轮。
14. 用下列钢材制作容器，各应采用哪种焊接方法和焊接材料？
①20mm 厚的 Q235 钢板；②1mm 厚的 20 钢钢板；③5mm 厚的 45 钢钢板；④10mm 厚的不锈钢钢板；⑤5mm 厚的纯铜板；⑥20mm 厚的铝合金板。

第 5 章
粉末冶金成形

  粉末冶金是以金属粉末（或金属粉末与非金属粉末的混合物）为原料，通过成形、烧结或热成形制成金属制品或材料的一种成形工艺技术，其生产工艺与陶瓷制品的生产工艺类似，因此又称为"金属陶瓷法"。粉末冶金与铸造、塑性成形加工、焊接和切削加工一起构成了金属成形的五种主要方法，可以说，粉末冶金既是一种冶金技术，又是一种新的金属加工方法，兼有冶金和加工两方面的特征。

  粉末冶金是一种与传统铸、锻、焊加工完全不同的特殊工艺。它首先将均匀混合的粉料压制成形，借助于粉末原子间的吸引力与机械咬合作用，使制品结合为具有一定强度的整体，然后在高温下烧结，由于高温下原子活动能力增加，使粉末接触面积增多，进一步提高了粉末冶金制品的强度，并获得与一般合金相似的组织。

  粉末冶金材料或制品种类较多，主要有难熔金属及其合金（如钨、钨－钼合金），组元彼此不相溶、熔点悬殊的特殊性能材料（如钨－铜合金型电触头材料），难熔的化合物和金属组成的各种复合材料（如硬质合金、金属陶瓷），通过控制制品的孔隙度来生产的多孔性材料和制品（如含油轴承），原子能工程材料（如反应堆、屏蔽材料）等。这些具有特殊性能的材料或制品用其他工业方法是难以生产的，而用粉末冶金方法制造却很容易。还有一些机械零件（如齿轮、轴承等），虽然可用铸、锻、冲压或机加工等工艺制造，但用粉末冶金制造可能更加经济。粉末冶金可直接制造出尺寸准确、表面光洁的零件，是一种少切削或无切削的生产工艺，既能节约材料又可减少切削加工工时，显著降低了制造成本。

  但是，粉末冶金也有局限性：由于制品内部总有空隙，其强度比相应的锻件或铸件低$20\% \sim 30\%$；成形过程中粉末的流动性远不如液态金属，故对制品的形状有一定限制；压制成形的压强高；制品质量较小，一般不超过$10kg$；压制模具成本较高，一般只适合大批量生产。

5.1 粉末冶金基础

  粉末冶金的主要工序有粉末制备、粉末预处理、成形、烧结及后处理等。粉末冶金材料或制品的工艺流程如图5-1所示。

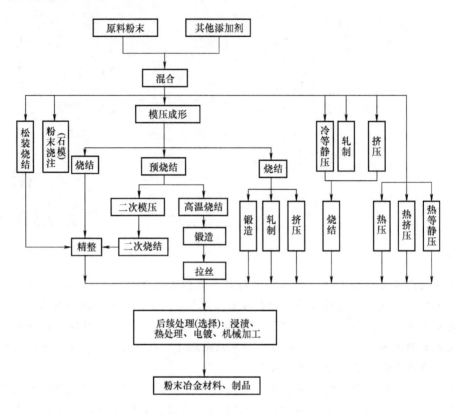

图5-1

粉末冶金材料或制品的工艺流程

5.1.1　粉末性能和制备

5.1.1.1　粉末性能

通常把固态物质按分散程度不同分成致密体、粉末体和胶体三类，即粒径在1mm以上的称为致密体或常说的固体，粒径在$0.1\mu m$以下的称为胶体微粒，而介于两者之间的称为粉末体或简称粉末。粉末冶金用的原料粉末基本上在粉末体的范围内，但在特殊情况下，也用毫米级以上的粗颗粒，称为颗粒冶金。同时，$0.1\mu m$以下的超细粉末的应用也日渐增加。

金属粉末的性能对其成形和烧结过程以及制品的质量都有重大影响。金属粉末的性能可以用化学成分、物理性能和工艺性能来划分和测定。

1. 粉末的化学成分

粉末的化学成分一般是指主要金属组元和杂质的含量。在一般条件中，只对粉末的主要金属和杂质的含量做出规定。

为满足一般零件的制造要求，金属或合金粉末中的主要金属元素含量都不能低于98%。在制造磁性材料和某些特殊用途的合金材料时，其纯度要求更高。

粉末中的杂质主要指：

1）与主要金属结合，形成固溶体或化合物的金属或非金属成分，如还原铁粉中的硅、锰、碳、硫、磷、氧等。

2）从原料和粉末生产过程中带进的机械夹杂物，如二氧化硅、三氧化二铝、硅酸盐、难熔金属或碳化物等酸不溶物。

3）粉末表面吸附的氧、水汽和其他气体（氮气、二氧化碳等）。

制粉工艺带进的杂质有水溶液电解粉末中的氢，气体还原粉末中溶解的碳、氮或氢，羰基粉末中溶解的碳等。

2. 粉末的物理性能

粉末的物理性能主要包括颗粒粒度大小和组成、颗粒形状与结构、显微硬度、比表面积、颗粒密度、颗粒的晶格状态及光、电、磁、热性质等。实际上，粉末的熔点、蒸汽压、比热容与同成分的致密材料差别很小，与粉末冶金关系不大。一般在粉末冶金工艺中只规定各级粉末颗粒的百分含量——粒度组成或筛分组成。

1）颗粒形状主要由粉末的生产方法决定，同时也与物质的分子或原子排列的结晶几何学因素有关。粉末的颗粒形状是决定粉末工艺性能（松装密度、流动性等）的主要因素，对粉末的压制成形和制品的烧结都有影响。

2）粒度组成是指不同粒度的颗粒占全部粉末的百分含量，又称为粒度分布。它对成形、烧结有一定的影响。充填粉末进行成形时，粉末颗粒间的空隙越小，制成的压坯质量越好，烧结也越容易。粒度组成的最佳值要随粉末种类、颗粒形状不同而变化。在生产中，目前只能根据经验来确定。

3）粉末比表面积是指每克粉末所具有的总表面积，单位为 cm^2/g，属于粉末的一种综合性能，与粉末的颗粒形状、颗粒大小、粒度组成及粉末的松装密度等有密切关系，且相互制约。

3. 粉末的工艺性能

粉末的工艺性能用粉末的松装密度、流动性、压缩性和成形性来表征。

1）松装密度是指粉末试样自然地充填规定的容器时，单位体积内粉末的质量，单位为 g/cm^3。松装密度是粉末自然堆积的密度，其大小取决于颗粒间的黏附力、相对滑动阻力及粉末体孔隙被小颗粒填充的程度。

2）流动性是 50g 粉末从标准的流速漏斗流出所需的时间，单位为 s/50g，其倒数是单位时间内流出粉末的质量，俗称为流速。流动性同松装密度一样，与粉末体和颗粒的性质有关。一般来说，等轴状（对称性好）粉末、粗颗粒粉末的流动性好；粒度组成中极细粉末所占的比例越大，流动性越差，但是，粒度组成向偏粗的方向增大时，流动性变化不明显。

3）压缩性代表粉末在压制过程中被压紧的能力，通常以在规定单位压力下粉末的压坯密度表示。

4）成形性是指粉末压制后，压坯保持既定形状的能力，通常用粉末得以成形所需的最小单位压制力表示，或用压坯强度来表示。粉末的压制性是压缩性和成形性的总称。

5.1.1.2　粉末的制备

粉末冶金制品的生产工艺流程是从制取原料——粉末开始的。这些粉末可以是纯金属或合金，也可以是化合物，还可以是非金属。制取粉末的方法很多，采用各种制粉方法不只是由于技术上有可能用这些方法（如还原、研磨、电解等），而且还由于粉末及其制品的质量在很大程度上取决于制粉方法。制粉方法决定了粉末的颗粒大小、形状、松装密度、化学成分、压制性、烧结性等特性。

金属粉末的制取方法可分为两大类，即机械法和物理化学法。

机械法是将原材料粉碎成粉而不改变原材料化学成分的方法，如用切削加工的方法将金属切削成粉末颗粒，在球磨机和锤式破碎机中把金属粉碎研磨成粉末，以及在旋涡研磨机中使金属粉碎等。另外，属于这类方法的还有液态金属的制粒和雾化。液态金属的雾化是借助压缩空气（或水）或者依靠旋转叶片的冲击使金属液流碎化。

机械法，如雾化、旋涡研磨等，由于生产率高，广泛地用于制取各种金属和合金粉末。但这些方法都具有成本高的缺点。

物理化学法是在制取粉末的过程中，使原材料受到化学或物理的作用，而使其化学成分和集聚状态发生变化的工艺过程。用气体或固体还原剂还原金属氧化物、电解水溶液或熔盐、热离解羰基化合物、冷凝金属蒸汽、晶间腐蚀和电腐蚀法等都属于物理化学制粉法。在大多数情况下，这些物理化学制粉法是以还原和电解等化学反应为基础的。

总的说来，物理化学法比机械法更为通用。因为，物理化学制粉方法有可能利用便宜的原料（氧化物、盐类及各种生产废料），而使其中的许多方法成为经济的制粉方法。另外，许多难熔金属、合金和化合物粉末也只能用物理化学制粉法来获得。

但是，在粉末冶金的实际生产中，机械法和物理化学法之间并没有明显的界限。制取粉末的工艺过程中，常常是既用物理化学法又用机械法。例如：使用机械法研磨在还原氧化物时所得到的块状海绵体；应用退火，使由旋涡研磨法及雾化法所得到的粉末达到消除残余应力、脱碳及还原氧化物的目的。

以上所列举的制粉方法中，工业上普遍采用的有：氧化物还原法、电解法、热离解法、球磨法、旋涡研磨法、雾化法。

5.1.2 粉末的成形

5.1.2.1 成形方法

成形是粉末冶金工艺的重要步骤。成形的目的是制得具有一定形状、尺寸、密度和强度的压坯。粉末冶金常用的成形方法有加压成形和无压成形，如图5-2所示。在众多的成形方

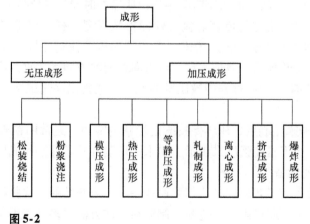

图5-2

常用的成形方法

法中，压力机模压成形是最基本和应用最广泛的方法。该法通常将混合均匀的粉末按一定量装入模具，再用压力机压制成坯块，故又称为压制。

5.1.2.2　压制成形

1. 粉末预处理

由于产品最终性能的需要或者成形过程的要求，粉末原料在成形之前都要经过预处理。预处理包括粉末退火、筛分、混合、制粒、加润滑剂等。

粉末的预先退火可使氧化物还原，降低碳和其他杂质的含量，提高粉末的纯度，同时，还能消除粉末的加工硬化、稳定粉末的晶体结构。用还原法、机械研磨法、电解法、雾化法及羰基离解法所制得的粉末通常都要进行退火处理。此外，为了防止某些超细金属粉末自燃，需用退火处理将其表面钝化。

混合一般是指将两种或两种以上不同成分的粉末混合均匀的过程。有时，为了需要也将成分相同而粒度不同的粉末进行混合，这种过程称为合批。混合基本上分两种方法：机械法和化学法。其中用得最广泛的是机械法，即用各种混合机，如球磨机、V 型混合器、锥形混合器、酒桶式混合器和螺旋混合器等，将粉末或混合料掺和均匀而不发生化学反应。机械法混料又可分为干混和湿混。铁基制品、钨粉和碳化钨粉末的生产中广泛采用干混，制备硬质合金混合料时常采用湿混。

筛分的目的在于把颗粒大小不同的原始粉末进行分级。通常用标准筛网制成的筛子或振动筛来筛分，而对于钨、钼等难熔金属的细粉或超细粉末则采用空气分级的方法。

制粒是将小颗粒的粉末制成大颗粒或团粒的工序，以此来改善粉末的流动性。制粒的设备有圆筒制粒机、圆盘制粒机和擦筛机等，有时也用振动筛。

加润滑剂的目的是减小压坯与模具间的摩擦力，无润滑时，压坯从模具中脱出的脱模压力将非常大，压坯会卡在模具中。金属基粉末最常用的润滑剂是硬脂酸、硬脂酸盐和合成蜡等。润滑的实现一般通过润滑剂颗粒与金属粉末均匀混合，或者用润滑剂润滑模壁。

2. 压制成形

压模压制是对置于压模内的松散粉末施加一定的压力，使其成为具有一定尺寸、形状和一定密度、强度的压坯。图 5-3 所示是压模示意图。当压模中粉末受到压力后，粉末颗粒间发生相对移动，颗粒填充孔隙，使粉末体的体积减小，粉末颗粒迅速达到最密集的堆积。粉末的压缩过程一般采用压坯密度—成形压力曲线来表示，如图 5-4 所示。压坯密度变化分为三个阶段：一是在压力作用下粉末颗粒发生相对位移，填充孔隙，从而使压坯的密度随压力的增加而急剧增加，即滑动阶段；二是密度达到一定值后，粉末体出现压缩阻力，即使再加压，其孔隙度也不能再减少，此阶段密度不随压力的增高而明显变化；三是当压力超过粉末颗粒的临界压力时，粉末颗粒开始变形，从而使其密度又随压力的增高而增加。上述三个阶段的划分主要是对硬而脆的粉末而言。塑性好的粉末，如铜、锡等粉末的第二阶段基本消失，其变化如图 5-4 中的点画线所示。

压制过程中的重要特点是压坯密度分布不均匀。这是因为粉末体在压模内受力后向各个方向流动，于是引起垂直于压模壁的侧压力。由于侧压力的作用，压模内靠近模壁的外层粉末与模壁之间产生摩擦力，会使压坯在高度方向存在明显的压力降，即在接近加压端面部分压力最大，远离加压端，压力逐渐减小。由于这种压力分布的不均匀，造成压坯各部分的密度分布不均匀。用石墨粉做隔层的单向压制试验，得到图 5-5 所示的压坯形状。由图 5-5b

可知，各层的厚度和形状均发生变化，即在任何垂直面上，上层密度比下层密度大。在水平面上，接近上模冲端面的密度分布是两边大、中间小；而远离上模冲端面的密度分布是中间大、两边小。

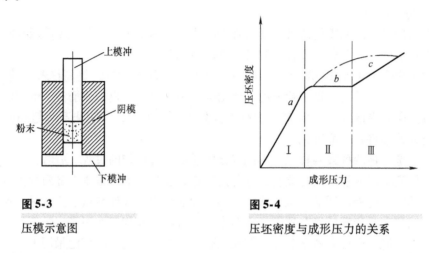

图 5-3

压模示意图

图 5-4

压坯密度与成形压力的关系

为了改善压坯密度的不均匀性，一般采取以下措施：①减小摩擦力，模具内壁上涂抹润滑油或采用内壁更光滑的模具；②采用双向压制以改善压坯密度分布的不均匀性，如图 5-6 所示；③模具设计时尽量降低高径比。

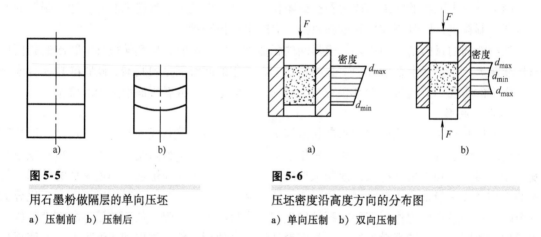

图 5-5

用石墨粉做隔层的单向压坯

a）压制前　b）压制后

图 5-6

压坯密度沿高度方向的分布图

a）单向压制　b）双向压制

粉末的压制一般在普通机械式压力机或液压机上进行，常用的压力机吨位一般为 500 ~ 5000kN。据有关资料报道，国外已出现 40000kN 高速压力机，可压制 8 ~ 14kg 的零件，生产率为每分钟 20 件。图 5-7 为双向压制衬套的四个工步示意图。

5.1.3　烧结

烧结是将压坯按一定的规范加热到规定温度并保温一段时间，使压坯获得一定的物理及力学性能，是粉末冶金的关键工序之一。

烧结是一个非常复杂的过程，其机理是：粉末的表面能大，结构缺陷多，处于活性状态的原子也多，它们力图把本身的能量降低。将压坯加热到高温，为粉末原子所储存的能量释

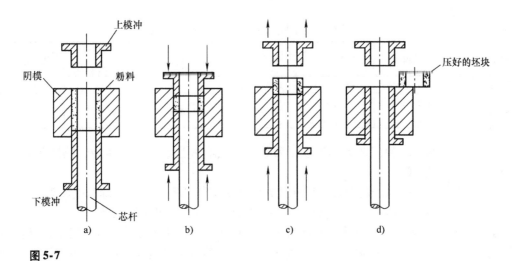

图 5-7

双向压制粉末冶金坯块工步示意图

a）填充粉料　b）双向压坯　c）上模冲复位　d）顶出坯块

放创造条件，由此引起粉末物质的迁移，使粉末体的接触面积增大，导致孔隙减少，密度增高，强度增加，形成烧结。

如果烧结发生在低于其组成成分熔点的温度，则产生固相烧结；如果烧结发生在两种组成成分熔点之间，则产生液相烧结。固相烧结用于结构件，液相烧结用于特殊的产品。

普通铁基粉末冶金轴承烧结时不出现液相，属于固相烧结；而硬质合金与金属陶瓷制品的烧结过程将出现液相，属于液相烧结。液相烧结时，在液相表面张力的作用下，颗粒相互靠紧，故烧结速度快、制品强度高，此时，液、固两相间的比例以及湿润性对制品的性能有着重要影响。例如，硬质合金中的钴（黏结剂），在烧结温度时要熔化，其对硬质相金属键的碳化钨有最好的湿润性，所以钨钴类硬质合金既有高硬度，又有较好的强度；钴对非金属键的氧化铝、氮化硼等的湿润性很差，导致金属陶瓷的硬度虽高于硬质合金，但强度却低于硬质合金。

烧结时最主要的因素是烧结温度、烧结时间和大气环境。此外，烧结制品的性能也受粉末材料、颗粒尺寸及形状、表面特性及压制压力等因素的影响。

烧结时为了防止压坯氧化，通常是在保护气氛或真空的连续式烧结炉内烧结。常用粉末冶金制品的烧结温度与烧结气氛见表 5-1。烧结过程中，烧结温度和烧结时间必须严格控制。烧结温度过高或时间过长，都会使压坯歪曲和变形，其晶粒也大，产生所谓"过烧"的废品；若烧结温度过低或时间过短，则产品的结合强度等性能达不到要求，产生所谓"欠烧"的废品。通常，铁基粉末冶金制品的烧结温度为 $1000 \sim 1200\,℃$，烧结时间为 $0.5 \sim 2\text{h}$。

5.1.4　后处理

大部分粉末冶金制品烧结后即可直接使用，但有些零件的使用要求较高，烧结后还需通过后续工序进行处理。后处理方法按其目的不同，有以下几种：

表5-1　　　　　　　　　　　　　　常用粉末冶金制品的烧结温度与烧结气氛

粉冶材料	铁基制品	铜基制品	硬质合金	不锈钢	磁性材料 (Fe－Ni－Co)	钨、铝、钒
烧结温度/℃	1050～2000	700～900	1350～1550	1250	1200	1700～3300
烧结气氛	发生炉煤气， 分解氨	分解氨， 发生炉煤气	真空，氢	氢	氢，真空	氢

1）为提高制件的物理及力学性能，后处理方法有复压、复烧、浸油、热锻与热复压、热处理及化学热处理。

2）为改善制件表面的耐蚀性，后处理方法有水蒸气处理、磷化处理、电镀等。

3）为提高制件的形状与尺寸精度，后处理方法有精整、机械加工等。

例如，对于齿轮、球面轴承、钨相管材等烧结件，常采用滚轮或标准齿轮与烧结件对滚挤压的方法进行精整，以提高制件的尺寸精度、降低其表面粗糙度；对不受冲击而要求硬度高的铁基粉末冶金零件，可以进行淬火处理；对表面要求耐磨、而心部又要求有足够韧性的铁基粉末冶金零件，可进行表面淬火；对含油轴承，则需在烧结后进行浸油处理；对于不能用油润滑或在高速重载下工作的轴瓦，通常将烧结的铜合金在真空下浸渍四氟乙烯液，以制成摩擦系数小的金属塑料减摩件。

还有一种后处理方法是熔渗处理，它是将低熔点金属或合金渗入到多孔烧结制作的孔隙中去，以增加烧结件的密度、强度、塑性或冲击韧性。

5.2　粉末冶金模具

粉末冶金模具主要是指在粉末压制成形、烧结、后处理等工序中所用到的模具。由于粉末冶金成形方法多种多样，再加上烧结、后处理中用到的各类模具，使得粉末冶金模具的种类很多。粉末冶金模具按用途可分为压制模、精整模、复压模、锻模、挤压模、热压模、等静压模、粉浆浇铸模、松装烧结模等；按制作材料又分为钢模、硬质合金模、石墨模、塑料橡皮模和石膏模等。但在工业生产中应用最广泛的是压制、精整、复压和锻造用的钢模及硬质合金模。本节重点介绍压制模的几种常见类型。

1. 单向压制模

单向压制模在压制过程中，相对于凹模运动的只有一个模冲，或是上模冲或是下模冲。这种压制模一般只用来生产高度不大（高径比 H/D < 1）、形状简单的零件。图5-8所示为压制轴套类压坯的单向手动压制模。压制模的基本组成部分有凹模、上模冲、下模冲和芯棒。压制时，下模冲和芯棒固定不动，上模冲向下加压，压缩粉末体，用压床滑块行程控制压坯高度。脱模时，将凹模移到右边脱模座上，用上模冲向下顶出压坯。

2. 双向压制模

如果实体类零件压坯的高径比 H/D > 1 或管套类零件压坯的高度与壁厚之比 H/T > 3 时，都需要采用双向压制。双向压制的特点是：上、下模冲相对凹模都有移动，模腔内粉末体受到两个方向的压缩，或下模冲固定不动，由上模冲和凹模相对下模冲做不同距离的移动，实现双向压制。图5-9所示为压制套类压坯的双向手动压制模。装粉时，装粉座内的弹簧通过托套和托杆将凹模和芯棒托起，以便使下模冲获得一定的压缩量。压制时，凹模和芯棒在侧向摩擦力的作用下向下浮动，获得双向压制的效果。

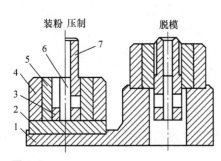

图 5-8

单向手动压制模

1—模座　2—模垫　3—下模冲　4—模套
5—凹模　6—芯棒　7—上模冲

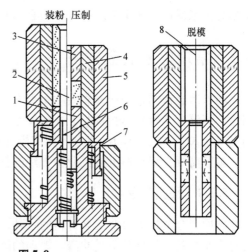

图 5-9

双向手动压制模

1—下模冲　2—芯棒　3—上模冲　4—凹模
5—模套　6—托杆　7—托套　8—脱模顶杆

3. 摩擦芯杆压制模

摩擦芯杆压制模用于压制较长的薄壁套类零件的压坯。它的压制特点是：芯棒和上模冲同速同向对着固定的凹模和下模冲移动压缩粉末体，或者是凹模和上模冲同速同向对着固定的芯棒和下模冲运动压缩粉末体，形成摩擦芯杆压制。图 5-10 所示为套类零件摩擦芯杆浮动压制模。凹模固定在凹模板上，用弹簧支承，下模冲与芯棒做成整体固定在压座上。压制时，上模冲压在凹模的上面强制凹模与上模冲同速压下。脱模时，脱模垫盖在通孔上，将凹模板压下顶出压坯。

4. 组合压制模

上面介绍了压制简单轴套类、实心体的各种压制模。然而复杂形状零件的成形比简单零件的成形要困难得多，既要能够压制成形，又要保证压坯的质量，因此，相应的压制模结构也要复杂得多。但是从压制成形的特点来说，也无非是上述几种压制方式（如单向压制、双向压制和摩擦压制等）及其压制模结构的综合运用。即在设计压制模具时，综合各种压制模的结构特点，设计成多种形状的组合模冲来完成复杂零件的压制成形工序，并综合运用几种

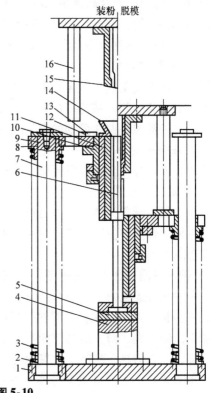

图 5-10

摩擦芯杆浮动压制模

1—下模板　2—弹簧座　3—弹簧　4—压座

5—压垫　6—芯棒　7—导柱　8—导套　9—凹模板

10—接套　11—模套　12—凹模　13—脱模垫

14—装粉斗　15—上模冲　16—脱模顶杆

压制方式来保证压坯质量。所以，组合压制模是形式最多且应用最广泛的压制模结构。

5.3   常用粉末冶金材料

粉末冶金常用来制作减摩材料、结构材料、摩擦材料、硬质合金、难熔金属材料（如钨丝、高温合金等）、过滤材料（如水的净化，空气、液体燃料和润滑油的过滤等）、金属陶瓷（$Al_2O_3 - Cr$、$Al_2O_3 - Fe$）、无偏析高速工具钢、磁性材料、耐热材料等。

本节简要介绍几种机械工业中常用的粉末冶金材料。

5.3.1   硬质合金

硬质合金是粉末冶金工具材料的一种，主要用于制造高速切削硬而韧材料的刀具，制造某些冷作模具、量具及不受冲击、振动的高耐磨零件。

1. 硬质合金的性能特点

1）具有很高的硬度（在常温下硬度可达 85 ~ 93HRA），高的热硬性（可达 900 ~ 1000℃），以及优良的耐磨性。硬质合金刀具的切削速度比高速工具钢高 4 ~ 7 倍，刀具寿命高 5 ~ 8 倍，可切削硬度高达 50HRC 左右的硬质材料。

2）具有高的抗压强度（可达 6000MPa），但抗弯强度较低。

3）良好的耐蚀性（耐大气、酸、碱腐蚀等）和抗氧化性。

4）线膨胀系数小。

硬质合金硬度很高，故不能用一般的切削方法加工，只能采用特种加工（如电火花、线切割、电解磨削等）或专门的砂轮磨削。因此，一般都是将一定规格的硬质合金制品钎焊、粘结，或机械装夹在钢制的刀具或模具体上使用。

2. 硬质合金的分类

硬质合金可分为金属陶瓷硬质合金和钢结硬质合金两类。

1）金属陶瓷硬质合金是将一些难熔的高硬度金属碳化物粉末（如 WC、TiC 等）和粘结剂（钴、钼、镍等）混合，加压成形，再经烧结而成的合金，因与陶瓷烧结相似而得名。又因为在硬质合金中应用最广，故通常简称为硬质合金。常用硬质合金的组别、基本成分和力学性能见表 5-2。

2）钢结硬质合金是一种性能介于高速钢与金属陶瓷硬质合金之间的新型工具材料。它是以一种或几种碳化物（如 WC、TiC）为硬化相，以碳素钢或合金钢（如高速钢、铬钼钢等）粉末为粘结剂，经配料、混料、压制和烧结而成。钢结硬质合金坯件经退火后可进行切削加工，经淬火、回火后具有相当于金属陶瓷硬质合金的高硬度和高耐磨性，也可进行锻造、焊接，并有耐热、耐蚀、抗氧化等特性。

3. 切削加工用硬质合金的分类、分组代号

根据 GB 2075—2007《切削加工用硬切削材料的分类和用途大组和用途小组的分类代号》规定，切削工具用硬质合金牌号按使用领域不同可分成 P、M、K、N、S、H 六类，见表 5-3。各个类别为满足不同的使用要求，以及根据切削工具用硬质合金材料的耐磨性和韧性的不同，分成若干个组，用 01、10、20 等两位数字表示组号。必要时，可在两个组号之间插入一个补充组号，用 05、15、25 等表示。

表 5-2　　　　　　　　　　　常用硬质合金的组别、基本成分和力学性能

组　别		基本成分	力 学 性 能		
类别	分组号		洛氏硬度 HRA，不小于	维氏硬度 HV，不小于	抗弯强度 R_{tg}/MPa，不小于
P	01	以 TiC、WC 为基，以 Co（Ni + Mo，Ni + Co）作粘结剂的合金/涂层合金	92.3	1750	700
	10		91.7	1680	1200
	20		91.0	1600	1400
	30		90.2	1500	1550
	40		89.5	1400	1750
M	01	以 WC 为基，以 Co 作粘结剂，添加少量 TiC（TaC，NbC）的合金/涂层合金	92.3	1730	1200
	10		91.0	1600	1350
	20		90.2	1500	1500
	30		89.9	1450	1650
	40		88.9	1300	1800
K	01	以 WC 为基，以 Co 作粘结剂，或添加少量 TaC、NbC 的合金/涂层合金	92.3	1750	1350
	10		91.7	1680	1460
	20		91.0	1600	1550
	30		89.5	1400	1650
	40		88.5	1250	1800
N	01	以 WC 为基，以 Co 作粘结剂，或添加少量 TaC、NbC 或 CrC 的合金/涂层合金	92.3	1750	1450
	10		91.7	1680	1560
	20		91.0	1600	1650
	30		90.0	1450	1700
S	01	以 WC 为基，以 Co 作粘结剂，或添加少量 TaC、NbC 或 TiC 的合金/涂层合金	92.3	1730	1500
	10		91.5	1650	1580
	20		91.0	1600	1650
	30		90.5	1550	1750
H	01	以 WC 为基，以 Co 作粘结剂，或添加少量 TaC、NbC 或 TiC 的合金/涂层合金	92.3	1730	1000
	10		91.7	1680	1300
	20		91.0	1600	1650
	30		90.5	1520	1500

注：1. 洛氏硬度和维氏硬度中任选一项。

　　2. 以上数据为零涂层硬质合金要求，涂层产品可按对应的维氏硬度降低 30~50。

　　3. 摘自 GB/T 18376.1—2008《硬质合金牌号　第 1 部分：切削工具用硬质合金牌号》。

　　地质、矿山用硬质合金牌号见 GB/T 18376.2—2014《硬质合金牌号第 2 部分：地质、矿山工具用硬质合金牌号》。耐磨零件用硬质合金牌号见 GB/T 18376.3—2015《硬质合金牌号第 3 部分：耐磨零件用硬质合金牌号》。

表 5-3 硬质合金的类别和相应使用领域

类别	使 用 领 域
P	长切屑材料的加工，如钢、铸钢、长切屑可锻铸铁等的加工
M	通用合金，用于不锈钢、铸钢、锰钢、可锻铸铁、合金钢、合金铸铁等的加工
K	短切屑材料的加工，如铸铁、冷硬铸铁、短切屑可锻铸铁、灰铸铁等的加工
N	有色金属、非金属材料的加工，如铝、铁、塑料、木材等的加工
S	耐热和优质合金材料的加工，如耐热钢、含镍、钴、钛的各类合金材料的加工
H	硬切削材料的加工，如淬硬钢、冷硬铸铁等材料的加工

4. 硬质合金的应用

（1）用作刀具材料　硬质合金作刀具材料的用量最大，如车刀、铣刀、刨刀、钻头等。其中钨钴类合金适于加工短切屑的黑色金属、有色金属及非金属材料如铸铁、铸造黄铜、胶木等；钨钛钴类合金适于加工长切屑的黑色金属，如各种钢。在同一类合金中，由于含钴多的硬质合金韧性较好，故适于粗加工；含钴少的硬质合金适于精加工。

通用硬质合金既可用来切削短切屑的材料，又可切削长切屑的材料，对于某些难加工的材料（如不锈钢），通用硬质合金的使用寿命比其他合金长得多。

（2）用作模具材料　用硬质合金作模具主要是指冷作模，如拉深模、冲模、冷挤模和冷镦模等。其中钨钴类合金适用于拉深模，YG6、YG8 适用于小拉深模，YG15 适用于大拉深模和冲模。

（3）用作量具及耐磨零件　可用硬质合金制造量具，如千分尺、量块、塞规等。各种专用量具的易磨损表面镶以硬质合金，既可提高使用寿命，又可使测量更加精确，常用的有 YG6。可用硬质合金制造耐磨零件，如精轧辊、车床顶尖、精密磨床的精密轴承、无心磨床的导杆、导板等，常用的是钨钴类合金。

5.3.2 含油轴承材料

含油轴承材料是一种具有多孔性的粉末冶金材料，常用以制造轴承零件。这种材料压制成轴承后，放在润滑油中浸润，由于粉末冶金材料的多孔性，在毛细现象作用下，可吸附大量润滑油（一般含油率为 12% ~30%），故称为含油轴承。轴承在工作时由于发热使粉末膨胀，孔隙容积变小，再加上轴旋转时带动轴承间隙中的空气层，降低了摩擦表面的静压强，在粉末孔隙内外形成压力差，致使润滑油被抽到工作表面。停止工作时，润滑油又渗入孔隙中，故含油轴承具有自润滑作用。

常用的含油轴承有铁基和铜基含油轴承两类。

铁基含油轴承是铁 - 石墨（$w(C)$ 为 0.5% ~3%）粉末冶金材料或铁 - 硫（$w(S)$ 为 0.5% ~1%）- 石墨（$w(C)$ 为 1% ~2%）粉末冶金材料。铁 - 石墨粉末冶金材料的组织为珠光体（大于 40%）+铁素体+渗碳体（小于 5%）+石墨+孔隙，硬度为 30 ~110HBW。铁 - 硫 - 石墨粉末冶金材料的组织除了具有与铁 - 石墨粉末冶金材料相同的组织以外还有硫化物，可进一步改善摩擦条件，硬度为 35 ~70HBW。

铜基含油轴承常用的是青铜粉末与石墨粉末制成的冶金材料，具有较好的热导性、耐蚀性、抗咬合性，但承压能力比铁基含油轴承小。

含油轴承材料一般用于制造中速、轻载荷的轴承，尤其适宜制造不能经常加油的轴承，如纺织机械、电影机械、食品机械、家用电器（如电风扇、电唱机）等的轴承，在汽车、拖拉机、机床、电动机中也得到广泛应用。

5.3.3　铁基结构材料

铁基结构材料是以碳素钢或合金钢粉末为主要原材料，可采用粉末冶金方法制造结构零件。

用这类材料制造的结构零件具有精度较高、表面粗糙度值小，不需或只需少量切削加工，节省材料，生产率高等特点，可通过热处理方法强化和提高耐磨性。

粉末冶金铁基结构材料广泛用于制造各种机械零件，如机床上的调整垫圈、调整环、法兰盘、偏心轮，汽车制造中的油泵齿轮、差速器齿轮、止推环，以及拖拉机上的传动齿轮、活塞环等。

5.4　粉末冶金制品的结构工艺性

从粉末冶金工艺角度来考虑零件的结构性时，总的原则是零件应尽量平整、简单，即不带倒角、尖角、凸起、凹槽，难于直接压制或脱模的内、外螺纹，倒锥度，以及与压制方向垂直的孔、槽等。这是为了简化模具结构，有利于压制和脱模。实际上，一般需要从压制困难性、脱模困难性、粉末均匀填充困难性和压制模的强度、寿命等诸方面考虑。

1. 从压制困难性及简化模具考虑

由于受模具结构限制，或为了简化模具，零件的内、外螺纹，倒锥度，与压制方向垂直的孔、槽等均不能直接压制出来，需事后通过机械加工获得。图5-11a 中与压制方向垂直的退刀槽无法直接压制，需改为图5-11b 所示的结构。另外，零件某些几何要素要求较高的尺寸、形位精度时，也需事后进行机械加工。

应尽量避免多台阶零件，以使模具结构简化。必要时先压制出平直形，再机械加工出台阶形。如图5-12a 所示的零件，应在模具上做出垫块，如图5-12b 所示。

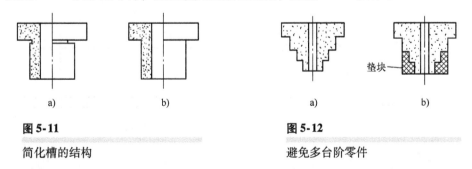

图 5-11　　　　　　　　　　　　　　　　　　　图 5-12
简化槽的结构　　　　　　　　　　　　　　　　避免多台阶零件

2. 从脱模困难性考虑

在压制过程中，由于压制压力较大而凹模会发生弹性膨胀；当压力去除后，压坯阻碍凹模弹性收缩，而压坯自身也受到因凹模收缩而加于其上的径向压力。压坯脱出凹模的部分，由于本身弹性后效作用而向外膨胀。这使得在脱模过程中，压坯受到方向相反的切应力作用，如图5-13所示。因而在压坯脱模过程中，压坯上的一些薄弱部位有可能在上述切应力作用下发生毁坏。所以零件在结构上应尽可能避免薄壁、深而窄的槽、锐边、小而薄的凸台等形状。如图5-14a所示结构，压坯脱模时，其上的小方形凸起极易毁坏，宜改成图5-14b所示的结构。图5-15a所示结构脱模不便，改成图5-15b所示的结构为妥。

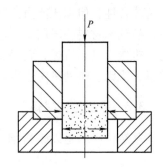

图 5-13

压坯脱模过程中的切应力作用

3. 从粉末均匀填充及压坯密度考虑

密度均匀是压坯质量的一个重要指标。在压制薄壁或截面上厚度差异较大的压坯时，装粉不易均匀，薄壁和尖角处难于充填粉末，引起压坯密度不均匀，烧结时易发生变形或开裂。

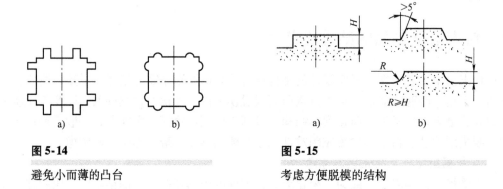

图 5-14

避免小而薄的凸台

图 5-15

考虑方便脱模的结构

压坯的最小壁厚取决于零件尺寸。一般偏心孔零件的最薄处壁厚 $t \geqslant 1mm$，如图5-16a所示。设计圆柱体空心件时，最小壁厚规定为1.2mm；实际设计中，壁厚 t 与高度 H 有关，一般取 $H/t < 20$，如图5-16b所示。

零件结构带有尖角时，不利于装粉，密度不易均匀，且模具制造困难、寿命低，宜将尖角改为圆弧。

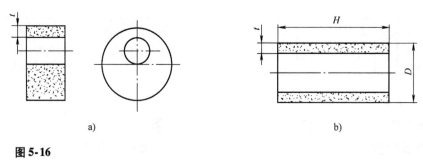

图 5-16

考虑最小壁厚

4. 从压制模的强度及寿命考虑

主要应考虑压制模结构上一些薄弱部位容易在压制高压下损坏。例如，在机械加工中极易加工的倒角，在粉末冶金压制时，成了模具的薄弱部位（尖角）而极易在压制时损坏，如图 5-17a 所示，宜改成图 5-17b 所示的结构。

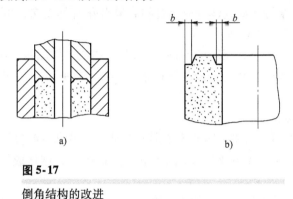

图 5-17

倒角结构的改进

5.5　粉末冶金技术的新发展

粉末冶金技术发展到今天，已成为可以与熔铸工艺相竞争的生产高性能材料和制品的工艺，它的发展与其新技术、新工艺的不断问世是紧紧相联的。特别是在 20 世纪下半叶，随着科技发展高潮的到来，粉末冶金技术也得到快速发展。本节对粉末冶金新技术、新工艺的进展情况做一简单介绍。

5.5.1　粉末制备

粉末制备技术是粉末冶金技术的基础。随着现代社会对高性能材料需求的增加，对粉末的要求也越来越苛刻，粉末的粒度、粒度分布、洁净程度、经济性方面的指标也越来越高。相应地，粉末制备技术也得到较快的发展。近年来，化学气相沉积、自蔓延高温合成（SHS）、气体雾化及快速冷凝、机械合金化等制备工艺相继研究成功或投入使用。

1. 快速冷凝技术

快速冷凝技术是雾化技术的发展，从实验室首次获得非晶态硅合金的片状粉末开始，经过几十年的发展，现已进入工业发展阶段。

从液态金属制取快速冷凝粉末的方法如下：当冷却速度为 106 ~ 108℃/s 时，有熔体喷纺法、熔体沾出法；当冷却速度为 104 ~ 106℃/s 时，有旋转盘雾化法、旋转杯雾化法、旋转电极雾化法、超声气体雾化法等。

2. 机械合金化

机械合金化由国际镍公司于 1970 年研制成功，并已实现工业规模生产。机械合金化的特点在于各合金组元的粉末在高速搅拌球磨机中，粉末颗粒与球之间发生强烈的碰撞，所形成的新生态表面互相冷焊而逐步合金化。

机械合金化可以作为一种理想的弥散强化复合技术。目前，采用机械合金化方法生产的产品有：镍基高温合金、铁基高温合金、机械合金化铝合金。现在机械合金化方法正在开发金属间化合物弥散强化铝基合金、高速钢等。需要指出的是，机械合金化方法还可生产机械合金化非晶材料，如 Nd - Fe - B、YCo3、YCo7 等。

3. 制备粉末的 SHS 工艺

根据粉末制备的化学过程，SHS 粉末工艺可分为两类。

1）化合法：由元素粉末或气体合成化合物或复合化合物粉末，例如，钛粉和碳粉合成 TiC，钛粉和氮气反应合成 TiC 等。

2）还原-化合法（带还原反应的 SHS）：由氧化物或矿物原料、还原剂（Mg 等）和元素粉末（或气体），经还原-化合过程制备粉末，例如 $TiO + Mg + C \rightarrow TiC + MgO$，不需要的副产物可除去。

4. 气体雾化制粉方法

气体雾化的主要机理是：在金属液流中形成波动，且波动的幅度不断增加；在气流的进一步冲击下，波动的液流被撕裂成液带；液带进一步被破碎，球化成液滴；液滴冷却，形成粉末。

气体雾化能耗小，不污染环境，粉末纯度高，且粉末特性可控，已成为国际上高性能制粉技术发展的主要方向。

5.5.2 成形

粉末成形方法很多，基本上以钢模压制成形为多，其他还有特殊成形。

1. 粉末注射成形

粉末注射成形是一种粉末冶金与塑料注射成形相结合的工艺，是 20 世纪 80 年代发展起来的一种粉末成形技术。目前粉末注射成形已成为国际粉末冶金领域发展迅速、最有前途的一种新型近净成形技术，被誉为"国际最热门的金属零部件成形技术"之一。

粉末注射成形可以生产高精度、不规则形状的制品和薄壁零件。粉末注射成形技术已经试制出镍基合金、高速钢、不锈钢、蒙乃尔合金及硬质合金等，目前正向陶瓷粉末注射成形方向发展。Si_3N_4、AlN、Al_2O_3 等都能用注射成形技术生产形状复杂、精度要求高的产品。

2. 喷射沉积

喷射沉积法是使雾化液滴处于半凝固状态便沉积为预成形的实体。英国 Ospray 金属公司首先利用这一概念成功地进行了中间试验和工业生产，并取得专利，故又名 Ospray 工艺。

喷射沉积的工艺过程包括熔融合金的提供，将其气雾化并转变为喷射液滴，相继使之沉积等步骤，在一次形成预形坯后，再进行热加工（可分别进行锻、轧、挤等），使其成为完全致密的棒、盘、板、带或管材。预形坯的相对密度可高达 98% ~99%。

Ospray 工艺现已半工业化生产高合金型材，如高速钢、不锈钢、高温合金、高性能铝合金、永磁合金（如钕-铁-硼）等。此工艺还可作为高密度表面涂层、硬质点增强复合材料或多层结构材料的生产手段。

3. 大气压力固结

粉末装入真空混合干燥器与含有烧结活化剂的溶液如硼酸甲醇溶液混合。干燥时甲醇蒸发，粉末颗粒表面包覆硼酸薄膜，浇入硼硅玻璃模。玻璃模的形状可以是圆柱体、管状以及与固结零件近似的各种复杂形状。用泵将模中粉末去气，将玻璃模密封，密封容器放入标准大气压炉中加热进行烧结。烧结时玻璃模软化并紧缩，使零件致密化。烧结完成后，将模子从炉中取出并冷却，剥去玻璃模。固结零件的相对密度为 95% ~99%。大气压力固结的产品作为热加工如热锻、热轧、热挤等的坯料，可加工到全致密。

4. 温压技术

温压技术是 20 世纪 90 年代发展起来的一项技术。它是在混合粉中添加高温新型润滑剂，然后将粉末和模具加热至 150℃左右进行刚性模压制，最后采用传统的烧结工艺进行烧结。这是普通模压技术的发展与延伸。

该技术保持传统模压技术生产率高的基本特征，克服传统模压技术制造铁基粉末冶金零部件的低强度、低精度等技术缺陷，扩大了铁基粉末冶金零部件的应用范围。温压技术在国际粉末冶金学界被誉为"开创铁基粉末冶金零部件应用的新纪元"和"导致粉末冶金技术的革命"的新型成形技术。

5. 流动温压工艺

流动温压工艺（Warm Flow Compaction，WFC）是德国的 Fraunhoer 研究所开发的粉末冶金新技术，是在粉末压制、温度成形工艺的基础上，结合金属粉末注射成形工艺的优点而出现的一种新型粉末冶金零部件近净成形技术，其关键技术是提高混合粉末的流动性。通过提高混合粉末的流动性、填充能力和成形性，可以在 80～130℃下，在传统压力机上精密成形具有复杂几何外形的零件，如带有与压制方向垂直的凹槽、孔和螺纹孔等零件，不需要其后的二次机加工。WFC 技术克服了传统粉末冶金在成形复杂几何形状方面的不足，也避免了金属注射成形技术的高成本，是一项潜力巨大的新技术，具有广阔的应用前景。

WFC 技术作为一种新型的粉末冶金零部件成形技术，其主要特点如下：可成形复杂几何形状的零件；压坯密度高、均匀；对材料的适应性较好；工艺简单，成本低。

5.5.3　烧结

烧结技术发展迅速，新的烧结技术和工艺不断研制成功，使粉末冶金制品的性能和质量大大提高。

1. 电场活化烧结

应用电场活化烧结技术（FAST）在烧结时要施加电场。它有许多优点：经电场活化烧结后，显微结构可以细化，并提高钢的淬透性。在粉末烧结中，施加电场可固结难以烧结的粉末，比传统烧结温度低、时间短，但烧结制品密度高，质量好且生产率高。它是通过施加断续的低电压（小于 30V）、高电流（大于 600A）来达到脉冲放电的。每个脉冲的持续时间在 1～300ms 变化。脉冲放电后再施加直流电。脉冲放电与施加直流电也可同时进行。施加的压力可以是恒定的，也可以是变化的。从装粉到脱模，整个过程不到 10min。一般来说，不需要添加剂或黏结剂，也不需要事先冷压。在大多数情况下，烧结是在空气中进行的，不需可控气氛或事先粉末脱气。FAST 致密化已用于液相或固相烧结的导电材料、超导材料、绝缘材料、复合材料及功能梯度材料等，也用于同时致密化与合成化合物。

2. 等离子体活化烧结

等离子体活化烧结（Plasma Activated Sintering，PAS）是一种新型的烧结方法。它利用直流脉冲在粉末颗粒间或空隙内产生瞬间的高温等离子体，产生 4000～10000℃的高温，能迅速消除粉末颗粒表面吸附的杂质和气体，并在粉末粒子表面施加强大的撞击压力，促使物质产生快速扩散和迁移，降低烧结温度，促使烧结过程加快，即能在较低温度下和较短时间内实现粉末烧结。等离子体活化烧结技术融等离子体活化、热压、电阻加热为一体，具有烧结时间短、烧结样品晶粒均匀、致密度高、力学性能好、易自动化等特点，在材料合成和加工过程中都有其优越性。

3. 微波烧结

微波烧结是一种利用微波加热对材料进行烧结的方法。它具有烧结温度低、烧结时间短、能源利用率和加热效率高、安全卫生、无污染等优点。

微波是一种高频电磁波，其频率范围为 0.3～300GHz。微波烧结的原理简单地说就是利用电介质在高频电场中的介质损耗，将微波能转化为热能而进行烧结的。在微波烧结过程中，热量的产生来自于材料自身与微波的耦合，而非来自外加热源的热传递，因此微波加热是一种体积加热。大多数陶瓷材料对微波具有很好的透过度，因此微波加热是均匀的，而且微波加热使得材料内部温度高于表面温度。

4. 低温烧结

低温烧结是一项先进的烧结工艺技术，它具有节能降耗和改善烧结矿冶金性能两大优点。所谓低温烧结法，就是以较低的烧结温度（低于1300℃），使烧结混合料中的部分矿粉发生反应，产生一种强度高、还原性好的较理想矿物——针状铁酸钙，并以此去粘结、包裹那些未起反应的残余矿石（或称为未熔矿石），使其生成一种钙铝硅铁固溶体（又称为 SF-CA）。

复习思考题

1. 粉末冶金的定义是什么？
2. 粉末冶金产品在汽车工业中有许多用途，请列举三种汽车用粉末冶金产品。
3. 粉末振实密度与松装密度之比，暗含有形状因素，讨论粉末形状和粒度对该比值的影响。
4. 粉末制备技术有哪几类？简述其特点。
5. 粉末压制成形时一般需要加入润滑剂，为什么？润滑剂需要具备什么特性？
6. 压制模具主要有哪些种类？各有什么特点？
7. 论述粉末冶金烧结原理，主要影响因素有哪些？
8. 烧结过程中会出现哪些缺陷？
9. 粉末冶金烧结完成后为什么要进行后处理？
10. 常用的粉末冶金材料有哪些？哪些产品特别适合采用粉末冶金加工？
11. 硬质合金可分为哪几类，各有什么特点？
12. 简述金属粉末制备新技术的原理和特点。
13. 简述粉末冶金压制新技术的原理和特点。
14. 简述粉末冶金烧结新技术的原理和特点。

第6章

材料表面技术

材料表面技术是一门既古老又新颖的学科，人们使用表面处理技术可追溯到几千年前，我国在春秋战国时期就已应用铜器热涂锡、鎏金及油漆等表面技术。材料表面技术也是一门领域十分宽广的科学技术，使用价值很高。随着工业现代化、规模化、产业化，以及高新技术和现代国防用先进武器的发展，对各种材料表面性能的要求越来越高。20 世纪 80 年代，材料表面技术被美国列为 10 项关键技术之一。经过 30 多年的发展，材料表面技术已成为一门新兴的、跨学科的、先进的、综合性强的现代表面工程技术，是当今技术革新的重要工程技术。

材料表面技术是应用物理、化学、机械等方法改变固体材料表面成分或组织结构，获得所需要的性能，以提高产品的可靠性或延长使用寿命的各种技术的总称。材料表面技术主要通过表面涂覆和表面改性技术来提高材料抵御环境作用的能力和赋予材料表面某种功能特性。

表面涂覆：主要采用各种涂层技术。

表面改性技术：用机械、物理、化学等方法，改变材料表面的形貌、化学成分、相组成、微观结构、缺陷或应力状态。

材料表面技术迅速发展的主要原因：

1）可大幅度提高产品质量，满足社会生产、生活的需要。

2）实现材料表面复合化，解决应用单一材料无法解决的问题。

3）节约贵重材料，具有良好的节能效果。

4）促进新兴工业的发展。

使用材料表面技术的主要目的：

1）提高材料抵御环境作用的能力，如提高材料及其制品的耐磨减摩、抗高温氧化、耐腐蚀、润滑及抗疲劳等性能，从而延长使用寿命。

2）赋予材料表面某种功能特性，包括光、电、磁、热、声、吸附、分离等各种物理和化学性能。

3）实施特定的表面加工来制造构件、零部件和元器件等。

4）修复磨损或腐蚀损坏的零件，也可挽救加工超差的产品，实现再制造工程。

5）通过研究材料表面技术的应用理论与各种材料表面失效机理，开发新的材料表面技术。

6.1 材料表面技术理论基础

6.1.1 固体材料的表面特性

固体是一种重要的物质结构形态，可分为晶体和非晶体两类。固体材料是工程技术中使用最广泛的材料，一般按基体可分为金属材料、无机非金属材料、高分子材料和复合材料，也可按其作用分为结构材料和功能材料。

物质存在的某种状态或结构，通常称为相。两种不同相之间的交界区称为界面。固体材料的界面有四种：

1）表面：固体材料与气相或液相接触的面。

2）界面：固相之间的分界面。

3）相界面：固体材料中成分、结构不同的两相之间的界面。

4）晶界：晶粒与晶粒之间的分界面。

典型的固体表面有：理想表面、洁净表面和实际表面。

（1）理想表面 理想表面是一种理论的结构完整的二维点阵平面，这里忽略了晶体内部周期性势场在晶体表面的中断作用、表面原子的热运动，以及出现的缺陷和扩散现象、表面外界环境的作用等，因而可以认为晶体切开后形成的表面是理想表面。

（2）洁净表面 洁净表面是在特殊条件下获得的固体表面，表面只有极少量的吸附物。以下是获得洁净表面的方法：

1）在超高真空环境下用简单的晶面劈开法获得洁净表面，如 NaCl 的（100）面。

2）在还原气氛中加热，使沾污物形成可挥发的化合物，如在氢气中加热还原氧化物。

3）在真空中用惰性气体离子轰击溅射表面。

4）通过真空蒸发获得理想的单晶和多晶薄膜。

由于晶体表面外侧没有固体原子的键合，形成附加表面能，表面原子会向能量最低的稳定状态发展。使表面原子处于稳定状态的方式如下：

1）自行调整，使表面原子的排列与内部不同。

2）依靠表面成分偏析或吸附外来原子或分子，以降低表面能。

为了使表面原子结构和体内原子晶格匹配，表面数个原子层将发生重组（排），表6-1列出了几种洁净表面的结构和特点。一般从表面原子开始经过 4~6 个原子层之后，原子结构才开始基本相似，所以晶体表面实际上只有几个原子层。

晶体表面的最外层往往不是一个原子级的平面，这样的熵值较小，自由能比较高，所以洁净表面必然存在各种类型的表面缺陷才能得到最小的表面能，如体内缺陷在表面的露头、点缺陷、台阶、弯折等。

表6-1　　　　　　　　　　　　　　　　几种洁净表面的结构和特点

序号	名称	结构示意图	特　　点
1	弛豫		表面附近的点阵常数在垂直方向上较晶体内部发生明显变化（缩小或增大）
2	重构		表面原子在水平方向排列的周期性不同于体内
3	偏析		表面区的化学组分不同于内部组分
4	化学吸附		外来原子吸附于表面，并以化学键结合
5	化合物		外来原子与表面原子键合形成化合物
6	台阶		表面原子形成台阶结构

图6-1所示为单晶表面的TLK模型。TLK中的T表示低晶面指数平台（Terrace）；L表示单分子或单原子高度的平台台阶（Ledge）；K表示单分子或单原子尺度的扭折（Kink）。除了平台、台阶和扭折外还有表面吸附的单原子（A）和表面空位（V）。

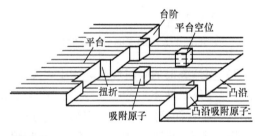

图6-1

单晶表面的TLK模型

严格来说，洁净表面是指不存在任何污染的化学纯表面，即不存在吸附、催化反应和杂质扩散等物理、化学现象的表面。因此制备洁净表面是很困难的，而在几个原子层范围内的洁净表面，其偏离三维周期性结构的主要特征是表面弛豫、重构和台阶，见表6-1。

（3）实际表面　洁净表面是很难制备的，实际表面与洁净表面相比有如下区别：

1）表面粗糙度。经过切削、研磨、抛光等处理的固体表面，从宏观来看很平整，然而用显微镜观察，可以看到表面有明显的起伏，同时还可能有裂纹、空洞等缺陷。

机械加工后的表面，其表面粗糙度取决于加工方法。图6-2所示为用不同加工方法形成的材料表面轮廓曲线。

2）残余应力和贝尔比层。一般固体材料在机加工时由于表面层晶格点阵强烈畸变而形成非晶态层，称为贝尔比层（Beilby），厚5~10nm，其成分为金属及其氧化物，性能与基体内明显不同。机加工后金属表面的示意图如图6-3所示。

　　贝尔比层具有较高的耐磨性和耐蚀性，在机械加工时可以利用，但在其他许多场合都是有害的。金属在切割、研磨、抛光后，除表面产生贝尔比层外，还存在各种残余应力，同样会对材料的许多性能产生影响。表面残余应力对材料有利也有弊。例如材料在受载时，残余应力和外力一起作用，如果残余应力与外力方向相反，可抵消一部分外力，起有利作用；如果方向相同，则起有害作用。许多材料表面技术就是利用这个原理，在材料表面引入残余压应力，以提高零件的疲劳强度，降低疲劳缺口敏感度。

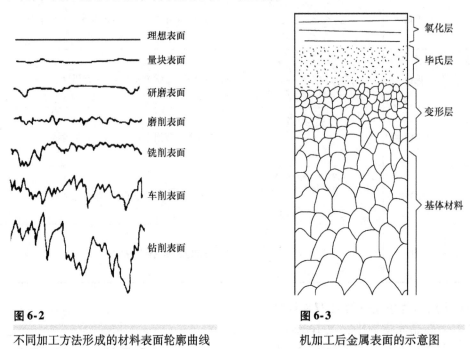

图 6-2
不同加工方法形成的材料表面轮廓曲线

图 6-3
机加工后金属表面的示意图

　　3）固体表面的吸附现象。物质表面由于原子或分子力场不饱和，有吸引周围其他物质（主要是气体、液体）分子的能力。吸附可以减少物质表面某些过剩的自由能，物质表面因吸附物的存在而稳定，所以吸附是自发进行的。

　　固体表面的吸附有物理吸附和化学吸附。

　　① 物理吸附：固体表面与被吸附分子或原子之间不发生电子转移，二者之间靠范德瓦尔斯力结合。物理吸附对温度很敏感，提高温度容易解吸，所以物理吸附是可逆的。

　　② 化学吸附：被吸附原子与固体表面分子或原子之间有电子转移，二者之间靠化学键力结合。从热力学角度讲，化学吸附的自由能减小要比物理吸附大得多，状态更稳定，而且是不可逆的过程。化学吸附往往是先形成物理吸附膜，然后在界面发生化学反应转化成化学吸附，结合牢固并不可逆。如氢在镍表面的吸附，如图6-4所示。金属放置在大气中的表面如图6-5所示。

6.1.2　材料表面磨损基础

　　相互接触的一对金属表面，在相对运动时不断发生损耗或产生塑性变形，使金属表面状态和尺寸发生改变的现象称为磨损。磨损表现为松脱的细小颗粒（磨屑）的出现，以及在摩擦载荷作用下，金属表面性质（金相组织、物理化学性能、力学性能）和形状（形貌和尺寸、表面粗糙度、表面层厚度）的变化。

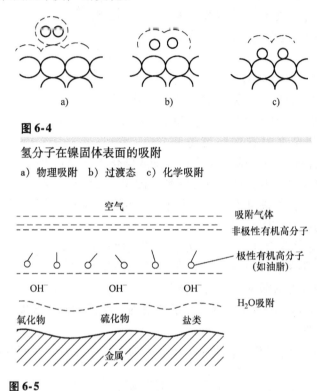

图 6-4

氢分子在镍固体表面的吸附

a）物理吸附　b）过渡态　c）化学吸附

图 6-5

大气中金属表面的实际构成

在机械设备中磨损通常是有害的，它会损伤零件的工作表面，影响机械设备性能，消耗材料和能源，并使设备使用寿命缩短。但磨损有时却是有益的，如新机器的跑合、机械加工中的磨削、研磨等。

1. 金属磨损的分类

金属磨损可分为四种基本类型（机理），分别是黏着磨损、磨料磨损、疲劳磨损和化学磨损。磨损类型和相应的磨损表面外观见表 6-2。

表 6-2	磨损类型和表面外观
磨损类型	**磨损表面外观**
黏着磨损	锥刺、鳞尾、麻点
磨料磨损	擦伤、沟纹、条痕
疲劳磨损	裂纹、点蚀
化学磨损	反应产物（膜、微粒）

2. 金属磨损的过程

金属磨损的过程可分为三个阶段，如图 6-6 所示。第一阶段是跑合磨损阶段，金属表面高低不平，凸出部分磨平，凹处补齐，磨损量较大；第二阶段是稳定磨损阶段，经过第一阶段的磨损，金属表面接触面积加大，表面粗糙度降低，在这个阶段金属磨损极少，磨损量与润滑油、负载、速度、温度等条件有关；第三阶段是剧烈磨损阶段，即金属磨损加速阶段，由于磨损量日积月累达到一定程度后，就会发生振动、升温，金属表面剧烈磨损，导致零件失效。

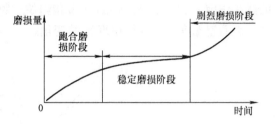

图6-6

金属磨损特性曲线

3. 影响金属材料耐磨性的因素

金属材料抵抗磨损的能力称为耐磨性，是由材料成分、硬度、组织结构及形态等因素决定的。一般认为金属材料的硬度越高，其耐磨性越好。如提高钢中碳的质量分数以及加入碳化物形成元素钨、铬、钒等，可以提高其耐磨性。但硬度并不是影响金属耐磨性的唯一因素，高锰钢（ZGMn13）材料就是一个典型的例子。又如，在相同的硬度下，下贝氏体组织的耐磨性要优于马氏体组织。

影响金属材料耐磨性的因素如下：

1）晶体结构和晶体互溶性。密排六方晶格的金属具有低摩擦系数，磨损率也低；冶金上互溶性差（指晶格类型、晶格常数、电子密度及电化学性能相差较大）的一对金属摩擦副可获得低摩擦系数和低磨损率，如铜铅合金。

2）温度升高，金属的硬度下降，且互溶性增强，摩擦加剧。温度升高导致氧化速度加剧，也可影响磨损性能。

3）一般来说，在真空条件下，磨损严重。因为大气可在较短时间内在洁净表面形成一定厚度的氧化膜，从而有防止黏着的作用。

4）在摩擦副间添加润滑剂，也是减小磨损的有效方法。

4. 耐磨表面处理

从金属材料表面来研究提高耐磨性问题，一般可从两个方面着手：

1）使表面具有良好的力学性能。一般来说，力学性能中最重要的指标是硬度。在实际生产中可以通过表面淬火、渗碳等方法来提高零件的表面硬度，或通过一定方法在材料表面形成一层具有较高硬度的涂覆层，如电镀、热喷涂和堆焊等。

2）设法形成具有非金属性质的摩擦面。即通过物理或化学作用形成具有非金属性质的摩擦面来减少磨损。如对钢材渗硫、渗氮、热喷涂层加 MoS_2、物理气相沉积、化学气相沉积及离子注入等，使材料表面形成氮化物、氧化物、硫化物、碳化物以及它们的复合化合物的表面层，这些表面层可以抑制摩擦过程中两个零件之间的黏附、熔附以及由此引起的金属元素转移现象，从而提高耐磨性。

许多表面强化方法往往兼有上述两种特性，因而都可以明显提高材料的耐磨性。

6.1.3 材料表面腐蚀基础

金属材料表面在环境介质作用下所发生的破坏或变质称为腐蚀。环境介质是指和金属接触的物质，例如大气、海水、酸、碱、盐等，这些物质和金属发生化学反应或电化学反应引起金属的腐蚀，会发生生锈、开裂、穿孔、变脆等现象。金属腐蚀现象非常普遍，如金属制成的日用品、机器部件、船底舰壳、生产工具等保养不好，就会腐蚀，从而造成大量金属消耗，造成无法估量的损失，因此防腐非常重要。

1. 金属腐蚀的分类

按腐蚀机理分，金属腐蚀主要有化学腐蚀和电化学腐蚀。

（1）化学腐蚀 化学腐蚀是金属和环境介质直接发生化学反应而产生的损坏，在腐蚀过程中只有电子的得失，没有电流产生，引起金属化学腐蚀的环境介质不能导电。这种腐蚀的产物一般覆盖在金属的表面，例如金属的高温氧化、非电解质对金属的腐蚀等。

（2）电化学腐蚀 电化学腐蚀是金属在电解质溶液中发生电化学反应而引起的损坏，在腐蚀过程中不仅有电子的得失，而且有电流产生，引起电化学腐蚀的介质都能导电。电化学腐蚀比化学腐蚀更为常见和普遍，金属在酸、碱、盐、土壤、海水、潮湿的大气等介质中的腐蚀均属于电化学腐蚀的范畴，如钢在室温下的氧化、铜表面生成铜绿等。

电化学腐蚀产生的原因是不同金属之间或合金中的不同相之间电极电位不同，存在电位差，当存在电解质溶液时便在金属表面形成了原电池，如图 6-7 所示。电位低的部分（阳极）被腐蚀，电位高的部分（阴极）被保护，不同金属之间或合金中的电位差越大、原电池效应越明显，腐蚀速度越快。

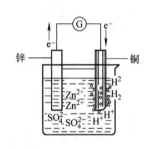

图 6-7
金属电化学腐蚀形成示意图

从上述原理可以看出，金属零件发生电化学腐蚀的基本条件：零件是由两种不同的金属组成，或使用的合金中不同区域或不同相的电极电位不同；不同电极电位的部分彼此是非绝缘的，可以有电子的流动；有电解质存在。

2. 金属腐蚀的防护

（1）正确选用金属材料，合理设计零件结构 正确选择金属材料是防止金属腐蚀的最根本措施。可根据材料工作环境中介质的性质、产生腐蚀的类型及程度合理选择材料，在满足主要技术、工艺和经济指标的前提下，应尽可能使用在给定的腐蚀条件下稳定性好的材料。如在 H_2SO_4 溶液储存槽内壁衬金属铅和陶瓷材料；在建户外结构时，在强度允许的情况下，使用铝及铝合金，因为铝表面有一层氧化膜保护层，在一般空气中不易腐蚀。不锈钢是工程中最常用的耐蚀材料。不锈钢中含有大量的合金元素，如铬、镍，一方面，铬有助于在金属表面生成钝化膜，并能提高钢基体的电极电位，减小电位差，提高钢的耐蚀性；另一方面，在不锈钢中加入铬或镍，有助于获得单相奥氏体组织或铁素体组织，消除电位差，避免出现原电池，提高了钢的耐蚀性。

（2）在金属表面覆盖保护层 在金属表面形成一层保护膜，隔绝腐蚀性介质，是防止金属腐蚀的一种有效方法，尤其是化学腐蚀。最常用、最简便的方法是在金属表面覆盖防腐涂料、塑料、橡胶、搪瓷、陶瓷、玻璃、石材等非金属材料。此外，在金属表面可以化学镀、电镀、热喷涂、热浸镀一层耐蚀性良好的金属或合金，如 Ni、Cr、Zn、Al、Sn、Cu 等。

金属覆盖保护可分为阴极覆盖保护和阳极覆盖保护。作为阳极覆盖层的金属，应比主体金属有更负的电极电位，例如在铁基合金上覆盖 Zn、Al 等；阴极覆盖层金属的电极电位应比被保护的主体金属更正，如在铁基合金上覆盖 Ni、Cu、Sn、Pb 等，主体金属是阳极，覆盖层是阴极，所以覆盖层必须完整才能达到保护基体的目的。也可以通过金属材料本身形成这层钝化膜，如向钢中加入 Cr、Al 等元素，使钢产生钝化。

（3）牺牲阳极的阴极保护法 电化学腐蚀的必要条件是阳极、阴极、电解质、电流回路，除去或改变其中任何一个条件即可阻止或减缓腐蚀的进行。牺牲阳极的阴极保护法是利用电位比被保护金属低的金属或合金作为阳极，与作为阴极的被保护金属构成一个原电池。当发生电化学腐蚀时，电位低的阳极不断地被腐蚀，而阴极（被保护金属）不会腐蚀而得到保护。

6.2　热喷涂技术

热喷涂技术是采用气体、液体燃料或电弧、等离子、激光等作为热源，使金属、合金、金属陶瓷、氧化物、碳化物、塑料以及它们的复合材料等喷涂材料加热到熔融或半熔融状态，通过高速气流使其雾化，然后喷射、沉积到经过预处理的工件表面，从而形成附着牢固的表面层的加工方法。

6.2.1　热喷涂原理

1. 热喷涂涂层形成的原理和过程

热喷涂是指一系列过程，在这些过程中，细微而分散的金属或非金属的涂层材料以一种熔化或半熔化状态，沉积到一种经过制备的基体表面，形成某种喷涂沉积层。涂层材料可以是粉状、带状、丝状或棒状。热喷涂枪由燃料、电弧或等离子提供必需的热量，将热喷涂材料加热到塑态或熔融态，再经受压缩空气的加速，使受约束的颗粒束流冲击到基体表面。冲击到表面的颗粒，因受冲压而变形，形成叠层薄片，黏附在经过制备的基体表面，随之冷却并不断堆积，最终形成一种层状的涂层。

2. 涂层结构

涂层是无数变形粒子互相交错、呈波浪式堆叠在一起的层状结构，如图6-8所示。颗粒和颗粒之间不可避免地存在部分孔隙或空洞，其孔隙率一般为4%～20%。涂层中还伴有氧化物和夹杂。因为涂层是一层一层堆积而成的，所以涂层具有方向性，垂直和平行于涂层方向上的性能不一致。涂层经适当处理后，结构会发生变化。

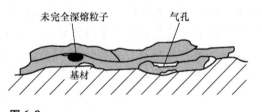

图6-8

涂层断面构造示意图

3. 涂层的结合机理

涂层的结合包括结合力和内聚力，结合力为涂层与基体表面的结合强度，内聚力为涂层内部的结合强度。涂层的结合一般认为有以下三种方式：

（1）机械结合　高速熔融的粒子与经过净化和粗化的工件表面碰撞成扁平状并随基体表面起伏，由于和凹凸不平的表面互相嵌合，形成机械钉扎而结合。一般来说，涂层与基体表面的结合以机械结合为主。

（2）冶金－化学结合　这是当涂层和基体表面出现扩散和合金化时的一种结合类型，包括在结合面上生成金属间化合物或固溶体。当喷涂后进行重熔即喷焊时，喷焊层与基体的结合主要是冶金结合。

（3）物理结合　物理结合是颗粒对基体表面的结合，是由范德瓦尔斯力或次价键形成的结合。

4. 涂层残余应力

当熔融颗粒碰撞基体表面时，在产生变形的同时受到激冷而凝固，从而产生微观收缩应力，涂层的外层受拉应力；基体、有时也包括涂层的内层则产生压应力。涂层中的这种残余应力是由喷涂热条件及喷涂材料与基体材料物理性质的差异所造成的，会影响涂层质量，限制涂层的厚度，工艺上应采取措施以消除和减少涂层残余应力。

6.2.2　热喷涂的种类和特点

1. 热喷涂的种类

按涂层加热和结合方式，热喷涂可分为喷涂和喷熔两种。

1）喷涂：基体不熔化，涂层与基体形成机械结合。

2）喷熔：涂层经再加热重熔，涂层与基体互溶并扩散形成冶金结合。喷熔与堆焊的根本区别在于母材基体不熔化或极少熔化。

按加热喷涂材料的热源种类，热喷涂技术可分为火焰喷涂和喷熔、电弧喷涂和喷熔、高频喷涂、等离子喷涂和喷熔（真空等离子喷涂，VPS）、爆炸喷涂（CDS）、超音速火焰喷涂（HVOF）、激光喷涂和重熔、电子束喷涂等。

2. 热喷涂的特点

1）适用范围广。涂层材料可以是金属、非金属（如聚乙烯、尼龙等塑料，氧化物、氮化硅、氮化硼等陶瓷）及复合材料；被喷涂工件可以是金属和非金属（如木材）。用复合粉末喷成的复合涂层可以把金属和塑料或陶瓷结合起来，获得良好的综合性能。

2）工艺灵活。热喷涂的施工对象可以是小到 10mm 的内孔，也可以是大到铁塔、桥梁等的大型结构。喷涂既可在整体表面上进行，也可在指定区域内涂敷，既可在真空或控制气氛中喷涂活性材料，也可在野外现场作业。

3）喷涂层的厚度可调范围大。涂层厚度可从几十微米到几毫米，表面光滑，加工量少。用特细粉末喷涂时，不加研磨即可使用。

4）喷涂工件受热可控。除喷熔外，热喷涂是一种冷工艺，例如氧－乙炔火焰喷涂、等离子喷涂或爆炸喷涂，工件受热程度均不超过 250℃，工件不会发生畸变，且不改变其金相组织。

5）生产率高。大多数工艺方法的生产率可达每小时喷涂数千克喷涂材料，有些工艺可高达 50kg/h 以上。

6）对于喷涂小零件、小面积的涂层，经济性差。操作间需通风换气。

6.2.3　热喷涂预处理

为了提高涂层与基体表面的结合强度，在喷涂前，要对基体表面进行清洗、脱脂和表面粗化等预处理，这是喷涂工艺中的一个重要工序。

（1）基体表面的清洗、脱脂　基体表面的清洗、脱脂有碱洗、溶液清洗和蒸汽清洗等方法。

（2）基体表面氧化膜的处理　基体表面氧化膜的处理一般采用机械方法，如切削加工、人工除锈等方法。

（3）基体表面的粗化处理 基体表面的粗化处理是提高涂层和基体表面结合强度的一个重要措施。常用的表面粗化方法有喷砂、机械加工、化学腐蚀和电火花拉毛等方法。

（4）基体表面的预热处理 涂层与基体表面的温度差会使涂层产生收缩应力，从而引起涂层开裂和剥落。基体表面的预热可降低和防止上述不利影响。但预热温度不宜过高，以免引起基体表面氧化而影响涂层与基体表面的结合强度。一般基体表面的预热温度为200~300℃。

（5）非喷涂表面的保护 在喷砂和喷涂前，必须对基体的非喷涂表面进行保护。可根据非喷涂表面的形状和特点设计一些简易的保护罩，保护罩材料可采用薄铜皮或铁皮。对基体表面上的键槽和小孔等不允许外物进入的部位，喷砂前可以用金属、橡胶或石棉绳等堵塞，喷砂后换上碳素物或石棉等，以防止熔融的热喷涂材料进入。

6.2.4 热喷涂材料

热喷涂材料分为线材和粉末。热喷涂线材有碳素钢和低合金钢丝、不锈钢丝、铝丝、锌丝、钼丝、巴氏合金丝、铜合金丝和镍合金丝等。热喷涂粉末有金属合金粉末（包括喷涂合金粉末和喷熔合金粉末）、陶瓷粉末、复合粉末和塑料粉末等。

6.2.5 热喷涂技术及应用

热喷涂工艺根据热源和装备的不同，主要有火焰喷涂、电弧喷涂、等离子喷涂、爆炸喷涂和超音速火焰喷涂等。

1. 火焰喷涂

火焰一般使用氧-乙炔焰，有线材和粉末两种喷涂方式。典型的氧-乙炔焰线材和粉末喷涂装置示意图如图6-9和图6-10所示。

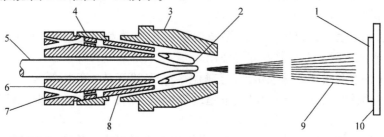

图 6-9

线材或棒材火焰喷涂原理示意图
1—涂层 2—燃烧火焰 3—空气帽 4—气体喷嘴 5—线材或棒材
6—氧气 7—乙炔 8—压缩空气 9—喷涂射流 10—基体

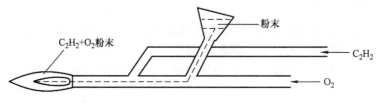

图 6-10

氧-乙炔焰粉末喷涂装置

　　火焰喷涂设备简单，成本低，操作灵活方便，广泛应用于曲轴、柱塞、机床导轨、桥梁、铁塔、钢机构防护架等。缺点是涂层不均匀、空隙大、结合力相对较低。现在火焰喷涂的应用逐渐减少，大约占整个喷涂行业的 10%。

　　2. 电弧喷涂

　　（1）原理　将两根金属丝材作自耗电极，利用其端部产生的电弧作热源来熔化丝材前端，高速喷出的压缩空气流用来雾化金属熔滴，并加速雾化颗粒来进行喷涂。图 6-11 所示为电弧喷涂原理示意图。

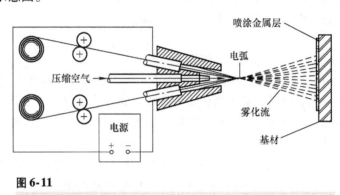

图 6-11
电弧喷涂原理示意图

　　（2）工艺特点

　　1）生产率高。采用双丝进给和电弧直接熔化，生产率最高，每小时可喷涂几十千克金属丝材。

　　2）热效率高。热效率高达 60% ~ 70%。

　　3）喷涂成本低。丝材价格低，生产率高。

　　4）涂层结合强度高。熔滴雾化、熔化充分，变形大。

　　5）工艺适应性好。喷涂距离要求不高，150 ~ 250mm 都可喷涂。

　　6）易氧化，原始烧损也较大。

　　电弧喷涂一般采用不锈钢丝、合金工具钢丝、锌丝和铝丝等作喷涂材料，广泛应用于轴类、导辊等负荷零件的修复，以及钢结构表面的防护涂层。电弧喷涂的应用占整个喷涂行业的 15% 左右。

　　3. 等离子喷涂

　　（1）原理　等离子喷涂是利用等离子焰流，即非转移型等离子弧作热源，将喷涂材料加热到熔融或高塑性状态，在高速等离子焰流引导下高速撞击工件表面，并沉积在经过粗化处理的工件表面形成涂层。

　　因为这种喷涂方法的焰流温度高、流速大，所以制备的涂层孔隙率及结合强度均优于常规火焰喷涂，尤其对制备高熔点的金属涂层及陶瓷涂层有较大的优越性。近 30 年来，等离子喷涂技术有了飞速发展，现已有低压等离子喷涂、高能高速等离子喷涂、超音速等离子喷涂、轴向中心送粉等离子喷涂、微等离子喷涂及水稳等离子喷涂等。常规等离子喷涂原理如图 6-12 所示。等离子喷涂中，涂层与母材的结合主要是机械结合。

　　（2）工艺特点　等离子焰温度高达 10000℃ 以上，可喷涂几乎所有的固态工程材料，包括各种金属和合金、陶瓷、非金属矿物及复合粉末材料等。等离子焰流速达 1000m/s 以上，喷出的粉粒速度可达 180～600m/s，得到的涂层致密性和结合强度均比火焰喷涂及电弧喷涂高。

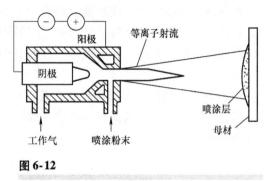

图 6-12

常规等离子喷涂原理图

等离子喷涂广泛应用于要求较高的耐磨、耐腐蚀零件，如风力发电的耐磨件。现在等离子喷涂的应用约占整个喷涂行业的一半。

4. 爆炸喷涂

爆炸喷涂技术产生于 20 世纪 50 年代中期，美国 R. M. Poorman 等人将燃气爆炸冲击波引入热喷涂领域，60 年代苏联研制出爆炸喷涂设备，之后该技术在美国联合碳化物公司得到很大的改进和完善，该公司研制出性能极好的碳化钨涂层，并成功应用在重要机械设备的关键部件上。爆炸喷涂技术是氧 - 乙炔焰喷涂技术中最复杂的一种方法。

（1）原理　将一定量的粉末注入喷枪的同时，引入一定量的氧 - 燃气（乙炔、氢、甲烷、丙烷、丙烯等）混合气体，将混合气体点燃并引爆产生高温（可达 3300℃），使粉末加热到高塑性或熔融状态，以 4～8 次/s 的频率高速（可达 700～760m/s）射向工件表面，形成高结合强度和高致密度的涂层，如图 6-13 所示。

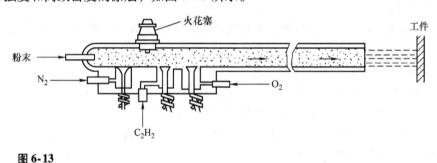

图 6-13

爆炸喷枪及喷涂示意图

（2）工艺特点　由于气体燃爆的速度极快，熔融粒子的速度高，撞击能量大，可生成结合强度高、气孔率低（体积分数 <1%）的优质涂层。喷涂材料广泛，工件受热小，不发生相变或变形。涂层在制作过程中受空气污染小，在制备耐磨、耐腐蚀涂层时具有独特的优势。

5. 超音速火焰喷涂

超音速火焰喷涂可分为氧气作助燃气（HVOF）和空气作助燃气（HVAF），是 20 世纪 80 年代由美国的 Browning 开发成功的。最先商品化的产品是 Jet - Kote Ⅱ 超音速粉末火焰喷枪，如图 6-14 所示。

（1）原理　燃气（乙炔、丙烯、氢气）和氧气以较高压力和流量送入喷枪，混合气体燃烧后产生高速射流，火焰喷射速度可达声速的 2 倍以上，最高可达 7 倍。其原理如图 6-14 所示。

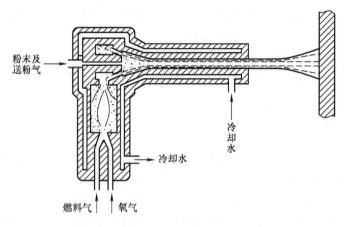

图 6-14

Jet – Kote Ⅱ 超音速粉末火焰喷枪原理

　　近年来，HVOF 和 HVAF 的发展非常快，相继出现了 DJ – 2700、JP – 5000、SB – 250、SB – 500 等设备。图 6-15a 为 DJ – 2700 的原理图，它用压缩空气进行冷却，燃气和氧气在高压下送至枪喷口处点燃，环形流动的热气流受到外围压缩空气罩流的压缩而达到超音速，焰流速度可达 1400m/s 以上，粉末从枪中心送入焰流中加热、加速。图 6-15b 所示为 JP – 5000的原理图，它可用航空煤油作为燃料。因为煤油燃烧时的体积膨胀率大于氧气与丙烯的体积膨胀率，所以 JP – 5000 产生的高温束流的速度高于 Jet – Kote Ⅱ 和 DJ – 2700 喷枪，但氧气的消耗量也大很多。

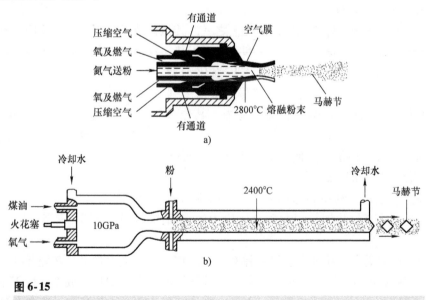

图 6-15

超音速火焰喷涂设备原理图

a）DJ – 2700　b）JP – 5000

　　（2）工艺特点　焰流的速度（2200m/s）极高，喷涂粒子的速度可高达1000～1200m/s。与爆炸喷涂相比，高速的火焰是连续燃烧的，粉末颗粒在焰流中的加热时间较长，能较长时间、较均匀地被加热熔化，与周围的氧气反应可忽略不计。该工艺消耗的气体较多，但随着液体燃料喷枪的出现，这一缺点正在被克服。

爆炸喷涂和超音速火焰喷涂技术已在航空产品零件中得到广泛的应用，其中喷涂耐磨碳化钨涂层尤其适合。这类喷涂技术正在大力发展，其应用已占整个喷涂行业的 15% 以上。

6.3   表面改性技术

表面改性技术是采用某种工艺手段使材料表面获得与其基体材料的组织结构、性能不同的一种技术。材料经表面改性技术处理后，既能发挥基体组织的力学性能，又能使材料表面获得各种所需性能，如耐磨、耐高温、耐腐蚀、超导等物理化学性能。

材料表面改性技术主要有金属表面形变强化、表面相变热处理、表面化学热处理、高能束表面处理和离子注入等技术。

6.3.1   金属表面形变强化

1. 表面形变强化的原理

表面形变强化是通过机械手段（滚压、内挤压和喷丸等）在金属表面产生压缩变形，使表面形成形变硬化层，此形变硬化层的深度可达 0.5 ~ 1.5mm。表面形变强化是提高金属材料疲劳强度的重要工艺措施之一。

在形变硬化层中产生两种变化：一是在组织结构上，亚晶粒极大地细化，位错密度增加，晶格畸变增大；二是形成高的宏观残余压应力。

2. 表面形变强化方法

表面形变强化是国内外应用较广的工艺之一，其强化效果显著，成本低廉。常用的金属表面形变强化方法主要有滚压、内挤压和喷丸等工艺，特别是喷丸工艺应用最广。

（1）滚压   图 6-16a 所示为表面滚压强化示意图，圆角、沟槽等位置都可通过滚压获得表层形变强化，并能在表面产生约 5mm 深的残余压应力，其分布如图 6-16b 所示。

（2）内挤压   内孔挤压是使孔的内表面获得形变强化的工艺措施，效果明显。

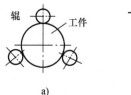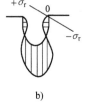

图 6-16

表面滚压强化示意图

（3）喷丸   喷丸是利用高速弹丸强烈冲击零部件表面，使之产生形变硬化层并引起残余压应力的表面强化工艺。

喷丸用材料主要有铸铁弹丸、铸钢弹丸、钢丝切割丸、玻璃弹丸、陶瓷弹丸和聚合塑料弹丸等，也有液态喷丸介质。需要注意的是，强化用的弹丸与清理、成型、校正用的弹丸不同，必须是圆球形，不能有棱角毛刺，否则会损伤零件表面。一般来说，黑色金属制件可以用铸铁弹丸、铸钢弹丸、钢丝切割丸、玻璃弹丸和陶瓷弹丸。有色金属如铝合金、镁合金、钛合金和不锈钢制件则需采用不锈钢弹丸、玻璃弹丸和陶瓷弹丸。

喷丸表面强化需采用专用设备，按驱动弹丸的方式可分为机械离心式喷丸机和气动式喷丸机两大类。喷丸机又有干喷和湿喷之分，干喷式工作条件差；湿喷式是将弹丸混合在液态中成悬浮状，然后喷丸，因此工作条件有所改善。

喷丸强化已广泛用于弹簧、齿轮、链条、轴、叶片、火车轮等零部件，可显著提高抗弯强度，提高耐腐蚀、抗应力以及抗微动磨损、耐点蚀（孔蚀）的能力。

（4）旋片喷丸工艺　旋片喷丸工艺是喷丸工艺的一个新分支，该工艺由于设备简单、操作方便、成本低及效率高等突出优点而具有广阔的发展前景。波音公司已制定通用的工艺规范并广泛用于飞机制造和维修。

1）旋片喷丸介质。把弹丸用胶粘剂黏结在弹丸载体上制成。弹丸的种类有钢丸、碳化钨丸等，表面经特殊处理。常用胶粘剂为 MH - 3 聚氨酯，载体用尼龙布织成的平纹网或锦纶网布。制成的旋片夹在高速旋转的设备上，旋片高速旋转，反复撞击零件表面而达到形变强化目的。

2）旋片喷丸设备：风动工具动力设备。

旋片喷丸适用于大型构件、不可拆卸零部件和内孔的现场原位施工。

6.3.2　金属表面相变热处理

金属表面相变热处理是仅对零部件表层加热、冷却，从而改变表层组织和性能而不改变成分的一种工艺，是最基本、应用最广泛的材料表面改性技术之一。当工件表面快速加热时，工件截面上的温度分布是从表到里逐渐降低的。当工件表面温度超过相变点，表面组织会转变为奥氏体，随后的快速冷却可获得马氏体组织，而心部温度低则保持原组织状态，从而得到硬化的表面层。金属表面相变热处理的实质是通过表面层的相变达到强化工件表面的目的。

金属表面相变热处理工艺包括感应淬火、火焰淬火、接触电阻加热淬火、盐浴加热淬火、电解液淬火、高能束淬火。目前应用最广泛的是感应淬火和高能束淬火，这里主要先介绍感应淬火，高能束淬火将在高能束表面处理技术章节中介绍。

1. 感应加热的基本原理

当感应线圈通以交流电后，感应线圈内即形成交流磁场。置于感应线圈中的被加热零件内会产生感应电动势，从而产生闭合电流，即涡流，在每一瞬间涡流的方向与感应线圈中电流方向相反。因为被加热的金属零件电阻很小，所以涡流很大，从而迅速将零件加热。

2. 感应电流透入深度

感应电流透入深度，即导电体内电流密度（有效值）等于其表面电流密度 $1/e \approx 36.8\%$（e 为自然对数的底）处离表面的距离，可用 Δ 表示。

3. 硬化层深度

硬化层深度总小于感应电流透入深度，一般取决于加热层深度、淬火加热温度、冷却速度和材料本身淬透性等因素。

4. 感应淬火后的组织和性能

感应淬火获得的表面组织是细小隐晶马氏体，碳化物呈弥散分布。表面硬度比普通淬火高 2~3HRC，耐磨性也有所提高。表层因相变体积膨胀而产生压应力，降低了缺口敏感性，大大提高了抗疲劳强度。感应淬火后的零件表面氧化、脱碳小，变形小，质量稳定。感应淬火加热速度快，热效率高，生产率高，易实现机械化和自动化。

5. 感应淬火工艺

（1）中、高频感应淬火　中、高频感应加热方式有同时加热和连续加热。采用同时加热淬火时，感应线圈应整个包围零件需要淬火的部位，通电加热到淬火温度后迅速喷水冷却淬火。此法适用于大批量零件生产。采用连续加热方式淬火时，零件和感应元件相对移动，使加热和冷却连续进行。此法适用于需淬硬的部位较长、无法达到同时加热要求的零件生产。

加热功率要根据零件尺寸和淬火条件而定，电流频率越低、零件直径越小及所要求的硬化层深度越小，则所选择的功率密度值应越大。高频感应淬火常用于零件直径较小、硬化层深度较浅的场合；中频感应淬火常用在大直径工件和硬化层深度较深的场合。

（2）超高频感应淬火　超高频感应淬火又称为超高频冲击淬火或超高频脉冲淬火，是利用27.12MHz超高频率的极强趋肤效应使0.05~0.5mm的零件表层在极短时间内（1~500ms）加热至上千摄氏度（其能量密度可达100~1000W/mm^2，仅次于激光和电子束；加热速度为10^4~10^6℃/s，自激冷却速度高达10^6℃/s。加热停止后表层主要靠自身散热迅速冷却，达到淬火目的。

超高频感应淬火主要用于小而薄的零件，可明显提高质量，降低成本。

（3）大功率高频感应淬火　所用频率一般为200~300kHz，振荡功率为100kW以上。由于使用的频率比超高频感应淬火低，感应电流的透入深度较大，大功率高频感应淬火可处理较大的工件。它一般采用浸冷或喷水冷却来提高冷却速度，主要用于汽车零件及仪表耐磨件、中小型模具。

普通高频感应淬火、超高频感应淬火和大功率高频感应淬火的技术特性见表6-3。

表6-3　　　　普通高频感应淬火、超高频感应淬火和大功率高频感应淬火的技术特性

技术参数	普通高频感应淬火	超高频感应淬火	大功率高频感应淬火
频率	（200~300）kHz	27.12MHz	（200~1000）kHz
发生器功率密度	200W/cm^2	（10~30）kW/cm^2	（1.0~10）kW/cm^2
最短加热时间	（0.1~5）s	（1~500）ms	（1~1000）ms
稳定淬火最小表面电流穿透深度	0.5mm	0.1mm	
硬化层深度	（0.5~2.5）mm	（0.05~0.5）mm	（0.1~1）mm
淬火面积	取决于连续步进距离	（10~100）mm^2（最宽3mm/脉冲）	（100~1000）mm^2（最宽10mm/脉冲）
感应器冷却介质	水	单脉冲加热无须冷却	通水或埋入水中冷却
工件冷却	喷水或其他冷却	自身冷却	埋入水中或自冷
淬火层组织	正常马氏体	极细针状马氏体	细马氏体
畸变	不可避免	极小	极小

（4）双频感应淬火　对于凹凸不平的工件，使用一般的感应加热方式，间隙小的部位感应电流透入深度大，间隙大的部位感应电流透入深度小，难以获得均匀的硬化层。可采用两种频率交替加热。采用较高频率加热时，凸出部位温度较高；采用较低频率加热时，则低凹处温度较高。这样凹凸处各点的加热温度趋于一致，达到了均匀硬化的目的。

6. 冷却方式和冷却介质的选择

感应淬火冷却方式和冷却介质可根据工件材料、形状、尺寸、采用的加热方式及硬化层深度综合考虑。常用的冷却介质有水、聚乙烯醇水溶液、乳化液和油等，见表6-4。

表 6-4　　　　　　　　　　　　　　　感应淬火常用的冷却介质

序号	冷却介质	温度范围/℃	简要说明
1	水	15 ~ 35	用于形状简单的碳素钢件，冷速随水温、水压（流速）而变化。当水压为 0.1 ~ 0.4MPa 时，碳素钢喷淋密度为 10 ~ 40cm³/（cm²·s），低淬透性钢为100cm³/（cm²·s）
2	聚乙烯醇水溶液[①]	10 ~ 40	常用于低合金钢和形状复杂的碳素钢件。常用的质量分数为 0.05% ~ 0.3%，采用浸冷或喷射冷却
3	乳化液	<50	用切削油或特殊油配成乳化液，质量分数为 0.2% ~ 24%，常用 5% ~ 15%，现逐步淘汰
4	油	40 ~ 80	一般用于形状复杂的合金钢件。可浸冷、喷冷或埋油冷却。喷冷时，喷油压力为 0.2 ~ 0.6MPa，保证淬火零件不产生火焰

① 聚乙烯醇水溶液配方（质量分数）为：聚乙烯醇≥10%，三乙醇胺（防锈剂）≥1%，苯甲酸钠（防腐剂）≥0.2%，消泡剂≥0.02%，余量为水。

6.3.3　金属表面化学热处理

1. 金属表面化学热处理过程

金属表面化学热处理是利用元素的扩散性能，使合金元素渗入到金属表层的一种热处理工艺。其基本工艺过程如下：

1）首先将工件置于含有渗入元素的活性介质中并加热到一定温度。

2）活性介质通过分解，释放出欲渗入元素的活性原子。

3）活性原子被工件表面吸附并溶入表面，溶入表面的原子向金属表层扩散渗入形成一定厚度的扩散层，从而改变表层的成分、组织和性能。

金属表面化学热处理是用加热扩散的方法把一种或几种元素渗入基体金属的表面，可得到扩散合金层，因此也被称为热渗镀。该技术的突出特点是表面强化层的形成主要依靠加热扩散的作用，因而不存在结合力不足的问题。热渗镀材料的选择范围很宽，渗入不同元素可得到不同组织和性能的表面，这些性能包括耐蚀性、耐磨性、耐高温氧化性等。

2. 金属表面化学热处理的目的

1）提高金属表面的强度、硬度和耐磨性。如渗氮可使金属表面硬度达到 950 ~ 1200HV；渗硼可使金属表面硬度达到 1400 ~ 2000HV 等，因而工件表面具有极高的耐磨性。

2）提高材料的疲劳强度。如渗碳、渗氮、渗铬等渗层中由于相变使体积发生变化，导致表层产生很大的残余压应力，从而提高疲劳强度。

3）使金属表面具有良好的抗黏着、抗咬合的能力和降低摩擦系数，如渗硫等。

4）提高金属表面的耐蚀性，如渗氮、渗铝等。

3. 金属表面化学热处理渗层的组织

1）形成单相固溶体。如渗碳层中的 α 铁素体等。

2）形成化合物。如渗氮层中的 ε 相（$Fe_{2-3}N$）、渗硼层中的 Fe_2B 等。

3）化学热处理后，一般可同时存在固溶体、化合物的多相渗层。

4. 金属表面化学热处理的种类

根据渗入元素的介质所处状态不同，金属表面化学热处理可分为以下几类。

1）固体法：包括粉末填充法、膏剂涂覆法、电热旋流法、覆盖层（电镀层、喷镀层等）扩散法等。

2）液体法：包括盐浴法、电解盐浴法、水溶液电解法等。

3）气体法：包括固体气体法、间接气体法、流动粒子炉法等。

4）等离子法：离子轰击渗镀法是利用物质的第四态——等离子体进行渗镀。等离子体是利用低真空下气体辉光放电获得的，因为离子活性比原子高，加上电场的作用，所以渗速较高，质量较好。但是该法除离子渗氮已经成熟，渗碳及离子渗金属尚在开发之中。

根据渗入元素的不同，化学热处理可分为渗碳、渗氮、渗硼、渗硫、渗铬等工艺。

5. 钢铁渗碳和碳氮共渗

通常，把低碳钢或低碳合金钢放在具有一定渗碳气氛的炉内加热并保温一定时间，使碳原子渗入表层，即可在零件表面得到一定深度的渗碳层。零件渗碳后，渗碳层一般应达到过共析钢的碳浓度，这时必须经直接淬火或缓冷后表面加热淬火，使渗碳层获得马氏体组织，心部为马氏体为主的组织（直接淬火）或平衡的低碳钢组织（缓冷后表面加热淬火），再经低温（150~200℃）回火后才能使用。因为只有淬火才能使渗碳层得到强化，而低温回火可提高钢的塑性和韧性，还可降低淬火引起的残余应力。

（1）渗碳层的组织和性能　低碳钢和低碳合金钢渗碳后渗碳层组织从外到里依次为：珠光体+碳化物、珠光体、珠光体+铁素体。渗碳层直接淬火后，组织从外到里依次为：细针状马氏体+少量残余奥氏体、高碳马氏体、低碳马氏体（心部组织）。

渗碳层的碳含量（质量分数）一般控制在0.9%左右，淬火后硬度可达61~63HRC，零件表面的耐磨性、疲劳强度和接触疲劳强度均较高。

（2）钢铁渗碳工艺　常用的渗碳方法有气体渗碳、液体渗碳、固体渗碳和特殊渗碳。

1）气体渗碳是目前生产中应用最为广泛的一种渗碳方法，是在含碳的气体介质中通过调节气体渗碳气氛来实现渗碳目的的。工业上一般有井式炉滴注式渗碳和贯通式气体渗碳两种。

2）液体渗碳是将被处理的零件浸入盐浴渗碳剂中，通过加热使渗碳剂分解出活性的碳原子来进行渗碳，也称为盐浴渗碳。如 Na_2CO_3 75%~85%、NaCl 10%~15%、SiC 8%~15% 就是一种熔融的渗碳盐浴配方。10 钢在 950℃ 保温 3h 后即可获得总厚度为 1.2mm 的渗碳层。

3）固体渗碳是一种传统的渗碳方法，使用固体渗碳剂。在固体渗碳中，膏剂渗碳具有工艺简单、方便的特点，主要用于单件生产、局部渗碳或返修使用。

4）特殊渗碳是为提高渗碳速度而出现的，主要有高频加热渗碳、真空渗碳、离子束渗碳和流态层渗碳等先进的工艺方法，这些方法均能提高渗碳速度和渗碳质量。

（3）碳氮共渗　在一定温度下，将碳原子和氮原子同时渗入钢铁表面，即可得到碳氮共渗层。碳氮共渗比渗碳温度低（700~880℃），变形小，且由于氮的渗入提高了渗碳速度和耐磨性。

6. 钢铁渗氮和氮碳共渗

渗氮、氮碳共渗是在含有氮或氮、碳原子的介质中，将工件加热到一定温度，钢的表面被氮或氮、碳原子渗入的一种工艺方法。渗氮工艺复杂、时间长、成本高，所以只用于耐磨、耐蚀和精度要求高的耐磨件，如发动机气缸、排气阀、阀门、精密丝杠等。

（1）渗氮层的组织和性能　根据 Fe-N 相图，在 590℃时 α-Fe 溶解 N 0.11%，室温时仅 0.004%。N 在 γ-Fe 溶入可达 2.8%，氮溶入铁素体和奥氏体中，与铁形成 γ' 相和 ε 相。γ' 相以 Fe_4N 为主（5.7% ~ 6.1%），有铁磁性，硬度高；ε 相以 $Fe_{2-3}N$ 为主（4.55% ~ 11%），硬度高，脆性不大，耐蚀性较好。γ' 相和 ε 相也溶解一些碳。钢渗氮后，零件最外层一般是白色的 ε 相或 γ' 相，次外层是暗色的 $\gamma'+\alpha$ 共析体层。

钢经渗氮后可获得高的表面硬度，在加热到 500℃时，硬度变化不大，具有低的划伤倾向和高的耐磨性，可获得 500 ~ 1000MPa 的残余压应力，使零件具有高的疲劳极限和耐蚀性。它在自来水、潮湿空气、气体燃烧物、过热蒸汽、苯、不洁油、弱碱溶液、硫酸、醋酸、正磷酸等介质中均有一定的耐蚀性。

（2）钢铁渗氮工艺

1）低温渗氮。低温渗氮是指渗氮温度低于 600℃的各种渗氮方法。渗氮层的结构主要取决于 Fe-N 相图。其主要渗氮方法有气体渗氮、液体渗氮、离子渗氮等。

低温渗氮主要用于结构钢和铸铁。目前广泛应用的是气体渗氮法。把需渗氮的零件放入密封渗氮炉内，通入氨气，加热至 500 ~ 600℃，氨发生以下反应：

$$2NH_3 = 3H_2 + 2[N]$$

生成的活性氮原子 [N] 渗入钢表面，形成一定深度的氮化层。

2）高温渗氮。高温渗氮是指渗氮温度高于共析转变温度（600 ~ 1200℃）条件下进行的渗氮，主要用于铁素体钢、奥氏体钢、难熔金属（Ti、Mo、Nb、V 等）的渗氮。

（3）常用渗氮钢种

1）结构钢渗氮。任何珠光体类、铁素体类、奥氏体类及碳化物类的结构钢都可以渗氮。为了获得具有高耐磨、高强度的零件，可采用渗氮专用钢种（38CrMoAl）。后来又出现了不含铝的结构钢的渗氮强化。结构钢渗氮温度一般选在 500 ~ 550℃，渗氮后可明显提高疲劳强度。

2）高铬钢渗氮。高铬钢零件需经酸洗或喷砂去除氧化膜后才能进行渗氮。为了获得耐磨的渗层，高铬铁素体钢常在 560 ~ 600℃进行渗氮。渗氮层深度一般不大于 0.15mm。

3）工具钢渗氮。高速钢切削刃具短时渗氮后耐磨性和热硬性优良，可提高寿命 0.5 ~ 1 倍。推荐渗层深度为 0.01 ~ 0.025mm，渗氮温度为 510 ~ 520℃。主要钢种有 W6Mo5Cr4V2、W18Cr4V 等。

4）模具钢渗氮。模具钢渗氮后耐磨性和热硬性优良，能抗热疲劳和抗冲击疲劳。主要钢种有 Cr12、Cr12MoV、3Cr2W8V、5CrMnMo 和 5CrNiMo 等。

5）铸铁渗氮。除白口铸铁，灰铸铁，不含铝、铬等合金铸铁外均可渗氮，尤其是球墨铸铁的渗氮应用更为广泛。

6）钛、钼、铌等合金离子渗氮。钛及钛合金经 850℃渗氮 8h 后可得到 TiN，渗氮层深度为 0.028mm，硬度可达 800 ~ 1200HV。钼及钼合金离子经 1150℃以上温度渗氮 1h，渗氮层深度达 150μm，硬度达 300 ~ 800HV。铌及铌合金在 1200℃渗氮可得到硬度大于 2400HV

的渗氮层。

（4）氮碳共渗 把钢铁零件放入氮、碳活性原子的气氛中，在 $500 \sim 570℃$ 温度下加热、保温一定时间，使氮、碳原子同时渗入表层，形成一层以氮原子为主，含有少量碳原子的氮碳共渗层。

碳素钢氮碳共渗层的组织由白亮的外化合物层和暗黑色的内扩散层组成。化合物层主要是 γ' 相（Fe_4N）和 ε 相（$Fe_{2-3}N$）。合金钢渗氮后，表面也得到 γ' 相和 ε 相组成的白亮层。

7. 渗硼

（1）渗硼原理 渗硼就是把工件置于含有硼原子的介质中加热到一定温度，保温一段时间后，在工件表面形成一层坚硬的渗硼层。在高温下，供硼剂硼砂与介质中的 SiC 发生如下反应：

$$Na_2B_4O_7 + SiC \rightarrow Na_2O \cdot SiO_2 + CO_2 + O_2 + 4[B]$$

若为气体渗硼，一般渗硼气体为 BCl_3，载气为 H_2，在渗硼温度下通入密封炉内，发生如下反应：

$$2BCl_3 \rightarrow 2[B] + 3Cl_2$$
$$2BCl_3 + 3H_2 \rightarrow 2[B] + 6HCl$$
$$BCl_3 + Fe \rightarrow FeCl_3 + [B]$$

活性 [B] 渗入钢内与 Fe 形成 Fe_2B 或 FeB。该法渗层均匀致密，表面质量好。

（2）渗硼层的组织 硼原子在 γ 相或 α 相中的溶解度很小（0.002%），当硼含量超过其溶解度时，就会产生硼的化合物 Fe_2B（ε），单相 Fe_2B 沿扩散方向生长，呈楔入基体且垂直于表面的指状。当硼的质量分数大于 8.83% 时，会产生 FeB（η'）；当硼的质量分数为 6% ~ 16% 时，会产生 FeB 与 Fe_2B 白色针状的混合物，一般希望得到单相的 Fe_2B。硼在渗层中的分布如图 6-17 所示。

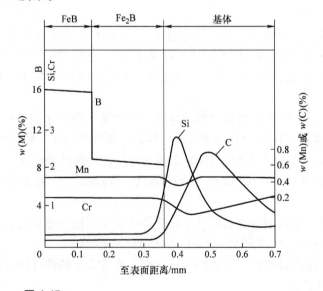

图 6-17

硼化物渗层中元素的分布

（3）渗硼层的性能

1）渗硼层的硬度很高，具有十分优异的耐磨性能，如 Fe_2B 的硬度为 1300～1800HV；FeB 的硬度为 1600～2200HV。由于 FeB 脆性大，一般希望得到单相的、厚度为 0.07～0.15mm 的 Fe_2B 层。

2）在盐酸、硫酸、磷酸和碱中具有良好的耐蚀性，但不耐硝酸。

3）热硬性高，在 800℃时仍保持高的硬度。

4）在 600℃以下抗氧化性能较好。

（4）渗硼工艺

1）固体渗硼。固体渗硼是将工件置于含硼的粉末或膏剂中，装箱密封，放入加热炉中加热到 950～1050℃，保温一定时间后，工件表面上获得一定厚度的渗硼层的方法。这种工艺方法设备简单，操作方便，适应性强，但劳动强度大，成本高。欧美国家多采用固体渗硼。表 6-5 所示为部分固体渗硼的具体配方和渗硼效果。

表 6-5　　　　　　　　　　　　　　部分固体渗硼的具体配方和渗硼效果

编号	渗硼材料组成物的质量分数（%）									渗硼工艺		渗硼层	
	B_4C	B－Fe	$Na_2B_4O_7$	KBF_4	NH_4HCO_3	SiC	Al_2O_3	木炭	活性炭	温度/℃	时间/h	组织	厚度/μm
1		7		6	2	余量		20		850	4	双相	140
2		5		7		余量		8	2	900	5	单相	95
3		10		7		余量		8	2	900	5	单相	95
4	1			7		余量		8	2	900	5	单相	90
5	2			5		余量	MnFe：10			850	4	单相	110
6		20		5	5		70			850	4	单相	85
7	5			5		余量	Fe_2O_3：3			850	4	单相	120
8		25		5		余量				850	4	单相	55
9			30	Na_2CO_3：3		Si：7		石墨：60		950	4	单相	160

2）液体渗硼。液体渗硼也称为盐浴渗硼，这种方法应用广泛，主要是由供硼剂硼砂＋还原剂（碳酸钠、碳酸钾、氟硅酸钠等）组成的盐浴。

3）等离子渗硼。等离子渗硼这一领域已进行了很多研究并已进入工业应用阶段。

（5）钢铁材料渗硼及应用

渗硼最合适的钢种为中碳钢及中碳合金钢。渗硼后为了改善基体的力学性质，应进行淬火＋回火处理，但应注意以下几点：渗硼件应尽量减少加热次数并用缓冷；当渗硼温度高于钢的淬火温度时，渗硼后应降温到淬火温度再进行淬火；当渗硼温度低于钢的淬火温度时，渗硼后应升温到淬火温度再进行淬火；淬火介质仍使用原淬火介质，但不宜用硝盐分级与等温处理。

渗硼主要用于耐磨，并且兼有一定的耐蚀性，例如可用于钻井用的泥浆泵零件、滚压模具、热锻模具及某些工夹具。现在渗硼还逐渐扩大到硬质合金、有色金属和难熔金属，例如难熔金属的渗硼已经在宇航设备中获得应用。渗硼还可用于印刷机凸轮、止推板、各种活塞、离合器轴、压铸机料筒与喷嘴、轧钢机导辊、油封滑动轴、量块、闸阀和各种拉丝模等。

8. 渗金属

渗金属方法是使工件表面形成一层金属碳化物的工艺方法，即渗入元素与工件表层中的碳结合形成金属碳化物的化合物层，如（Cr、Fe）$_7C_3$、VC、NbC、TaC 等，次层为过渡层。此类工艺方法适用于高碳钢，渗入元素大多数为 W、Mo、Ta、V、Nb、Cr 等碳化物形成元素。为了获得碳化物层，基材的碳的质量分数必须超过 0.45%。

碳素钢渗铬组织外层为碳化物，内层为 α 固溶体。渗铬可提高钢的硬度、耐大气和海水腐蚀性、抗氧化性。渗铬工艺有气体和固体膏体渗铬。

高碳钢渗钒、渗钛等都可以提高耐磨性、热稳定性和抗氧化性。

6.3.4 激光表面改性技术

激光表面改性技术是高能束表面处理技术中的一种主要工艺，具有传统表面处理技术和其他高能束处理技术不具备的特点。国内外对激光表面改性技术做了大量的研究，现已大量应用于生产中，并取得了很好的技术经济效果。

激光表面改性技术的目的是改变表面层的成分和显微结构，包括激光表面相变处理、激光熔覆、激光合金化、激光熔凝处理和激光喷涂等。

激光表面改性技术的许多效果是与快速加热和随后的急速冷却分不开的，加热和冷却速率可达 $10^6 \sim 10^8 \text{℃/s}$。目前，激光表面改性技术已用于汽车、冶金、石油、机车、机床、军工、轻工、农机以及刀具、模具等领域，并显示出越来越广泛的工业应用前景。

1. 激光的特点

（1）高方向性 激光光束的发散角可以小于几个毫弧度，可以认为光束基本上是平行的。一般的平行平面型谐振腔的激光发散角 θ 由下式表示：

$$\theta = 2.44\lambda/d$$

式中　　d——工作物质直径；

　　　　λ——激光波长。

（2）高亮度性 激光器发射出来的光束非常强，通过聚焦集中到一个极小的范围之内，可以获得极高的能量密度或功率密度，聚集后的功率密度可达 10^{14}W/cm^2，焦斑中心温度可达几千到几万摄氏度。只有电子束的功率密度才能和激光相比拟。

（3）高单色性 激光具有相同的位相和波长，所以激光的单色性好。

2. 激光表面处理设备

激光表面处理设备包括激光器、功率计、导光聚焦系统、工作台、数控系统和软件编程系统。

（1）激光的产生 某些具有亚稳态能级结构的物质受外界能量激发时，可能使处于亚稳态能级的原子数目大于处于低能级的原子数目，此物质被称为激活介质，处于粒子数反转状态。如果这时用能量恰好与此物质亚稳态和低能态的能量差相等的一束光照射此物质，则会产生受激辐射，输出大量频率、位相、传播和振动方向都与外来光完全一致的光，这种光即为激光。

（2）激光器

1）气体激光器。气体激光器以气体或蒸气为工作物质，包括原子、分子、离子、准分子、金属原子蒸气等。

① 氦-氖激光器。氦-氖激光器是最早出现的气体激光器，也是目前用得最广泛的典型原子激光器。它以连续放电激励方式运转，其连续输出功率最大为瓦级。该激光器在可见光和红外区有许多激光谱线，最重要的是 $0.6328\mu m$、$1.15\mu m$ 和 $3.39\mu m$ 三条谱线。在激光加工设备中，常作红外激光器与导光系统的调整装置。

② 氩离子激光器。氩离子激光器是目前可见光区连续功率最高的相干光光源。其最高连续功率已达 $150W$，效率最高达 0.6%，使用寿命超过 $1000h$，频率稳定度为 2×10^{-5}，常用于微加工中。

③ CO_2 激光器。CO_2 激光器输出功率大，转换效率高，一般为 $15\%\sim20\%$。材料加工用的 CO_2 激光器输出功率为 $5\sim20kW$，脉冲输出功率为数千瓦至 10^5 瓦。CO_2 激光器是以 CO_2 气体为激活媒质，发射的是中红外波段激光，波长为 $10.6\mu m$，一般是连续波（简称 CW），但也可以脉冲式地工作。其特点有：电-光转换率高，理论值可达 40%，一般为 $10\%\sim20\%$，其他类型的激光器，如红宝石激光器仅为 2%；单位输出功率的投资低；能在工业环境下长时间、连续稳定地工作；易于控制，有利于自动化。

2）固体激光器。固体激光器主要有红宝石激光器、钕玻璃和掺钕钇铝石榴石激光器（简称 Nd^{3+}：YAG 激光器）等，其主要特点是：

① 固体激光器输出的光波波长较短，如红宝石激光器输出波长为 $694.3nm$；Nd^{3+}：YAG 及 Nd^{3+} 玻璃激光器的波长为 $1.06\mu m$，比 CO_2 激光器低一个数量级。对于大多数材料，尤其是金属材料，激光波长越短，吸收系数越大，则加热效率越高。

② 固体激光器输出比较容易用普通光学元件传递，在许多应用中方便灵活。

③ 固体激光器结构紧凑、牢固耐用、使用维护方便、价格略低于气体激光器。

3. 激光束与金属的交互作用

金属对激光波长的吸收因金属而异，一般为 $10\mu m$ 左右。波长在临界值以上，金属的反射率非常高，在 90% 以上，波长在临界值以下，反射率急剧减小。金属的表面状态对于反射率极为敏感，表面越光滑则反射率越高。

激光透入金属的深度仅为表面下 $10^{-5}cm$ 的范围，所以激光对金属的加热，可以看作是一种表面热源，在表面层光能变为热能，此后热能按一般的传导规律向金属深处传导。当激光束强度远低于熔化阈值时，由于辐照金属表面中高的温度梯度的作用，在亚表层区会产生严重的不均匀应变。

根据不同的金属加工要求，应选用不同的激光功率密度和时间范围。图 6-18 为各种激光加工方法所使用的功率密度及时间范围。

激光加工时工件表面应进行黑化处理，因一般情况下，大部分固体金属都会使波长为 $10.6\mu m$ 激光的绝大部分反射，进行黑化处理可使吸收率大幅度提高。黑化处理主要有：涂碳法、胶体石墨法和磷酸盐法等，其中磷酸盐法最好，其吸收率可达 $80\%\sim90\%$，膜厚仅为 $5\mu m$，同时具有防锈性。

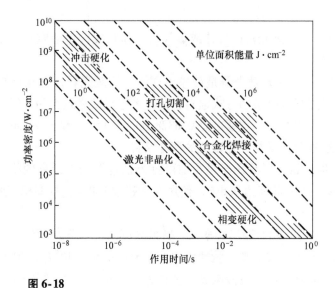

图 6-18

各种激光加工方法所使用的功率密度及时间范围

4. 激光表面处理技术

（1）激光表面相变处理

激光表面相变处理（Laser Surface Hardening）是利用高能量密度的激光将工件表面快速加热到奥氏体化温度以上，然后通过工件本身快速冷却获得隐晶马氏体的工艺方法。该处理技术已广泛应用于汽车、模具等行业中，如齿轮转向器内孔、轴承圈、操纵器外壳、发动机缸套等。

1）激光表面相变处理的特点。

① 加热和冷却速度快。加热速度可达 $10^5 \sim 10^9 ℃/s$，对应的加热时间为 $10^{-3} \sim 10^{-7}s$。由于冷却依靠工件本身，不需要像别的表面加热后需喷水冷却，吸热快，冷却速度可达 $10^4 \sim 10^7 ℃/s$。激光扫描速度越快，冷却速度也越快。

② 高硬度。激光淬火层的硬度比常规淬火层的硬度提高 15% ~ 20%，淬火硬度与加热温度有关，与保温时间无关。硬化层深度通常为 0.3 ~ 0.5mm。

③ 变形小。变形比别的加热方法小得多，几乎无氧化脱碳，对工件的表面粗糙度没太大影响，可作为最后工序。

④ 硬化深度有限。硬化深度一般在 1mm 以下，采取有效措施可达 3mm。

2）表层显微组织。

① 低碳钢分为两层：外层是完全淬火区，组织是隐针状马氏体；内层是不完全淬火区，保留有铁素体。

② 高碳钢分为两层：外层是隐针状马氏体；内层是隐针状马氏体加未溶碳化物。

③ 中碳钢分为四层：外层是白亮的隐针状马氏体；硬度达 800HV，比普通淬火的硬度高 100HV 以上；第二层是隐针状马氏体加少量屈氏体，硬度稍低；第三层是隐针状马氏体加网状屈氏体，再加少量铁素体；第四层是隐针状马氏体和完整的铁素体网。

④ 铸铁可分为三层：表层是熔化 + 凝固所得的树枝状结晶，此区随扫描速度的增大而

减小；第二层是隐针状马氏体加少量残留的石墨及磷共晶组织；第三层是在较低温度下形成的马氏体。

3）激光相变处理后的力学性能。

① 硬度。图 6-19 所示为不同碳素钢和合金钢在激光表面处理后的硬度分布。激光相变处理后，淬硬层的组织细化，硬度比常规热处理高 15% ~20%，这是因为激光加热相变完成时间很短，同时加热区温度梯度又很大，造成奥氏体相变是在过热度很大的高温区短时间内完成，相变形核既可在原晶界和亚晶界形核，也可在相界面和其他晶体缺陷处形核。为此，快速加热可获得超细晶粒；快速加热又可使马氏体中的位错密度大增，残留奥氏体量也增加，此刻碳来不及扩散，奥氏体中含碳量相当高，在转变为马氏体时出现高碳马氏体，致使硬度提高。

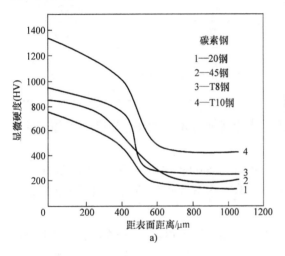 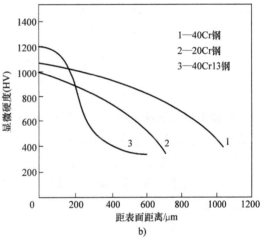

图 6-19

不同金属材料在激光表面处理后的硬度分布

a）碳素钢　b）合金钢

② 耐磨性。表 6-6 中所列为几种材料的激光淬火与其他处理的耐磨性比较。表中数据表明，激光相变处理后形成的硬化层的耐磨性优于其他渗碳层、渗氮层。

表 6-6	几种材料的激光淬火与其他处理的耐磨性比较		
材　料	处理规范	强化面积（%）	磨损量/mg
18CrMnTi 钢	渗碳，淬火	整体	3.3 ~4.6
		10	2.6 ~4.5
	激光强化	20	1.9 ~2.2
		30	1.4 ~1.6
20Cr 钢	渗碳，淬火	整体	2.2 ~2.9
		10	3.1 ~4.0
	激光强化	20	2.5 ~3.1
		30	1.3 ~3.3

（续）

材 料	处理规范	强化面积（%）	磨损量/mg
38CrMoAl 钢	渗氮	全表面	3.4 ~ 4.9
		10	4.7
	激光强化	20	2.9 ~ 4.5
		30	2.3 ~ 2.7
40Cr 钢	调质	整体	10.2 ~ 13.5
	激光强化	20	2.0 ~ 3.5
		30	2.3 ~ 2.7
45 钢	调质	整体	30.9 ~ 40.9
	激光强化	20	2.1 ~ 4.4
		30	2.2 ~ 2.9

③ 疲劳强度和残余应力。激光相变处理后，疲劳强度有较大提高，也会使工件表面产生较高的残余应力，其值可达 400MPa 以上。

（2）激光熔覆技术 激光熔覆技术（Laser Surface Cladding，LSC）又称为激光涂敷。

1）熔覆工艺。根据熔覆材料添加方式的不同，LSC 可分为预置涂层法和同步送粉法两种工艺方法。

① 预置涂层法工艺过程：采用某种方式（如手工黏结剂预涂覆、火焰喷涂、等离子喷涂等）在选定的基材（如低碳钢厚板试件）上先预置一层金属或合金粉体，当被高能量密度光束辐照的工件以选定的速度移动时，辐照处的粉体便会在工件表面瞬间熔凝成一条凸起一定厚度的金属或合金硬化带，若光束对一片预置粉体进行多道搭接扫描，则可在工件上形成一定面积的涂层。

② 同步送粉法工艺过程：用一台自动供粉装置，以合适的供粉速度向高能激光束辐照的光斑内不停地输送某种合金粉末（有一定的成分和粒度），粉末即被瞬间熔凝，并与基材表面形成冶金结合，随着光束在工件上扫过或搭接扫描，同样也会形成一片涂层。如果在这片熔覆的涂层上重复上述过程，则可在工件上连续获得较厚的堆焊合金层。由于送粉和粉末的熔凝过程与一步法火焰喷焊类似，这种方法称为同步送粉激光熔覆。此法便于在工件上实现局部熔覆，且涂层质量相比预置涂层法易于调整、控制。

2）熔覆用合金粉。激光熔覆一般用粒度为 0.045 ~ 0.154mm 的球状热喷涂粉末。为减少熔覆层的残余应力，应使所用粉末的热膨胀性、导热性尽量与工件相近。使用前应烘干粉末。粉末应有良好的浸润性、流动性，熔覆时还应具有良好的造渣、除气、隔气性能。表6-7所列为一些激光熔覆和合金化用合金粉末的种类和特点。

表 6-7　　　　　　　　　　一些激光熔覆和合金化用合金粉末的种类和特点

合金粉名称		特　点
自熔合金粉	① 镍基合金粉（NiBSi，NiCrBSi）	熔点低，自熔性好。有良好的韧性、耐冲击性、耐磨性和抗氧化性。高温性能不如钴基粉
	② 钴基合金粉	耐高温性能最好。抗氧化、抗振、耐磨、耐蚀性好，价格贵
	③ 铁基合金粉	成本低，但抗氧化性、自熔性均较差
	④ 碳化钨合金粉	用于磨损严重的条件下。在镍基、钴基、铁基合金中加 20% ~50% 的碳化钨，在一定韧性的基础上，具有高耐磨和高的热硬性
复合粉末	① 硬质耐磨复合粉末	具有优异的抗磨料磨损性能，是理想的耐磨材料
	② 减摩润滑复合粉末	摩擦系数低、硬度低，多用于无油润滑或干摩擦、边界润滑以及无法保养的机械中
	③ 耐高温和隔热复合粉末（分金属型、陶瓷型、金属陶瓷型三类）	金属型：涂层致密度高，热传导快，是良好的高温涂层；陶瓷型：孔隙多，传热散热较慢，高温隔热性好；金属陶瓷型：耐高温性最好（1200 ~1400℃），可做高温隔热层
	④ 耐腐蚀、抗氧化复合粉末（分金属型、陶瓷型、金属陶瓷型三类）	三类粉末均有无孔、致密、保护母材不受腐蚀和氧化的作用。化学稳定性、抗振性好，与母材结合力强

3）激光熔覆技术的特点。

① 可以使用各种复合粉末获得所需性能的涂层，其厚度大，可达 6 ~7mm，除堆焊技术以外，其他表面强化技术难以达到如此层厚。此外，该技术的工艺过程易控制，合金粉末消耗量很小。

② 适用的基材金属既可为廉价的碳素钢和铸铁，也可以是各种合金钢或某些工模具。

③ 比堆焊工件变形小，热影响区小，稀释率低（小于 5%），涂层与基材为良好的冶金结合。

④ 由于熔凝速度极快，涂层组织比堆焊层细密。但涂层中应力较大，难免产生气孔和裂纹，不适于在较大面积的工件上进行强化或修复。

（3）激光合金化

1）原理。激光合金化（Laser Surface Alloying，LSA）是指在基材表面预置一层待合金化的粉体，然后像 LSC 一样用高能激光束扫描加热预置层，使其中的合金元素与基材迅速熔合。LSA 与 LSC 的区别在于，前者要求粉末与基材达到充分熔合，基材熔区表层应有成分的改变；而后者是"堆焊"一层合金粉末，在保证熔覆层与基材有良好冶金结合的前提下，稀释率越低越好，不希望熔覆层有明显的成分变化，即保持涂层原设计的性能基本不变。

2）激光合金化技术的优点。

① 能准确控制功率密度和加热深度以减少工件变形。

② 能在廉价基材上的局部区域获得有某种特殊性能的合金层。

③ 可利用激光的深聚焦在不规则工件上得到较均匀的合金层。

美国通用汽车公司曾在汽车发动机的铝合金气缸组的阀门座上熔化一层耐磨材料，用

LSA 工艺获得了性能理想、成本较低的阀门座零件。清华大学曾与中国第一汽车集团有限公司合作，将该技术应用于 CA141 汽车发动机普通铸态球墨铸铁摇臂耐磨工作面的表面强化，以取代整体合金铸态球墨铸铁，取得了满意效果及显著的经济效益。

由于激光合金化技术必须使基材充分熔化，所需激光能量密度比激光熔覆技术更高；又由于熔化和凝固在瞬间完成，残余应力较大，易出现热裂纹，同时在合金化表层（一般为 $10 \sim 1000 \mu m$）成分均匀性、表面粗糙度（熔凝波纹）方面均存在一些问题，有待深入研究解决。因此，目前激光合金化技术的工业应用受到了一定限制。

（4）激光熔凝处理

1）原理。激光熔凝处理（Laser Surface Fused Processing）实际上是一种非晶化上釉技术，是利用高能激光束在金属表面连续扫描，使表面薄层快速熔化，并在很高的温度梯度作用下，以 $10^5 \sim 10^7 ℃/s$ 的速度冷却凝固，冷却速度甚至可达 $10^{12} \sim 10^{13} ℃/s$，从而使材料表面产生非晶态组织结构，所以也称为激光表面非晶化处理。由于非晶合金有许多优异的特性，如强度、硬度高，韧性好，特别是耐蚀性比晶态好得多，还有一系列的电、磁、光等优良的物理性能，故激光熔凝处理越来越受到人们的重视。

2）激光熔凝处理的特点。相比激光淬火、激光熔覆、激光合金化，激光熔凝所需激光能量更高，冷速更快；熔凝层组织非常细小，提高了材料的综合力学性能；熔凝层中马氏体转变产生的压应力更大，提高了工件的抗疲劳、耐磨损性能；表面的裂纹和缺陷可以通过熔化过程焊合，表层成分偏析减少，形成过饱和固溶体等亚稳定相乃至非晶态；熔凝层下为相变强化层，使强化层的总深度增加。

3）激光非晶化工艺。激光非晶化常用脉冲 YAG 激光器。为获得微秒级（$10^{-6} s$）、纳秒级（$10^{-9} s$）、皮秒级（$10^{-12} s$）、飞秒级（$10^{-15} s$）的脉宽，必须采用相应的锁模和调 Q 技术。对半导体材料的激光非晶化应采用倍频技术。连续激光非晶常用 CO_2 激光器。

非晶化工艺参数往往取决于被处理材料的特性。对于易形成非晶的金属材料，其工艺参数为：脉冲激光能量密度为 $1 \sim 10 J/cm^2$，脉宽为 $10^{-6} \sim 10^{-10} s$（激光作用时间），连续激光功率密度大于 $10^6 W/cm^2$，扫描速度为 $1 \sim 10 m/s$。

6.3.5　电子束表面处理技术

高速运动的电子具有波的性质。当高速电子束照射到金属表面时，电子能深入金属表面一定深度，与基体金属的原子核及电子发生相互作用。电子与原子核的碰撞可看作弹性碰撞，因此能量传递主要是通过电子束的电子与金属表层电子碰撞而完成的。所传递的能量立即以热能形式传给金属表层原子，从而使被处理金属的表层温度迅速升高。这与激光加热有所不同，激光加热时被处理金属表面吸收光子能量，激光并未穿过金属表面。

目前电子束加速电压达 125kV 以上，输出功率可达 300kW，能量密度达 $10^3 MW/m^2$ 以上，这是激光器无法比拟的，因此电子束加热的深度和尺寸比激光大。

1. 电子束表面处理的主要特点

1）加热和冷却速度快。将金属材料表面由室温加热至奥氏体化温度或熔化温度仅需几分之一到千分之一秒，其冷却速度可达 $10^6 \sim 10^8 ℃/s$。

2）与激光表面处理相比使用成本低。电子束表面处理设备一次性投资比激光处理设备少（约为激光处理设备的 1/3），电子束表面处理的实际使用成本也只有激光表面处理的一半。

　　3）结构简单。电子束靠磁偏转动、扫描，不需要工件转动、移动和光传输机构。

　　4）电子束与金属表面耦合性好。电子束所射表面的角度除 3°~4°特小角度外，电子束与表面的耦合不受反射的影响，能量利用率远高于激光。因此采用电子束表面处理技术处理工件前，工件表面不需加吸收涂层。

　　5）电子束是在真空中工作的，以保证在处理中工件表面不被氧化，但会带来许多不便。

　　6）电子束能量控制比激光束方便，通过灯丝电流和加速电压很容易实施准确控制。

　　7）电子束辐照与激光辐照的主要区别在于产生最高温度的位置和最小熔化层的厚度。电子束加热时熔化层至少有几微米厚，这会影响冷却阶段固-液相界面的推进速度。电子束加热时能量沉积范围较宽，而且约有一半电子作用区几乎同时熔化。电子束加热的液相温度低于激光，因而温度梯度较小，激光加热温度梯度高且能保持较长时间。

　　8）电子束易激发 X 射线，使用过程中应注意防护。

　　2. 电子束表面处理工艺

　　（1）电子束表面相变强化处理　用散焦方式的电子束轰击金属工件表面，控制加热速度为 $10^3 ~ 10^5℃/s$，使金属表面加热到相变点以上，随后高速冷却（冷却速度达 $10^8 ~ 10^{10}℃/s$）产生马氏体等相变强化。它适用于碳素钢、中碳低合金钢、铸铁等材料的表面强化处理。

　　（2）电子束表面重熔处理　利用电子束轰击工件表面，使表面产生局部熔化并快速凝固，从而细化组织，达到硬度和韧性的最佳配合。

　　（3）电子束表面合金化处理　电子束表面合金化所需电子束功率密度约为相变强化的三倍以上，或增加电子束辐照时间，使基体表层的一定深度内发生熔化。

　　（4）电子束表面非晶化处理　电子束表面熔凝处理与激光熔凝处理相似，只是所用的热源不同而已。

　　3. 电子束表面处理的应用

　　应该认为，尽管电子束表面处理可以提高材料的耐蚀性和高温使用性能，并得到一定的应用，但电子束表面处理技术的应用还不普遍，目前主要应用于汽车制造业和宇航工业。从目前电子束表面处理加工的品质来看，完全可与激光表面改性技术媲美。

6.4　气相沉积技术

　　气相沉积技术是指从气相物质中析出固相并沉积在基材表面的一种新型表面镀膜技术，是近年来迅速发展的一门新技术。气相沉积技术是利用气相之间的反应，在各种材料或制品表面沉积单层或多层薄膜，从而使材料或制品获得所需的各种优异性能。

　　气相沉积基本过程包括三个步骤：提供气相镀料；镀料向所镀制的工件（或基片）输送；镀料沉积在基片上构成膜层。沉积过程中若沉积粒子来源于化合物的气相分解反应，则称为化学气相沉积（Chemical Vapor Deposition，CVD）；否则称为物理气相沉积（Physical Vapor Deposition，PVD）。近年来，又发展出一种新型气相沉积技术，即等离子体增强化学气相沉积（PCVD）。

6.4.1 物理气相沉积

在真空环境中，以物理方法产生的原子或分子沉积在基材上，形成薄膜或涂层的方法称为物理气相沉积。其基本过程为：

（1）气相物质的产生 气相物质的产生有两类方法：一类是使镀料加热蒸发，称为蒸发镀膜（简称蒸镀）；另一类是用具有一定能量的离子轰击靶材（镀料），从靶材上击出镀料原子，称为溅射镀膜。

（2）气相物质的输送 气相物质的输送要求在真空中进行，这主要是为了避免气体碰撞妨碍气相镀料到达基片。在高真空度的情况下（如真空度为 10^{-2}Pa），镀料原子很少与残余气体分子碰撞，基本上是从镀料源直线前进到达基片；在低真空度时（如真空度为10Pa），镀料原子会与残余气体分子发生碰撞而绕射，但只要不过于降低镀膜速率，还是允许的。如果真空度过低，镀料原子频繁碰撞，会相互凝聚为微粒，则镀膜过程无法进行。

（3）气相物质的沉积 气相物质在基片上沉积是一个凝聚过程。根据凝聚条件不同，可以形成非晶态膜、多晶膜或单晶膜。镀料原子在沉积时，可与其他活性气体分子发生化学反应而形成化合物膜，称为反应镀。在镀料原子凝聚成膜的过程中，还可以同时用具有一定能量的离子轰击膜层，目的是改变膜层的结构和性能，这种镀膜技术称为离子镀。

蒸镀和溅射是物理气相沉积的两类基本镀膜技术。以此为基础，又衍生出反应镀和离子镀。其中反应镀在工艺和设备上变化不大，可以认为是蒸镀和溅射的一种应用；而离子镀在技术上变化较大，通常将其与蒸镀和溅射并列为另一类镀膜技术。

应用物理气相沉积方法可获得金属涂层和化合物涂层。如在黄铜表面涂敷金属膜，可用于装饰；在塑料带上涂敷铁、钴、镍，可制作磁带；在高速钢表面涂敷 TiN、TiC 薄膜，可提高刃具的耐磨性等。

1. 蒸发镀膜

在高真空中用加热蒸发的方法使镀料转化为气相，然后凝聚在基体表面的方法称为蒸发镀膜。

（1）蒸发镀膜原理 和液体一样，固体在任何温度下都会或多或少地气化（升华），形成该物质的蒸气。膜料的蒸发温度要根据膜料的熔点和饱和蒸气压等参数确定。在高真空中，将镀料加热到相应的温度，饱和蒸气向上散发，蒸发原子在各个方向的通量并不相等。基片设在蒸气源的上方阻挡蒸气流，蒸气则在其上形成凝固膜。为了弥补凝固的蒸气，蒸发源要以一定的比例供给蒸气。

（2）蒸发镀膜方式 真空蒸发镀膜方式主要有电阻加热蒸发、电子束加热蒸发、高频感应蒸发、电弧加热蒸发和激光加热蒸发等。其中电子束加热可以使钨（熔点为3380℃）、钼（熔点为2610℃）和钽（熔点为3100℃）等高熔点金属熔化，如图6-20所示。

（3）蒸发镀膜工艺

1）非连续镀膜工艺。一般非连续镀膜的工艺流程是：镀前准备→抽真空→离子轰击→烘烤→预热→蒸发→取件→镀后处理→检测→成品。

2）合金膜蒸镀工艺。如果要蒸镀合金，则在整个基片表面和膜层厚度范围内都必须得到均匀的组分。有两种基本方式：单电子束蒸发源蒸镀和多电子束蒸发源蒸镀，如图6-21所示。

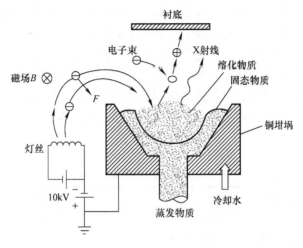

图 6-20

电子束加热蒸发装置示意图

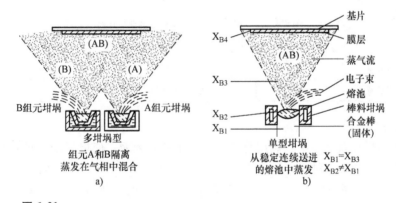

图 6-21

单电子束蒸发源和多电子束蒸发源蒸镀原理

a）单电子束蒸发源　b）多电子束蒸发源

　　多电子束蒸发源是由隔开的几个坩埚组成，坩埚数量按合金元素的多少来确定，蒸发后几种组元同时凝聚成膜。

　　3）化合物蒸镀工艺。大多数化合物在热蒸发时会全部或部分分解，所以用简单的蒸镀技术无法由化合物镀料镀制出组成符合化学比的膜层。但有一些化合物，如氯化物、硒化物和硫化物，甚至少数氧化物，如 B_2O_3、SnO 可以采用蒸镀，因为这些化合物很少分解或者当其凝聚时各种组元又重新化合。然而除了热分解问题，还有与坩埚材料反应从而改变膜层成分的问题，这些都是化合物蒸镀受到限制的因素。

　　镀制化合物的另一途径是采用反应镀，例如镀制 TiC 是在蒸镀 Ti 的同时，向真空室通入乙炔气，于是基片上发生 $2Ti + C_2H_2 \rightarrow 2TiC + H_2$ 反应而得到 TiC 膜层。

　　此外蒸发镀膜还可以镀高熔点化合物薄膜、单晶薄膜、非晶薄膜等。

　　（4）蒸发镀膜的应用　蒸镀只用于镀制对结合强度要求不高的某些功能膜，例如用作电极的导电膜、光学镜头用的增透膜等。蒸镀用于镀制合金膜时在保证合金成分这点上，要比溅射镀膜困难得多，但在镀制纯金属时，蒸镀可以表现出镀膜速率快的优势，因此非常适合镀制纯金属。表6-8所列为真空蒸镀的一些应用实例。

蒸镀纯金属膜中，90%是铝膜，因为铝膜有广泛的用途。目前在制镜工业中已经广泛采用蒸镀，以铝代银，节约贵重金属。集成电路通过镀铝进行金属化，然后再刻蚀出导线。在聚酯薄膜上镀铝具有多种用途：可制造小体积的电容器；可制作防止紫外线照射的食品软包装袋；经阳极氧化和着色后可得到色彩鲜艳的装饰膜。双面蒸镀铝的薄钢板可代替镀锡的马铁制造罐头盒。

表6-8　　　　　　　　　　　　　　　　　真空蒸镀的应用实例

蒸发技术	典型应用	薄膜实例
电阻加热	制镜工业 塑料、纸、钢板上金属涂层	Al Al，Co，Ni
电子束 加热	光学工业（如塑料透镜） 耐腐蚀和高温氧化涂层 热障涂层 塑料、纸、钢板上金属涂层	SiO_2 MCrAlY（M：Co、Fe、Ni） ZrO_2 Al、Co、Ni、Fe 的合金或氧化物
感应加热	核工业	Ti，Be
电弧加热	导电层	C，W
激光加热	超薄薄膜	Y、Ba、Cu 的氧化物

2. 溅射镀膜

溅射镀膜是指在真空室中，利用荷能粒子轰击镀料表面，使被轰击出的粒子在基片上沉积的技术。溅射镀膜有两种：一种是在真空室中，利用离子束轰击靶表面，使溅射出的粒子在基片表面成膜，此称为离子束溅射。离子束要由特制的离子源产生，离子源结构较为复杂，价格较贵，只在用于分析技术和制取特殊的薄膜时才采用离子束溅射。另一种是在真空室中，利用低压气体放电现象，使处于等离子状态下的离子轰击靶表面，并使溅射出的粒子堆积在基片上。

（1）溅射镀膜方式　溅射镀膜方式主要有直流二极溅射、三极溅射和四极溅射、磁控溅射、对向靶溅射、射频溅射、反应溅射、离子束溅射等。

1）直流二极溅射。阴极上接 1～3kV 的直流负高压，阳极通常接地，如图 6-22 所示。这种装置的最大优点是结构简单、控制方便。缺点是工作压力较高，膜层有沾污；沉积速率低，不能镀 $10\mu m$ 以上的膜厚；大量二次电子直接轰击基片，使基片温升过高。

2）三极溅射和四极溅射。

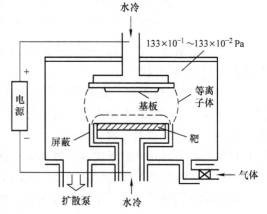

图 6-22

直流二极溅射装置

三极溅射是在二极溅射的装置上附加一个电极，放出热电子强化放电，既能使溅射速率有所提高，又能使溅射工况的控制更为方便。如果为了引入热电子并使放电稳定，在三极溅射的装置上再增加一个稳定电极，则称为四极溅射。三极溅射和四极溅射不能抑制由靶产生的高速电子对基片的轰击，存在着因灯丝具有不纯物而使膜层沾污等问题。

3）磁控溅射。磁控溅射是 20 世纪 70 年代迅速发展起来的溅射技术，目前已在工业生产中大量应用。磁控溅射的镀膜速率与二极溅射相比提高了一个数量级，具有沉积速率快、基片温升低、对膜层的损伤小等优点。

磁控溅射在阴极靶面上建立一个环状磁靶，以控制二次电子的运动，离子轰击靶面所产生的二次电子在阴极暗区被电场加速后飞向阳极，如图 6-23 所示。能量较低的二次电子在靠近靶的封闭等离子体中做循环运动，路程足够长，每个电子使原子电离的机会增加，而且只有在电子的能量耗尽以后，才能脱离靶的表面落在阳极（基片）上，这是基片温升低、损伤小的主要原因。

高密度等离子体被电磁场束缚在靶面附近，不与基片接触。这样电离产生的正离子能十分有效地轰击靶面，基片又免受等离子体的轰击。电子与气体原子的碰撞概率高，因此气体离化率大大增加。

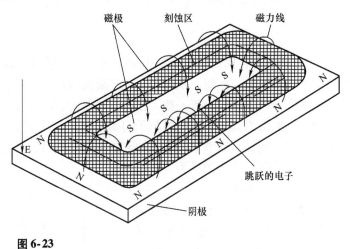

图 6-23

平面磁控溅射靶

4）离子束溅射。前述各种方法都是把靶置于等离子体中，因此膜面都要受到气体和带电粒子的冲击，膜层的性能受等离子体状态的影响很大，溅射条件也不易严格控制，例如气体压力、靶电压、放电电流等参数都不能独立控制。离子束溅射是采用单独的离子源产生用于轰击靶材的离子，如图 6-24 所示。

离子束溅射的优点是能够独立控制轰击离子的能量和束流密度，并且基片不接触等离子体，这些都有利于控制膜层质量。此外，离子束溅射是在真空度比磁控溅射更高的条件下进行的，这有利于降低膜层中杂质气体的含量。

离子束溅射镀膜的缺点是镀膜速率低，只能达到 $0.01\,\mu m/min$ 左右，比磁控溅射低一个数量级，所以离子束溅射镀膜不适于镀制工件，这限制了离子束溅射在工业生产中的应用。

（2）溅射镀膜的应用　溅射镀膜工艺易控，重复性好，被广泛用于各类薄膜的制备和

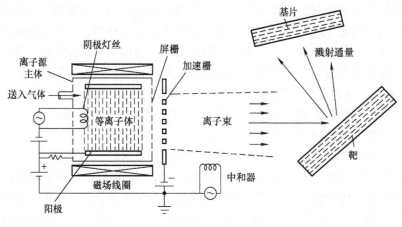

图6-24

离子束溅射系统示意图

工业生产。溅射薄膜按其不同的功能和应用大致可分为机械功能膜和物理功能膜两大类。前者包括耐磨、减摩、耐热、耐蚀等表面强化薄膜材料、固体润滑薄膜材料；后者包括电、磁、声、光等功能薄膜材料。

3. 离子镀

离子镀（Ion Plating）就是在镀膜的同时，采用带能离子轰击基片表面和膜层的镀膜技术。离子轰击的目的在于改善膜层的性能，是镀膜与离子轰击改性同时进行的镀膜过程。

无论是蒸镀还是溅射都可以发展成为离子镀。在磁控溅射时，将基片与真空室绝缘，再加上数百伏的负偏压，即有能量为100eV量级的离子向基片轰击，从而实现离子镀。离子镀也可以在蒸镀的基础上实现，例如在真空室内通入1Pa量级的氩气后，在基片上加1000V以上的负偏压，即可产生辉光放电，并有能量为数百电子伏的离子轰击基片，这就是二极离子镀。

对于真空蒸镀、溅射、离子镀三种不同的镀膜技术，入射到基片上的每个沉积粒子所带的能量是不同的。热蒸镀原子大约为0.2eV，溅射原子为$1 \sim 50$eV，而离子镀中轰击离子大概有几百到几千eV。

（1）离子镀的原理　离子镀的原理是在真空条件下，利用气体放电或被蒸发物质部分电离，并在气体离子或被蒸发物质离子的轰击下，将蒸发物质或其反应产物沉积在基片上，如图6-25所示。

（2）离子镀的特点

1）良好的结合强度。对于以耐磨为特性的超硬膜，采用离子镀的目的是为了提高膜层与基片（工件）之间的结合强度。其原因是离子轰击对基片表面的清洗作用可以除去其污染层，另外还能形成共混

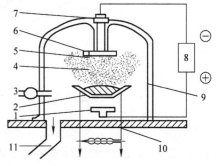

图6-25

离子镀原理示意图

1—阳极　2—蒸发源　3—进气口
4—辉光放电区　5—阴极暗区
6—基片　7—绝缘支架　8—直流电源
9—真空室　10—蒸发电源　11—真空系统

的过渡层。过渡层是由膜层和基片界面上的镀料原子与基片原子共同构成的。如果离子轰击

的热效应足以使界面处产生扩散层，形成冶金结合，则更有利于提高结合强度。

2）绕射性好。

3）可镀材质范围广。

4）沉积速率快。离子镀的沉积速率通常为 1 ~ 500μm/min，而溅射只有 0.01 ~ 1μm/min。

5）离子镀的缺点是氩离子的轰击会使膜层中的氩含量升高，另外由于择优溅射，会改变膜层的成分。

（3）常用离子镀工艺　离子镀设备要在真空、气体放电的条件下完成镀膜和离子轰击过程。国内外常用的离子镀类型有空心阴极离子镀、多弧离子镀和离子束辅助沉积。

离子镀设备主要由真空室、蒸发源、高压电源、离化装置、放置工件的阴极等部分组成。

1）空心阴极离子镀。（Hollow Cathode Discharge，HCD）。这种镀膜技术是利用空心热阴极放电产生等离子体，有90°和45°偏转型空心阴极离子镀两种，如图 6-26 所示。空心钽管作为阴极，辅助阳极距阴极较近，二者作为引燃弧光放电的两极，阳极是镀料。弧光放电主要在管口部位产生。该部位在离子轰击下温度高达 2500K 左右，于是放射电子使弧光放电得以维持。HCD 枪引出的电子束初步聚焦后，在偏转磁场作用下，电子束直径收缩而聚焦在坩埚上。HCD 枪既是镀料的气化源也是蒸发粒子的离化源。因为带电粒子密度大，而且具有大量的高速中性粒子，所以离化率较高，实际测量的金属离化率是20% ~ 40%。

空心阴极离子镀广泛用于镀制高速钢刀具 TiN 超硬膜。镀膜时基片所加偏压不高（20 ~ 50V），可避免刀具刃部受到离子严重轰击而变钝，或过热而回火软化。轰击基片的离子能量为数十电子伏，这已远超过表面吸附气体的物理吸附能 0.1 ~ 0.5eV，也超过了化学吸附能 1 ~ 10eV，因而能起清洗作用。这样的离子能量还可避免膜层因严重溅射而变得粗糙和降低镀膜速率。

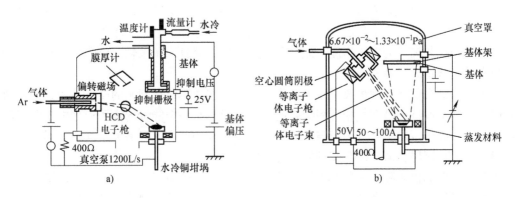

图 6-26

空心阴极离子镀装置

a）90°偏转型　b）45°偏转型

2）多弧离子镀（Multi Arc Ion Plating）。多弧放电蒸发源是在 20 世纪 70 年代由苏联发展起来的。美国在 1980 年从苏联引进这种技术，至今欧美的一些公司仍在大力发展多弧离子镀技术。多年来，我国引进了多台镀制 TiN 超硬膜的设备，其中大多数是多弧离子镀装置。这主要是由于镀制品种单一的刀具时，多弧离子镀的生产率较高，而空心阴极离子镀的特点是适应多品种、小批量的生产。

多弧离子镀是采用弧光放电的方法，在固体的阴极靶材上直接蒸发金属，这种装置不需要熔池，其原理如图 6-27 所示。

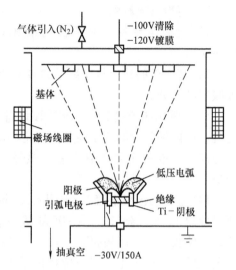

图 6-27

多弧离子镀原理图

电弧的引燃是依靠引弧阳极与阴极的触发，弧光放电仅仅在靶材表面的一个或几个密集的弧斑处进行。弧斑直径在 $100\mu m$ 以下，弧斑的电流密度为 $10^5 \sim 10^7 A/cm^2$，温度高达 $8000 \sim 40000K$。弧斑区域内的材料瞬时蒸发并电离，其中还夹杂着液滴。弧斑在阴极靶表面上以每秒几十米的速度做无规则运动，使整个靶面均匀地消耗。这种冷阴极多弧放电，依靠弧斑产生的镀料蒸气即可维持，不必通入氩气作为工作气体。弧斑喷出的物质包含电子、离子、原子和液滴。其中原子只占物质总量的 $1\% \sim 2\%$，而大部分是离子。

多弧离子镀从阴极直接产生等离子体，不用熔池，阴极靶可根据工件形状布置在任意方向，使夹具大为简化。入射粒子能量高，膜的致密度高、强度好，膜基界面产生原子扩散，结合强度高，离化率高，一般可达 $60\% \sim 80\%$。从应用角度看，多弧离子镀的突出优点是蒸镀速率快，TiN 膜可达 $10 \sim 1000nm/s$。

多弧离子镀以喷射蒸发的方式成膜，可以保证膜层成分与靶材一致，这是其他蒸镀技术做不到的。

3）离子束辅助沉积（Ion Beam Assisted Deposition）。这种镀膜技术是在蒸镀的同时，用宽束离子源产生的离子束轰击基片。与一般的离子镀相比，它采用单独的离子源产生离子束，可以精确控制离子的束流密度、能量和入射方向，而且离子束辅助沉积中，沉积室的真空度很高，可获得高质量的膜层。

离子束辅助沉积是一种将离子注入和常规气相沉积镀膜结合起来的高新技术，因而兼有两者优点。其基本特征是在气相沉积镀膜的同时，用具有一定能量的离子束轰击不断沉积着的物质。由于离子轰击引起沉积膜与基体材料间原子互相混合，界面原子互相渗透，溶为一体，形成一个过渡层，从而改善膜基的结合强度。

离子束辅助沉积实际是一种双离子束镀膜。低能的离子束用于轰击靶材，使靶材原子溅射并沉积在基片上，另一个高能的离子束起轰击（注入）作用，如图 6-28 所示。

离子束轰击的另一个重要作用是在室温或接近室温的条件下能合成具有良好性能的合金、化合物或特种膜层，以满足对材料表面改性的需要。轰击离子既可以是惰性气体原子，如 Xe、Ar、Ne、He 等，也可以是反应气体原子，如 N、O、H，以及各种有机化合物气体。

这种离子束辅助沉积可以看成是物理气相沉积和离子注入两种技术改造后有机地结合在一起，虽然使用的离子能量比一般离子注入低，不需要加速器这类昂贵的设备，但是比一般气相沉积设备还是贵得多。这种技术适用于要求精度高、耐磨性特别好的工模具。例如处理压印纪念币的模具，对印出的金、银币要求花纹一致，且质量也须严格控制，此时即使以较高的代价来处理模具也是合算的。

6.4.2　化学气相沉积

化学气相沉积（Chemical Vapor Deposition, CVD）是利用气态化合物（或化合物的混合物）在基体受热表面发生化学反应，并在该基体表面生成固态沉积物的过程。例如，气相 $TiCl_4$ 与 N_2 和 H_2 在受热钢的表面形成 TiN 而沉积在钢的表面，得到耐磨、耐蚀沉积层。化学气相沉积有如下特点：

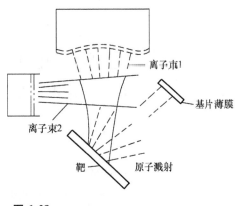

图 6-28
双离子束镀膜原理

1）在中温或高温下，通过气态的初始化合物之间的气相化学反应而沉积固体。

2）可以在大气压（常压）或者低于大气压（低压）条件下进行沉积。一般来说低压效果要好些。

3）采用等离子和激光辅助技术可以显著地促进化学反应，使沉积在较低温度下进行。

4）镀层的化学成分可以改变，从而获得梯度沉积物或者得到混合镀层。

5）可以控制镀层的密度和纯度，绕镀性好，可在复杂形状的基体及颗粒材料上镀制。

6）沉积层通常具有柱状晶结构，不抗弯曲。但通过各种技术对化学反应进行气相扰动，可以得到细晶粒的等轴沉积层。

7）可以形成多种金属、合金、陶瓷和化合物镀层。

1. 化学气相沉积的原理

化学气相沉积是通过一个或多个化学反应得以实现的。化学反应有热分解或高温分解反应、还原反应、氧化反应和水解反应等。镀层的沉积过程可包含上述一种或几种基本反应。例如在沉积难熔的碳化物或氮化物时，就包括热分解和还原反应，反应如下：

$$TiCl_4(g) + CH_4(g) \longrightarrow TiC(s) + 4HCl(g)$$

$$AlCl_3(g) + NH_3(g) \longrightarrow AlN(s) + 3HCl(g)$$

上式为 TiC 膜的反应过程，下式为 AlN 膜的反应过程。

2. 常规化学气相沉积工艺

以沉积 TiC 为例，化学气相沉积 TiC 的装置示意图如图 6-29 所示。将工件 11 置于反应室 2 中，在达到工艺温度、压力条件下，将高纯度的反应气体甲烷和卤化物 $TiCl_4$ 导入反应室中，反应发生在气相与基材之间的界面上，形成 TiC 晶核，然后生长形成致密的固态 TiC 膜层，经过膜层与基体在结合界面上合金元素的相互扩散而得到冶金结合。其沉积反应如下：

$$TiCl_4(l) + CH_4(g) \longrightarrow TiC(s) + 4HCl(g)$$

$$TiCl_4(l) + C(钢中) + 2H_2(g) \longrightarrow TiC(s) + 4HCl(g)$$

3. 化学气相沉积的种类

用化学气相沉积法在不锈钢表壳上获得金黄色的 TiN 涂层，不但美观，而且耐磨。在钻头、车刀等刀具表面沉积 TiN、TiC，可以提高刀具的耐磨性。在常规的化学气相沉积基础

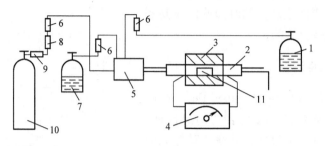

图6-29

化学气相沉积 TiC 的装置示意图

1—甲烷（或其他反应气体）　2—反应室　3—感应炉
4—高频（或中频）转换器　5—混合室　6—流量计
7—卤化物（TiCl$_4$）　8—干燥器　9—催化剂
10—氢气　11—工件

上又发展出金属有机化合物化学气相沉积（Metal Organic Chemical Vapor Deposition，MOCVD）、等离子体增强化学气相沉积（Plasma Chemical Vapor Deposition，PCVD）和激光（诱导）化学气相沉积（Laser Induced Chemical Vapor Deposition，LCVD）。

MOCVD 是常规 CVD 技术的发展，利用在低温下能分解的金属有机化合物作初始反应物，所以可在较低温度下处理。MOCVD 的优点是可以在热敏感的基体上进行沉积；其缺点是沉积速率低、晶体缺陷密度高、膜中杂质多。

PCVD 法的工作原理和直流辉光离子渗氮相似。将工件置于阴极上，利用辉光放电或外热源，使工件升到一定温度后，与 CVD 法相似，通入适量的反应气，经过化学和等离子体反应生成沉积薄膜。由于存在辉光放电过程，气体剧烈电离而受到活化，这和 CVD 法的气体单纯受热激活不同，所以反应温度可以下降。PCVD 法与 CVD 法相比，处理温度要低些，可在非耐热性或高温下发生结构转变的基材上制备涂层，简化后处理工艺。由于气体处于等离子体激发状态，提高了反应速率。PCVD 与 CVD 的用途基本相同，可制取耐磨、耐蚀涂层，也可用来制备装饰涂层。

LCVD 是新出现的技术，通过激光激活而使常规 CVD 技术得到强化，工作温度降低。在这个意义上，LCVD 类似于 PCVD 技术，然而这两种技术之间有一些重要差别。表6-9 所列为这两种技术的比较。LCVD 主要有两类：热解 LCVD 和光分解 LCVD。LCVD 的应用包括激光光刻、大规模集成电路掩膜的修正、激光蒸发–沉积及金属化。

表6-9　　　　　　　　　　　　　　　　　　　LCVD 与 PCVD 的比较

序号	LCVD	PCVD
1	窄的激发能量	宽的激发能量
2	完全确定的可控反应体积	大的反应体积
3	沉积膜层位置准确	可能产生来自反应室壁的污染

（续）

序号	LCVD	PCVD
4	气相反应减少	可能有气相反应
5	单色光源可以实现特定物质的选择性激发	传统等离子体技术的气态物质激发，无选择性
6	能在任何压强下进行	在限定的（一般是低的）气压下进行
7	辐射损伤显著下降	绝缘膜可能受辐射损伤
8	光分解 LCVD 中，气体和基体的光学性能重要	光学性能不重要

4. 化学气相沉积的应用

CVD 镀层可用于要求耐磨、抗氧化、耐蚀以及有某些电学、光学和摩擦学性能的部件。对于耐磨硬镀层，一般采用难熔的硼化物、碳化物、氮化物和氧化物，主要用于金属切削刀具。满足这些要求的镀层包括 TiC、TiN、Al_2O_3、TaC、HfN 和 TiB_2 以及它们的组合。除刀具外，CVD 镀层还可用于其他承受摩擦磨损的设备，如泥浆传输设备、煤的气化设备和矿井设备等。

PCVD 最早是利用有机硅化合物在半导体基材上沉积 SiO_2，后来在半导体工业中获得广泛的应用，如沉积 Si_3N_4、Si、SiC 等。现在，PCVD 已大量用于金属、玻璃和陶瓷等基材，作保护膜、强化膜、修饰膜和功能膜。PCVD 的重要应用是制备聚合物膜、金刚石膜和立方氮化物膜。

LCVD 的应用包括激光光刻、大规模集成电路掩膜的修正、激光蒸发 - 沉积及金属化。

复习思考题

1. 材料表面技术为什么能得到重视并获得迅速发展？
2. 材料表面技术的目的和作用是什么？
3. 为什么说材料表面工程是一个多学科交叉的边缘学科？
4. 热喷涂技术有哪些优点？
5. 热喷涂和喷熔技术有什么区别，哪些场合可用热喷涂技术，哪些场合可用喷熔技术？
6. 请举例说明热喷涂的应用。
7. 完成钢铁表面铝或锌层的热喷涂工艺。
8. 论述表面形变强化原理。
9. 表面相变热处理为什么能提高表面的性能？
10. 表面相变热处理常用的方法有哪些？
11. 论述化学热处理的原理。
12. 渗硼、渗氮、渗碳各有什么特点？
13. 论述渗铬、渗钛、渗铝、渗钒、渗硫的用途。
14. 各举出一个表面相变强化和化学热处理强化的应用实例。

15. 论述激光表面改性的方法，改性原理和各自的特点。

16. 论述激光和电子束表面处理的区别和优、缺点。

17. 举出激光表面改性的实例。

18. 论述物理气相沉积和化学气相沉积的原理。

19. 论述蒸发镀膜、溅射镀膜、离子镀的方法及特点。

20. 举出气相沉积的应用实例和其性能特点。

第 7 章
切削加工成形

7.1　切削加工基础知识

金属零件切削加工是通过刀具与工件之间的相对运动，从毛坯上切除多余的金属，从而获得合格零件的加工方法。

金属切削加工又称为机械加工，主要是指通过各种金属切削机床对工件进行的切削加工。切削加工的基本形式有车削、铣削、钻削、刨削等。从加工角度讲，钳工也属于金属切削加工。钳工是使用手工切削工具在钳台上对工件进行加工，其基本形式有錾削、锉削、锯削、刮削，以及钻孔、铰孔、攻螺纹（加工内螺纹）、套螺纹（加工外螺纹）等。

一般情况下，通过铸造、锻造、焊接和各种轧制的型材毛坯精度低，表面粗糙，不能满足零件要求，必须进行切削加工才能成为合格的零件。金属切削加工担负着几乎所有零件的加工任务，在机械制造过程中处于十分重要的地位。

金属切削加工有很多形式，所用刀具和机床各异，但它们之间却存在许多共同的现象和基本规律，本章重点介绍切削加工的基础知识。

7.1.1　切削运动与切削要素

7.1.1.1　切削运动

切削运动是为了形成工件表面所必需的刀具与工件之间的相对运动。切削运动按其作用不同，可分为主运动和进给运动两种，如图 7-1 所示。

主运动是切除工件多余金属所需要的最基本的运动，主运动速度高、消耗功率大。大多数主运动采用回转运动，车削主运动是工件的旋转运动；铣削和钻削主运动为刀具的旋转运动；磨削主运动为砂轮的旋转运动；刨削主运动为刀具（牛头刨床）或工件（龙门刨床）的往复直线运动等。一般切削加工中主运动只有一个。

主运动只能切除毛坯的部分多余金属材料，欲使被切削金属连续不断地投入切削，还需要进给运动。

进给运动是使金属层连续投入切削，从而加工出完整表面的运动。车削进给运动为刀具的移动；铣削的进给运动为工件的移动；钻削进给运动为钻头沿其轴线方向的移动；内、外圆磨削进给运动是工件的旋转运动和移动等。进给运动可以是一个或多个。

切削过程中，主运动、进给运动合理地组合，便可以加工各种不同的工件表面。切削过程中，工件上形成三个表面，如图 7-2 所示。

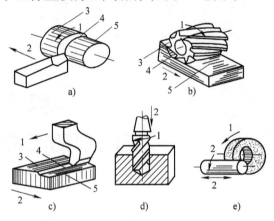

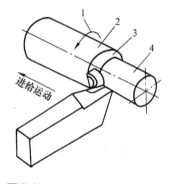

图 7-1

切削运动和加工表面

a）车削　b）铣削　c）刨削　d）钻削　e）磨削

1—主运动　2—进给运动　3—待加工表面

4—过渡表面　5—已加工表面

图 7-2

车削加工的切削运动及工件

上的表面

1—主运动　2—待加工表面

3—过渡表面　4—已加工表面

1）待加工表面——将被切除的表面。

2）过渡表面——正在切削的表面。

3）已加工表面——切除多余金属后形成的表面。

切削过程中，为提高生产率，机床除切削运动外，还需要有辅助运动，如切入运动、分度转位运动、空程运动及送夹料运动等。

7.1.1.2　切削要素

切削要素包括切削用量和切削层参数。

1. 切削用量三要素

（1）切削速度　切削速度是切削刃的选定点相对于工件主运动的瞬时速度，通常用 v_c 表示。主运动是旋转运动时，切削速度计算公式如下：

$$v_c = \frac{\pi dn}{1000}$$

式中　d——工件加工表面或刀具某一点的回转直径，单位为 mm；

　　　n——工件或刀具的转速，单位为 r/s 或 r/min。

在生产中，磨削速度单位用 m/s，其他加工的切削速度单位习惯用 m/min，但 ISO 规定的切削速度单位均为 m/s。

（2）进给量　在工件或刀具的每一转或每一往复行程的时间内，刀具与工件之间沿进给运动方向的相对位移，通常用 f 表示，单位为 mm/r 或 mm/行程。

铣削加工时，为方便调整机床，需要知道在单位时间内刀具与工件之间沿进给运动方向的相对位移，即进给速度。它也被称为每分进给量，用 v_f 表示，单位为 mm/min。

此外，对多刃刀具（如麻花钻、铰刀、铣刀等），为了衡量每个刀齿的切削负荷，还需计算每齿进给量，即刀具与工件之间在每转过一个齿间角的期间沿进给运动方向的相对位移，通常用 f_z 表示，单位为 mm/z。

v_f、f 及 f_z 之间的关系如下：

$$v_f = fn = f_z z n$$

（3）背吃刀量　背吃刀量是在通过切削刃基点并垂直于工作平面方向上测量的吃刀量 a_p，单位为 mm，也就是工件待加工表面与已加工表面之间的垂直距离，曾将背吃刀量称为切削深度。

外圆车削时：

$$a_p = \frac{d_w - d_m}{2}$$

式中　　d_w——工件待加工表面的直径，单位为 mm；

　　　　d_m——工件已加工表面的直径，单位为 mm。

在铣削加工中，a_p 是沿铣刀轴线方向测量的刀具切入工件的深度，曾称为铣削深度；而沿与 a_p 尺寸及进给运动都相垂直的方向测量的工件被切削部分的尺寸，称为侧吃刀量，通常用 a_e 来表示，单位为 mm。

主运动与进给运动的合成称为合成切削运动。如车削时主运动速度为 $\boldsymbol{v}_c$，进给运动速度为 $\boldsymbol{v}_f$，则其合成运动速度矢量 $\boldsymbol{v}_e$ 为

$$\boldsymbol{v}_e = \boldsymbol{v}_c + \boldsymbol{v}_f$$

2. 切削层参数

切削层是指工件上正被刀具切削刃切削着的一层金属，也就是相邻的两过渡表面之间所夹着的一层金属，如图 7-3 所示。

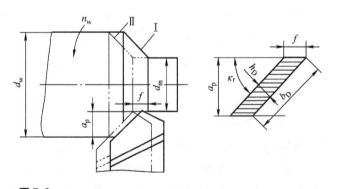

图 7-3

车外圆时的切削层要素

切削层参数包括切削宽度 b_D、切削厚度 h_D 和切削面积 A_D 三个要素。

（1）切削层公称厚度　切削层公称厚度习惯称为切削厚度。它是相邻两过渡表面之间的垂直距离，通常用 h_D 表示，单位为 mm。切削厚度反映了主切削刃单位长度上的切削负荷，它对切削层的变形、切削力、切削热、刀具磨损及已加工表面质量都有很大的影响。

车外圆时，车刀主切削刃与工件轴线之间的夹角即主偏角 κ_r，则 $h_D = f\sin\kappa_r$。

（2）切削层公称宽度　切削层公称宽度习惯称为切削宽度。它是沿主切削刃测量的切削层尺寸，通常用 b_D 表示，单位为 mm。当 $\lambda_s = 0°$ 时，切削宽度也就是主切削刃的工作长度，它对切削力的影响最大。

车削时：

$$b_D = \frac{a_p}{\sin\kappa_r}$$

（3）切削层公称横截面积　切削层公称横截面积习惯称为切削面积。它是切削层的断面面积，通常用 A_D 表示，单位为 mm^2。

在车削及刨削时：

$$A_D = h_D b_D \approx a_p f\ （残留面积很小时）$$

在铣削时，h_D、b_D 都是变化的，故切削过程中每一刀齿的切削面积也随时在变化。而铣刀总的切削面积将是各同时工作刀齿的切削面积之总和。

7.1.2　切削刀具

刀具是金属切削加工中不可缺少的重要工具之一，无论是普通机床，还是先进的数控机床、加工中心及柔性制造系统，都必须依靠刀具才能完成各种需要的切削加工。实践证明，刀具的更新可以成倍、成数十倍地提高生产率。例如：群钻与麻花钻相比，工效可提高 3 ~ 5 倍，而数控机床、加工中心等先进设备效率的发挥，很大程度上取决于刀具的性能，刀具所产生的效益远远大于刀具本身的费用。同时，数控机床和自动线的应用又要求刀具可靠性好、精度高，并具有自动更换、自动识别和自动检测等功能。因此，不断采用新技术、新工艺、新材料是机械制造工业发展的基础。

7.1.2.1　刀具的分类

刀具的种类很多，根据用途和加工方法不同，通常把刀具分为以下类型：

1）切刀。包括各种车刀、刨刀、插刀、镗刀、成形车刀等。

2）孔加工刀具。包括各种钻头、扩孔钻、铰刀、复合孔加工刀具（如钻－铰复合刀具）等。

3）拉刀。包括圆拉刀、平面拉刀、成形拉刀（如花键拉刀）等。

4）铣刀。包括加工平面的圆柱铣刀、面铣刀等；加工沟槽的立铣刀、键槽铣刀、三面刃铣刀、锯片铣刀等；加工特殊形面的模数铣刀、凸（凹）圆弧铣刀、成形铣刀等。

5）螺纹刀具。包括螺纹车刀、丝锥、板牙、螺纹切刀、搓丝板等。

6）齿轮刀具。包括齿轮滚刀、蜗轮滚刀、插齿刀、剃齿刀、花键滚刀等。

7）磨具。包括砂轮、砂带、油石和抛光轮等。

8）其他刀具。包括数控机床专用刀具、自动线专用刀具等。

刀具也可从其他方面进行分类，如分为单刃（单齿）刀具和多刃（多齿）刀具；标准刀具（如麻花钻、铣刀、丝锥等）和非标准刀具（如拉刀、成形刀具等）；定尺寸刀具（如扩孔钻、铰刀等）和非定尺寸刀具（如外圆车刀、直刨刀等）；整体式刀具、装配式刀具和复合式刀具等。

7.1.2.2　刀具切削部分的结构要素

尽管各种刀具的形状、结构和功能各不相同，但它们都有功能相同的组成部分，即工作部分和夹持部分。通常，工作部分承担切削加工任务，夹持部分将工作部分与机床连接在一起，传递切削运动和动力，并保证刀具正确的工作位置。刀具切削部分（楔部）总是近似地以外圆车刀的切削部分为基本形态，其他各类刀具可以看成是它的演变和组合。故以普通车刀为例，刀具切削部分的结构要素如图 7-4 所示，其定义和说明如下：

1）前刀面 A_γ——切屑沿其流出的表面。

2）主后刀面 A_α——与工件新形成的过渡表面相对的表面。

3）副后刀面 A'_α——与副切削刃毗邻、与工件已加工表面相对的表面。

4）主切削刃 S——前刀面与主后刀面的交线，在切削过程中，承担主要的切削工作。

5）副切削刃 S′——前刀面和副后刀面的交线，配合主切削刃完成切削工作，最终形成已加工表面。

6）刀尖——主、副切削刃连接处的一小段切削刃。

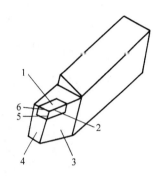

图 7-4

车刀切削部分的结构要素
1—前刀面（A_γ）　2—主切削刃（S）
3—主后刀面（A_α）
4—副后刀面　（A'_α）
5—刀尖　6—副切削刃（S′）

7.1.2.3　刀具几何角度参考系

刀具切削部分要使切削加工顺利进行，必须具有合理的几何形状。刀具切削部分的几何形状主要由一些刀面和切削刃组成。为了确定刀具表面在空间的相对位置，可以用一定的几何角度表示。刀具的几何角度有两类：

一类是将刀具看成是一个几何实体，用来确定切削刃、刀面相对于刀具在制造、刃磨及测量时定位基准的几何位置的角度，是在刀具工作图上所标注的角度，这类角度称为刀具角度。

另一类是在切削过程中用来确定切削刃、刀面相对于工件几何位置的角度，是在刀具工作过程中的实效几何角度，这类角度称为刀具的工作角度。

为了定义刀具的几何角度，必须建立由相应的两套平面组成的参考系。一套是定义工作角度的工作参考系，它的各组成平面要根据实际切削过程中的合成切削方向及进给运动方向来定义；另一套是定义刀具角度的静止参考系。在建立静止参考系时，也要先假定刀具是处于某种工作状态下，规定刀具的假定主运动方向及假定进给运动方向，然后再根据假定的主运动及进给运动方向来定义静止参考系的各组成平面。例如：对车刀，规定假定主运动方向是垂直于刀柄安装面，而假定进给运动方向是平行于刀柄安装面，并且垂直于（外圆车刀）或平行于（内圆车刀、切断车刀等）刀柄轴线；对铣刀，规定假定主运动方向是垂直于切削刃选定点径向平面，而假定进给运动方向是垂直于铣刀轴线；对孔加工刀具，规定假定主运动方向是垂直于切削刃选定点径向平面，而假定进给运动方向是沿刀具轴线。在本节中将以外圆车刀为例来说明刀具几何角度的定义。

如图 7-5 所示，组成静止参考系的各平面的定义如下：

（1）基面 p_r　它是通过切削刃选定点，垂直于主运动方向的平面。通常，它平行或垂

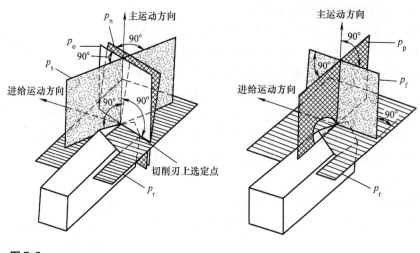

图 7-5

车刀的静止参考系

直于刀具在制造、测量、刃磨时适合于安装或定位的一个平面或轴线。例如，普通车刀的基面 p_r 平行于刀具底面（假设切削刃选定点与工件旋转轴线等高；刀杆中心线垂直于进给方向）。

（2）主切削平面 p_s 它是通过切削刃选定点、与切削刃相切并垂直于基面 p_r 的平面。它也是切削刃与切削速度方向构成的平面。

（3）正交平面 p_o 正交平面 p_o 是通过切削刃选定点，同时垂直于基面 p_r 和主切削平面 p_s 的平面。它必然垂直于切削刃在基面上的投影。

（4）法平面 p_n 法平面 p_n 是通过切削刃选定点，并垂直于切削刃的平面。

（5）假定工作平面 p_f 和背平面 p_p 假定工作平面 p_f 是通过切削刃选定点，平行于进给运动方向，并垂直于基面 p_r 的平面。例如，普通车刀的 p_f 面垂直于刀柄底面；钻头、切断刀等的 p_f 面平行于刀具轴线。背平面 p_p 是通过切削刃选定点，同时垂直于 p_r 和 p_f 的平面。

7. 1. 2. 4 刀具角度

刀具在设计、制造、刃磨和测量时，用静止参考系中的角度来标明切削刃和刀面在空间的位置，这些角度称为刀具角度。

静止参考系沿切削刃上各点可能是变化的，因此所定义的角度均应指明切削刃选定点处的角度；凡未指明者，则一般是指切削刃上与刀尖相邻的那一点的角度。

下面通过普通车刀在主断面参考系内给诸标注角度下定义，并加以说明。这些定义具有普遍性，也可以用于其他类型的刀具。图 7-6 所示为车刀的刀具角度。

1. 在正交平面 p_o 内的刀具角度

（1）前角 γ_o 它是在正交平面内度量的基面与前刀面间的夹角。它有正、负之分，当前刀面与切削平面间的夹角小于 90°时，取正号；大于 90°时，取负号。

（2）后角 α_o 它是在正交平面内度量的后刀面与切削平面间的夹角。它也有正、负之分，当后刀面与切削平面夹角小于 90°时，取正号；大于 90°时，取负号。

（3）正交楔角 β_o 它是在正交平面内度量的后刀面与前刀面间的夹角。

显然，$\gamma_o + \alpha_o + \beta_o = 90°$。

2. 在基面 p_r 内的刀具角度

（1）主偏角 κ_r　它是在基面内度量的主切削平面与假定工作平面间的夹角。它也是主切削刃在基面上投影与进给运动方向的夹角。

（2）副偏角 κ'_r　它是在基面内度量的副切削刃在基面上投影与进给运动方向的夹角。

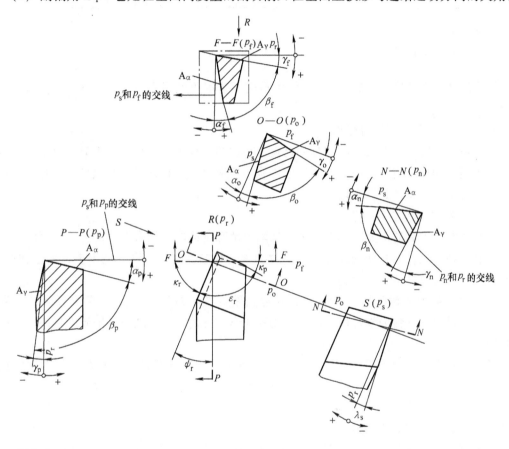

图 7-6

车刀的刀具角度

（3）刀尖角 ε_r　它是在基面内度量的主切削平面和副切削平面间的夹角。它也是主切削刃和副切削刃在基面上投影间的夹角。

$$\kappa_r + \varepsilon_r + \kappa'_r = 180°$$

（4）余偏角 ψ_r　它是在基面内度量的主切削平面与背平面间的夹角，也是主偏角的余角。

3. 在主切削平面 p_s 内的刀具角度

刃倾角 λ_s 是在主切削平面内度量的主切削刃与基面间的夹角。刃倾角有正、负之分，如图 7-7 所示。当刀尖处在切削刃最高位置时，取正号；刀尖处于切削刃最低位置时，取负号；主切削刃与基面平行时，刃倾角为零。

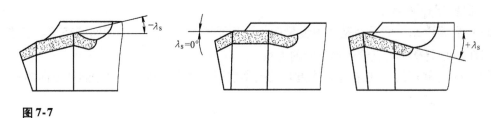

图 7-7

车刀的刃倾角

以上所述八个角度中，β_o 和 ε_r 是派生角度，基本角度只有六个，即 γ_o、α_o、κ_r、κ'_r、ψ_r 和 λ_s。

7.1.2.5　刀具材料及合理选用

刀具材料主要是指刀具切削部分的材料。在切削过程中，刀具的切削能力直接影响生产率、加工质量和加工成本。而刀具的切削性能主要取决于刀具材料；其次是刀具几何参数和刀具结构的选择与设计是否合理。

1. 刀具材料应具备的性能

刀具材料对刀具的寿命、加工质量、切削效率和制造成本均有较大的影响，因此必须正确选择和合理应用。刀具切削部分在切削时要承受高温、高压、强烈的摩擦、冲击和振动。因此，刀具材料应具备以下性能：

（1）高的硬度和耐磨性　一般刀具的常温硬度在 62HRC 以上，并要求较高的高温硬度。耐磨性是刀具材料力学性能、组织结构和化学成分的综合反映。一般硬度越高，其耐磨性越好。

（2）足够的强度和韧性　刀具材料只有具备足够的强度和韧性才能承受切削中的冲击和振动，避免崩刃和折断。一般强度用抗弯强度表示，韧性用冲击韧度表示。

（3）高的耐热性　刀具材料应具备在高温下保持高硬度、高强度和高韧性的能力，并有良好的抗扩散、抗氧化能力。

（4）良好的工艺性　要求刀具材料有较好的可加工性、可磨削性和热处理性。

（5）好的导热性和小的膨胀系数　在其他条件相同时，刀具材料的热导率越大，则由刀具传出去的热量就越多，越有利于降低切削温度和提高刀具的使用寿命。线膨胀系数小，可减少刀具的热变形。

另外，还应考虑刀具材料的经济性。

2. 刀具材料简介

刀具材料有碳素工具钢、合金工具钢、高速钢、硬质合金、陶瓷、金刚石、立方氮化硼等。碳素工具钢（如 T10A、T12A）及合金工具钢（如 9SiCr、CrWMn），因耐热性较差，通常仅用于手工工具和切削速度较低的刀具。陶瓷、金刚石和立方氮化硼等至今仅用于较为有限的场合。目前，刀具材料中使用最广泛的仍是高速钢和硬质合金。

（1）高速钢　高速钢是加入了钨（W）、钼（Mo）、铬（Cr）、钒（V）等合金元素的高合金工具钢。高速钢具有较高的硬度（热处理硬度可达 62 ~ 67HRC）和耐热性（切削温度可达 550 ~ 600℃），且具有较高的强度和韧性，抗冲击、振动的能力较强。高速钢刀具制造工艺较简单，切削刃锋利，适用于各种形状复杂的刀具（如钻头、丝锥、成形刀具、拉刀、齿轮刀具等）。常用的通用型高速钢牌号为 W6Mo5Cr4V2 和 W18Cr4V。

（2）硬质合金 硬质合金是用高耐热性和高耐磨性的金属碳化物（如碳化钨、碳化钛、碳化钽等）与金属黏结剂（钴、钨、钼等）在高温下烧结而成的粉末冶金材料，它的硬度可达 89 ~ 93HRA，切削温度达 800 ~ 1000℃，允许切削速度可达 100 ~ 300m/min。因此硬质合金是当今主要的刀具材料之一，大多数车刀、面铣刀和部分立铣刀等均已采用硬质合金制造。但其抗弯强度低，不能承受较大的冲击载荷。

通常，硬质合金可分为 K、P、M、N、S、H 六个类别，应用较广的有 K、P、M 三个主要类别：

1）K 类硬质合金。它适宜加工短切屑的脆性金属和有色金属材料，如灰铸铁、耐热合金、铜铝合金等，其牌号有 K01、K10、K20、K30、K40 等，精加工可用 K01，半精加工选用 K10，粗加工宜用 K30。

2）P 类硬质合金。它适宜加工长切屑的塑性金属材料，如普通碳素钢、合金钢等，其牌号有 P01、P10、P20、P30 等，精加工可用 P01，半精加工选用 P10、P20，粗加工宜用 P30。

3）M 类硬质合金。它具有较好的综合切削性能，适宜加工长切屑或短切屑的金属材料，如普通碳钢、铸钢、冷硬铸铁、耐热钢、高锰钢、有色金属等，其牌号有 M10、M20、M30 等，精加工可用 M10，半精加工选用 M20，粗加工宜用 M30。

（3）涂层刀具材料 它是在硬质合金或高速钢基体上，涂敷一层几微米厚的高硬度、高耐磨性的金属化合物（如碳化钛、氮化钛、氧化铝等）而制成的。涂层硬质合金的刀具寿命至少可提高 1 ~ 3 倍，涂层高速钢的刀具寿命可提高 2 ~ 10 倍。

（4）金刚石 金刚石是目前已知的最硬材料，它的硬度接近于 10000HV（硬质合金为 1300 ~ 1800HV）。金刚石刀具既能对陶瓷、高硅铝合金、硬质合金等高硬度耐磨材料进行切削加工，又能切削其他有色金属及其合金，使用寿命极高，在正确使用条件下，金刚石车刀可工作 100h 以上。金刚石的热稳定性较差，当切削温度高于 700℃时，碳原子即转化为石墨结构而丧失硬度，因此不宜加工钢铁材料。

（5）立方氮化硼（CBN） 立方碳化硼的硬度为 8000 ~ 9000HV，它的硬度仅次于金刚石。立方氮化硼的热稳定性和化学惰性比金刚石好得多。立方氮化硼可在 1300 ~ 1500℃的高温下不发生相变，仍然保持其硬度。立方氮化硼能以加工普通钢和铸铁的切削速度切削淬硬钢、冷硬铸铁和高温合金等，从而提高生产率。当对淬硬零件进行半精车和精车时，其加工精度与表面质量足以代替磨削加工。立方氮化硼刀片可用机械夹固或焊接的方法固定在刀杆上，也可以将立方氮化硼与硬质合金压制在一起而成为复合刀片。

（6）陶瓷 按化学成分，制作刀具的陶瓷可分为纯氧化铝（Al_2O_3）陶瓷、复合氧化铝（$Al_2O_3 - TiC$）陶瓷、复合氮化硅（$Si_3N_4 - TiC - Co$）陶瓷。

陶瓷刀具有很高的高温硬度，在 1200℃时，硬度尚能达到 80HRA，仍具有较好的切削性能。它在高温下不易氧化，与普通钢不易产生黏结和扩散作用；还有较低的摩擦系数，可用于加工钢、铸铁，对于冷硬铸铁、淬硬钢的车削和铣削特别有效。其使用寿命、加工效率和已加工表面质量常高于硬质合金刀具。

陶瓷刀具的主要缺点：抗弯强度低，冲击韧性差，导热能力低和线胀系数大。陶瓷刀具对冲击十分敏感，容易破裂，因此，应用受到限制。

7.1.3 切削过程

7.1.3.1 切削变形

在金属切削过程中，工件上的被切削层材料在刀具的作用下，或因切应力的关系产生塑性滑移，或因拉应力的关系产生拉伸破坏而形成切屑。切削塑性金属材料，如钢材、铝、紫铜等时，可用图7-8所示的卡片模型来说明切屑的形成过程：工件上的被切削层材料可看成是一叠斜置的卡片，当刀具相对其做切削运动时，各卡片将在材料内部形成的切应力的作用下依次错动滑移成切屑，并沿前刀面流出。平常所看到的带状切屑上侧呈层状的锯齿形，即为塑性滑移的结果，而其底面则由于刀具前刀面推挤的作用已变得很光滑平整；在切削脆性材料，如铸铁、青铜等

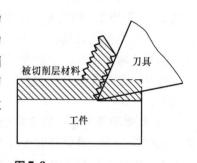

图7-8

切屑的形成过程

时，则由于这类材料的塑性变形能力差，在材料产生明显的塑性滑移前，内部的拉应力已达到破坏强度，于是材料发生崩碎，并沿切削速度方向飞散，形成崩碎状的切屑。

1. 切屑类型

由于工件材料性质和切削条件不同，切削层变形程度也不同，因而产生的切屑也多种多样。归纳起来，主要有以下四种类型，如图7-9所示。

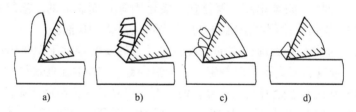

图7-9

切屑形态

a) 带状切屑   b) 挤裂切屑   c) 单元切屑   d) 崩碎切屑

1) 带状切屑。如图7-9a所示，切屑延续成较长的带状，这是一种最常见的切屑。一般切削钢材（塑性材料）时，如果切削速度较高、切削厚度较薄、刀具前角较大，则切出内表面光滑、而外表面呈毛茸状的切屑。它的切削过程较平衡，切削力波动较小，已加工表面的表面粗糙度值较小。

2) 挤裂切屑。如图7-9b所示，挤裂切屑的外形与带状切屑的不同之处在于其内表面有时有裂纹，外表面呈锯齿形。在加工塑性金属材料时，如果切削速度较低、切削厚度较大、刀具前角较小，就容易得到这种屑形。它的切削过程切应变较大，切削力波动大，易发生颤振，已加工表面的表面粗糙度值较大。在使用硬质合金刀具时，易发生崩刃。

3) 单元切屑。如图7-9c所示，切削塑性金属材料时，如果整个剪切平面上的切应力超过了材料的断裂强度，挤裂切屑便被切离成单元切屑。采用小前角或负前角，以极低的切削速度和大的切削厚度切削时，会产生这种形态的切屑，此时，切削过程更不稳定，工件表面

质量也更差。

4）崩碎切屑。如图 7-9d 所示，这是属于脆性材料的切屑。切屑的形状不规则，加工表面凸凹不平。加工铸铁等脆性材料时，由于抗拉强度较低，刀具切入后，切削层金属只经受较小的塑性变形就被挤裂，或在拉应力状态下脆断，形成不规则的碎块状切屑。工件材料越脆、切削厚度越大、刀具前角越小，就越容易产生这种切屑。

2. 积屑瘤

在用中等或较低的切削速度切削塑性较大的金属材料时，往往会在切削刃上黏附一个楔形硬块，称为积屑瘤。积屑瘤的硬度约为工件材料的 2 ~ 3 倍，可以替代切削刃进行切削，有增大刀具实际工作前角和保护切削刃的作用，但其不规则的形状和周期性的脱落与生成会引起已加工表面的粗糙不平，影响已加工表面的表面粗糙度。

通常认为积屑瘤是切削底层材料在前刀面上黏结并不断层积的结果。在切削过程中，由于刀—屑间的摩擦，使刀具前刀面十分洁净，在一定温度和压力下，切屑底层金属与前刀面接触处发生黏结，使与前刀面接触的切屑底层金属流动较慢，而上层金属流动较快，流动较慢的切屑底层称为滞流层。而滞流层金属产生的塑性变形大，晶粒纤维化程度高，纤维化的方向几乎与前刀面平行，并发生加工硬化。如果温度和压力适当，滞流层与前刀面黏结成一体，形成了积屑瘤，如图 7-10 所示。随后，新的滞流层在此基础上，逐层积聚，使积屑瘤逐渐长大，直到该处的温度和压力不足以产生黏结为止。积屑瘤在形成过程中是一层层增高的，到一定高度会脱落，经历了一个生成、长大、脱落的周期性过程。

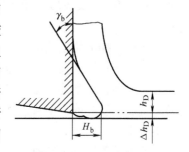

图 7-10
积屑瘤

积屑瘤对切削过程有积极的作用，也有消极的影响。

（1）保护刀具　从图 7-10 看出，积屑瘤包围着切削刃，同时覆盖着一部分前刀面。积屑瘤一旦形成，便代替切削刃和前刀面进行切削，从而减少了刀具磨损，起到保护刀具的作用。

（2）增大前角　积屑瘤具有 30° 左右的前角，因而减少了切削变形，降低了切削力。

（3）增大切削厚度　积屑瘤前端伸出切削刃之外，使切削厚度增加了 Δh_D，且是变化的，因而影响了工件的尺寸精度。

（4）增大已加工表面的表面粗糙度值　积屑瘤增大已加工表面的表面粗糙度的原因有：积屑瘤高度的周期性变化，使切削厚度不断变化，以及由此而引起振动；积屑瘤黏附在切削刃上很不规则，导致在已加工表面上刻划出深浅和宽窄不同的沟纹；脱落的积屑瘤碎片留在已加工表面上。

在切削条件中影响积屑瘤的主要因素有工件材料、切削速度、刀具前角及切削液等。塑性大的工件材料，刀 – 屑间的摩擦系数和接触长度较大，生成积屑瘤的可能性就大，而脆性材料一般不产生积屑瘤。切削速度对积屑瘤的影响最大。切削速度很低（小于 1 ~ 3m/min）或很高（大于 80m/min）都很少产生积屑瘤，而在中等速度范围内最容易产生积屑瘤。当以 $v_c = 20$m/min 切削普通钢时，积屑瘤高度最大。这是因为切削速度越高，切削温度和摩擦系数越大而造成的。刀具前角越大，则切屑变形和切削力减小，降低了切削温度，从而抑制积屑瘤的产生或减小积屑瘤的高度，因此精加工时可以采用大前角切削。使用切削液，可以降低切削温度，改善摩擦，因此可抑制积屑瘤的产生或减小积屑瘤的高度。

3. **影响切削变形的主要因素**

影响切削变形的主要因素有工件材料、刀具前角、切削速度和切削厚度。

（1）工件材料　工件材料的强度和硬度越大，则摩擦系数越小。这是由于材料的硬度和强度增大时，切削温度增加，抗剪强度 τ_s 降低，故摩擦系数 μ 减小，使剪切角 ψ 增大，则变形系数 ξ 减小。

（2）刀具前角　刀具前角越大，切削刃越锋利，前刀面对切削层的挤压作用越小，则切削变形就越小。

（3）切削速度　在切削塑性金属材料时，切削速度对切削变形的影响比较复杂，如图7-11所示，需要分别讨论。在有积屑瘤的切削速度范围内（$v_c \leqslant 40\text{m/min}$），切削速度通过积屑瘤来影响切削变形。在积屑瘤增长阶段，切削速度增加，积屑瘤高度增大，实际前角增大，从而使切削变形减小；在积屑瘤消退阶段，切削速度增加，积屑瘤高度减小，实际前角减小，切削变形随之增大。积屑瘤最大时切削变形达最小值，积屑瘤消失时切削变形达最大值。

在无积屑瘤的切削速度范围内，切削速度越大，则切削变形越小。这有两方面的原因：一方面是由于切削速度越高，切削温度越高，摩擦系数降低，使剪切角增大，切削变形减小；另一方面，切削速度增高时，金属流动速度大于塑性变形速度，使切削层金属尚未充分变形，就已从刀具前刀面流出而成为切屑，从而使第一变形区后移，剪切角增大，切削变形进一步减小。

切削铸铁等脆性材料时，一般不形成积屑瘤。当切削速度增大时，切削变形相应减小。

（4）切削厚度　切削厚度对切削变形的影响是通过摩擦系数的变化实现的。切削厚度增加，作用在前刀面上的法向力增大，摩擦系数减小，从而使摩擦角减小，剪切角增大，因此切削变形减小。

7.1.3.2　切削力与切削功率

在切屑形成过程中除了材料发生变形外，所形成的切屑与刀具的前刀面之间及工件上的切削表面与刀具的后刀面之间还要发生摩擦，因此刀具在切削加工时必然要克服材料的变形抗力及前、后刀面上的摩擦阻力。这些作用在刀具上所有力的合力称为刀具的一个切削部分上的总切削力，故也称为切削合力。总切削力的方向、大小将随工件材料的性质、切削用量的大小及刀具的几何形状的变化而变化，因此通常将其分解成几个方向既定的分力。图7-12

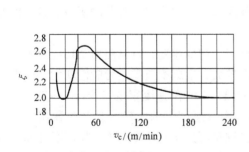

图7-11
切削速度对切削变形的影响

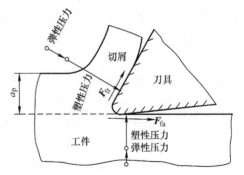

图7-12
切削力的来源

所示为外圆车削时的总切削力及其各分力，其中，切削力是切削时刀具切入工件使工件材料发生变形成为切屑所需的力。它是设计和使用机床、刀具、夹具的必要依据。

1. 切削力的产生及分解

切削力来自变形与摩擦，包括：克服被加工材料对弹性变形、塑性变形的抗力；克服切屑对刀具前刀面的摩擦力和刀具后刀面对过渡表面和已加工表面之间的摩擦力。这些力的总和形成作用在刀具上的合力 F_r。为了实际应用，F_r 可分解为相互垂直的三个分力：F_c、F_p、F_f。

（1）主切削力（切向力）F_c　它是主运动方向上的切削分力，切于过渡表面并与基面垂直，消耗功率最多。它是计算刀具强度、设计机床零件、确定机床功率的主要依据。

（2）进给力（轴向力）F_f　它是作用在进给方向上的切削分力，处于基面内并与工件轴线平行。它是设计进给机构、计算刀具进给功率的依据。

（3）背向力（径向力或吃刀力）F_p　它是作用在吃刀方向上的切削分力，处于基面内并与工件轴线垂直。它是确定与工件加工精度有关的工件挠度、切削过程振动的力，如图 7-13 所示。

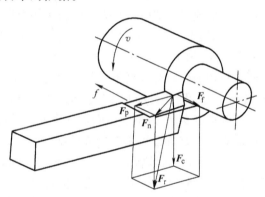

图 7-13
切削力的分解

$$F_r = \sqrt{F_c^2 + F_n^2} = \sqrt{F_c^2 + F_p^2 + F_f^2}$$

根据试验，当 $\kappa_r = 45°$ 和 $\gamma_o = 15°$，F_c、F_f、F_p 之间有以下近似关系：

$$F_p = (0.4 \sim 0.5) F_c$$
$$F_f = (0.3 \sim 0.4) F_c$$
$$F_r = (1.12 \sim 1.18) F_c$$

随着切削加工时的条件不同，F_c、F_p、F_f 之间的比例可在较大范围内变化。

2. 切削功率

消耗在切削过程中的功率叫切削功率 P_m，单位是 kW，它是 F_c、F_f、F_p 在切削过程中单位时间内所消耗的功的总和。在进行外圆车削时，因 F_p 方向没有位移，故消耗功率为零。于是

$$P_m = \left(F_c v_c + \frac{F_f n_w f}{1000} \right) \times 10^{-3}$$

式中　P_m——切削功率，单位为 kW；

　　　F_c——主切削力，单位为 N；

　　　F_f——进给力，单位为 N；

　　　f——进给量，单位为 mm/r；

　　　v_c——切削速度，单位为 m/s；

　　　n_w——工件转速，单位为 r/s。

一般来说，因 F_f 相对 F_c 所消耗的功率很小（$<2\% P_m$），可略去不计，于是

$$P_m = F_c v_c \times 10^{-3}$$

当计算选择机床电动机功率 P_E 时，有

$$P_E \geqslant \frac{P_m}{\eta_m}$$

式中　η_m——机床的传动效率，一般取 $\eta_m = 0.75 \sim 0.85$。

3. 影响切削力的主要因素

切削过程中，影响切削力的因素很多。凡影响切削变形和摩擦系数的因素，都会影响切削力。从切削条件方面分析，主要有以下几个方面。

（1）工件材料　一般来说，材料的强度越高、硬度越大，切削力越大；在强度、硬度相近的材料中，塑性、韧性大的，或加工硬化严重的，切削力大。例如不锈钢 1Cr18Ni9Ti（在用旧牌号）与经正火处理的 45 钢的强度和硬度基本相同，但不锈钢的塑性、韧性较大，其切削力比正火 45 钢大 25% 左右。加工铸铁等脆性材料时，切削层的塑性变形很小，加工硬化小，形成崩碎切屑，与前刀面的接触面积小，摩擦力也小，故切削力就比加工钢时小。

（2）切削用量　切削用量中，a_p 和 f 对切削力的影响较明显。当 a_p 和 f 增大时，分别会使 b_D、h_D 增大，即切削面积 A_D 增大，从而使变形力、摩擦力增大，引起切削力增大，但两者对切削力影响程度不一样。背吃刀量 a_p 增加一倍时，切削厚度 h_D 不变，切削宽度 b_D 增加一倍，因此刀具上的负荷也增加一倍，切削力增加约一倍；但当进给量 f 增加一倍时，切削宽度 b_D 保持不变，而切削厚度 h_D 增加一倍，在切削刃钝圆半径的作用下，切削力只增加 68% ~ 86%。可见在同样切削面积下，采用大的 f 较采用大的 a_p 省力和节能。切削速度 v_c 对切削力的影响不大，当 $v_c > 50 m/min$，切削塑性材料时，v_c 增大，μ 减小，切削温度增高，使材料硬度、强度降低，剪切角 ψ 增大，变形系数 ξ 减小，使得切削力减小。

（3）刀具几何参数　刀具几何参数中前角 γ_o 和主偏角 κ_r 对切削力的影响比较明显。前角 γ_o 对切削力的影响最大。加工钢料时，γ_o 增大，变形系数 ξ 明显减小，切削力减小得多些。主偏角 κ_r 适当增大，使切削厚度 h_D 增加，单位切削面积上的切削力 F 减小。在切削力不变的情况下，主偏角大小将影响背向力和进给力的分配比例。当主偏角 κ_r 增大，背向力 F_p 增加；当主偏角 $\kappa_r = 90°$ 时，背向力 $F_p = 0$，对防止车削细长轴类零件弯曲变形、减少振动十分有利。

7.1.3.3　切削热和切削温度

切削过程中的切削热和由它引起的切削温度的升高，将直接影响刀具的磨损和寿命，并影响工件的加工精度和已加工表面质量。

1. 切削热的产生和传出

在切削加工中，切削变形与摩擦所消耗的能量几乎全部转换为热能。所以三个变形区就是三个发热源，如图 7-14 所示。

产生的热由切屑、刀具、工件和周围介质传导出去。影响热传导的主要因素是工件和刀具材料的热导率、加工方式和周围介质的状况。

2. 切削温度的测量方法

测量切削温度的方法很多，如自然热电偶法和人工

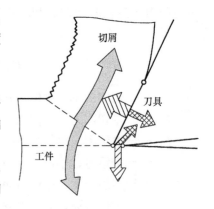

图 7-14

切削热的产生和传出

热电偶法，现只介绍常用的自然热电偶法。

自然热电偶法的工作原理比较简单，它是利用工件材料和刀具材料化学成分的不同而组成热电偶的两极。当工件与刀具接触区内因切削热的作用而使温度升高时，就形成热电偶的热端，将刀具与工件的引出端保持室温，形成热电偶的冷端。这样在刀具与工件的回路中有热电动势产生。用毫伏表或电位差计把电动势记录下来，根据预先标定的刀具–工件热电偶标定曲线，便可测得接触面上切削温度的平均值，也就是平时所说的切削温度。

3. 影响切削温度的主要因素

从实践中可知，工件材料的热导率和硬度、切削用量、刀具的几何参数、刀具的磨损构成了影响切削温度的主要因素。

（1）切削用量　当 v、f、a_p 增大时，单位时间内金属切除量增多，变形和摩擦加剧，切削中消耗的功率增大，产生的热量多。但是其温度升高的程度各不相同，以切削速度 v_c 影响最为显著，进给量 f 次之，背吃刀量 a_p 最小。切削速度 v_c 增加，单位时间金属切除量成正比增加，功率消耗也增大，使切削温度升高。进给量 f 增加，金属切除量相应地增加，切削功率消耗也增大，使热量增加。背吃刀量 a_p 增加时，被切金属层的变形和摩擦所消耗的功都相应地增大，切削热也增大。

（2）刀具几何参数　前角增大时，切削中的变形、摩擦均减小，使产生的切削热减小，切削温度降低。但如果前角进一步增大，则不但切削刃强度降低，而且切削区散热体积减小；主偏角减小，使切削厚度减小，切削宽度增大，切削刃散热条件得到改善，故切削温度下降；负倒棱及刀尖圆弧半径增大时，均使切削变形增大，切削热也随之增多，但同时又改善了散热条件，因此对温度影响很小。

（3）工件材料　当工件材料的强度、硬度、塑性增加时，切削中消耗的功增多，产生的热量增多，使切削温度升高。工件材料的热导率大时则热量传出得多，使切削温度降低。

（4）刀具磨损的影响　刀具后刀面磨损时，使刃前区塑性变形增加，刀具与工件间的摩擦加剧，均使切削温度升高。在切削中使用切削液，可降低切削温度。

7.1.3.4　刀具磨损和刀具寿命

磨损是在切削过程中，由于工件、刀具、切屑的接触区里发生着强烈的摩擦，以致刀具表面某些部位（如前、后刀面）的材料被切屑或工件逐渐带走。刀具的磨损影响加工质量、生产率及加工成本。因此，研究刀具磨损过程的目的是保证加工质量、提高生产率、减小刀具磨损、降低加工成本。

1. 刀具磨损的形成

切削时刀具的前、后刀面在高温、高压下，与切屑、工件相互接触，产生剧烈摩擦，因而在前、后刀面上产生磨损，如图7-15所示。

2. 刀具寿命

刀具寿命是指刀具新刃磨之后，从开始使用到刀具磨损至规定的磨损限度为止的实际切削时间。在磨损限度已确定后，刀具寿命与磨损速度有关。磨损速度越慢，刀具寿命越高。为了提高刀具寿命，一般可从改善工件材料的可加工性、合理设计刀具的几何参数、改进刀具材料的切削性能、

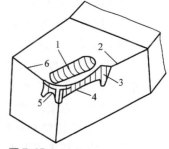

图 7-15

刀具的磨损形式

1—前刀面磨损　2—主切削刃

3、5—边界磨损　4—后刀面磨损

6—副切削刃

采用性能优良的切削液及合理选择切削用量等多方面着手。

在工件材料、刀具材料、刀具几何参数及切削液等已确定的条件下，刀具寿命主要取决于切削用量的大小。切削用量越大，则切削温度越高，刀具磨损也越快，刀具寿命就随之降低。反之，则刀具寿命随之提高。显然，刀具寿命的高低将影响到切削加工的效率及加工成本。若刀具寿命规定得较高，则切削用量必然很低，加工的机动时间长，不利于提高生产率及降低加工成本；但也不能将刀具寿命规定得很低，因为这样固然可提高切削用量，但需经常换刀，增加生产辅助时间，刀具的消耗也大，同样会使生产率下降，加工成本上升。因此，刀具寿命的确定要综合考虑具体的加工情况，做到既有较高的生产率，又使加工成本较低。

7.2　常规切削加工方法

组成零件的各典型表面，如外圆面、孔、平面、一般成形面、螺纹面、齿轮齿面等，不仅有一定的形状和尺寸，还有一定的技术要求，如尺寸精度、形状和位置精度、表面质量等。工件表面的加工过程，也就是逐步实现符合技术要求的过程。

由于表面的类型和要求各不相同，获得的方法也不一样，这就造成了切削加工方法和工艺的多种多样。但是，无论哪种表面，其加工方法和工艺的选择都应遵循以下两个基本原则：

1）粗、精加工要分开。粗加工是切除大部分赘余的材料，为精加工准备好条件；精加工则是获得符合技术要求的表面。先后两工序目的不同，所采取的技术措施也不相同。

2）要组合采用多种不同的加工方法。一般来说，采用某种单一的加工方法，是难以经济、高效地实现加工目标的；要综合考虑各种加工方法的特点，采用多种方法相组合的加工方案。

本节将以各典型表面为例，讨论各种加工方法的综合运用。

7.2.1　外圆面的加工

外圆面是轴、圆盘、套筒类零件的主要或辅助表面，在零件的切削加工中占有很大的比重。不同零件的外圆面，或是同一零件的不同外圆面，往往有不同的技术要求，需要结合生产条件拟订出合理可行的加工方案。

对外圆提出的技术要求主要有：

1）尺寸精度。如圆直径和长度的尺寸精度。

2）形状精度。如圆度、圆柱度和轴线的直线度。

3）表面质量。如表面粗糙度、表面层的加工硬化、残余应力、金相组织。

外圆面的加工主要采用车削和磨削两种方法。要求精度高、粗糙度低时，还可能用到光整加工的研磨、超精加工和抛光。

外圆面的加工方案流程框图如图7-16所示，可作为拟订实施方案的基本依据。

7.2.1.1　外圆面的车削加工

如果加工质量要求不是太高，车削即可获得零件的最终尺寸和精度。车削可分为粗车、半精车、精车和精细车，所能达到的精度和表面粗糙度均已在图7-16中标出。

实际的加工流程方案，除了技术要求外，显然还应考虑零件结构、材料性能、生产条件等诸多因素。有关车削的工序组合，可以有：

1）粗车。除淬火钢外，各种零件均可采用。如果要求不高，可作为终加工。

2）粗车→半粗车。适用于中等精度和表面粗糙度要求的非淬火钢的加工。

3）粗车→半精车或精车。适用于低硬度的有色金属，如铜和铝合金的精加工。

车削外圆的特点主要为：

1）生产率高。多数是连续切削过程，切削力变化小，过程平衡，允许采用较大的切削用量。

2）易于保证各加工面的位置精度。一般仅需一次装夹即可。

3）成本低。车刀是最简便的一类刀具，而且效率高。

4）适用范围广。可用于各种钢料、铸铁等。它更是低硬度有色金属精加工唯一可用的加工方法。

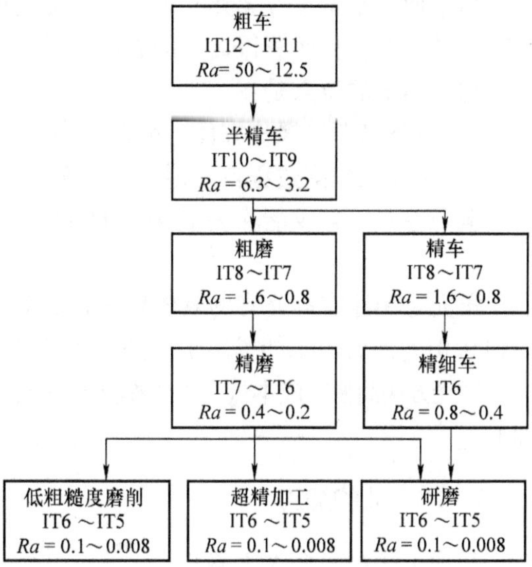

7.2.1.2　外圆面的磨削加工

外圆磨削是外圆面精加工的主要方法，一般是作为外圆切削的精加工工序。如果是精确的毛坯，也可不经车削而直接进行磨削。

磨削可分为粗磨和精磨。它们的加工精度和表面粗糙度已在图 7-16 中标出。

1. 外圆磨削的特点

1）较易达到高精度、低表面粗糙度和较高的几何公差要求。这显然是与磨床的高结构刚度，砂轮的切入运动可精确调节，以及砂轮磨粒锐利细微和分布稠密、便于高速切削等有关。每个磨粒都仅从工件表面切下极薄一层切屑，表层的残留面积小。

2）可磨削各种硬度的材料。由于砂轮磨料的硬度和耐热性都很高，既可磨削普通的钢和铸铁，也可磨削难以切削的淬硬钢和硬质合金。

3）磨削的温度很高，必须要进行强制冷却。砂轮的磨粒以负前角高速切削金属，挤压和摩擦严重，表层变形剧烈，磨削热大，瞬时温升可达约 1000℃。高温易使表层产生变形、烧伤、残余应力甚至裂纹，降低了加工质量。

2. 研磨、超精加工及抛光

精磨之后要满足更高的表面质量要求，则要用到研磨、超精加工及抛光等精密的加工工艺。

研磨是一种常用的光整加工方法。它采用研具与磨料从工件表面磨去一层极薄金属，用于外圆表面，可使加工精度提高到 IT6 ~ IT5，表面粗糙度 Ra 降至 $0.1 ~ 0.008\mu m$。

研磨的特点主要是：

1）速度低，压力小，切削力与切削热均很小，可得到很高的加工质量。

2）能部分纠正形状误差，但对位置误差无能为力。

3）方法简便、可靠，设备简单，成本低。但生产率不高。

4）研磨的磨削量很少，因而对前道工序提出了高的要求。

5）适用范围广，工件材料几乎不受限制。

图 7-16
外圆面的加工方案流程框图

超精加工是将工件装夹在顶尖上做低速回转，装有油石的磨头轻压在工件上做短距离密集交叉的研磨，从而获得良好的表面质量。

超精加工的特点是：

1）设备简单，操作方便，生产率高。

2）它能从切削过程自动地过渡为抛光过程，可使表面粗糙度 Ra 降至 $0.1 \sim 0.008\mu m$。

但要注意，它仅能除去表面的细微凸起，不能提高尺寸精度，因面对前道工序要求较高。

抛光是用涂有抛光膏的软轮对表面进行高速光整加工的过程。抛光可使表面粗糙度 Ra 降到 $0.012\mu m$，但不能提高工件的尺寸精度。

抛光方法简便，成本低，由于抛光轮具有弹性，除了外圆表面外，也适用于其他曲面的光整加工。

7.2.2　孔的加工

孔加工的技术要求主要有：

1）尺寸精度。如孔的直径和深度的尺寸精度。

2）形状精度。如孔的圆度和圆柱度，轴线的直线度。

3）位置精度。如孔与孔或外圆表面的同轴度和平行度，孔与其他表面的垂直度。

4）表面质量。如表面粗糙度、表面层的加工硬化、残余应力、金相组织。

根据孔的结构和用途，可以将孔分为以下几种类型：

1）紧固孔和辅助孔。前者如螺钉孔和螺纹通孔；后者如油孔和气孔等。此类孔技术要求不高，精度通常为 IT12 ~ IT11，表面粗糙度 Ra 为 $12.5 \sim 6.3\mu m$。

2）回转体零件的轴心孔　如轴类、圆盘类、套筒类零件的轴心孔。此类孔一般是带孔零件与轴类零件的配合表面，还可能是加工其他表面的基准面。因此，孔的精度和表面粗糙度以及孔与其他表面的位置精度要求较高。

3）箱体支架类零件的轴承孔。此类孔分布在一条或几条相互平行或垂直的轴线上，是确定传动轴的相对位置的主要依据。因此，这类孔本身的精度和表面粗糙度要求较高，孔与孔或与基准面之间也有较高的位置精度要求。

另外，根据孔的形状，可分为圆柱孔和圆锥孔；根据孔的长度与孔径之比，可分为深孔与浅孔等。

7.2.2.1　孔的钻削加工

孔的加工方法较多，常用的有钻、扩、铰、镗、拉、磨、研磨和珩磨等。其中孔的钻削加工，是用钻头在零件的实体部分加工出孔的唯一方法，也是最基本的孔加工方法。

1. 钻孔

钻孔的精度较低，表面粗糙度大，精度一般为 IT10 级以下，Ra 为 $50 \sim 12.5\mu m$，所以只能用作粗加工。对于要求不高的孔，如螺钉孔、油孔等紧固孔和辅助孔，将其钻出即可；对于要求较高的轴心孔、轴承孔等，钻孔后还需采用其他的方法进行半精加工和精加工。

钻孔的主要问题有：

1）钻孔的精度低，表面质量差，易产生"引偏"现象。

2）钻孔的生产率低，钻头易于磨损。

引偏是指加工时因钻头弯曲而引起孔径扩大、孔轴线歪斜和圆度误差等。产生的原因是多方面的，如钻头呈细长状，又有两条较大的排屑槽，钻心截面积小，刚性很差；横刃及靠近横刃处的切削条件极差，轴向抗力大；两条主切削刃很难磨得对称，切削力不对称等。

钻孔有图 7-17 所示的两种基本方式。一是钻头旋转并做直线进给，工件不动，如在钻床上钻孔。如图 7-17a 所示，由于引偏，它会造成被加工孔的轴线歪斜。二是钻头不转只做直线进给，工件旋转，如在车床上钻孔。如图 7-17b 所示，它会造成被加工孔的孔径变化，形成锥度或腰鼓形等。

此外，钻头的主切削刃全部参加切削，切屑宽，排屑困难，切屑与孔壁（已加工表面）发生较大摩擦和挤压，易于刮伤和拉毛孔壁，降低了加工质量。

钻削时，大量高温切屑不能及时排出，切削液难以注入到切削区，因而切削温度高，刀具与切屑及工件间的摩擦很大，因此刀具磨损剧烈，致使切削用量的提高受到限制。

2. 扩孔

扩孔是用扩孔钻对工件上已有的孔进行加工，以扩大孔径，并提高加工质量。扩孔后，精度可达 IT10 ~ IT9，表面粗糙度 Ra 为 6.3 ~ 3.2μm。扩孔量（$d_o - d_m$）一般为 0.5 ~ 4mm。

扩孔加工如图 7-18 所示，加工直径规格为 $\phi 10 ~ \phi 80$mm。和麻花钻相比，扩孔钻的结构及其切削条件有以下一些特点：

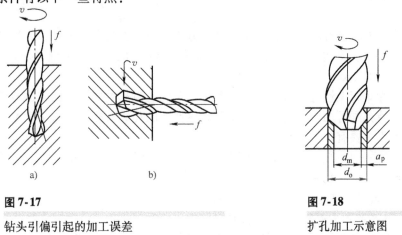

图 7-17

钻头引偏引起的加工误差

a）钻床上钻孔　b）车床上钻孔

图 7-18

扩孔加工示意图

1）切削深度小，切屑窄，易于排出，也不易刮伤已加工表面。容屑槽可做得浅而窄，钻心较粗，所以刚性较好，有利于提高切削用量和加工质量。

2）切削刃不必自外缘延伸到中心，避免了由横刃引起的不良影响。切削条件好，加工精度和生产率均比钻孔高。

3）由于容屑槽较浅窄，刀体上可做出 3 ~ 4 个刀齿，导向性好，切削平衡，可提高生产率。

扩孔常作为半精加工方法而成为铰孔等精加工的前工序。它也可作为要求较低的孔的最终加工方法。扩孔能在一定程度上纠正原钻孔的轴线歪斜。用于扩孔加工的机床可以是车床、钻床、镗床和铣床。

7.2.2.2　孔的铰、镗、拉和磨削加工

本小节继续讨论对已有的孔进行加工的各种方法，包括铰孔、镗孔、拉孔和磨孔等。

1. 铰孔

铰孔是用铰刀从工件孔壁上切削下微量金属的加工方法。它是为了提高加工质量，继扩孔和

半精镗孔后较普遍采用的精加工方法之一。铰孔的精度可达 IT8 ~ IT6，表面粗糙度 Ra 为 1.6 ~ 0.4μm。铰削之所以能达到较高的精度和表面质量，是因为铰孔的余量小（粗铰为 0.15 ~ 1.35mm，精铰为 0.05 ~ 0.15mm），铰削速度低，因而切削力小，切削热也较少，且不会产生积屑瘤。此外，铰刀具有修光部分，可校正孔径和修光壁，它也具有与扩孔相仿的优点。

铰孔的刀具是铰刀。手铰刀的直径范围为 ϕ1.0 ~ ϕ50mm，直柄，尾部为四方头；机铰刀的直径范围为 ϕ1.0 ~ ϕ80mm，多数为锥柄。

铰孔的工作特点主要有：

1）铰孔只能保证孔本身的精度，而纠正位置误差和原孔轴线歪斜的能力很差。因此，孔的位置精度和形状精度应由铰孔的前道工序来保证。

2）铰刀是定径刀具，较易保证铰孔的加工质量，与其他孔的精加工方法相比，铰削加工小孔与深孔更为方便，而不适宜加工 ϕ80mm 以上的大孔。

3）铰孔的适应性差。一把铰刀只能加工一种尺寸与公差的孔。此外，铰削也不适宜于加工阶梯孔、短孔以及具有断续表面的孔，如花键孔等。

4）铰削可加工一般的金属材料，如普通钢、铸铁、有色金属，但不适宜加工淬火钢等硬度过高的材料。

铰孔一般用于中等尺寸以下精密的孔的精加工，生产率较高。

2. 镗孔

镗孔是用镗刀对已有的孔进行加工的常用方法之一。镗孔可分为粗镗、半精镗、精镗和精细镗。精镗时精度可达 IT7，表面粗糙度 Ra 为 1.6 ~ 0.8μm。精细镗则可达 IT6，表面粗糙度 Ra 为 0.2 ~ 0.6μm。

镗孔可分为车床上镗孔和镗床上镗孔两种。车床上镗孔主要用于回转体零件轴心孔的加工，而镗床上镗孔则可用于加工箱体、支架类零件上的孔或有相互位置精度要求的孔系。

镗孔的特点主要有：

1）镗孔的适应性强。一把镗刀可以加工一定孔径和长度范围内的孔，可以加工单个孔、孔系、通孔、台阶孔和孔内环槽等。

2）镗削能通过多次走刀来校正原孔的轴线偏斜。

3）镗刀的制造和刃磨较简单，费用较低。

4）镗孔生产率较低。镗刀刀杆受孔径的限制，刚性一般较差。为避免产生振动与变形，常采用较低的切削速度和较小的背吃刀量。此外，镗床和镗刀加工时调整较为费时。

5）对于直径较大的孔（一般直径大于 80 ~ 100mm），镗孔是唯一合适的加工方法。

6）镗削可加工钢、铸铁和有色金属零件，但不适宜加工淬火钢等硬度过高的材料。粗镗、半精镗和精镗一般可分别作为较低要求、一般要求和较高要求孔的最终加工。对于要求很高的孔，还需要采用光整加工的方法以进一步提高其精度和表面质量。对于硬度较高的孔，一般不宜用精镗作为其最终加工，应采用磨孔等其他方法。

3. 拉孔

拉孔是一种高生产率的孔加工方法。一般加工精度可达 IT7，表面粗糙度 Ra 为 0.8 ~ 0.4μm。

拉孔加工的特点主要有：

1）拉孔的精度高，表面粗糙度小。由于拉刀是定径刀具，其校准部分可校正孔和修光孔壁，提高加工质量。另外，拉削速度低，每齿切削厚度很小，拉削过程平稳，不会产生积屑瘤。

2）生产率高。拉刀在一次行程中能切除全部加工余量，完成粗、精加工，故生产率比其他孔加工方法高出许多。

3）与铰孔相似，拉孔不能纠正孔的位置误差，原孔的位置精度应由前道工序来保证。

4）拉孔对孔的前道工序加工要求不高，一般在钻孔、扩孔或粗镗后即可进行。

5）拉刀的制造和刃磨复杂，成本较高，但在大批量生产中，由于拉削速度低，拉刀磨损小，寿命长，拉刀又可重磨多次，故总的加工成本不高。

6）拉削只适宜于加工短孔。当孔的长径比超过3~5时，由于拉刀长度受刚性限制，不宜采用拉削加工。不通孔、阶梯孔和薄壁孔也不能采用拉削加工。

所以，拉削一般只用于大批量生产、有较高要求的通孔的终加工。

4. 磨孔

磨孔是用砂轮对已经粗加工或半精加工的孔进行进一步精加工的方法。磨孔可分为粗磨和精磨，精磨的精度可达IT7，表面粗糙度 Ra 为 $1.6~0.4\mu m$。

与铰孔相比，磨孔有以下特点：

1）磨削的适应性广。可以用同一砂轮磨削一定直径范围的内孔，尤其是非标准孔径的孔。但不适宜于小孔与深孔的加工，这是因为砂轮直径受孔径限制，砂轮轴直径小，悬伸长，刚性差。

2）不仅能磨削普通钢件和铸铁件，也能磨削淬火钢等硬度很高的材料。但不适于磨削有色金属。

3）不仅能保证孔本身的尺寸精度和表面质量，还可提高位置精度和形状精度，纠正原孔的轴线偏斜。

4）生产率比铰孔低。

5. 孔的研磨和珩磨

研磨和珩磨是对精镗、精铰或精磨后的孔进一步做光整加工的常用方法。

研磨孔的精度可达IT7~IT6，表面粗糙度 Ra 为 $0.1~0.008\mu m$，还能部分提高孔的形状精度。

研磨孔的特点与研磨外圆面相似。

珩磨孔的尺寸精度、表面粗糙度与形状精度与研磨孔相同。

珩磨孔的特点主要有：

1）生产率较高。珩磨时可以有多个磨条同时参与磨削，磨条与孔接触面大，轴向往复运动速度较高，表面质量好。但它不能纠正孔的位置误差。

2）珩磨适应范围广。可加工直径为 $\phi8~\phi500mm$、甚至更大的孔，并可加工塑性较大的有色金属。

珩磨已广泛用于汽车、拖拉机、机床、军工等产业部门，如发动机气缸体和气缸套、液压缸、枪炮的筒孔等的光整加工。

7.2.2.3　孔加工方案的选用

拟订孔加工方案的原则与外圆面相同，即首先要满足加工表面的技术要求，同时还要考虑经济性和生产率。但拟订孔的加工方案要比外圆面复杂得多，因为：

1）孔的类型很多，各种孔的功用不同，使得孔径、长径比及技术要求等各方面差异很大。另外，孔加工刀具受孔径及长度的限制，刀体一般呈细长形，刚性差，切削条件也较恶劣，因而加工孔要比加工同样质量要求的外圆困难。

2）加工外圆面的基本方法只有车削、磨削和光整加工几种，而常用的孔加工方法则有钻、扩、铰、镗、拉、磨和光整加工等多种，每一种方法都有一定的应用范围和局限性。因而在拟订加工方案时，要根据孔的尺寸、技术条件、零件材料及生产条件等众多因素做综合考虑，才能选择出合理的加工方法。

3）带孔零件的结构和尺寸是多种多样的，除回转体零件外，还有大量其他类型的零件。即使采用相同的孔加工方法，又可在不同的机床上进行。因而在拟订方案时，还需根据具体情况才能选出合适的机床和装夹方式。

各类常用机床可以使用的孔加工方法总结见表7-1。

表7-1　　　　　　　　　　　　　　常用的孔加工机床及加工方法

机床	钻	扩	铰	镗	拉	磨	研磨	珩磨
车床	⊕	⊕	⊕	○			⊕	
钻床	○	○	○	⊖			⊕	⊖
镗床	⊕	⊕	○	○				
铣床	⊖	⊖	⊖	⊖				
磨床						○		
拉床					○			
研磨机床							○	
珩磨机床								○

注：○为最适用的机床；⊕为较适用的机床；⊖为可使用的机床。

孔加工的方案流程如图7-19所示，图中还列出了可能达到的加工精度和表面粗糙度。

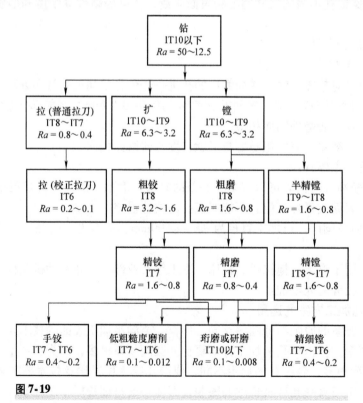

图7-19

孔的加工方案流程框图

关于孔加工方案的选用，做如下几点说明：

1）在实体材料上加工孔，必须先钻孔。若是已铸出或锻出的孔，则可直接进行扩或精镗加工。

2）普通钢件和铸件上中等精度（IT8～IT7）和表面粗糙度 Ra 为 $1.6～0.4\mu m$ 要求的孔加工，可以有以下几种选择方案：

① 孔径小于 $\phi10mm$ 时，一般的要求可采用钻→粗铰→精铰方案。

② 孔径大于 $\phi10mm$ 时，宜采用钻→扩→铰，这是因为扩孔钻的直径一般均大于 $\phi10mm$。

③ 孔径大于 $\phi30mm$ 时，若长径比较小，钻后的半精加工常用镗孔，这是因为镗孔虽然生产率较低，但适应范围广，费用低，且能有效地消除前道工序造成的孔轴线的偏斜，特别适合用于位置精度和形状精度要求高的孔。半精镗后的精加工可采用铰、磨和精镗。回转体零件常用铰或磨，箱体支架类零件常用铰或精镗。在大批量生产中，盘类和套类零件的短通孔，则常采用钻→拉方案，以提高效率。若长径比较大时，则可采用钻→扩→铰方案，而不宜用刀杆刚性差的镗和磨。

④ 孔径大于 $\phi80mm$ 时，一般不采用扩、铰或拉的方法，因为这些方法使用的都是定径刀具，尺寸太大的刀具不经济也不好用，所以一般采用钻后全部镗削的方案，或是钻→镗→磨方案。

3）淬火钢件中的孔加工，应在淬火前完成粗加工与半精加工，方法与以上所述相同。淬火应安排在半精加工与精加工之间。淬火后的精加工应采用磨削，它可以消除变形，以达到技术要求。所以加工方案一般为钻→镗→（淬火）→磨。

4）较精密的孔（精度在IT7级以上，表面粗糙度 Ra 在 $0.4\mu m$ 以下）的加工，应在精加工之后进行光整加工。因为珩磨生产率高，加工范围广，并可加工深孔，所以生产批量较大或孔径较大时，应优先选用珩磨。研磨对大、小孔都可加工，但受生产率和设备条件限制，适宜用于单件或小批量的加工。

5）对于有色金属，其精密加工和光整加工一般不宜采用磨削和珩磨，而常采用精镗、精细镗、精铰或研磨等方法。

7.2.3　平面的加工

平面是盘形和板形零件的主要表面，也是箱体类零件的重要表面之一。平面加工的技术要求主要有：

1）形状精度。如直线度和平面度。

2）位置精度。如平面之间或平面与其他表面之间的平行度和垂直度。

3）表面质量。如表面粗糙度、表面层的加工硬化、残余应力、金相组织等。

按平面的结构和用途，可以将平面分为以下几种类型：

1）固定联接平面。一般为两个零部件联接的结合面，如减速箱体和箱盖的联接面，技术要求有高有低。

2）导向平面。如机床的导轨面，两部件通过它互相配合并相对运动，因此要求具有良好的导向精度，技术要求一般均较高。

3）端面。是指各种回转体零件上与其回转轴线垂直的平面，多起定位作用。对位置精度和表面粗糙度有较严格的要求。

4）板形零件平面。如平行垫铁工作面等，技术要求一般较高。精密平板、量块等测量工具的测量平面，其技术要求极高。

7.2.3.1 平面的切削加工

平面的加工方法较多，有车削、刨削、插削、拉削、铣削、磨削和光整加工的研磨及刮研等。其中车削的方法和特点与外圆面相似，主要用于加工回转体零件的端面。

1. 刨削

刨削是刨刀在牛头刨床或龙门刨床上与工件做相对直线往复切削的平面加工方法，是平面的主要加工方法之一。

刨削平面可分为粗刨、精刨和宽刀精刨。精刨的加工精度可达 IT9 ~ IT8，表面粗糙度 Ra 为 6.3 ~ 1.6 μm。宽刀精刨的精度可达 IT7，表面粗糙度 Ra 为 1.6 ~ 0.4 μm。

刨削平面的工作特点主要有：

1）适应性好。机床和刀具结构简单，调整方便，可加工多种结构的零件，费用较低。

2）生产率较低。刨刀往复行程中的回程不切削，增加了辅助时间。刨刀切入和切出工件时，冲击现象严重，限制了刨削速度的提高。对于狭长平面的加工，或是多件、多刀加工时，生产率较高。

3）加工精度较低。

因此，刨削通常可作为重要平面的粗加工工序，也可作为较低要求平面的最终加工。

插削也可看作是刨削的一种，只是插刀做垂直方向往复运动的切削。插削主要用于加工工件的内表面，生产率与加工精度较低。

2. 铣削

铣削也是平面的主要加工方法之一。铣削可分为粗铣、精铣和高速精铣。精铣的加工精度可达 IT9 ~ IT8，表面粗糙度 Ra 为 6.3 ~ 1.6 μm；高速精铣更可达 IT7 ~ IT6，表面粗糙度 Ra 为 0.8 ~ 0.4 μm。

铣削平面的工作特点主要有：

1）铣削的适应性比刨削更广。铣削方式很多，铣刀种类也多种多样，加之铣床附件多，除了能加工各种平面，还能进行许多刨削无法完成的工作，如加工键槽，等分平面等。

2）生产率高。铣刀是典型的多齿刀具，同时参加切削的齿数多，且无空行程。铣刀做旋转主运动，可实现高速切削。但加工狭长平面时，铣削的生产率一般要低于刨削。

3）加工质量一般与刨削相近。

4）铣削力变化较大，易产生振动，切削不平稳。铣刀刀齿切入与切出时会产生冲击，工作齿数不稳定，且每个刀齿的切削厚度是变化的。

5）铣刀与铣床结构比刨刀与刨床复杂，且铣刀的制造和刃磨也比刨刀复杂，故铣削成本比刨削高。

3. 拉削

平面拉削的特点与内孔拉削相似，生产率与加工质量高，而且对前道工序要求不高。拉削平面主要适用于大批量生产。

平面拉削是一种精加工方法，加工精度可达 IT7 ~ IT6，表面粗糙度 Ra 为 0.8 ~ 0.2 μm，可作为中等精度要求的平面的最终加工，但不适合加工有障碍的平面。

4. 磨削

平面磨削是平面精加工的主要方法，一般都在铣、刨削的基础上进行。

精磨后平面的精度可达 IT6 ~ IT5，表面粗糙度 Ra 为 $0.8 ~ 0.2\mu m$。此外，粗磨还可作为粗加工来代替铣削或刨削。

与内、外圆磨削一样，平面磨削具有加工质量高、磨削温度高等特点。同时，由于平面磨床结构简单，工件装夹可靠，机床—砂轮—工件的系统刚性高，加工质量和生产率比前两种都高。另外，平面磨削可实现多件同时磨削，特别是加工中小型零件，生产率更高。

5. 刮研

刮研是利用刮刀在工件表面上刮去很薄一层金属的光整加工方法，一般是在精刨之后进行。刮研可以获得很高的表面质量：表面粗糙度 Ra 为 $1.6 ~ 0.4\mu m$，平面的直线度可达 $0.01mm/m$。

刮研的特点主要有：

1）成本低。刮研不需要复杂的设备和工具，手持刮刀即可进行加工。

2）生产率很低，劳动强度大。刮研一般是用手工操作，且每一平面需重复多次刮研加工。

3）刮研能提高两平面的配合精度，又能在两平面间形成储油空隙，所以能提高工件的耐磨性。

4）刮刀常用碳素工具钢制作，故一般只能刮研未淬火的钢及铸铁、有色金属等。

刮研多用于单件或小批量生产和修配工作，如加工表面要求高的固定联接面、导向面及大型精密平板、直尺等。在大批量生产中，刮研多为专用磨床的磨削和宽刀精刨所代替。

6. 研磨

研磨是常用的平面光整加工方法之一。平面研磨后，能获得很高的精度和很小的表面粗糙度。研磨后两平面间的尺寸精度可达 IT5 ~ IT3，表面粗糙度 Ra 为 $0.1 ~ 0.008\mu m$，而且平面度和直线度也有提高。研磨平面的特点与研磨外圆和孔相似，常用来加工小型平板、直尺及量块的测量平面。

7.2.3.2 平面加工方案的选用

平面加工方案流程如图 7-20 所示。图中还列出了各种加工方法所能达到的加工精度等级和表面粗糙度 Ra 值的范围。

与外圆面和孔加工相似，在选择平面的加工方案时，除了考虑平面的技术要求外，还应考虑零件的结构与尺寸、材料性能、热处理要求及生产条件等。关于加工方案的选用，有如下几点说明：

1）对于要求不高的平面，采用粗刨、粗铣或粗车等方法即可。但对于要求表面光滑的平面，需再进行精加工和光整加工。

2）板形零件的平面，常采用铣或刨加磨的方案。无论零件有无热处理要求，精加工一般都采用磨削，这比单一的铣或刨更为经济。平板、平尺和量块等精密测量平面，还需进一步研磨。

3）回转体零件的端面加工，应与零件的外圆和孔加工结合进行，常采用粗车→半精车→精磨方案。

4）箱体支架类零件的固定联接平面，当要求中等精度和表面质量时，常采用粗铣

（刨）→精铣（刨）的方案。其中窄长平面宜用刨削，宽度大的平面宜用铣削，以利于提高生产率。要求更高的平面，还需进行磨削或刮研。

5）各种导向平面，如机床导轨面或其他重要的联接面，常用粗刨→精刨→宽刀精刨或刮研方案。

6）单件或小批量生产中加工内平面，常采用粗插→精插。但插削前需预先开孔。

7）大批量的生产中，面积不大、技术要求较高的平面或内平面，则常采用粗铣（粗插）→拉削的方案，以提高生产率。

8）有色金属零件由于硬度低、韧性大，不宜采用刨削和磨削等方法，应采用粗铣→精铣→高速精铣方案。

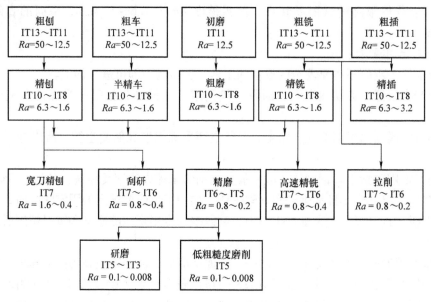

图 7-20

平面的加工方案流程框图

7.2.4　成形表面的加工

机械设备中，有些零件的表面不是简单的圆柱面、圆锥面或平面，而是复杂的成形表面，如凸轮、叶片等。本节讨论它们的切削加工方法。

成形表面按其几何特征，一般可分为：

1）回转成形面。由一条曲线作准线绕一固定轴线旋转而成。

2）直线成形面。由一条直线作准线沿一条曲线平行移动而成。

3）立体成形面。零件各个断面具有不同的轮廓形状。

与其他表面类似，成形表面的技术要求也包括尺寸精度、形状精度及位置精度和表面质量等。但成形表面往往是为了实现某一特定功能而设计的，因此表面的形状要求十分重要。所以加工时，刀具的切削刃形状和切削运动，应首先满足表面形状的要求。

一般的成形面，通常可分别用车削、铣削、刨削、拉削或磨削等方法加工。问题的核心是所采用的刀具，由此可分为采用成形刀具和简单刀具两种基本方式。

7.2.4.1　成形刀具加工成形面

采用成形刀具是指用切削刃的形状与工件轮廓形状完全相同的刀具直接加工出成形面。加工时，刀具相对于工件做简单的直线进给运动。例如用成形车刀车成形面和用成形铣刀铣成形面，分别如图 7-21 和图 7-22 所示。

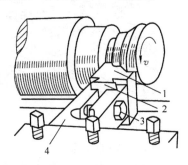

图 7-21
用成形车刀车成形面
1—成形车刀　2—燕尾
3—夹紧螺钉　4—夹持体

图 7-22
用成形铣刀铣成形面

用成形刀具加工成形面常用的方法有：

1）车成形面。用成形车刀来加工回转体内、外成形面。

2）铣成形面。用成形铣刀来加工直线成形面。

3）刨成形面。用成形刨刀来加工尺寸较小、形状简单的直线成形面。

4）拉成形面。用成形拉刀来加工大批量生产中的内、外直线成形面。

5）用成形砂轮磨成形面。

成形刀具加工的特点主要有：

1）加工质量稳定。工件成形面的精度取决于刀具的精度。各工件被加工表面形状、尺寸的一致性和互换性较好。

2）生产率高。

3）刀具费用高。成形刀具的设计、制造和刃磨都较复杂。

4）刀具寿命长。成形刀具的可重磨次数较多。

5）切削力较大。要求机床和工件刚性好。

7.2.4.2　简单刀具加工成形面

简单刀具加工成形面就是利用普通刀具对工件特定的相对运动来加工成形面。加工时，刀具或工件的进给运动不止一个。它可以用手动控制加工，也可以用靠模或仿形装置进行控制加工。

用手动控制加工时，由人工操纵机床，使刀具相对于工件做成形运动，从而加工出成形面。这种方法的设备和刀具都比较简单，成形面的形状和大小也不受限制，但要求工人有较高的技术水平。一般来说，加工的质量不高，生产率低，只适合在单件或小批量生产中采用，或是作为成形面的粗加工工序。

用靠模或仿形装置进行加工如图 7-23 所示。这种方法的加工精度高，生产率也高，但设备与靠模较复杂，成本高，主要用于成批生产中加工较高要求的成形面。

7.2.4.3　成形面加工的工艺特点

成形面的几何形状复杂，加工方法及路线
要比外圆面、孔及平面复杂很多。

1）回转成形面较为简单，常用车削加工。
当精度和表面粗糙度要求较高时，再进行磨削。

2）直线成形面较复杂，外成形面的粗加
工，可用铣削或刨削，精加工则要用磨削或研
磨；内成形面的粗加工多用铣削或插削，精加
工则由钳工做修整，某些内成形面也可用磨削
加工。

3）立体成形面更加复杂。粗加工只能用
铣削，精加工大多是由钳工修整、研磨或抛光。

常用的成形面加工方法及其采用的机床、
加工条件和适用范围见表7-2。表中对磨削加工还列出一些很先进的设备，如光学曲线磨床
和数控坐标磨床。

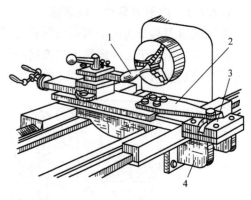

图7-23

利用靠模车削成形面
1—工件　2—连板　3—靠模　4—托架

表7-2　　　　　　　　　　　　　常用的成形面加工方法

加工方法		加工精度	表面粗糙度	生产率	机　床	适用范围
成形面的切削加工	成形刀具加工					
	车削	较高	较小	较高	车床	成批生产尺寸较小的回转成形面
	铣削	较高	较小	较高	铣床	成批生产尺寸较小的外直线成形面
	刨削	较低	较大	较高	刨床	成批生产小尺寸的外直线成形面
	拉削	较高	较小	高	拉床	大批量生产各种小型直线成形面
单刀具加工	手动进给	较低	较大	低	各种普通机床	单件小批生产各种成形面
	靠模装置	较低	较大	较低	各种普通机床	成批生产各种直线成形面
	仿形装置	较高	较大	较低	仿形机床（价格较贵）	单件小批生产各种成形面
	数控装置	高	较大	较高	数控机床（价格昂贵）	单件及中、小批生产各种成形面
成形面的磨削加工	成形砂轮磨削	较高	小	较高	平面磨床，工具磨床，外圆磨床，附加成形砂轮修整器（通用）	成批生产加工外直线成形面和回转成形面
	成形夹具磨削	高	小	较低	成形磨床，平面磨床，附加成形磨削夹具（通用）	单件小批生产加工外直线成形面
	光学曲线磨床磨削	高	小	较低	光学曲线磨床（价格贵）	单件小批生产加工外直线成形面
	砂带磨削	高	小	高	砂带磨床	各种批量生产加工外直线成形面和回转成形面
	连续轨迹数控坐标磨削	很高	很小	较高	坐标磨床（价格昂贵）	单件小批生产加工内、外直线成形面

随着科学技术的发展，成形面的加工已由单纯的切削加工方法发展到采用特种加工、塑性加工、精密铸造和数控加工等多种加工方法。这些方法均能不同程度地提高加工质量和生产率。

7. 2. 5　螺纹的加工

螺栓、丝杠在各类机械中的作用是人所共知的。本节将讨论螺纹这种特定的成形表面的加工。螺纹根据其用途的不同可分为两大类：

（1）联接螺纹　它用于零件间的固定联接。常用的普通螺纹和管螺纹等，螺纹牙型一般为三角形。

（2）传动螺纹　它用于传递动力、运动和位移。其牙型一般为梯形、锯齿形或方形，如机床丝杠的螺纹。三种不同的螺纹牙型如图 7-24 所示。

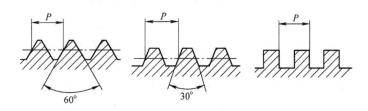

图 7-24

螺纹的三种牙型

7. 2. 5. 1　螺纹的几何参数及精度

螺纹总是成对使用的，也即总是由外螺纹与内螺纹相配合使用的。为了达到正确的配合，螺纹应具备下列五个基本几何要素，如图 7-25 所示。

1）大径 d 或 D。外螺纹为牙顶直径，内螺纹为牙底直径（小写字母表示外螺纹，大写字母表示内螺纹，以下同）。

2）小径 d_1 或 D_1。外螺纹为牙底直径，内螺纹为牙顶直径。

3）中径 d_2 或 D_2。轴向断面上牙厚等于牙间距的圆柱直径。

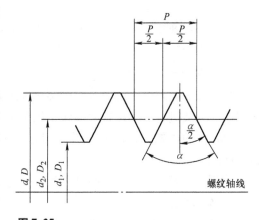

图 7-25

螺纹的几何要素

4）螺距 P。相邻两螺纹牙平行侧面间的轴向距离。

5）牙型半角 $\alpha/2$。普通螺纹的 $\alpha/2 = 30°$。

其中螺距、牙型半角和中径对螺纹配合精度影响最大，称为螺纹三要素。

螺纹与其他表面一样，也有一定的尺寸精度、形状和位置精度以及表面质量等技术要求，由于螺纹的用途和使用要求不同，其技术要求也各不相同。

1）联接螺纹和无传动精度要求的传动螺纹，一般只要求中径和顶径的精度。普通螺纹的主要要求是可旋入性和联接的可靠性，管螺纹的主要要求是密封性和联接的可靠性。

2）有传动精度要求或用于读数的螺纹，除要求中径和顶径的精度外，还要求螺距和牙型角的精度。对螺纹表面的表面粗糙度和硬度也有较高的要求。

7.2.5.2 螺纹的加工方法

螺纹的加工方法很多。选择螺纹的加工方法时，应考虑工件的结构形状、螺纹牙型、螺纹的尺寸和精度、工件材料、热处理及生产条件等多方面因素。常用的螺纹加工方法，包括可能达到的加工质量和适宜的生产条件，列于表7-3。

表 7-3   常用的螺纹加工方法

螺纹类别	加工方法		加工精度	表面粗糙度 $Ra/\mu m$	适用生产范围	附　注
外螺纹	板牙套螺纹		8	6.3 ~ 3.2	各种批量	可加工淬硬的外螺纹
	车削		4 ~ 8	3.2 ~ 0.4	单件小批量	
	铣削		6 ~ 8	6.3 ~ 3.2	大批量	
	磨削		4 ~ 6	0.4 ~ 0.1	各种批量	
	滚压	搓丝板	6 ~ 8	1.6 ~ 0.8	大批量	
		滚丝轮	4 ~ 6	1.6 ~ 0.2	大批量	
内螺纹	攻螺纹		6 ~ 7	6.3 ~ 1.6	各种批量	
	车削		4 ~ 7	3.2 ~ 0.4	单件小批量	
	铣削		6 ~ 7	6.3 ~ 3.2	成批大量	
	拉削		7	1.6 ~ 0.8	大批量	采用拉削丝锥，适于加工方牙及梯形螺孔
	磨削		4 ~ 6	0.4 ~ 0.1	单件小批量	适用于直径大于 30mm 的淬硬内螺纹

1. 攻螺纹和套螺纹

攻螺纹和套螺纹是应用较广的螺纹加工方法。单件或小批量生产中，常用手用丝锥或板牙以手工方式进行攻螺纹或套螺纹；批量生产时，可在机床上进行加工。

小尺寸的内螺纹，攻螺纹几乎是唯一有效的加工方法。套螺纹的螺纹直径一般不超过 16mm。

攻螺纹和套螺纹的加工精度较低，故主要用于加工精度要求不高的普通螺纹。

2. 车削螺纹

车削螺纹是螺纹加工的基本方法之一。它的适应性很广，使用的设备和刀具简单，可加工各种形状、尺寸及精度的非淬硬钢的内、外螺纹，特别适于加工尺寸较大的螺纹。车削螺纹的精度可达 4 级，表面粗糙度 Ra 可达 $0.4\mu m$。但车削螺纹的生产率低，对工人的技术水平和机床及刀具的精度要求均较高，一般仅适于单件或小批量生产。

3. 螺纹梳刀

当生产批量较大时，为提高生产率，常采用螺纹梳刀进行加工。螺纹梳刀实际上就是一种多齿的螺纹车刀。这种加工方法只需一次走刀就能车出全部螺纹，所以生产率较高。但螺纹梳刀不能加工精密螺纹和附有轴肩的工件。

4. 铣削螺纹

铣削螺纹的生产率比车削螺纹高，在成批生产中应用广泛。铣削可用来加工未经淬火的内、外螺纹，但精度不高。它仅适宜于加工一般精度的螺纹，或是作为精密螺纹的预加工。

铣削螺纹一般是在专门的螺纹铣床上进行，根据铣刀的结构不同，可分为三种方法：

1）盘形螺纹铣刀铣削。铣刀轴线与工件轴线倾斜成 γ 角（即升角）。铣刀做快速旋转运动，同时工件和刀具做相应的螺旋进给运动。这种方法的加工精度不高，一般只用作粗加工。它适于加工大螺距的长螺纹，如丝杠、螺杆等。

2）梳形螺纹铣刀铣削。它可看成是多个盘形铣刀的组合。它的生产率较高，但加工精度和盘形铣刀相仿。它一般用于加工短而螺距不大的三角形内、外螺纹。

3）铣刀盘旋风铣削。它是用装在特殊旋转刀盘上的硬质合金刀头进行高速（17 ~ 50r/s）铣削。因其高速而称为旋风，它的生产率可比普通铣削高 2 ~ 8 倍，加工精度可达 6 ~ 8 级，表面粗糙度 Ra 为 1.6μm，常用于大批量生产螺杆和丝杠。

5. 磨削螺纹

螺纹的磨削是一种高精度的螺纹加工方法，一般在专门的螺纹磨床上进行。它主要用于加工淬火后具有高硬度的高精度螺纹，磨削后螺纹的精度可达 4 级，表面粗糙度 Ra 为 0.4 ~ 0.1μm。

螺纹在磨削前可用车或铣等方法进行粗加工。小螺距的螺纹也可不经粗加工，在热处理后直接磨出。

外螺纹的磨削方法有两种：

1）单线砂轮磨削。这种方法与盘形螺纹铣刀加工相仿。单线砂轮磨削的加工精度高，砂轮修整和机床调整较方便，适于加工各种螺距和长度的螺纹，但生产率较低。直径大于 25mm 的内螺纹，也可用单线砂轮磨削。

2）多线砂轮磨削。这种方法与梳形螺纹铣刀加工相仿。多线砂轮磨削生产率高，但加工精度较低，砂轮修理困难，只适于磨削升角较小、长度较短的螺纹。

6. 滚压螺纹

滚压螺纹是一种在常温下使工件材料产生塑性变形的无屑加工方法。常用的方法有搓丝板滚压和滚丝轮滚压两种，如图 7-26 所示。

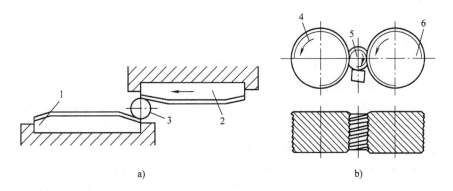

图 7-26

滚压螺纹示意图

a）搓丝板滚压   b）滚丝轮滚压

1—下搓丝板   2—上搓丝板   3、5—工件   4—左丝轮   6—右丝轮

1）搓丝板滚压。搓丝板由上、下两搓丝板组成，工作面的截面形状应与被加工螺纹相同，但方向相反。两板的螺纹应错开半个螺距。工作时，下板固定，上板做直线往复运动。

2）滚丝轮滚压。两个丝轮工作面的截面形状应与被加工螺纹相同，但方向相反。两轮的螺纹应错开半个螺距。滚丝轮在带动工件旋转的同时，做渐进式的径向进给运动。

滚丝与搓丝相比，滚丝压力小，且滚丝轮工作表面经热处理后可在螺纹磨床上精磨，因此滚丝的加工精度高，表面质量好。但滚丝的生产率比搓丝低。

与切削螺纹相比，滚压螺纹具有生产率高，螺纹强度和硬度高，表面粗糙度低，材料利用率高和加工费用低等优点。

但滚压螺纹对工件毛坯尺寸精度要求高，而且一般只能加工小直径的外螺纹，并且是塑性较好、硬度不高的材料，也不宜加工薄壁的管件。

7.2.6　齿轮齿形的加工

齿轮是机器中传递运动和动力的重要零件。常用的齿轮有圆柱齿轮、锥齿轮和蜗轮等。圆柱齿轮应用最广，又可分为直齿、斜齿和人字齿轮。齿轮的齿廓有渐开线、摆线和圆弧等，但常用的是渐开线齿轮。这里主要介绍渐开线圆柱齿轮的加工。

7.2.6.1　齿轮的精度

齿轮的加工精度对机械的工作性能、承载能力和使用寿命有很大影响。根据齿轮传动的特点和不同用途，对其精度提出以下三个组别的不同要求：

1）运动的准确性，或称为第Ⅰ公差组。要求齿轮在一转范围内，最大的转角误差应限制在一定范围内，以保证传递运动的准确性。

2）传动的平稳性，或称为第Ⅱ公差组。要求齿轮传动的瞬时速比变化小，以免引起冲击和噪声。

3）载荷分布的均匀性，或称为第Ⅲ公差组。要求齿轮啮合时齿面接触良好，以免引起载荷集中，造成齿面局部磨损，影响齿轮寿命。

在圆柱齿轮传动公差标准 GB/T 10095—2008 中，将渐开线圆柱齿轮的精度分为13级，其中0~2级是远景级，目前尚难达到；3~6级为高精度级，7~8级为中等精度级，9~12级为低精度级。

一对齿轮啮合时，非工作的齿面间应具有一定的间隙，以便储存润滑油，并补偿齿轮因传动受力的弹性变形与热膨胀，以及补偿齿轮制造和安装的误差。

侧隙的大小与齿轮精度等级无关，它是根据齿轮的工作条件，用齿厚偏差或公法线平均长度偏差来控制的。标准规定共14档，并以 C、D、E、F、G、H、J、K、L、M、N、P、R、S 表示，其偏差量依序递增。

7.2.6.2　齿轮的加工方法

圆柱齿轮的加工，按齿形的形成原理不同可分为两大类：一类是成形法，即用与齿轮的齿槽形状相符的成形刀具切出齿形，如铣齿、拉齿和成形磨齿等；另一类是展成法，也称为包络法，齿轮刀具与工件按齿轮副的啮合关系做对滚运动，工件的齿形由刀具切削刃包络而成，如滚齿、插齿、剃齿等。一般来说，展成法的加工精度比成形法高。

常用的齿轮加工方法，包括可能达到的加工质量、生产设备及其应用范围列于表7-4。

表 7-4　　　　　　　　　　　　　常用的齿轮加工方法

加工方法	加工原理	加工质量		生产率	设备	应用范围
		精度等级	齿面的表面粗糙度 $Ra/\mu m$			
铣齿	成形法	9	6.3~3.2	比插齿、滚齿低	普通铣床	单件修配生产中，加工低精度外圆柱齿轮、锥齿轮、蜗轮
拉齿	成形法	7	1.6~0.4	高	拉床	大批量生产7级精度的内齿轮，因齿轮拉刀制造甚为复杂，故少用
插齿	展成法	8~7	3.2~1.6	一般比滚齿低	插齿机	单件和成批生产中，加工中等质量的内、外圆柱齿轮，多联齿轮
滚齿	展成法	8~7	3.2~1.6	较高	滚齿机	单件和成批生产中，加工中等质量的外圆柱齿轮、蜗轮
剃齿	展成法	7~6	0.8~0.4	高	剃齿机	精加工未淬火的圆柱齿轮
珩齿	展成法	改善不大	0.8~0.4	很高	珩齿机	光整加工已淬火的圆柱齿轮。适用于成批和大量生产
磨齿	成形法，展成法	6~3	0.8~0.2	成形法高于展成法	磨齿机	精加工已淬火的圆柱齿轮

1. 铣齿

　　铣齿加工是采用成形法，它是利用成形齿轮铣刀在铣床上加工齿轮齿形的方法，如图7-27所示。加工时，工件安装在分度头上，铣刀做旋转主运动切削，工件做直线进给。加工完一个齿槽后，对工件做分度转位，再铣下一个齿槽。

　　由于模数相同而齿数不同的齿轮，其渐开线齿形的曲率也不同，所以齿槽形状各不相同。为减少标准刀具的数量，节省费用，同一模数的成形铣刀，一般做成8把或15把，每把铣刀只能铣削一定齿数范围的齿轮，具体情况见表7-5。某一刀号的铣刀齿形，与其加工齿数范围中最小齿数

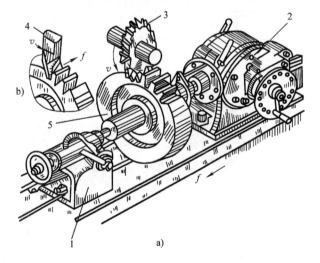

图 7-27

铣齿示意图
a) 盘形铣刀　b) 指形铣刀
1—尾架　2—分度头　3—盘形模数铣刀
4—指形模数铣刀　5—工件

的齿槽形状相同，因此对其他齿数的齿轮，只能加工出近似的齿形。

表 7-5   盘形齿轮铣刀刀号与铣齿范围

刀号	1	2	3	4	5	6	7	8
加工齿数范围	12 ~ 13	14 ~ 16	17 ~ 20	21 ~ 25	26 ~ 34	35 ~ 54	55 ~ 134	134 以上及齿条
齿形								

铣齿加工的特点主要有：

1）成本低。铣齿可在普通铣床上进行，刀具简单。

2）生产率较低。由于铣刀每切一个齿槽，都要重复消耗切入、切出、退刀及分度等辅助时间，所以效率不高。

3）加工质量低。铣齿只能切出近似的齿形，齿形误差大；分度头分度精度低，会引起分齿不均；铣刀杆刚性差，铣削冲击和振动较大。所以铣齿精度仅能达到9级，表面粗糙度 Ra 为 $6.3 \sim 3.2\mu m$。

铣齿一般用于加工直齿、斜齿和人字圆柱齿轮及齿条等，仅适用于单件或小批量生产，或是维修中加工低精度的低速齿轮。

2. 滚齿

滚齿是用滚刀在滚齿机上按展成原理来加工齿轮的方法，是齿轮的主要加工方法之一。

滚刀相当于一个齿数很少、螺旋角很大的斜齿轮。由于轮齿很长，绕轴线几周，因而成为蜗杆状。滚刀与待加工的齿轮相当于一对斜齿轮啮合。当滚刀绕自身轴线转动时（图7-28a），相当于假想齿条做轴向移动（图7-28b），因而待加工的齿轮绕自身轴线做相应转动。滚刀不停转动，即可连续地切出齿轮齿形。

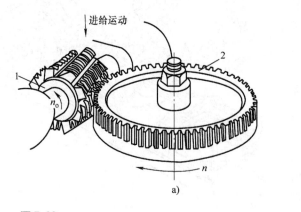
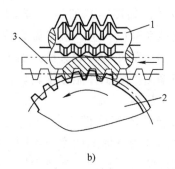

图 7-28

滚齿与滚齿原理示意图

1—滚刀 2—工件 3—假想齿条

齿条与同模数、不同齿数的渐开线齿轮都能正确啮合，故用滚刀滚切同一模数、任何齿数的齿轮，都能获得所要求的齿形。

与铣齿相比，滚齿的特点主要有：

1）齿形精度和分齿精度高。因为滚齿不存在齿形误差，滚齿机的分齿运动链的精度高于铣床分度头精度。滚齿精度通常可达 8 ~ 7 级，表面粗糙度 Ra 为 3.2 ~ 1.6 μm。

2）生产率高。滚齿的分度运动和切削运动是同时进行的，效率高。

3）设备和刀具复杂，费用高。

滚齿适用于生产各种批量的直齿、斜齿圆柱齿轮和蜗轮，但不能加工内齿轮和相靠很近的多联齿轮。

3. 插齿

插齿也是展成法加工齿轮的一种方法，是根据齿轮的啮合原理进行加工的。

根据齿轮啮合原理，一个齿轮可以与同一模数的任何齿数的齿轮相啮合。如果把其中一个齿轮的轮齿做出前角和后角以形成切削刃，就成为插齿刀。插齿刀和待加工的齿坯工件做强制的啮合运动，并做上下往复切削，就能在齿坯上切出齿形来。其工作情况如图 7-29 所示。

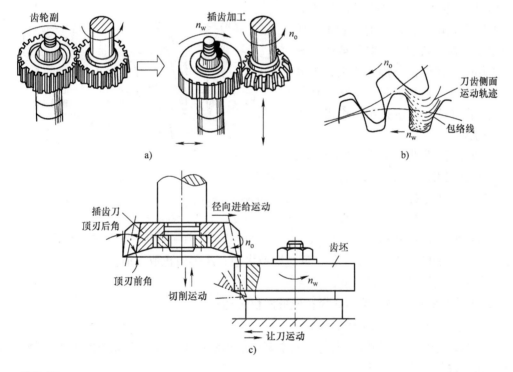

图 7-29

插齿与插齿原理示意图

a) 插齿原理　b) 插齿刀刀齿侧面运动轨迹及其包络线　c) 插齿运动

插齿加工的特点主要有：

1）加工质量与滚齿相近。插齿的精度和表面粗糙度与滚齿相同。但插齿机运动链较复杂，故插齿的运动精度比滚齿低。另外，插齿刀制造和刃磨较为方便，齿形较精确，插齿时切削刃包络形成的齿形更接近渐开线，故齿形精度比滚齿高。

2）生产率比滚齿低，但比铣齿高。

3）插齿刀与待加工的齿轮属平行轴间齿轮啮合，不易加工斜齿轮。但插齿能完成某些其他方法不能完成的工作，如加工内齿轮、人字齿轮和相靠很近的多联齿轮等。

4. 剃齿、磨齿及珩齿

（1）剃齿 剃齿也是采用展成法加工齿轮，是齿轮精加工的方法，用来加工已经经过滚齿或插齿但未经淬火的直齿和斜齿圆柱齿轮。剃齿后的精度可达7～6级，表面粗糙度 Ra 为 $0.8～0.4\mu m$。

剃齿的生产率很高。剃齿是在专门的剃齿机上进行的，刀具与工件之间不需要做强制的啮合运动，故不能提高齿轮的运动精度。而滚齿的运动精度比插齿略高，因此剃齿前的齿轮常用滚齿加工。

（2）磨齿 磨齿是齿轮齿形精加工的主要方法，可加工淬硬和未淬硬的齿轮。

磨齿的最大优点在于能纠正齿形预加工的各项误差，所以加工精度比其他方法都高，精度一般可达6～4级，最高可达3级，表面粗糙度 Ra 为 $0.8～0.2\mu m$。

磨齿加工按其原理也可分展成法和成形法两种。

1）展成法磨齿。它是根据齿轮和齿条的啮合原理进行加工的。砂轮工作面修整成假想齿条的一个侧面或两个侧面。工作时，假想齿条静止不动，被磨齿轮的分度圆沿假想齿条的节线做往复纯滚动。图7-30a所示是用两个碟形砂轮进行磨齿。

2）成形法磨齿。它与铣齿相仿，是用两侧面已修整成渐开线的成形砂轮，对已经滚齿或插齿加工完的齿轮轮槽逐个进行磨削，如图7-30b所示。

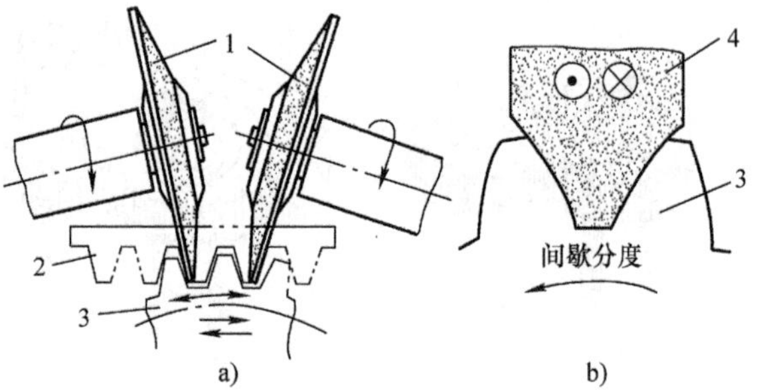

磨齿的加工余量一般为 $0.1～0.4\mu m$。

图7-30

磨齿加工示意图
a）展成法磨齿 b）成形法磨齿
1—碟形砂轮 2—假想齿条 3—工件齿轮 4—成形砂轮

模数小和淬火变形小的齿轮取小值，反之则取大值；磨斜齿也取大值。

两种磨齿法的特点比较如下：

1）展成法的精度高，可达3级；成形法仅可达6级。

2）展成法的生产率低于成形法。

3）展成法要有专门的磨齿设备，成本高；成形法则可在花键磨床或配上砂轮修整器的工作磨床上进行，成本较低。

（3）珩齿 珩齿是齿轮的光整加工方法，主要是减小热处理后齿面的粗糙不平，一般 Ra 可达 $0.8～0.4\mu m$，但对齿形精度改善不大。

珩齿的原理与剃齿相仿，只是用珩齿的珩磨轮代替了剃齿刀。珩磨轮是由磨料和环氧树脂等材料混合后，浇铸或热压而成的具有较高精度的斜齿轮。工作时，珩磨轮带动工件高速旋转，可磨去一薄层 $0.01～0.02mm$ 金属。

和剃齿不同，珩齿的径向进给是一次完成的。开始时，齿面压力较大，随后逐渐减少，最后接近消失，珩齿即告完成。

珩齿要用专门的珩齿机，但也可用剃齿机或改装的车、铣床代替。

7.3　切削加工工艺基础

7.3.1　生产过程和工艺过程

7.3.1.1　生产过程

生产过程是将原材料转变为成品的一系列相互关联的劳动过程的总和。机械产品的生产过程主要包括：

1）原材料的运输和保管。

2）生产技术准备。如产品的开发和设计、工艺设计、设备及工艺装备的设计和制造。

3）毛坯准备。如铸造、锻造、冲压和焊接等。

4）机械加工。它是直接改变材料、毛坯或零件半成品的尺寸和形状的生产过程。机械加工的工种很多，主要有车、铣、刨、磨等。

5）热处理。它是改变材料、毛坯或零件的物理和力学性能，使之满足加工要求或满足机器功能和性能要求的生产过程。

6）装配和调试。如组装、部装、总装和调试等。

7）表面修饰。如发黑、电镀和油漆等。

8）质量检验。它是按技术条件及各类规范对零件或机器的尺寸、形状、材料、性能、工作精度等进行检验验收的过程。

9）包装。它是为了储运和销售而对合格产品进行包装、装潢的过程。

上述生产过程是针对产品为整台机器而言的，但是一个工厂企业的生产过程不一定只针对整台机器，特别是随着专业化生产的推广，一台机器通常由几个制造厂协作完成。一个厂所完成的其专业分工的那一部分就是该厂的产品，如专业铸造厂、齿轮厂、热处理厂、减速器厂等。因此，企业（工厂或车间）的生产过程可定义为：该企业将运进的原材料、毛坯或半成品变为产品（毛坯、零件、部件、机器）的各个劳动过程的总和。

7.3.1.2　工艺过程

生产过程中，按一定顺序逐渐改变生产对象的形状（铸造、锻造等）、尺寸（机械加工）、位置（装配）和性质（热处理），使其成为预期产品的这部分主要过程称为工艺过程。工艺过程是生产过程的主要部分，其中采用机械加工的方法，直接改变毛坯的形状、尺寸和表面质量，使之成为合格零件的过程，称为机械加工工艺过程。

机械加工工艺过程是由一系列的工序组合而成的，毛坯依次通过这些工序而变为成品。

（1）工序　一个或一组工人，在一个工作地对同一个或同时对几个工件所连续完成的那一部分工艺过程，称为工序。

工序是组成工艺过程的基本单元，也是制订生产计划和进行成本核算的基本单元。

（2）工步与走刀　工步是在加工表面和加工工具（或装配）不变的情况下，所连续完成的那一部分工序。工步是工序的组成单位。

一道工序可由几个工步组成，只要加工表面或加工工具改变了，就成为另一个工步。

图7-31所示阶梯轴，其工序划分见表7-6。在工序2中，先车工件的一端，然后调头再车另一端。如果先车好一批工件的一端，然后调头再车这批工件的另一端，这时对每个工件来说，两端的加工已不连续，即使在同一台车床上加工也应视为两道工序。在工序1中，车端面和钻中心孔是两个工步；工序2中，车外圆、切槽和倒角是三个工步。

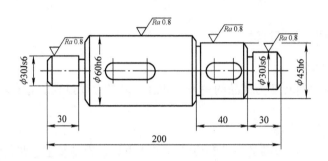

图 7-31

阶梯轴简图

表 7-6   阶梯轴工艺过程（生产量较小时）

工序号	工序内容	设 备
1	车端面，钻中心孔	车床
2	车外圆，切槽和倒角	车床
3	铣键槽，去毛刺	铣床
4	磨外圆	磨床
5	检验	检验台

为了简化工艺文件，对于那些在一次安装中连续进行的若干个相同的工步，通常都看作为一个工步。图7-32所示零件上有四个 $\phi15\text{mm}$ 的孔，在一道工序中经连续钻削而成，可视为一个工步——钻 $4 \times \phi15\text{mm}$ 孔。

在一个工步内，有时被加工表面需要切去较厚的金属层，需分几次切削，这时每进行一个切削就是一次走刀。

（3）安装与工位　在同一工序中，工件在机床或夹具中每定位和夹紧一次，称为安装。在一道工序内，工件可能安装一次或数次，安装次数越多，装夹误差越大。

工位是为了完成一定的工序内容，一次装夹工件后，工件与夹具或设备的可动部分一起相对刀具或设备的固定部分所占据的每一个位置。

工件每安装一次至少有一个工位。为了减少由于多次安装而带来的安装误差及时间损失，加工中常采用回转工作台、回转夹具或移动夹具，使工件在一次安装中先后处于几个不同的位置进行加工。图7-33所示为一利用回转工作台在一次安装中顺次完成装卸工件、钻孔、扩孔和铰孔四工位加工的例子。采用多工位加工，可减少工件的安装次数，缩短辅助时间，提高生产率。

7.3.1.3　生产纲领与生产类型

1. 生产纲领

生产纲领是指企业在计划期内应当生产的产量和进度计划。

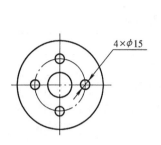

图 7-32

简化相同工步

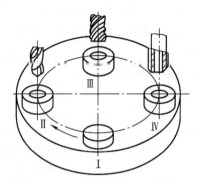

图 7-33

多工位加工

工位 Ⅰ—装卸　工位 Ⅱ—钻孔

工位 Ⅲ—扩孔　工位 Ⅳ—铰孔

　　生产纲领对工厂的生产过程和生产组织起决定性作用。它决定了各个工序所需要的专业化和自动化程度，决定了所选用的工艺方法、机床设备和工艺装备。

　　2. 生产类型

　　生产类型是指企业生产专业化程度的分类。根据产品的尺寸大小和特征、生产纲领、批量及投入生产的连续性，机械制造业的生产类型分为单件生产、成批生产和大量生产三种。

　　（1）单件生产　单件生产是指产品品种多，而每个品种的结构、尺寸不同，且产量很少，各个工作地的加工对象经常改变，而且很少重复的生产类型。例如新产品试制，工、夹、模具制造，重型机械制造，专用设备制造等都属于这种类型。

　　（2）成批生产　一年中分批地制造相同的产品，生产呈周期性的重复。例如机床制造，电动机和纺织机械的生产均属成批生产。

　　（3）大量生产　大量生产是指产品品种少、产量大，大多数工作地（或设备）经常重复地进行某零件的某一道工序的生产。例如，汽车、拖拉机、轴承、自行车、标准件等的生产都属于这种类型。

　　生产类型的划分，主要取决于产品的复杂程度及生产纲领的大小。表 7-7 所列生产类型与生产纲领的关系，可供确定生产类型时参考。

表 7-7　　　　　　　　　　　　　　生产类型与生产纲领的关系

生产类型	生产纲领（台/年或件/年）			工作地每月担负
	小型机械或轻型零件	中型机械或中型零件	重型机械或重型零件	工序数（工序数/月）
单件生产	≤100	≤10	≤5	不做规定
小批生产	>100 ~ 500	>10 ~ 150	>5 ~ 100	>20 ~ 40
中批生产	>500 ~ 5000	>150 ~ 500	>100 ~ 300	>10 ~ 20
大批生产	>5000 ~ 50000	>500 ~ 5000	>300 ~ 1000	>1 ~ 10
大量生产	>50000	>5000	>1000	1

　　注：小型机械、中型机械和重型机械分别以缝纫机、机床（或柴油机）和轧钢机为代表。

生产类型不同，产品和零件的制造工艺、所用的工艺装备、采取的技术措施也不相同。各种生产类型的工艺特征可归纳如表7-8所列。

表7-8   各种生产类型的工艺特征

工艺特征	生产类型		
	单件小批	中批	大批大量
零件的互换性	用修配法，钳工修配，无互换性	大部分具有互换性。灵活应用分组装配法和调整法，有时用修配法	所有零件具有互换性。少数装配精度较高时，采用分组装配法和调整法
毛坯的制造方法与加工余量	木模手工造型或自由锻造。毛坯精度低，加工余量大	部分采用金属模铸造或模锻。毛坯精度和加工余量中等	广泛采用金属模机器造型、模锻或其他高生产率方法，毛坯精度高，加工余量小
机床设备及其布置形式	采用通用机床。机床按类别采用"机群式"布置	采用部分通用机床和高效机床。机床按工件类别分工段排列	广泛采用高效专用机床及自动机床。机床按流水线形式布置
工艺装备	大多采用通用夹具、标准附件、通用刀具和万能量具。靠划线和试切法达到精度要求	广泛采用夹具，部分靠找正装夹达到精度要求。较多采用专用刀具和量具	广泛采用高效夹具、复合刀具、专用量具和自动检验装置。靠调整法达到精度要求
对工人的要求	需要技术水平较高的工人	需要一定技术水平的工人	对调整工的技术水平要求高，对操作工的技术水平要求较低
工艺文件	有工艺过程卡，关键工序有工序卡	有工艺过程卡，对关键零件有详细的工序卡	有工艺过程卡和工序卡，关键工序需要调整卡和检验卡
成本	较高	中等	较低

7.3.2 零件机械加工工艺规程的制订

7.3.2.1 工艺规程及其应用

将工艺过程的各项内容写成文件，用来指导生产，组织和管理生产，这些技术文件就是工艺规程。常用的工艺规程主要有机械加工工艺过程卡片和机械加工工序卡片两种基本形式。

机械加工工艺过程卡片是以工序为单位，列出整个零件加工所经过的工艺路线（包括毛坯、机械加工、热处理及装配等），完成各道工序的车间（工段），各工序所用的机床、夹具、刀具、量具和工时定额等内容。它主要用于单件小批生产和中批生产的零件，以此作为指导生产的依据，同时也是生产管理文件。工艺过程卡是制订其他工艺文件的基础，也是进行技术生产准备、安排生产计划和组织生产的依据，相当于零件加工工艺规程的总纲。

机械加工工序卡是在工艺过程卡片的基础上，按每道工序所编制的一种工艺文件。工序卡要详细记录工序内容和加工所必需的工艺资料，如定位基准、装夹方法、工序尺寸和公差以及机床、刀具、夹具、量具、切削用量和工时定额等。工序卡中还要画出工序简图，用于具体指导工人操作，是大批大量生产和中批复杂或重要零件生产的必备工艺文件。

机械加工工艺规程是指导生产的主要技术文件。按照工艺规程进行生产，才能保证达到产品质量、生产率和经济性的要求。因此一切生产人员都必须严格执行工艺规程。

除常用的工艺过程卡和工序卡外，还有调整卡和检验卡等。

7.3.2.2 制订工艺规程的步骤

制订工艺规程的基本要求是在保证产品质量的前提下，尽量提高生产率和降低成本；在充分利用本企业现有条件的基础上，尽可能采用国内外先进的工艺和经验，并保证良好的劳动条件。

1. 制订工艺规程的主要依据

1) 产品的装配图和零件工作图。

2) 产品的生产纲领。

3) 现有的生产条件和资料，包括毛坯的生产条件或协作关系，工艺装备及专用设备的制造能力，机械加工设备和工艺装备的条件，技术工人的等级水平等。

4) 国内外同类产品的有关工艺资料。

5) 产品验收的质量标准。

2. 制订工艺规程的一般步骤

1) 根据零件图和有关的装配图对所加工的零件进行工艺分析。

2) 确定毛坯的制造方法。

3) 拟订工艺路线，选择定位基准。

4) 确定各工序的设备、工具、夹具、量具和辅助工具。

5) 确定各工序的加工余量，计算工序尺寸及公差。

6) 确定切削用量及工时定额。

7) 确定各主要工序的技术要求及检验方法。

8) 填写工艺文件。

7.3.2.3 零件的工艺分析

在制订机械加工工艺之前，应首先对被加工的零件进行工艺分析，主要包括以下几个内容：

（1）零件的年生产纲领计算 计算零件的年产量，以便确定生产类型，选用合适的加工方法和设备。

（2）零件结构分析 了解零件的结构和公差要求，检查图样是否正确，明确该零件在部件或机器中的位置、功用和结构特点。

（3）零件的技术要求分析 零件的技术要求包括加工表面的尺寸精度、几何形状精度、相互位置精度、表面粗糙度、表面质量要求及热处理要求等。

（4）零件结构工艺性分析 零件结构工艺性是指所设计零件在能满足使用要求的前提下，制造的可行性和经济性。零件的结构工艺性涉及面很广，必须全面地分析。零件结构对其工艺过程的影响很大。使用性能完全相同而结构不同的两个零件，它们的加工方法与制造成本可能有很大的差别。

7.3.2.4 毛坯的选择

制订工艺规程时，选择毛坯的基本任务是根据零件的技术要求、结构特点、材料和生产纲领等，选择毛坯的类型、制造方法及毛坯的形状和尺寸等。所以在确定毛坯时，主要考虑热加工和冷加工方面的要求，以达到降低零件生产总成本、提高零件质量的目的。

7.3.2.5 定位基准的选择

制订机械加工工艺规程时，正确选择定位基准对保证达到零件表面间的位置要求（尺寸和精度）以及安排加工顺序都有很大的影响。用夹具装夹时，定位基准的选择还会影响到夹具的结构。

1. 基准的概念及其分类

基准是用来确定生产对象上几何要素间的几何关系所依据的那些点、线、面。根据基准的作用不同，基准分为设计基准和工艺基准两大类。设计基准是在零件图上用以确定某一点、线或面所依据的基准，即标注设计尺寸的起点。工艺基准是指在工艺过程中所采用的基准。根据其用途，工艺基准又可分为工序基准、定位基准、测量基准、装配基准。

2. 定位基准的选择

在起始工序中，只能选择未经加工的毛坯表面作为定位基准，这种基准称为粗基准。用加工过的表面作定位基准，则称为精基准。在制订工艺规程时，总是先考虑选择什么样的精基准把各个表面加工出来，然后考虑选择什么样的粗基准把精基准的各基面加工出来。

（1）精基准的选择 选择精基准时，主要考虑如何减少加工误差、保证加工精度和装夹方便，可按下列原则选择：

1）基准重合原则。选择零件上的设计基准作为定位基准称为基准重合原则，这样可以避免因基准不重合而引起的基准不重合误差。

2）基准统一原则。在工件的加工过程中尽可能地采用统一的定位基准称为基准统一原则。

工件上往往有多个表面需要加工，会有多个设计基准。若都按基准重合原则选择定位基准，会使夹具的种类很多，设计和制造夹具的周期变长，特别是对于自动化生产方式来说，由于定位基准的转换，使定位复杂，不利于自动装夹。为解决这一矛盾，可设法在工件上找到或专门设计一组定位面（如一面二孔），用它们定位来加工工件上多个表面，既简化了夹具结构，又保证了各加工面之间的相互关系。

3）互为基准原则。当零件的两个表面之间有较高的位置精度要求时，可以选择其中一个面作为另一个表面的定位基准，反复加工，互为基准，这就是互为基准原则。

4）自为基准原则。对某些要求加工余量小而均匀的精加工工序，可选择加工表面本身作为定位基准，称为自为基准原则。用自为基准原则时，不能提高加工面的位置精度，只能提高加工面本身的精度。如浮动镗刀镗孔、浮动铰刀铰孔和拉刀拉孔等加工方法都是自为基准的实例。

5）保证工件定位准确、夹紧可靠、操作方便的原则。所选精基准应能保证工件定位准确、稳定、夹紧可靠以及使刀具结构简单、操作方便。为此，精基准应是精度较高、表面粗糙度较小、支承面积较大的表面。

（2）粗基准的选择 粗基准为零件起始粗加工所应用的基准，它是未经加工过的表面。粗加工的主要目的是去除大量的余量，并为以后的加工准备精基准，因此粗基准选择应考虑以下原则：

1）为了保证加工面与非加工面之间的位置要求，应尽可能选择不加工面为粗基准。

2）为保证各加工面都有足够的加工余量，应选择毛坯余量最小的面为粗基准。

3）为保证重要加工面的加工余量，应选择重要加工面为粗基准。

4）粗基准应避免重复使用，在同一尺寸方向上，通常只允许使用一次。

粗基准是毛坯面，其精度和表面粗糙度都很差，若重复使用会造成工件与刀具的相对位置在两个工序中不一致的现象，从而影响加工精度。

5）选择作为粗基准的表面，应尽可能平整和光洁，不能有飞边、浇口杯、冒口等的残留，以保证定位准确，夹紧可靠。

上述粗基准选择原则在运用时会遇到矛盾，应注意抓主要矛盾，灵活应用，在保证满足主要要求的同时，尽可能兼顾其他要求。

7.3.2.6　工艺路线的拟订

拟订工艺路线的主要内容，除了选择定位基准外，还应选择各种表面的加工方法、安排工序的先后顺序、确定工序的集中与分散程度以及选择设备和工艺装备等。它是制订工艺规程的关键阶段。通常工艺人员应提出几种方案，通过分析对比，从中选择最佳方案。

1. 表面加工方法的选择

（1）各种加工方法的经济加工精度和经济表面粗糙度　　不同的加工方法，如车、刨、铣、磨、钻、镗等，因其用途不同，所能达到的精度和表面粗糙度也大不一样。即使是同一种加工方法，在不同的加工条件下所得到的精度和表面粗糙度也是不一样的，这是因为在加工过程中，将有各种因素对精度和表面粗糙度产生影响，如工人的技术水平、切削用量、刀具的刃磨质量、机床调整质量等。

加工方法与加工精度是相互适应的，加工误差与成本基本上呈反比关系，可以较经济地达到一定的精度，这一精度范围称为这种加工方法的经济精度。

所谓某种加工方法的经济精度，是指在正常的工作条件下（包括完好的机床设备、必要的工艺装备、标准的工人技术等级、标准的耗用时间和生产费用）所能达到的加工精度。

与经济加工精度相似，各种加工方法所能达到的表面粗糙度也有一个较经济的范围。

各种加工方法所能达到的经济精度、表面粗糙度以及表面形状及位置精度可查阅《金属机械加工工艺人员手册》。

（2）表面加工方法和加工方案的选择　　零件各表面的加工方法，主要根据表面的形状、尺寸、精度和表面粗糙度、零件的材料性质、生产类型及具体的生产条件等来确定。选择加工方案时要注意：工件淬火后的加工，必须用磨削；有色金属材料，因其韧性大，切屑容易堵塞砂轮而不易得到光洁的表面，故不宜采用磨削，常采用高速精车或高速精镗的方法进行精加工。

2. 加工顺序的安排

（1）划分加工阶段　　工件的加工质量要求较高时，应划分加工阶段。一般可分为粗加工、半精加工和精加工三个阶段。如果加工精度和表面质量要求特别高时，还可增设光整加工和超精密加工阶段。划分加工阶段的原因有如下几点：

1）保证加工质量。粗加工阶段容易引起工件的变形，这是由于切除余量大，一方面毛坯的内应力重新分布而引起变形，另一方面切削力、切削热及夹紧力都比较大，因而造成工件的受力变形和热变形。为了使这些变形充分表现出来，应在粗加工之后留有一定时间。然后再通过逐渐减少加工余量和切削用量的办法消除上述变形。

2）便于及时发现毛坯缺陷。粗加工阶段切去大部分的金属余量，可以及时发现工件主要表面上的毛坯缺陷，如裂纹、气孔、杂质或加工余量不够等，避免损失更多的工时和费用。

3）便于安排热处理工序。例如，粗加工后工件残余应力大，可安排时效处理，消除内应力；在精加工工序之前安排热处理工序，如淬火等，以使热处理引起的变形等现象在精加工中得到消除。

4）精加工在后，可使加工过的表面不易碰坏。

5）有利于合理使用设备。如粗加工阶段可以使用功率大、精度较低的机床；精加工阶段可以使用功率小、精度高的机床。这样既有利于充分发挥粗加工机床的动力，又有利于长期保持精加工机床的精度。

在某些情况下，划分加工阶段也并不是绝对的。例如加工重型工件时，不便于多次安装和运输，因此不必划分加工阶段，可在一次安装中完成全部粗加工和精加工。为了提高加工精度，可在粗加工后松开工件，让其充分变形，再用较小的力夹紧工件进行精加工，以保证零件的加工质量。另外，如果工件的加工精度要求不高、工件的刚度足够、毛坯的质量较好，而切除的余量不多，则可不必划分加工阶段。

（2）机械加工顺序安排的原则

1）先粗后精、粗精分开。如前面划分加工阶段所述，先粗加工后精加工，粗、精加工分开。

2）先基准后其他。用作精基准的表面，总是优先安排加工，这是确定加工顺序的一个重要原则，以尽快为后续工序的加工提供精基准。例如，轴类零件总是先加工端面和中心孔。如在精磨前、淬火后应对两中心孔修研一次。盘套类零件则先把孔加工好。

3）先主要后次要。先加工主要表面，后加工次要表面。在零件上，常是一些次要表面（如键槽、螺孔等）相对于主要表面有一定的位置精度要求，所以应先加工好主要表面。次要表面穿插在主要表面的加工中间或以后进行。

4）先面后孔。先加工平面后加工孔。如箱体、支架和连杆等工件，因先加工好的平面的轮廓平整，安放和定位比较稳定可靠，若以加工好的平面定位加工孔，可保证平面与孔的位置精度。另外，平面先加工好之后，可使钻头正确地钻入工件，不会引偏。

（3）热处理工序的安排 热处理是用于提高材料的力学性能，改善金属的加工性能以及消除残余应力。制订工艺规程时，应注意安排它们的顺序。

1）最终热处理。最终热处理的目的是提高力学性能，如调质、淬火、渗碳淬火、渗氮和碳氮共渗等都属于最终热处理，它应安排在精加工前后。变形较大的热处理，如渗碳淬火、淬火等应安排在精加工磨削之前进行，以便在精加工磨削时纠正热处理造成的变形。调质应放在精加工之前进行。变形较小的热处理如渗氮等，应安排在精加工后进行。表面装饰性电镀（如镀铬）和发蓝处理，一般都安排在机械加工之后进行。

2）预备热处理。预备热处理的目的是消除应力，改善机械加工性能并为最终热处理做准备，如正火、退火和时效处理等。用于改善粗加工时材料的加工性能的热处理，一般放在粗加工之前，在毛坯车间里进行；用于消除粗加工之后的残余应力的热处理，可放在粗加工之后进行。调质处理常安排在粗加工之后，用于细化晶粒、改善加工性能。

精度要求较高的精密丝杠和主轴等工件，需要多次安排时效处理，以消除应力，减少变形。

（4）辅助工序的安排　辅助工序的种类较多，包括检验、去毛刺、倒棱、清洗、防锈、去磁和平衡等。辅助工序也是必要的工序，若安排不当或遗漏，将会给后续工序和装配带来困难，影响产品质量，甚至使机器不能使用。检验工序是必不可少的辅助工序。它对保证质量、防止产生废品具有重要的作用。除了工序中自检外，需要在下列场合单独安排检验工序：

1）粗加工阶段结束后。目的在于及时发现质量问题并消除废品，以免浪费精加工工时。

2）重要工序前后。及时发现废品，以节省工时。

3）送往外车间加工的前后，如热处理工序前后。及时检验出废品，分清责任。

4）全部加工工序完成后。

3. 确定工序集中与分散

工序集中就是将工件的加工集中在少数几道工序中完成，每道工序的加工内容较多。而工序分散是指将工件的加工分散在较多的工序中进行，每道工序的加工内容很少。

工序集中与工序分散是拟订工艺线时，确定工序数目及内容的两种不同的原则，它和设备有着密切的关系。

（1）工序集中的特点

1）采用高生产率的专用设备和工艺装备，可大大提高劳动生产率。

2）工序数目少，工艺路线短，简化了生产计划和生产组织工作。

3）设备数量少，减少了操作工人和生产面积。

4）工件安装次数少，缩短了辅助时间，容易保证加工面的相互位置精度。

5）专用设备和工艺装备较复杂，生产投资大，调整和维修复杂，生产准备工作量大，新产品转换周期长。

（2）工序分散的特点

1）设备与工艺装备比较简单，调整方便，工人容易掌握，生产准备工作量少，容易适应产品的更换。

2）便于采用最合理的切削用量，减少基本时间。

3）设备数量和操作人员多，生产面积大。

工序集中与工序分散各有特点。在拟订工艺路线时，工序集中与分散的程度，即工序数目的多少，主要取决于生产规模、现有的生产条件、零件的结构特点和技术要求。批量小时，为简化生产的计划管理工作，多将工序适当集中，使各机床完成更多表面的加工，以减少工序的数目。批量大时，既可采用多刀、多轴和高效机床将工序集中，也可将工序分散后组织流水生产。由于工序集中的优点多，现代生产的发展多趋于工序集中。

对于重型和大型零件，为了减少工件装卸和运输的劳动量，工序应适当集中；对于刚性差且精度高的精密工件，工序应适当分散。

4. 设备及工艺装备的选择

（1）设备的选择　生产批量大，产品类型变化少，可采用高效自动加工的设备，如多刀、多轴机床；若产品类型变化大，或者生产批量小，可采用通用机床。选择设备时，还应考虑：

1）机床精度与工件精度相适应。

2）机床规格与工件的外形尺寸相适应。

3）与现有的加工条件相适应，如设备负荷的平衡状况等。

（2）工艺装备的选择　工艺装备的选择要考虑生产类型、具体加工条件、工件结构特点和技术要求等因素。

1）夹具的选择。单件小批生产应首先采用各种通用夹具和机床附件，如卡盘、台虎钳、分度头等。有条件的可采用组合夹具。大批大量生产则应采用高效专用夹具。

2）刀具的选择。优先采用标准刀具。大批量生产中，应采用各种高效的专用刀具、复合刀具和多刃刀具等。刀具的类型、规格和精度等级应符合加工要求。

3）量具的选择。单件小批生产应广泛采用通用量具，如游标卡尺、百分表和千分表等。大批大量生产应采用极限量规和高效专用检具和量仪等。量具的精度必须与加工精度相适应。

7.3.2.7　加工余量及工序尺寸的确定

工艺路线制订之后，在进一步安排各个工序的具体内容时，应正确地确定工序尺寸即工序应保证的加工尺寸。工序尺寸的确定与工序的加工余量有着密切的关系。

1. 加工余量的概念

加工余量是指加工过程中从加工表面切去的金属层厚度。加工余量可分为工序（工步）加工余量和加工总余量。

工序余量是相邻两个工序的工序尺寸之差；加工总余量是毛坯尺寸与零件图样的设计尺寸之差。由于工序尺寸有公差，实际切除的余量大小不等。

2. 影响加工余量的因素

加工余量的大小对于零件的加工质量和生产率均有较大的影响。加工余量过大，不仅会增加机械加工的劳动量，降低生产率，而且会增加材料、工具和电力的消耗，提高加工成本。但是加工余量过小，又可能无法保证消除前面工序的误差和表面缺陷，甚至产生废品。所以应该合理地确定加工余量，其基本原则是在保证加工质量的前提下，加工余量越小越好。影响加工余量的各个因素分析如下：

（1）上工序的各种表面缺陷和误差　本工序必须把上工序留下的表面粗糙度 Ra 值范围内的金属层全部切除，还应切除上工序留下的已遭破坏的金属组织缺陷层 D_a，如图7-34所示。

（2）本工序加工时的装夹误差　装夹误差包括工件的定位误差和夹紧误差。若用夹具装夹时，还有夹具在机床上的安装误差。这些误差会使工件在加工时的位置发生偏移。

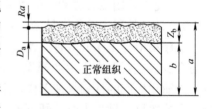

图7-34

表面粗糙度及缺陷层

3. 确定加工余量的方法

（1）查表法　根据各工厂的生产实践和试验研究积累的数据，先制成各种表格，再汇集成手册。确定加工余量时，先查阅这些手册，再结合工厂的实际情况进行适当修改后确定。目前，我国各工厂都广泛采用查表法。

（2）经验估计法　经验估计法是根据工艺人员的实际经验确定加工余量。一般情况下，为了防止因余量过小而产生废品，经验估计法的数值总是偏大。此法常用于单件小批量生产。

（3）分析计算法　分析计算法是根据加工余量计算公式和一定的试验资料，对影响加工余量的各项因素进行分析，并计算确定加工余量。这种方法比较合理，但必须有比较全面和可靠的试验资料。

在确定加工余量时，要分别确定加工总余量（毛坯余量）和工序余量。加工总余量的大小与所选择的毛坯制造精度有关。用查表法确定工序余量时，粗加工工序余量不能用查表法得到，而是由总余量减去其他各工序余量而得到。

4. 确定工序尺寸及其公差

工件上的设计尺寸及其公差是经过各加工工序后得到的。每道工序的工序尺寸逐步向设计尺寸接近。为了保证最终的设计尺寸，要规定各工序的工序尺寸及公差。

工序余量确定之后，就可计算工序尺寸。在确定工序尺寸公差时，要依据工序基准或定位基准与设计基准是否重合，来确定相应的计算方法。此处只介绍工序基准或定位基准与设计基准重合时，工序尺寸及其公差的计算。当基准不重合时，工序尺寸及其公差的计算比较复杂，需用工艺尺寸链来进行分析计算。

当工序基准或定位基准与设计基准重合时，表面经过多次加工，此时计算工序尺寸的方法是：先确定各工序余量的公称尺寸，再由后往前，逐个工序推算。即由工件上的设计尺寸开始，从最后一道工序开始向前道工序推算，直到毛坯尺寸。

为了便于加工，工序尺寸的公差按各工序的经济精度确定，并按"入体原则"标注偏差，即被包容面的工序尺寸（轴、键）标注负偏差，上极限偏差为零；包容面的工序尺寸（孔、槽）标注正偏差，下极限偏差为零；中心距或其他尺寸的工序尺寸可标注双向偏差。

7.3.3　典型零件的工艺过程实例

7.3.3.1　轴类零件工艺

轴类零件一般长径比较大，刚性较差，在切削力和工件内应力的作用下容易产生变形。因此，应将粗、精加工工序分开安排，以减小加工变形，对各表面应先进行粗加工，再完成各表面的半精加工和精加工，主要表面精加工放在最后进行。在粗车工序中，外圆表面的加工顺序是由大到小，即先加工大直径外圆，再加工小直径外圆，以免过快地削弱工件的刚性。螺纹一般安排在半精车或精车工序中加工，或在之后另安排一道工序加工。淬硬轴上的花键、键槽应安排在淬火前进行铣削加工；在不需淬硬的表面上的花键、键槽尽可能放在后面加工（一般在外圆精车或粗磨后、精磨前），以利于保证其加工精度。

所以，轴类零件的一般工艺过程为：备料（或锻造）→预备热处理（正火或退火）→车端面、钻中心孔→粗车→（调质）→修整中心孔→半精车（精车）→（键槽、螺纹加工）→热处理（淬火或局部淬火）→研磨中心孔→磨削。对于结构复杂、加工精度高的轴，只需在上述一般工艺过程中穿插一些其他工序，如半精磨、精磨等。

7.3.3.2　车床主轴的车削及工艺分析

图 7-35 所示为 CA6140 车床主轴的简图。该轴既是阶梯轴又是空心轴，并且是长径比小于 12 的刚性轴。

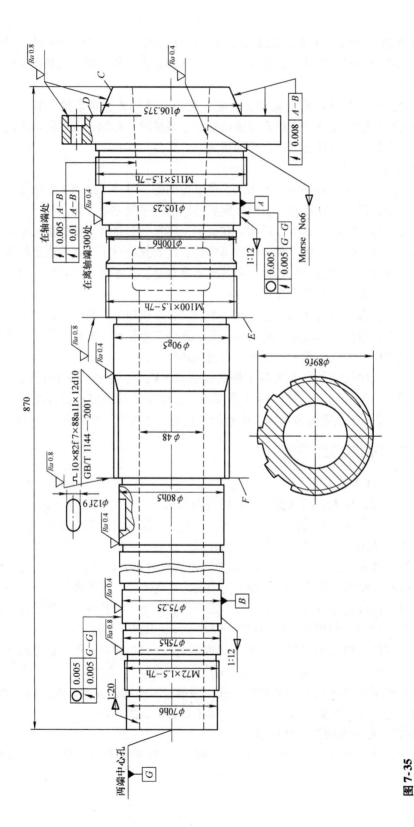

图 7-35

CA6140 车床主轴简图

1. CA6140 车床主轴技术条件的分析

（1）主轴轴颈的技术要求　主轴前、后支承轴颈 A、B 为 1:12 的锥面，其接触率不小于 70%，圆度公差为 0.005mm，径向圆跳动公差为 0.005mm，表面粗糙度 Ra 为 0.4μm，直径按 IT5 级公差等级制造，淬硬至 52HRC。

（2）主轴锥孔的技术要求　主轴莫氏 6 号锥孔对支承轴颈 A、B 的径向圆跳动公差，在轴端公差为 0.005mm，在离轴端 300mm 处公差为 0.01mm，锥面接触率不小于 70%，表面粗糙度 Ra 为 0.4μm，淬硬至 48HRC。

主轴锥孔是用来安装顶尖或工具柄的，故要求接触好，圆跳动小，并淬硬。这样才能保证机床的总装精度和零件的加工精度。

（3）短锥和端面的技术要求　短锥 C 对主轴支承轴颈 A、B 的径向圆跳动公差为 0.008mm，端面 D 对轴颈 A、B 的端面圆跳动公差为 0.008mm。锥面及端面的表面粗糙度 Ra 均为 0.4μm，锥面淬硬至 52HRC。

此项要求的目的是保证卡盘或花盘的定位精度。

（4）其他配合表面的技术要求　主要是指与齿轮、轴套等零件相配合的轴颈表面，与齿轮配合的轴颈要求公差等级为 IT5 级，表面粗糙度 Ra 为 0.4μm，对轴颈 A、B 的径向圆跳动公差为 0.01~0.015mm，这样可以保证齿轮啮合和主轴回转的平稳性。

（5）螺纹的技术要求　螺纹精度为 2 级，振摆公差为 0.025mm，此项精度以主轴螺母端面振摆值来衡量。因为螺母是调整轴承间隙用的，螺母端面振摆过大时轴承内圈压力不均，会使内圈轴线倾斜，与轴颈接触不好，致使主轴径向振摆扩大或精度不稳定。

2. CA6140 车床主轴机械加工工艺路线

CA6140 车床主轴的零件图如图 7-35 所示，生产规模为大批量生产，材料为 45 钢，毛坯为模锻件。机械加工工艺路线见表 7-9。

表 7-9　　　　　　　　　　　CA6140 车床主轴机械加工工艺路线

序号	工序名称	工序内容	定位基准及夹紧	设备
1	锻造			
2	热处理	正火		
3	铣端面、钻中心孔		外圆	专用机床
4	精车外圆		外圆和中心孔	卧式车床
5	热处理	调质		
6	车大端各部	车外圆锥端面及台阶，Ra 为 6.3μm	中心孔	卧式车床
7	仿形车小端各部	车小端各外圆，Ra 为 6.3μm	中心孔	仿形车床
8	钻通孔	钻 φ48mm 通孔，Ra 为 6.3μm	夹小头，顶大头	深孔钻床
9	车大头锥孔	车大头锥孔、外短锥及端面配锥堵	夹小头，顶大头	卧式车床
10	车小头锥孔	车小头锥孔，配锥堵，Ra 为 6.3μm	夹小头，顶大头	卧式车床
11	钻孔	钻大头端面法兰孔，Ra 为 6.3μm	外圆	摇臂钻床
12	仿形精车各外圆	仿形精车小头各部外圆，Ra 为 3.2μm	中心孔	仿形车床
13	钻孔	钻 φ4H7 小孔	外圆	钻床

（续）

序号	工序名称	工序内容	定位基准及夹紧	设备
14	热处理	高频感应淬火前后支承轴颈、前锥孔、外短锥、$\phi90g5$		
15	粗磨外圆	粗磨 $\phi75h5$，$\phi90g5$	锥堵中心孔	外圆磨床
16	磨大头锥孔	粗磨大头莫氏6号锥孔，重配锥堵	托 $\phi100h6$ 和 $\phi75h5$ 两处	专用磨床
17	铣花键	Ra 为 $3.2\mu m$	锥堵中心孔	花键铣床
18	铣键槽	Ra 为 $3.2\mu m$	$\phi80h5$ 及 $M115\times1.5$ 外圆	立式铣床
19	车螺纹	车三处螺纹（与螺母配车）	锥堵中心孔	卧式车床
20	精磨外圆	精磨外圆及 E、F 端面，Ra 为 $0.8\mu m$	锥堵中心孔	外圆磨床
21	粗、精磨锥面	粗、精磨三圆锥外圆及 D 端面，Ra 为 $0.4\mu m$	锥堵中心孔	专用磨床
22	精磨大头锥孔	精磨大头莫氏6号锥孔，Ra 为 $0.4\mu m$	前支承轴颈及 $\phi75h5$	专用磨床
23	钳工	$4\times\phi23mm$ 钻孔处锐边倒角		
24	检验	按图样要求综合检查	前支承轴颈及 $\phi75h5$	量具

3. 工艺过程分析

（1）定位基准的选择　CA6140车床主轴是实心毛坯，最后要加工成空心轴，从定位基准选择的角度考虑，希望采用中心孔定位，把深孔放在最后加工，但是深孔加工是粗加工，加工余量大，切削力大，会引起工件变形从而影响加工质量。所以实际上是在粗车外圆之后进行深孔加工。为了能用中心孔定位，可在轴的通孔两端加工出工艺锥孔，装上带有中心孔的锥堵或锥堵心轴来定位。为了保证支承轴颈与主轴前锥孔的同轴度要求，在精加工阶段，常采用互为基准的原则进行加工。这样可获得较高的同轴度精度，例如第9、10工序是以外圆柱面定位车前、后锥孔，以便配锥堵。第15工序则以锥堵中心孔为基准粗磨外圆。第16工序又以外圆为基准粗磨前锥孔，修正淬火后产生的变形再配锥堵。第20、21工序再以锥堵中心孔为基准精磨外圆及支承轴颈。最后第22工序以前支承轴颈及后轴颈附近的圆柱面为基准精磨前锥孔。这样多次转换，以提高基准精度，保证了同轴度的精度要求。

（2）粗、精加工分开，划分加工阶段及工序的安排　粗加工要切除毛坯的大部分多余金属并钻出通孔，必然会引起内应力的重新分布和产生较大的变形。为了保证加工质量，必须将粗、精加工分开。铣花键和键槽等工序安排在精车外圆之后，以防止因断续切削而打刀或影响加工精度。车螺纹、精磨外圆和粗、精磨支承轴颈等重要工序均在修研前将锥孔重新配锥堵以获得良好的基准之后进行，以防止淬火后锥孔变形的影响。精磨前锥孔放在最后进行，一方面是保证在重新配锥堵后将所有外圆精加工完毕，同时，也为精磨锥孔准备好精基准，保证满足锥孔对支承轴颈的同轴度要求。

7.3.3.3　箱体类零件工艺

箱体类零件的工艺特点为：

（1）加工顺序为先面后孔　箱体类零件的加工顺序均为先加工平面，以加工好的平面定位再来加工孔。因为箱体孔的加工精度高、加工难度大，先以孔为粗基准加工好平面，再以平面为精基准加工孔，这样既能为孔的精加工提供稳定可靠的定位基准，又可以使孔的加工余量均匀。另外，先加工平面，可以切去铸件表面凹凸不平及砂眼等缺陷，有利于孔的加工，且有利于保护刀具、对刀和调整。

（2）加工阶段粗、精分开　箱体的结构复杂，壁厚不均，刚性不好，而加工精度要求又高，故箱体主要加工表面都要划分为粗、精两个加工阶段。

单件小批生产的箱体或大型箱体的加工，如果从工序上也安排粗、精分开，则机床、夹具数量要增加，工件转运也费力，所以实际生产中将粗、精加工在一道工序内完成。但从工步上讲，粗、精还是分开的。如在粗加工后将工件松开一点，然后再用较小的夹紧力夹紧工件，使工件因夹紧力而产生的弹性变形在精加工前得以恢复。

（3）工序间合理安排热处理　箱体毛坯比较复杂，铸造内应力较大，故一般应当在铸造后安排一次去应力处理，以消除残余应力，减少加工后的变形，保证精度的稳定。铸铁箱体一般采用人工时效处理（去应力退火），铝合金铸件箱体采用退火。

对于一些高精度的箱体或形状特别复杂的箱体，在粗加工后还要安排一次人工时效处理，以消除粗加工引起的残余应力。

（4）以箱体上的重要孔作粗基准，以装配基面或顶面作精基准　箱体零件一般用它上面的重要孔作粗基准。如车床主轴箱都以主轴孔作粗基准。中小批生产时，由于箱体毛坯精度比较低，一般采用划线找正安装。划线时应以重要孔为划线基准。大批量生产时，箱体的毛坯精度较高，通常采用以重要孔作为定位基准来加工平面。

7.3.3.4　镗床减速箱箱体加工工艺

图 7-36 为镗床上的减速箱箱体零件图，材料为 HT150 铸铁，现按小批量生产设计其加工工艺。

1. 箱体主要技术要求分析

该箱体需要加工的主要表面是三对互相垂直的支承孔 $\phi 35\,^{+0.027}_{0}$、$\phi 40\,^{+0.027}_{0}$、$\phi 47\,^{+0.027}_{0}$，三个孔的尺寸精度、位置精度都较高。孔系的设计基准和装配基准是距箱体底面 15mm 的两个凸台面（装配时该两面与机体接触，倒挂在机体上），故这两个凸台面的加工要求也较高。

2. 毛坯选择

考虑到小批生产，采用砂型铸造，主要孔均铸出。

3. 定位基准的选择

（1）粗基准　采用两个主要孔 A、B 及顶面为划线基准，划线时应使各加工面有足够的加工余量，并尽量照顾到加工表面与非加工表面间的位置要求。

（2）精基准　三个支承孔的设计基准和装配基准是距底面 15mm 的两个凸台面，若用它们作为定位基准，虽可符合"基准统一"原则，对保证加工精度有利，但夹具较为复杂，测量又很困难，故改为选用底面作为加工孔系的主要定位基准面，把其表面粗糙度 Ra 值提高至 $12.5\mu m$，并提高底面至凸台面的距离尺寸要求为 (15 ± 0.03) mm，以保证孔距尺寸 (90 ± 0.1) mm 的精度。通过工艺尺寸链的计算，可得底面至孔 $\phi 35\,^{+0.027}_{0}$ 的工序尺寸应为 (105 ± 0.07) mm。选择箱体底座的侧面为导向定位基准，加工侧面时以精铣过的顶面为定位基准。

4. 加工方法和加工顺序的确定

孔系加工是箱体零件工艺的重点，主要有平行孔系和同轴孔系。

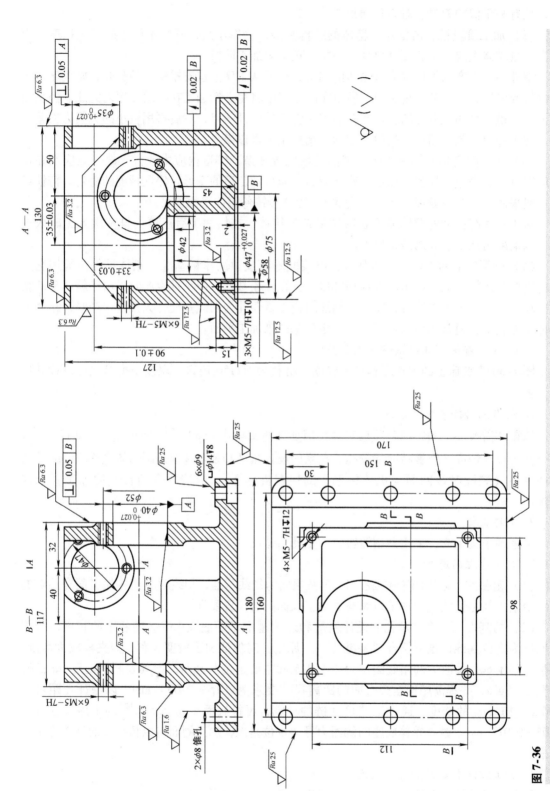

图 7-36

镗床上的减速箱箱体零件图

平行孔系常用划线法、心轴和量块法、定位套法、坐标法、样板法等镗孔方法。其中定位套法在实际生产中费时费力，已基本淘汰。划线法通常仅用于单件或小批量产品的加工。心轴和量块法是利用机床主轴孔的标准心轴和量块来确定刀具相对镗床工作台的位置，从而保证孔位置精度的加工方法，适用于单件小批量生产。样板法与心轴和量块法都是通过找正镗床主轴位置后进行孔系加工的方法。所不同的是，样板法需加工精确的样板，调整机床方便，因此可适用于中等批量的产品生产。坐标镗孔法的特点是通过将孔系位置尺寸向直角坐标系转换，用机床上的坐标装置确定孔距。它由于坐标镗床或加工中心的应用和普及而被广泛采用。由于加工过程中的镗杆由镗模的导套导引，镗杆与镗床主轴为浮动联接，所以零件孔的位置精度完全由镗模的制造精度保证，适于大批量生产。

同轴孔系加工要解决的中心问题是被加工的孔相距较远，镗杆伸出较长而刚性很差。解决镗杆刚性问题是加工同轴孔系必须面临的问题。悬伸镗杆镗削同轴孔系、工件调头镗削同轴孔系和通镗杆加附加支承是三种镗孔方法。

悬伸镗杆镗削同轴孔系适用于两孔距离相对较近、且有不通的壁（或箱体内隔墙）时使用。在镗削远端孔时可考虑利用近端孔加导套来支承镗杆，以缩短镗杆悬伸长度，或者采用附加支承架达到相同目的。

工件调头镗销适用于远距离同轴孔系。特点是镗床工作台在完成一端孔的加工之后，工件旋转180°，并对工件进行精心找正来保证两端孔的同轴度精度。

通镗杆加附加支承镗孔的特点是利用同轴的多个孔安装附加支承，以提高镗杆的刚度。

实际加工时可根据零件的具体结构安排工艺方法和工艺步骤，但必须能可靠地提高镗杆刚度，保证加工精度。

粗加工前先进行划线，各平面按划线找正铣削。铣削时分成粗铣和精铣。

加工底面上的 B 孔时，以距底面 15mm 的凸台面及一侧面定位；加工另两个支承孔时，以底面及两个侧面定位。各支承孔均采用夹具在卧式镗床上加工。

箱体上的各紧固孔和螺纹孔安排在最后用钻模加工。

综合以上各项，可制订出表 7-10 所列的加工工艺过程。

表 7-10　　　　　　　　　　小批生产时镗床减速箱箱体的加工工艺

工序号	工序名称	工序内容	定位及夹紧
1	铸		
2	清理	清除浇冒口、型砂、飞边、毛刺等	
3	热处理	时效	
4	油漆	内壁涂黄漆，非加工表面涂底漆	
5	钳	划各外表面加工线	顶面及两主要孔
6	铣	粗、精铣底面，表面粗糙度 Ra 为 12.5μm（工艺用）	顶面按线找正
7	铣	粗、精铣顶面，高 127mm，表面粗糙度 Ra 为 6.3μm	底面
	铣	铣底座四侧面 180mm × 170mm（工艺用），表面粗糙度 Ra 为 25μm	顶面并校正
	铣	粗铣四侧凸缘端面，均留加工余量 0.5mm，铣底座两侧上平面，高 15mm ± 0.03mm（工艺用），表面粗糙度 Ra 为 3.2μm	底面及一侧面

（续）

工序号	工序名称	工序内容	定位及夹紧
7	镗	粗、精镗孔 $\phi47^{+0.027}_{0}$mm，镗孔 $\phi42$mm，镗孔 $\phi75$mm 并刮端面至图样要求	高 15mm 台面及一侧面
	镗	粗、精镗直径 $\phi35^{+0.027}_{0}$mm 两孔并刮端面，保证尺寸 130mm 至图样要求	底面直径 $\phi47^{+0.027}_{0}$mm 孔及一侧面
	镗	粗、精镗直径 $\phi40^{+0.027}_{0}$mm 两孔并刮端面，保证尺寸 117mm 至图样要求	
8	钻	钻孔 $6\times\phi9$mm，锪孔 $6\times\phi14$mm	顶面
	钻	钻各面螺纹 M5-7H 小径孔	底面、顶面、侧面
9	钳	攻各面螺纹 M5-7H	底面、顶面、侧面
10	钳	修底面四角锐边及去毛刺	
	检验		

7.4 切削加工件的结构工艺性

零件本身的结构，对加工质量、生产率和经济效益都有重大影响。为了获得较好的技术经济效果，在设计零件结构时，不仅要考虑如何满足使用要求，还应考虑是否符合加工工艺的要求，也就是零件的结构工艺性问题。

零件的结构工艺性是指这种结构的零件在加工工艺上得以实现的难易程度。它即是评价零件结构设计优劣的技术经济指标之一，又是零件结构设计所产生的结果。

7.4.1 结构工艺性的设计原则

零件加工的结构工艺性与其加工方法及工艺过程密切相关。为了获得良好的结构工艺性，设计人员应当了解和熟悉各种常用加工方法的工艺特点、各典型表面的加工方案以及各工艺过程的基本知识。在具体设计零件结构时，除了考虑满足使用要求外，还应注意遵循某些由大量实践经验总结得出的较为具体的设计准则。

为了使零件在切削加工过程中具有良好的工艺性，对零件的结构设计可提出下列各方面的原则和要求：

1）加工表面的几何形状应尽量简单，尽可能布置在同一平面或同一轴线上。

2）有相互位置精度，如同轴度、垂直度、平行度等要求的表面，最好能在一次装夹中加工出来。

3）尽可能减少加工表面的数量和面积，合理地规定加工精度和表面粗糙度，以利于减少切削加工量。

4）应力求零件的某些结构尺寸标准化，如孔径、齿轮模数、螺纹、键槽宽度等，以便于采用标准刀具和通用量具，降低生产成本。

5）零件应便于安装，定位准确，夹紧可靠；便于加工和测量；便于装配和拆卸。

6）零件结构应与先进的加工工艺方法相适应。

7）零件应有足够的刚性，能承受切削力和夹紧力，以便于提高切削用量，提高生产率。

7.4.2　改善结构工艺性示例

本节将通过实际分析，对零件结构的切削加工工艺性优劣做出对比和说明，见表7-11。

表 7-11　　　　　　　　　　零件结构的切削加工工艺性对比

序号	设计准则	不合理的结构	合理的结构	说　明
1	外形不规则的零件，应设计工艺凸台以便于装夹	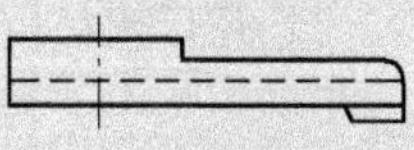	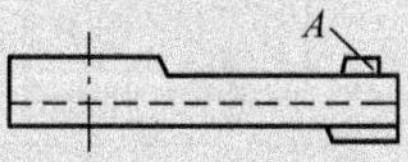	车床小刀架做出工艺凸台 A，以便加工下部燕尾导轨面
		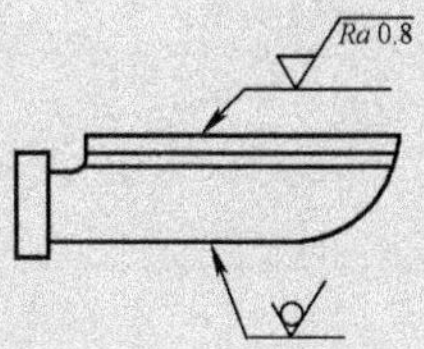	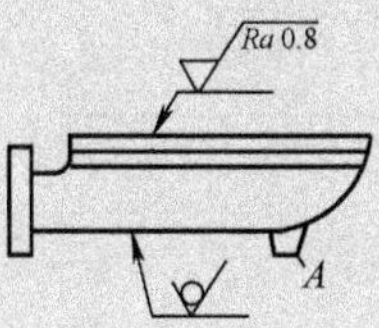	为加工立柱导轨面，在斜面上设置工艺凸台 A
2	长轴和大件应考虑工艺吊装位置	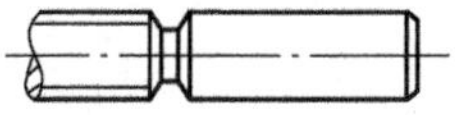	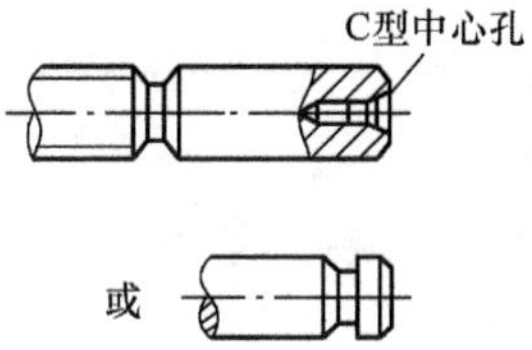 　或	杆之类的长轴应在一端设置吊挂螺孔或吊挂环，以便吊运、热处理和保管
		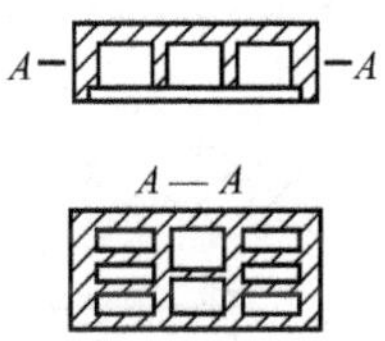	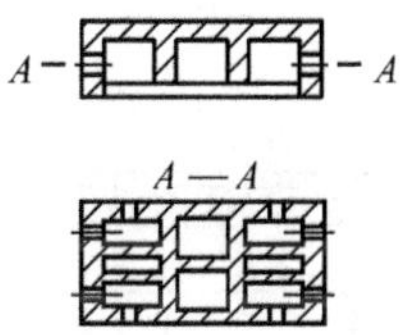	划线平板的四侧各增加两工艺孔，以便于加工、刮研、吊运和维修
3	零件上有同轴度、垂直度要求的表面，应在一次装夹下加工	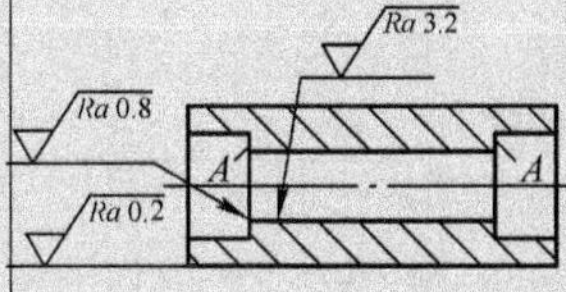	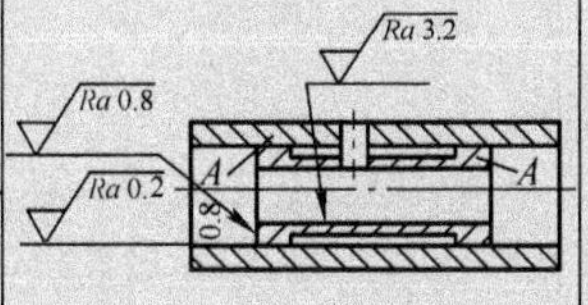	右图结构可在一次装夹下加工内孔，保证了两端孔的同轴度，且易保证孔与端面 A 的垂直度

（续）

序号	设计准则	不合理的结构	合理的结构	说　明
4	轴上的键槽应布置在同一侧			减少装夹次数，在一次安装中，将轴上所有键槽都加工出来
5	被加工面应位于同一平面上			凸台可一次加工，并可实现多件加工
6	尽可能减小被加工面的面积			支架底面加凹，减少加工面积；凸台可在钻孔的同时用锪钻加工，减少了加工时间
7	以外表面加工代替内表面加工			将孔内的环形槽改为轴上的环形槽，便于加工
8	避免箱体孔的内端面加工			箱体孔的内端面加工比较困难，可用镶套零件代替
9	避免把加工平面布置在低凹处			1）可采用大直径面铣刀加工，以提高生产率 2）可进行多件加工
10	避免在加工平面中间设置凸台			1）可采用大直径面铣刀加工，以提高生产率 2）可进行多件加工

（续）

序号	设计准则	不合理的结构	合理的结构	说 明
11	设置必要的工艺孔	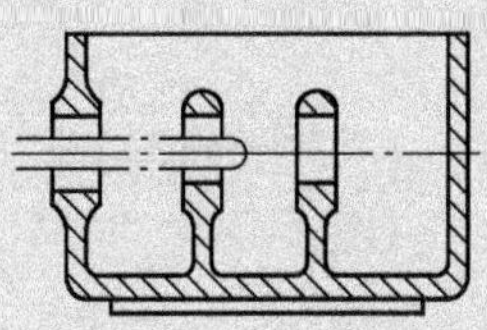	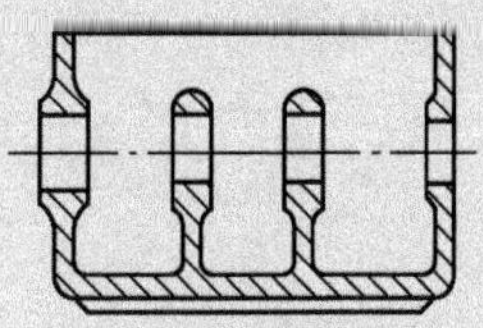	镗中间隔壁孔叶，镗杆悬臂太长刚性差，设工艺孔后可在箱体外支承镗杆，改善了加工条件
12	精加工孔尽可能作成通孔	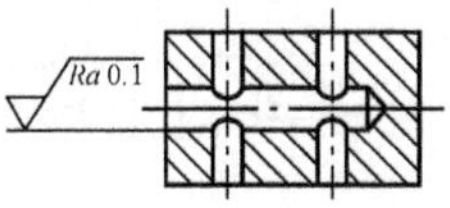 $Ra\,0.1$	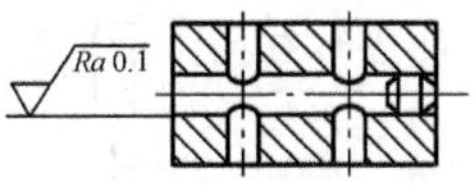 $Ra\,0.1$	研磨孔作成通孔便于加工和测量，研磨后用堵头堵死
13	避免在斜面上钻孔和钻半截孔	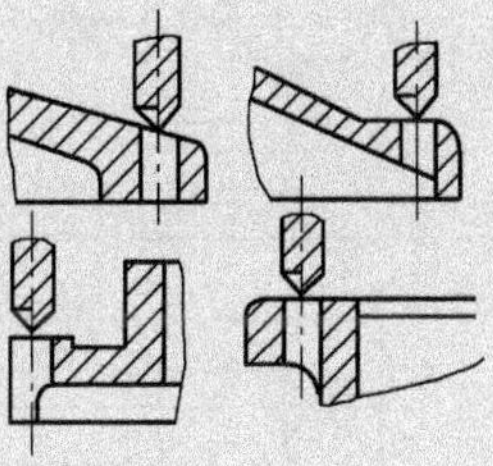		防止钻孔引偏和损坏钻头，保证钻孔精度，提高生产率
14	车螺纹、磨削都应留退刀槽	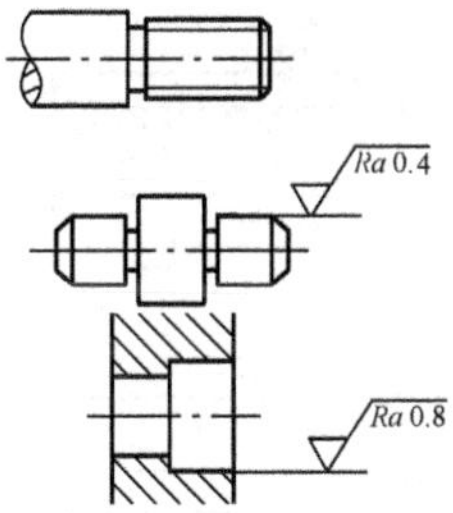 $Ra\,0.4$ $Ra\,0.8$	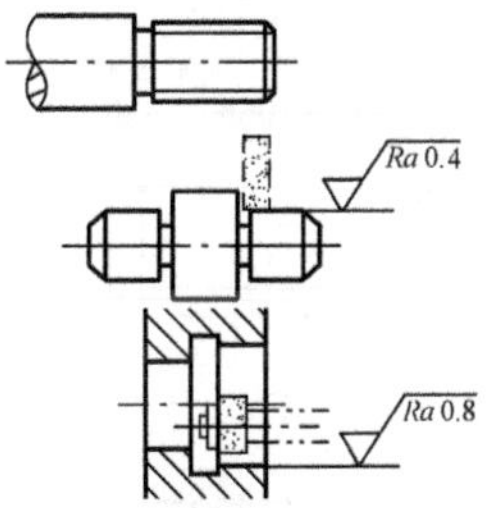 $Ra\,0.4$ $Ra\,0.8$	刀具能自由退刀，以保证加工质量
15	双联齿轮或多联齿轮，应设计退刀槽	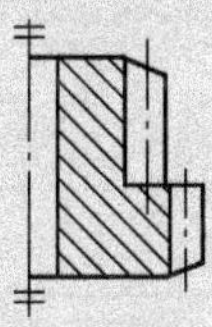	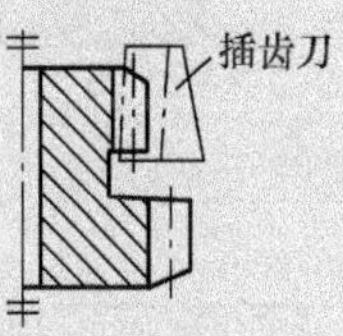 插齿刀	用插齿刀加工双联齿轮或多联齿轮的小齿轮时，必须留有足够宽的退刀槽，以便刀具切出
16	用滚刀加工带凸肩的轴齿轮时，需有退刀槽	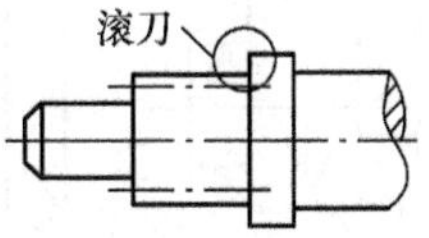 滚刀	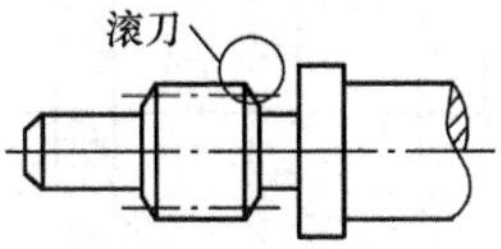 滚刀	右图有足够的退刀槽，以便刀具切出

（续）

序号	设计准则	不合理的结构	合理的结构	说　明
17	当尺寸差别不大时，零件上的槽宽、圆角半径、孔、螺孔等尺寸应尽可能一致			1）减少刀具种类 2）减少更换刀具等辅助时间
18	加工面形状应与刀具轮廓相符			不通孔的孔底和阶梯孔的过渡部分应设计成与钻头顶角相同的圆锥面 凹槽的圆角半径必须与标准立铣刀半径相同
19	采用组合件以简化加工			孔内的球面加工很困难，分成两件则易于加工出球面，保证了加工质量
20	箱体的同轴孔系的孔径，应向一个方向递减，或从两边向中间递减，端面应在一个平面上			1）孔径从两边向中间递减，可缩短镗杆伸出长度，提高刚性，也可同时从两面加工 2）端面平齐，可在一次调整中加工出全部端面

（续）

序号	设计准则	不合理的结构	合理的结构	说　明
21	尽可能采用标准刀具	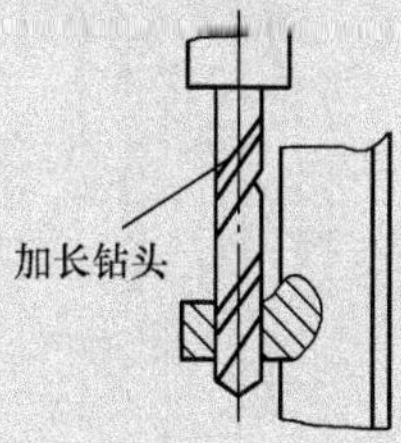 加长钻头	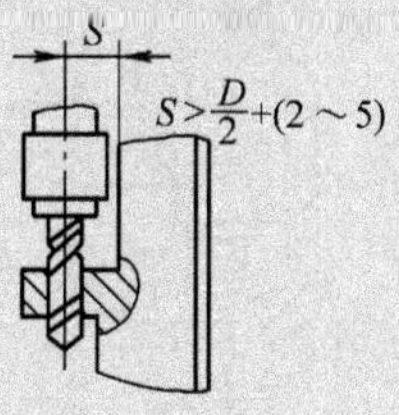 $S>\dfrac{D}{2}+(2\sim5)$	合理布置孔的位置，避免采用加长钻头（非标准刀具）
22	应避免不穿通的花键孔	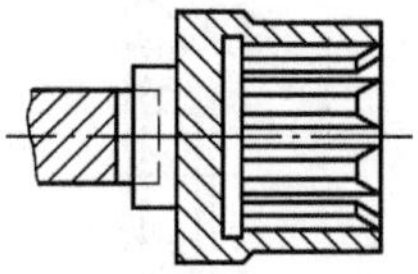	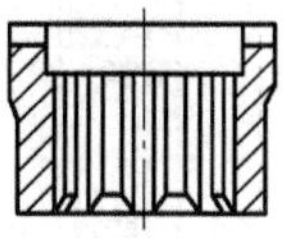	左图只能用花键插齿刀加工，右图可采用花键拉刀加工，以提高生产率
23	花键孔应设计成连续的	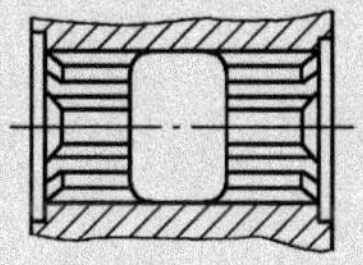	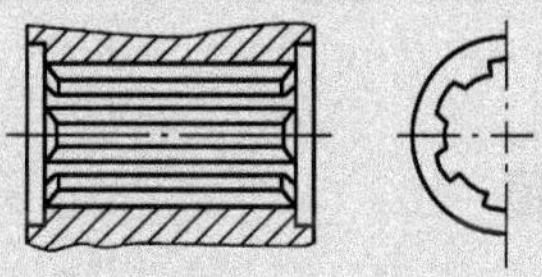	防止损坏拉刀并提高其寿命
24	应使零件有足够的刚性	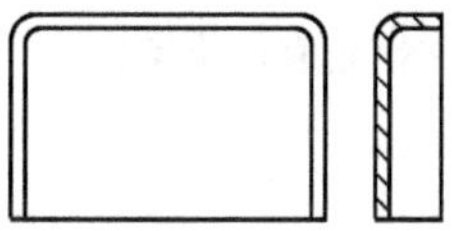	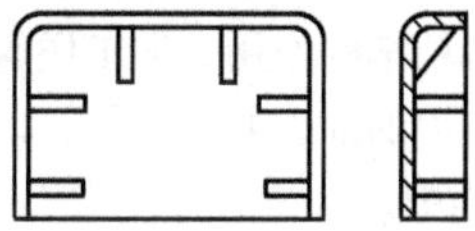	较大面积的薄壁零件（如罩、盖等），刚性不好，应增设必要的加强肋
25	减少机床的调整	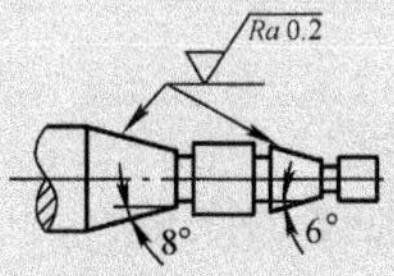 $Ra\,0.2$　8°　6°	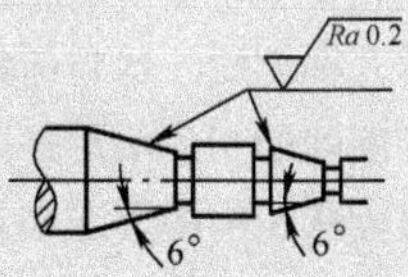 $Ra\,0.2$　6°　6°	若有可能应采用相同的锥度，磨床只需做一次调整
26	零件结构应适合进行多件加工	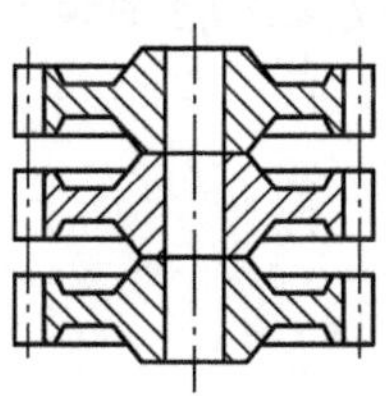	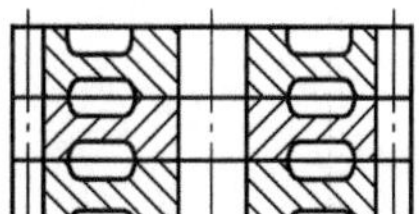	右图结构在滚齿时，既增加加工时的刚性，减小振动，又减少刀具的空程时间，提高生产率
27	避免螺纹做定位面	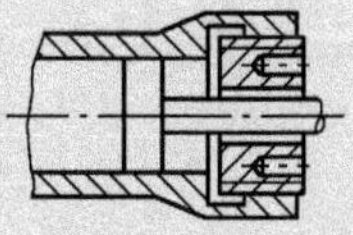	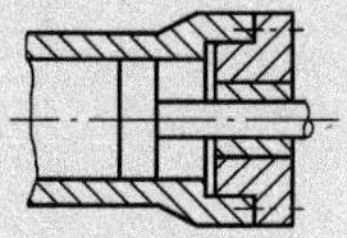	1）螺纹有间隙，不能保证端盖孔与液压缸的同轴度 2）加工大直径螺孔效率低

（续）

序号	设计准则	不合理的结构	合理的结构	说　明
28	零件结构应便于装卸			用弹性挡圈代替轴肩、螺母和阶梯孔，简化了制造，便于滚动轴承的装卸
				轴承或箱体的靠肩孔，应大于圆锥滚子轴承外环小锥直径，以便拆卸

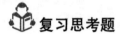复习思考题

1. 加工要求精度高、表面粗糙度小的纯铜或铝合金轴外圆时，应选用哪种加工方法？为什么？
2. 外圆粗车、半精车和精车的作用、加工质量、技术措施有何不同？
3. 试确定下列零件外圆面的加工方案：
1）纯铜小轴，$Ra = 0.8\mu m$。
2）45 钢轴，$\phi50h6$，$Ra = 0.2\mu m$。
4. 加工材料、尺寸、精度和表面粗糙度均相同的外圆面和孔，哪一个更加困难？为什么？
5. 成形面的加工一般有哪几种方式？各有何特点？
6. 何谓切削用量？钻削和刨削的切削用量是如何表示的？
7. 切削有哪几种类型？怎样从切削的形态来判别切削过程的特点？
8. 切削热是如何产生和传出的？仅从切削热产生的多少能否说明切削区温度的高低？
9. 车削时切削合力为什么常分解为三个互相垂直的分力来分析？试说明这三个分力的作用。

第 8 章
特 种 加 工

8.1 特种加工概述

特种加工是指除常规切削加工以外的新的加工方法，这种加工方法利用电、磁、声、光、化学等能量或其各种组合作用在工件的被加工部位上，实现对材料的去除、变形、改变性能和镀覆，从而达到加工目的。

8.1.1 特种加工的产生和发展

传统的切削加工具有悠久的历史，它在促进生产、创造人类物质文明方面发挥了巨大的作用，直到第二次世界大战前，社会并未产生对特种加工的迫切需求。

1943 年，苏联扎林柯夫妇根据电火花使开关触点腐蚀损坏的原理，开创和发明了电火花加工方法。随着二战后生产和科技的快速发展，工业部门，尤其是国防工业部门越来越需要高精度、高速度、高可靠性、耐高温高压、耐腐蚀、大功率和小型化的高新技术产品，而这些产品所使用的材料越来越难加工，零件结构和形状越来越复杂，对表面粗糙度和精度的要求越来越高，因而对机械制造部门提出了加工超硬材料、复杂表面和超精零件等一系列新的要求。由于传统加工方法已很难满足这些要求，人们不得不冲破束缚，不断探索，寻求新的加工方法，特种加工正是在这种形势下应运而生，并高速发展起来的。

特种加工的迅速发展，不仅与其适应和满足上述的各种要求有关，而且还与它和传统加工方法相比具有一系列特点有关，这些特点包括不用机械能、加工作用力极小、可进行微细加工、无大面积热应变等。因而从 20 世纪 40 年代至今，特种加工已越来越广泛应用于包括航空航天、军事、电子、模具、交通、矿冶在内的各个领域的工业部门中，用以加工各类高新技术产品，成为机械加工领域中不可缺少的一门新技术和新工艺。

特种加工的发展趋势是：其一，充分融合现代电子技术、计算机技术、信息技术和精密制造等高新技术，使加工设备向自动化和柔性化方向发展；其二，大力开发新的特种加工方法，包括微细加工和复合加工。

8.1.2　特种加工对机械制造工艺技术的影响

由于特种加工所具有的特点和其日益广泛的应用，引发了机械制造工艺技术领域中的许多变革，并产生了深远的影响。

1）提高了材料的可加工性。用传统机械加工方法难以加工的高硬和超硬材料，如金刚石、硬质合金、淬火钢、玻璃和陶瓷等，现已可以用特种加工方法改变其形状并达到所需的尺寸要求。采用金刚石和人工金刚石制造的刀具、工具和拉丝模具已得到广泛应用。采用粉末冶金方法制造硬质合金刀具和模具大大延长了刀具和模具的寿命。对于电火花加工来说，加工淬火钢比未淬火钢更容易。特种加工已使材料的可加工性不再与硬度、强度、韧性和脆性等直接相关。

2）改变了零件的工艺路线。在传统加工方法中，除磨削外的所有切削加工和成形加工均需安排在淬火以前。特种加工改变了这一工艺准则，由于它基本上不受硬度影响，为了消除淬火后引起的热处理变形和表面氧化，一般均是先淬火再进行加工。例如电火花加工和电解加工等，必须先安排淬火，再进行加工。

此外，特种加工没有明显的切削力，因而在加工形状复杂的型腔表面时，往往集中工序，采用复杂工具、简单的运动轨迹，一次安装，一次加工，这样减少了安装和加工误差。

3）在试制新产品时，采用电火花加工可直接加工出各种特殊、复杂的二次曲面体零件，从而节省了制作所用刀、夹、量具和模具等工装的费用，缩短了新产品试制周期。

4）特种加工对产品和零件的结构设计产生较大影响。对于齿轮、花键、枪炮膛线等零件，采用传统机械加工方法时，常采用拉削加工。为了减缓应力集中，增加零件强度，常将花键、齿轮等设计有圆角。但拉削加工时，刀齿制成圆角不利于排屑，且易磨损，因此只能制成直棱尖角。而采用电解加工这一特种加工方法时，由于尖角放电现象，齿根部分必然采用圆角，这就使结构和工艺达到了吻合。

5）需重新评估传统结构工艺性。在传统结构工艺性中，一般要避免出现方孔、小孔、窄缝、弯孔等，但是，由于特种加工方法已克服了上述结构在加工中的困难，设计人员对于合理的结构工艺性应重新评估和确定，过去难以或不能加工的多种结构，在特种加工方法中，已变成比较容易和相当容易加工的结构了。

8.2　特种加工方法

特种加工方法可按其能量来源和加工原理分为电火花加工、电化学加工、高能束加工、物料切蚀加工、化学加工、成形加工和复合加工等多种门类，每一门类的加工又可分为若干种加工方法。如电火花加工一般有电火花成形加工和电火花线切割加工。电化学加工可分为电解加工、电铸加工、涂镀加工等。高能束加工可分为激光加工、电子束加工、离子束加工和等离子弧加工。物料切蚀加工可分为超声加工、磨料流加工和液体喷射加工等。化学加工可分为化学铣切加工、照相制版加工、光刻加工、光电成形电镀等。成形加工可分为粉末冶金、超塑成形和快速成形等。复合加工为上述两种或两种以上加工方法的组合，一般有电化学电弧加工、电解电火花机械磨削、电化学腐蚀加工、超声放电加工、复合电解加工等。

限于篇幅，本章仅对几种最常用的特种加工方法做简明介绍。

8.2.1 电火花加工

电火花加工又称为放电加工（简称 EDM），是利用电、热能对零件进行加工。

8.2.1.1 电火花加工的原理

电火花加工是利用脉冲放电对导电材料进行蚀除，以获得一定形状和尺寸的加工方法。其加工原理如图 8-1 所示。脉冲电源发出连续的脉冲电压，该电压施加在工具电极 1 和工件电极 3 上，而两电极均浸于工作液箱 2 中的工作液 4 中（常用煤油），两极之间在脉动电压作用下产生一个电场。电场强度与电压成正比，与两极之间的距离成反比。随着极间电压增大或极间距离缩小，电场强度增大，当两极间距离缩小到 0.01 ~ 0.5mm 时，由于两极的微观表面凹凸不平，极间电场强度很不均匀，离得最近的凸出点或尖端处的电场强度一般为最大。

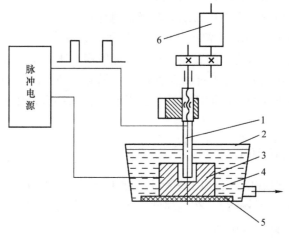

图 8-1

电火花加工原理示意图

1—工具电极　2—工作液箱　3—工件电极　4—工作液

5—绝缘垫　6—伺服电动机

工作液中不可避免地含有杂质（如金属微粒、碳粒子和胶体粒子等），也有一些自由电子，使工作液介质呈现一定的电导率。随着极间电压的增大，电场强度也增强，当电场强度增加至约 10^5 V/mm（100V/μm）时，就会产生场致电子发射，由阴极表面向阳极逸出电子。在电场作用下电子高速冲向阳极并撞击工作液介质中的分子或中性原子，从而又产生碰撞电离，形成带负电的粒子（主要是电子）和带正电的粒子（正离子），导致带电粒子雪崩式增多，使介质击穿而形成放电通道。由于受到放电时磁场力的作用和周围工作液的压缩，通道的横截面积很小，因而通道内电流密度很大，可高达 10^5 ~ 10^6 A/cm² （10^3 ~ 10^4 A/mm²）。

电子和正离子在电场力的作用下高速运动，相互碰撞，并分别撞击阳极和阴极，又促使更多的分子和中性原子在碰撞过程中电离，产生雪崩电离。在这种高速的运动过程中，动能转化为热能，产生巨大的热量，使通道变成一个瞬时热源。但通道温度分布是不均匀的，从通道中心向边缘逐渐降低。通道中心的温度可高达 1000℃ 左右，这使电极表面局部金属迅速熔化乃至汽化。由于脉冲放电时间极短（10^{-7} ~ 10^{-8} s），金属熔化和汽化的速度极高，具有爆炸性质，熔化和汽化了的金属微粒被迅速地抛离电极表面。每个脉冲一般只产生一个脉冲通道，因而放电后会产生一个极小的电蚀坑。但放电过程是连续的，随着工具电极由伺服电动机（或液压进给系统）带动不断进给，工件电极的表面就不断被蚀除，这样，工具电极的表面轮廓形状就精确复制在工件电极的表面上，达到了电火花加工的目的。

应当指出，电火花加工过程中，不仅工件电极表面被蚀除，工具电极表面也同样将被蚀除，但两极的蚀除量是不一样的。应将工件接在蚀除量大的一极。当脉冲电源为高频时，工件应接正极；当脉冲电源为低频时，工件应接负极。前者一般用于精加工，后者一般用于粗加工。

电火花加工的基本设备是电火花穿孔成形加工机床，由床身、立柱、工作台、工作液箱、主轴头、工具电极夹具、工作液循环过滤系统等主要部件组成。

8.2.1.2　电火花加工的特点及应用

电火花加工的特点及应用有以下几个方面：

1）可用硬度低的纯铜或石墨作为工具电极，对任何硬、脆、高熔点的导电材料进行加工，具有以柔克刚的功能，如加工淬火后的钢和硬质合金等。

2）可以加工特殊和形状复杂的表面，常用于注射模、压铸模等型腔模的加工。

3）无明显的机械切削力，适宜于加工薄壁、窄槽和细微精密零件。

4）脉冲电源的输出脉冲参数可任意调节，因而能在同一台机床上连续进行粗加工、半精加工和精加工。

8.2.2　电火花线切割加工

电火花线切割加工是在电火花加工基础上发展起来的一种加工工艺（简称 WEDM）。其工具电极为金属丝（钼丝或铜丝），在金属丝与工件间施加脉冲电压，利用脉冲放电对工件进行切割加工，因而也称为线切割。

8.2.2.1　电火花线切割加工的原理

电火花线切割加工的电蚀原理与电火花加工的原理相同，如图8-2所示，不再赘述。

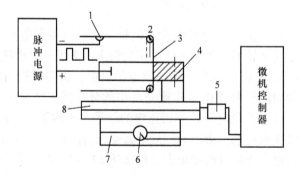

图8-2

电火花线切割工作原理示意图

1—进电装置　2—导向轮　3—金属丝　4—工件　5—X轴步进电动机
6—Y轴步进电动机　7—横向工作台　8—纵向工作台

工具电极为金属丝，因而，为使切割加工连续进行，金属丝必须沿着上、下导向轮2来回移动，或者单向移动进行切割。一般来说，在电火花线切割加工中，均要求切割一定形状和尺寸的零件，因此电火花线切割加工中的工件必须按一定的轨迹进行运动，而这一运动通常是由数控装置控制的 X 轴步进电动机 5 及 Y 轴步进电动机 6 分别带动纵向工作台 8 和横向工作台 7 来实现的。

为了保证很细的金属丝（$\phi 0.1 \sim \phi 0.2\text{mm}$）在火花放电时不被烧断以及提高表面加工质量，在金属丝运动的同时，需往加工区喷注工作液。

为保证加工中火花放电正常，应避免金属丝和工件直接接触产生短路。通常采用变频进给系统对金属丝和工件间的间隙电压进行处理，并经压频转换后产生进给脉冲去控制步进电动机来满足这一要求。当金属丝与工件间的距离偏大时，使进给脉冲频率自动提高，步进电动机旋转更多的角度，从而使金属丝与工件间距离缩小。反之，若金属丝和工件间距离偏小时，自动降低进给脉冲频率，从而使金属丝与工件间距离增大。若金属丝与工件相接触，则停止发送脉冲，如短路 3s 后仍不能自动消除短路故障，数控装置就发出短路退回脉冲，使金属丝与工件脱离接触，从而消除短路。

电火花线切割加工的基本设备是数控电火花切割机，它由床身、坐标工作台（一般均采用十字和滚动导轨、滚珠丝杠）、走丝机构和锥度切割装置等主要部件组成。

8.2.2.2　电火花线切割加工的特点和应用

电火花线切割加工的特点和应用有以下几个方面：

1）可切割各种高硬度材料，应用于加工淬火后的模具、硬质合金模具和强磁材料。

2）由于采用数控技术，可编程切割形状复杂的型腔，易于实现 CAD/CAM。

3）由于几乎无切削力，可切割极薄工件。

4）由于金属丝直径小，加工时省料，特别适宜于切割贵重金属材料。

5）试制新产品时，可直接切割某些板类工件，省去模具、刀具、工夹具等工装费用，明显缩短产品开发周期。

由于具有上述优点，数控电火花线切割加工已被广泛应用于模具、电气、仪表、量具等各个工业部门。高精度的数控线切割机床已能加工 6 级精度齿轮。最高精度已达 0.003mm，表面粗糙度 Ra 值可达 $1.6 \sim 0.2\mu\text{m}$。

8.2.3　电解加工

电解加工（简称 ECM）是电化学加工中的主要加工方法，是继电火花加工之后发展较快、应用广泛的一项新工艺，已成功应用于国防、航空航天、汽车、拖拉机等领域的工业生产。

8.2.3.1　电解加工的原理

电解加工是利用金属在电解液中的电化学阳极溶解原理将工件加工成形的。

图 8-3 为电解加工示意图。加工时，工件接直流电源正极，工具接直流电源负极。工具向工件缓慢进给，使两极之间保持较小间隙（$0.1 \sim 1\text{mm}$），使具有一定压力（$0.5 \sim 2\text{MPa}$）的氯化钠溶液（作为电解液）从间隙中流过，这时，由于工件阳极 3 的金属在直流电和电解液的作用下被逐渐电解腐蚀，电解产物即被高速（$5 \sim 50\text{m/s}$）流过的电解液带走。

电解液中的主要化学反应如下：

水溶液中：$H_2O \rightleftharpoons H^+ + [OH]^-$

阳极反应：$Fe \rightleftharpoons Fe^{2+} + 2e$

$Fe^{2+} + 2[OH]^- \rightarrow Fe(OH)_2 \downarrow$

阴极反应：$2H^+ + 2e \rightarrow H_2 \uparrow$

在电解加工过程中，电源不断从阳极中取走电子，使阳极中的铁不断以二价铁离子的形式与电解液中的负离子 $[OH]^-$ 化合成 $Fe(OH)_2$，沉淀为墨绿色絮状物，随电解液被带走，而后 $Fe(OH)_2$ 又被氧化为 $Fe(OH)_3$，为黄褐色沉淀（铁锈）。H^+ 在阴极得到电子，还原为氢气。电解过程中，工件阳极及水不断消耗，但工具阴极和氯化钠并不消耗。因此，理想状态下，工具阴极和氯化钠是可长期使用的。

电解加工的成形原理如图8-4所示。图中细竖线表示通过两极间的电流，竖线间的疏密程度表示电流密度。在加工开始时，阴极与阳极距离近的地方电流密度大，而电解液流速也高，阳极溶解的速度因而也较快，如图8-4a所示。当工具相对工件不断送进，工件表面就不断电解，电解产物不断被电解液冲走，直至工件表面形成与工具阴极工作面基本相似的形状为止，如图8-4b所示。

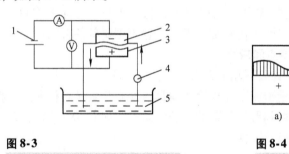

图8-3

电解加工示意图

1—直流电源　2—工具阴极　3—工件阳极

4—电解液泵　5—电解液

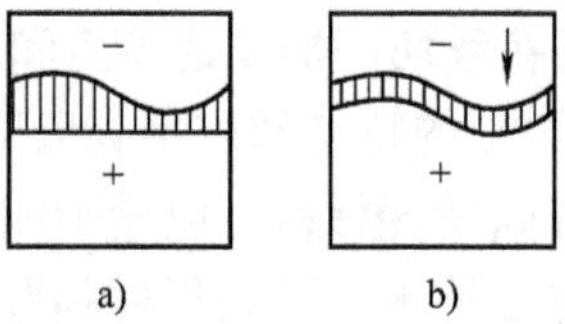

图8-4

电解加工成形原理

电解加工的基本设备包括直流设备、电解加工机床和电解液系统三个部分。

8.2.3.2　电解加工的特点和应用

电解加工的特点和应用主要有以下几个方面：

1）加工范围广，可加工硬质合金、淬火钢、不锈钢、耐热合金等高硬度、高强度和高韧性的各类导电材料，也可加工汽轮机叶片、叶轮等复杂型面。

2）生产率高，为电火花加工的5～10倍，在某些情况下，甚至比切削加工还高。它的生产率不直接受加工精度和表面粗糙度的限制。

3）能以简单的直线进给运动一次完成复杂型腔表面的加工。加工时不存在机械切削力，因此不产生由切削力引起的各类变形和残余应力，也无飞边、毛刺等。

4）可获得较低的表面粗糙度（$Ra1.25 \sim 0.2\mu m$）。加工精度不高，最高为0.01mm，平均为0.1mm。

5）加工过程中，工具阴极在理论上不会损耗，可长期使用。

8.2.4　超声加工

超声加工也称为超声波加工（简称USM）。超声加工不仅能加工电火花加工和电化学加工能够胜任的金属导电材料，而且更适宜加工玻璃、陶瓷、半导体锗和硅片等不导电的非金属脆硬材料，还可以用于清洗和探伤等。

8.2.4.1　超声加工的原理

人耳能够感受频率在 16～16000Hz 的声波，频率超过 16000Hz 的声波称为超声波。

超声波具有以下几个特点：

1）超声波能传递很大的能量。超声波的作用，主要是对传播方向上的障碍物施加压力（声压），传播的能量越大，则施加的压力也越大。

2）当超声波在液态介质中传播时，将以极高的频率压迫液体质点振动，在介质中连续形成压缩和稀疏区域，液体基本上不可压缩，因而产生压力正负交变的液压冲击和空化现象。这一过程时间极短，因而将产生巨大的液压冲击。在连续的交变脉冲压力的冲击下，受作用零件表面会引起破坏，产生固体物质分散、破碎等效应。

3）超声波通过不同介质时，会在界面上发生波速突变，产生波的反射和折射。

4）超声波在一定条件下，会产生波的干涉和共振现象。超声加工的基本原理如图 8-5 所示。超声加工是利用工具 1 的端面做超声振动，通过磨料悬浮液 3 对由脆硬材料制作的工件 2 进行加工。工具 1 的超声振动是从超声换能器 6 获得的。换能器 6 产生 16000Hz 以上的超声振动，并借助于变幅杆 4、5 把振幅增大到 0.05～0.1mm。变幅杆的增幅正是利用超声波在一定条件下能产生共振的这一特点而达到的。变幅杆使工具 1 的端面做超声振动，迫使磨料悬浮液中的磨粒以很大的速度和加速度不断撞击、抛磨工件 2 的被加工表面，使表面材料粉碎为很细的微粒，从工件 2 的表面上被打击下来。尽管每次打击下来的材料是微量的，但打击的频率为 16000 次/s 以上，因此

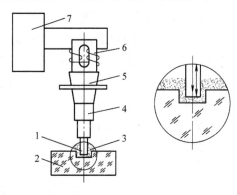

图 8-5

超声加工原理图

1—工具　2—工件　3—磨料悬浮液

4、5—变幅杆　6—换能器　7—超声波发生器

仍具有一定的加工速度。与此同时，磨料悬浮液受工具超声振动作用，将产生高频、交变的液压冲击波和空化作用，促使磨料悬浮液进入被加工材料的微裂缝，从而加剧了机械破坏作用。空化作用是指当工具端面高速离开工件表面时，会形成负压和局部真空，在磨料悬浮液中形成很多微空穴，而当工具端面以高速再次接近工件表面时，这些微空穴闭合，从而产生极强的液压冲击波，强化了加工作用。同时，交变的液压冲击也使磨料悬浮液在加工间隙中得以循环，使变钝了的磨粒及时得到交替和更新。

综上所述，超声加工是磨粒在超声振动作用下的机械撞击和抛磨作用以及空化作用的综合结果。超声加工主要是依靠磨粒的撞击，因此越是脆硬的材料，遭撞击后所受破坏越大，越适宜于超声加工。韧性材料不宜进行超声加工，但可以用作工具材料。

超声加工设备为超声加工机床，它由超声发生器、超声振动系统、机床本体（由工作头、加压机构和工作进给机构、工作台等组成）、工作液及循环系统和换能器冷却系统等主要部件组成。

8.2.4.2　超声加工的特点和应用

超声加工的特点和应用主要有以下几个方面：

1）适宜加工各种硬脆材料，特别是非金属材料，如玻璃、陶瓷、石英、硅、玛瑙、宝石、金刚石等。虽然也能加工导电的金属材料，如淬火钢、硬质合金等，但生产率较低。

2）能以简单的进给运动加工复杂的表面，只需将工具表面制成复杂形状的表面即可，因而超声加工机床结构较简单。

3）由于切削力很小，其工件的残余应力和加工变形很小。表面质量好，表面粗糙度可达 $Ra1 \sim 0.1\mu m$，加工精度可达 $0.01 \sim 0.02mm$。这种方法还可以加工微细结构，如薄型、窄缝和低刚度零件。

8.2.5　激光加工

激光加工是利用光能经透镜聚焦以极高的能量密度靠光热效应加工各种材料的一种新工艺（简称 LBM）。

8.2.5.1　激光加工的原理

激光是一束相同频率、相同方向和严格位相关系的高强度平行单色光。光束的发散角通常不超过 $0.1°$，因此在理论上可聚焦到直径为与光波波长尺寸相近的焦点上，焦点处的能量密度可达 $10^8 \sim 10^{10} W/cm^2$，温度可高达 $10000℃$，从而使任何材料均在瞬时（$< 10^{-3} s$）被急剧熔化乃至汽化，并产生强烈的冲击波被喷发出去。

激光是由各种激光器产生的，是激光加工设备中最主要的部分。除激光器外，激光加工机还包括电源、光学系统和机械系统等部分。

目前，常用的激光器按激活介质的种类可分为固体激光器和气体激光器；按激光器的工作方式可大致分为连续激光器和脉冲激光器。

图 8-6 为固体激光器结构示意图。氙灯 6 是提供光能的光泵，它在脉冲状态下工作。氙灯有脉冲氙灯和重复氙灯两种，前者每隔几十秒工作一次，后者每秒工作几次至十几次，后者的电极需用水冷却。

固体激光器又可按采用的工作物质分为红宝石激光器、钕玻璃激光器、掺钕钇铝石榴石激光器等多种。

气体激光器常用的有二氧化碳激光器、氩离子激光器等。气体激光器具有效率高、寿命长、连续输出功率大等优点，因而广泛应用于切割、焊接和热处理等加工。

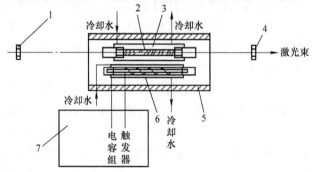

图 8-6

固体激光器结构示意图

1—全反射镜　2—激光工作物质　3—玻璃套管　4—部分反射镜

5—聚光腔　6—氙灯　7—电源

8.2.5.2　激光加工的特点和应用

激光加工的特点和应用主要有以下几个方面：

1）由于激光加工的功率密度高，几乎可以加工任何材料，如高硬、耐热合金，陶瓷，石英和金刚石等。

2）激光束可调焦到微米级，其输出功率也可以调节，因此，激光可用于精细加工。数控激光雕刻机和数控激光刻线机已广泛应用于量具量仪、精密制造和仪器仪表等行业。

激光打孔几乎可在任何材料上进行，目前已用于火箭发动机和柴油机的燃料喷嘴加工、化纤喷丝板打孔、钟表和仪表行业中的宝石轴承打孔以及金刚石拉丝模加工等。激光打孔具有能加工微小孔和自动化程度高的特点。例如加工钟表行业中孔径为 $\phi0.12 \sim \phi0.18\mathrm{mm}$、深为 $0.6 \sim 1.2\mathrm{mm}$ 的红宝石轴承，采用自动传送系统，每分钟可加工几十个红宝石轴承。激光打孔的孔径可小到 $\phi0.1\mathrm{mm}$ 以下。

数控激光切割机可以切割形状复杂的各类材料零件，且具有生产率高、加工质量好、精度高和省材料的优点。

3）激光属非接触式加工，无明显机械切削力，因而具有无工具损耗、加工速度快、热影响区小、热变形和加工变形小以及易实现自动化等优点。

4）能透过透视窗孔对隔离室或真空室内的零件进行加工。

此外，激光还广泛应用于金属材料探伤和高精密测量等领域。

8.2.6　电子束和离子束加工

电子束加工（简称 EBM）和离子束加工（简称 IBM）是得到高速发展的新型特种加工，主要用于精细加工领域，尤其是微电子领域。

8.2.6.1　电子束加工的原理

图 8-7 为电子束加工原理图。图中表明整个加工系统处于一个密闭室中，由抽真空系统 2 将该密闭室抽成真空状态，电子枪系统 3 在通电状态下连续发射大量电子，这些电子经聚焦系统 4 聚焦后，形成能量密度极高（$10^6 \sim 10^9 \mathrm{W/cm^2}$）的电子束，电子束 5 以极高速度冲击到工件 6 表面的极小面积上，由于时间极短（约几分之一微秒），其能量大部分转变为热能，使被冲击点的材料达到几千摄氏度以上高温，从而引起材料的局部熔化和汽化，并立即被真空系统抽走。

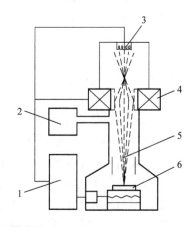

图 8-7

电子束加工原理图
1—电源及控制系统　2—抽真空系统
3—电子枪系统　4—聚焦系统
5—电子束　6—工件

为了达到不同的加工目的，只需调节和控制电子束的能量密度大小和能量注入时间。例如对工件材料局部加热，即可进行电子束热处理；若使工件材料局部熔化，即可进行电子束焊接；若再提高电子束能量密度，使工件材料局部熔化和汽化，就可进行电子束打孔和切割等加工；还可以利用低能量密度的电子束轰击高分子材料时产生化学反应的原理，进行电子束光刻加工。

8.2.6.2　电子束加工的特点和应用

电子束加工的特点的应用主要有以下几个方面：

1）电子束可以聚焦到 $\phi 0.1\mu m$ 的面积上，因而电子束加工属于精细加工。

2）电子束的能量密度很高，能使几乎所有材料达到熔化和汽化的温度，因而加工范围广，能对脆性、韧性的导电材料，非金属材料和半导体材料进行加工。电子束加工是非接触式加工，因而工件不受机械力作用，其加工变形小，残余应力小；加工通常在真空状态下进行，因而表面不被氧化，加工质量高。

3）电子束能量密度高，因而电子束加工的生产率高。例如，每秒钟可在厚度为 2.5mm 的 Q235 钢板上打出 50 个 $\phi 0.4mm$ 的孔。

4）能通过磁场或电场对电子束的强度、位置、聚焦等进行直接调节和控制，因而整个加工过程易于实现自动化。在电子束打孔和切割时，可通过电气控制加工各类异形孔，实现曲面弧形切割。

8.2.6.3　离子束加工的原理和特点

离子束加工原理和电子束加工原理基本类似，也是利用在真空条件下，将离子源产生的离子束经加速聚焦，打击到工件表面，从而达到不同的加工目的。与电子束加工不同的是，离子束中的离子带正电，且其质量比电子大数千数万倍。例如氩离子的质量是电子的 7.2 万倍，因此，一旦离子加速到较高速度时，离子束要比电子束具有更大的撞击动能，它是靠微观的机械撞击能量，而不是靠动能转化为热能进行加工的。

离子束加工的物理基础是，当离子束打击到材料表面上，会产生所谓撞击效应、溅射效应和注入效应。

具有一定动能的离子束，若斜射到工件材料的表面上，可将表面的原子撞击出来，这就是离子的撞击效应和溅射效应。如果将工件直接作为离子轰击的靶材，工件表面即受到离子蚀刻。如果将工件放置在靶材附近，则靶材中溅射出来的原子就会沉积到工件表面，使工件表面镀上一层靶材原子，这称为离子镀。如果离子束垂直于工件表面直接轰击，且将能量调节到足够大，则电子就会钻进工件表面，这就是离子的注入效应。

离子束加工装置中的主要系统是离子源。离子源产生离子束的基本原理是使原子电离。具体方法是将气态原子（如氩等惰性气体）注入电离室，经高频放电、电弧放电、等离子放电或电子轰击将气态原子电离成等离子体。用一个相对等离子体为负电位的电极（吸极）将离子从等离子体中吸出，即形成离子束。根据产生离子束的方式和用途不同，有多种形式的离子源，图 8-8 是其中一种，称为考夫曼型离子源。

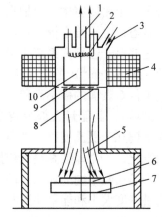

图 8-8

考夫曼型离子源

1—真空抽气口　2—灯丝
3—惰性气体注入口　4—电磁线圈
5—离子束流　6—工件
7—下阴极　8—阴极
9—阳极　10—电离室

8.2.6.4　离子束加工的应用

离子束加工的应用不断扩大，目前主要用于工件的刻蚀加工、离子镀膜加工和离子注入加工。

1. 刻蚀加工

离子刻蚀是从工件上去除材料。由于离子直径很小，可认为刻蚀过程是逐个原子剥离的，因此刻蚀的分辨率可达微米级甚至亚微米级，但刻蚀的速度很低。离子刻蚀用于加工陀螺仪空气轴承和气动马达的沟槽，具有分辨率高、精度和重复一致性好的特点。离子刻蚀还用于加工非球面透镜，能达到其他加工方法不能达到的精度。此外，离子蚀刻还可应用于刻蚀高精度图形、纹理和光栅等。

2. 离子镀膜加工

离子镀膜有许多独特的优点。离子镀膜不仅附着力强、膜层不易脱落，而且绕射性好，使工件的暴露表面均能被镀覆。

离子镀膜已用于镀制各种润滑膜、耐热膜、耐磨膜、装饰膜和电气膜等，在切削工具（如铣刀、车刀和钻头等）上采用离子镀膜技术镀上一层薄薄的（$2 \sim 3\mu m$）氮化钛或碳化钛镀层，能大大提高刀具的寿命。

3. 离子注入加工

采用离子注入加工，可改变半导体的导电性能和制造 $P-N$ 结，因而广泛用于微电子领域。

此外，离子注入可改善金属表面性能，大大提高金属表面的耐磨性、耐蚀性和硬度。因而对于金属改性处理，离子注入加工是一个新兴的领域。

复习思考题

1. 什么叫特种加工？它主要有哪几种类型？
2. 简述电火花加工的原理及特点。
3. 电火花加工适于哪些零件和表面的加工？
4. 电火花加工机床由哪几部分组成？
5. 电火花加工要具备什么条件？
6. 简述数控电火花线切割加工的原理及特点。
7. 数控电火花线切割机床由哪几部分组成？如何才能加工出带锥度的零件？
8. 总结数控电火花线切割机床的编程特点。
9. 简述激光加工的优点及主要应用范围。
10. 简述超声波加工的优越性及主要应用范围。

第 9 章
其他先进制造技术

9.1　引言

机械制造工艺是将各种原材料、半成品加工成为产品的方法和过程。从材料成形的角度来看，材料加工成形方法可分为以下四种：

（1）去除成形　它是运用分离的方法，把一部分材料有序地从基体中分离出去而成形的方法。如车、铣、刨、磨及电火花加工、激光切割、打孔等加工方法均属于去除成形，它是当前主要的成形方法。

（2）压迫成形　它是利用材料的可成形性，在特定的外部约束（边界约束或外力约束）下成形的方法。铸造、锻压和粉末冶金等均属于压迫成形。压迫成形常用于毛坯成形或特种材料成形。

（3）堆积成形　它是运用材料合并与连接方法，把材料有序地合并堆积起来的成形方法。快速原型制造（RPM）属于堆积成形，传统的焊接方法也属于堆积成形的范畴。

（4）生成成形　它是利用材料的活性进行成形的方法。自然系统中生物个体生长发育均属于生成成形，目前人为系统中还没有此类成形方式，但随着活性材料、仿生学、生物化学、生命科学的发展，这种成形方法将会逐步得到应用。

随着机械工业的发展和科学技术的进步，机械制造工艺的内涵和外延不断发生变化，常规工艺不断优化并普及，原来十分严格的工艺界限和分工，如下料和加工、毛坯制造和零件加工、粗加工和精加工、冷加工和热加工、成形和改性等在界限上逐步趋于淡化，在功能上趋于交叉，各种先进加工方法不断出现和发展。目前主要的新型加工方法有：精密加工和超精密加工、超高速加工、微细加工、特种加工及高密度能加工、快速原型制造技术、新型材料加工、大件和超大件加工、表面功能性覆层技术和复合加工技术等。本章将着重介绍超高速加工、超精密加工、快速原型制造等先进制造技术。

9.2　超高速加工技术

超高速加工技术是指采用超硬材料的刀具及磨具和高速运动的自动化制造设备，以极大地提高切削速度来达到提高材料切除率、加工精度和加工质量的现代加工技术。超高速加工能使被加工金属材料在切除过程中的剪切滑移速度达到或超过某个极限值，使切削加工过程所消耗的能量、切削力、工件表面温度、刀具和磨具磨损、加工表面质量、加工效率等明显优于常规切削速度下的指标，它是提高切削和磨削效果，提高加工质量、加工精度和降低加工成本的重要手段。

超高速加工的切削速度范围与工件材料、切削方式相关，目前尚无确切的定义。一般认为，各种材料超高速切削速度的范围为：铝合金 2000 ~ 7500m/min，铸铁 900 ~ 5000m/min，钢 600 ~ 3000m/min，超耐热镍合金 500m/min 以上，钛合金 150 ~ 1000m/min，纤维增强塑料 2000 ~ 9000m/min。各种切削方式的超高速切削速度范围为：车削 700 ~ 7000m/min，铣削 300 ~ 6000m/min，钻削 200 ~ 1100m/min，磨削 150m/s 以上。

研制和开发性能良好的超高速机床，是实现超高速加工的首要条件和关键因素，其中最重要的是开发出能够满足超高速运转的主轴单元和进给系统。

9.2.1　高速主轴单元

在超高速运转的条件下，传统的齿轮变速系统已不能满足要求，代之以宽调速交流变频系统以实现机床主轴的变速。这样，主轴部件往往就做成所谓的主轴单元，由专业厂进行系列化和专业化生产。

交流变频电动机和主轴单元之间有三种传动方式：

1）主轴电动机和主轴单元做平行轴布置，其间用高速带传动。

2）主轴电动机和主轴单元做同轴布置，其间用联轴器联接并传动。

3）主轴和主轴单元合二为一，采用一种无外壳电动机，将其定子装入主轴单元壳体中，转子直接装在机床主轴上，形成内装电动机主轴，简称电主轴。

电主轴把机床的主传动链的长度缩短为零，所以可以称为"零传动"。它结构紧凑，重量轻，惯性小，响应特性好，并可避免振动和噪声，是高速主轴单元的理想结构。

9.2.2　高速进给系统

在超高速切削时，为了保持刀具每次进给量基本不变，进给速度必须大幅度提高。目前高速加工中心和数控铣床工作台的进给速度已经达到 60 ~ 75m/min，加速度可以达到 25 ~ 50m/s^2，因而对非进给部件的动态特性提出了非常高的要求，常规的"旋转伺服电动机 + 滚珠丝杠"的进给传动方式已经不能满足要求。目前一些国外的机床公司都在其加工中心产品上采用了直线电动机快速进给单元，取消了进给电动机和执行部件（工作台、滑板等）的一切中间传动环节，把机床的进给传动链长度缩短为零，也实现了机床进给的"零传动"。

直线电动机起动的推力大，可以实现大范围的加速和减速，动体质量小，易于实现高速运行，并且在任意速度下可以实现平稳移动。由于没有运动转换机构，整个进给单元结构简单，静、动刚度高，噪声小，重量轻，维修方便，实现了电动机对工作台的直接驱动，是一种全新的机床进给系统。直线电动机在机床上的成功应用，是进给传动设计理论和生产技术上的重大变革，是 20 世纪 90 年代机床制造技术上的一个新的技术高峰。

为了提高机床进给部件的快速反应能力，必须进一步减轻移动部件的重量，可以采用软铝合金或者纤维增强塑料等新型优质材料制造机床的工作台和拖板。这些移动部件的大件截面可以用有限单元法进行优化设计。

除了在传动部件上采取上述措施以外，超高速机床还必须有刚度高的支承部件以及冷却、安全防护系统，这里不一一述及。

9.2.3　超高速加工的优点和应用领域

与常规切削加工相比，超高速加工有以下优点：

1）随着进给速度的提高（进给速度可以相应地提高5~10倍），单位时间内材料的切除率可以增加3~6倍，可以大幅度缩短零件加工的切削工时，显著提高生产率。

2）切削力至少可以降低30%以上，切削过程变得比较轻松，尤其是径向切削力大幅度减小，特别是有利于提高薄壁件、细长件等刚性差零件的加工精度。

3）切削过程极其迅速，95%以上的切削热被切屑带走，来不及传给工件，因而在超高速加工中，工件基本可以保持冷态，特别适合加工容易热变形的零件。

4）机床做高速运转，振动频率特别高，远离了"机床-工件-刀具"工艺系统的固有频率范围，工作平稳、振动小，因而能加工非常精密、非常光洁的零件，同时，由于切屑被飞快地切离工件，残留在零件表面上的应力很小，故可以省去超高速车削、铣削后的相关加工工序。

目前，超高速切削主要应用于以下几个方面：

1）用于大批量生产领域，如在汽车工业，美国福特（Ford）汽车公司与英格索尔（Ingersoll）公司合作研制的HVM800卧式加工中心及单轴镗缸机床，已应用于福特公司的生产线。

2）用于加工刚度较小的工件，如Ingersoll公司采用超高速切削工艺所铣削的工件最薄壁厚仅为1mm。

3）用于复杂曲面零件的加工，如模具制造。

4）用于加工难切削的材料。

5）用于超精密微细切削加工领域，如日本的发那科（FANUC）公司和电气通信大学合作研制的超精密铣床，其主轴速度达55000r/min，主要用于自由曲面的微细加工。

9.3　超精密加工技术

9.3.1　概述

超精密加工是指加工精度和表面质量达到极高程度的精密加工工艺。随着加工技术的发展，超精密加工的技术指标也在不断变化。目前，一般加工、精密加工、超精密加工及纳米加工的精度指标可以划分为：

1）一般加工。加工精度在$10\mu m$左右、表面粗糙度Ra值在$0.3~0.8\mu m$，如普通车、铣、刨、磨、镗、铰等加工。

2）精密加工。加工精度在$10~0.1\mu m$、表面粗糙度Ra值在$0.3~0.03\mu m$，如金刚车、金刚镗、研磨、珩磨、砂带磨削、镜面磨削等加工。精密加工适合于精密机床、精密测量仪器等产品中的关键零件加工，如精密丝杠、精密齿轮、精密蜗轮、精密导轨、精密轴承等的加工。

3）超精密加工。加工精度在 $0.1 \sim 0.01 \mu m$、表面粗糙度 Ra 值在 $0.03 \sim 0.05 \mu m$，如金刚石刀具超精密切削、超精密磨料加工、超精密特种加工和复合加工等。超精密加工适合于精密元件、计量标准件、大规模和超大规模集成电路的制造。

4）纳米加工。加工精度高于 $0.001 \mu m$、表面粗糙度 Ra 值小于 $0.005 \mu m$。其加工方法已不同于传统的加工方法，而是诸如原子、分子单位加工等方法。

超精密和纳米加工主要应用于仪器仪表工业、航空航天工业、电子工业、国防工业、计算机制造、微型机械及各种反射镜加工等领域。

9.3.2　超精密加工的主要方法

目前超精密加工的主要手段有：金刚石刀具超精密切削、金刚石砂轮和 CBN 砂轮超精密磨削、超精密研磨和抛光、精密特种加工和复合加工等。

金刚石砂轮超精密磨削是当前超精密加工的重要研究方向之一，其主要加工方式有外圆磨、无心磨、沟槽磨和切割等，被加工材料有陶瓷、半导体等难加工材料，其关键技术包括金刚石砂轮的修整、微粉金刚石砂轮超精密磨削等。

金刚石砂轮的修整包括整形和修锐两部分，对于密实型无气孔的金刚石砂轮，如金属结合剂金刚石砂轮，一般在整形后还必须修锐；有气孔型陶瓷结合剂金刚石砂轮在整形后即可使用。金刚石砂轮的修整方法很多，常用的有单点金刚石笔、烧结体多点金刚石笔、GC 砂轮制动式修整器等。

近年来，出现了油石研磨、磁性研磨、滚动研磨、弹性发射加工、液体动力抛光、液中抛光、磁流体抛光、挤压研抛、砂带研抛、超精研抛、机械化学抛光、化学机械抛光等众多有效的新型精密研磨和抛光方法，这些方法采用了以下技术措施，以达到超精密加工的要求。

1）采用软质磨粒（或称为软质粒子），这种磨粒甚至比工件还要软，在抛光时不易造成工件被加工表面的机械损伤，如微裂纹、磨粒嵌入、麻点等。

2）抛光工具和工件不接触，即非接触抛光，或称为浮动抛光，抛光工具与工件被加工面之间有薄层磨粒流，其特点是可减小被加工表面的机械损伤。

3）整个抛光工作在恒温液中进行，这样一方面整个抛光工作在恒温状态下可减少热变形的影响，另一方面可防止空气中的尘埃或杂物混入抛光区影响加工质量。

4）采用复合加工，汇集和利用各种加工方法的优点，如化学机械抛光、砂带研抛等，在砂带研抛中利用接触轮的材料硬度来达到在加工时兼有研磨和抛光的特点。

超精密加工技术是以高精度为目标的技术，它必须在综合应用各种新技术，在各个方面精益求精的条件下，才有可能突破常规技术达不到的精度界限，达到新的高精度指标。实现超精密加工的主要条件应包括以下诸方面：

1）超精密加工机床与装、夹具。

2）超精密切削刀具、刀具材料。

3）超精密加工工艺。

4）超精密加工环境控制（包括恒温、隔振、洁净控制等）。

5）超精密加工的测控技术。

9.3.3 超精密加工机床

超精密加工机床是超精密加工水平的标志，它应满足以下一些要求：

1）高精度。它包括高的静精度和动精度，主要的性能指标有几何精度、定位精度和重复定位精度、分辨率等。

2）高刚度。它包括高的静刚度和动刚度，除本身刚度外，还应注意接触刚度，同时应考虑由工件、机床、刀具、夹具所组成的工艺系统的刚度。

3）高稳定性。机床在经运输、存储以后，在规定的工作环境下，在使用过程中应能长时间保持精度、抗干扰、稳定工作。因此，机床应有良好的耐磨性、抗振性等。

4）高自动化。为了保证加工质量，减少人为因素影响，加工设备多用数控系统实现自动化。

9.3.4 超精密加工的测控技术

超精密加工必须具备相应的检测技术和手段，不仅要对工件和表面质量进行检验，还要检验加工设备和基础零部件的精度。

精密检测是超精密加工的必要手段，误差补偿是提高加工精度的有效措施。关键技术主要有：

1）几何尺寸的纳米级测量，包括测量基准的建立、测量仪器的研究。

2）表面质量检测技术及其测量仪器的研究。

3）测量集成技术的研究。

4）空间误差补偿技术的研究。

9.3.5 超精密加工的环境控制

超精密加工的工作环境是达到其加工质量的必要条件，主要有温度、湿度、净化和防振等方面的要求。

环境温度可根据加工要求控制在 $\pm(1\sim0.02)$℃，甚至达到 ±0.0005℃。达到恒温的办法包括采用多层套间逐步得到大恒温间、小恒温间，再采用局部恒温的方法，如恒温罩，罩内还可用恒温液喷淋，实现更精确的温度控制。

在恒温室内，一般湿度应保持在 55%~60%，以防止机器的锈蚀、石材膨胀，以及一些仪器（如激光干涉仪）的零点漂移等。

净化主要是为了避免空气中的尘埃影响。尘埃可能会在加工时划伤被加工表面。通常洁净度要求 10000 级至 100 级（100 级是指每立方英尺空气中所含大于 $0.5\mu m$ 的尘埃不超过 100 个）。大面积的超净间造价很高，且达到高洁净度的难度很大，因此出现了超净工作台、超净工作腔等局部超净环境，采用通入正压洁净空气以防止腔外不洁净的空气进入，保证洁净度。为了防止工作人员的衣服、皮肤和头发的影响，工作人员要穿戴专门的工作服，并要通过风淋室进行洁净。

超精密加工设备要安放在带防振沟和隔振器的防振地基上，并可使用空气弹簧（垫）来隔离低频振动。

随着超精密加工所要达到的精度越来越高，加工机理越来越广阔，对工作环境提出的要求也越来越严格。关键技术主要有：

1）纳米级加工技术所需要的工作环境。

2）利用遥测、遥控、遥现等科学手段进行加工与检测，消除人为因素的影响。

3）对工作环境和介质中空气、冷却液等恒温方法的研究。

9.4 快速成形技术

9.4.1 概述

快速原型/零件制造（Rapid Prototype/Part Manufacturing，RPM）技术是综合集成 CAD 技术、数控技术、材料科学、机械工程、电子技术及激光技术等，以实现从零件设计到三维实体原型制造一体化的系统技术。RPM 技术的材料成形过程和传统的成形过程不同，它是利用 CAD 模型的离散化处理和材料堆积原理而制造零件，通过对 CAD 模型的离散化处理，获得堆积的顺序和路径，并利用光、热、电等物理手段，实现材料的转移、堆积、叠加，形成三维实体。

快速成形的基本过程是：首先由 CAD 软件设计出所需零件的计算机三维曲面或实体模型，即数字模型或电子模型；然后根据工艺要求，按照一定的规则将该模型离散为一系列有序的单元，通常在 Z 向将其按一定厚度进行离散（习惯称为分层），把原来的三维电子模型变成一系列的二维层片；再根据每个层片的轮廓信息，进行工艺规划，选择合适的加工参数，自动生成数控代码；最后由成形机接受控制指令，制造一系列层片并自动将它们联接起来，得到一个三维物理实体。这样就将一个物理实体的复杂的三维加工离散成一系列层片的加工，大大降低了加工难度，并且成形过程的难度与待成形的物理实体形状和结构的复杂程度无关。

快速成形技术具有以下特点：

1）高度柔性。快速成形技术的最突出特点就是柔性好，它取消了专用工具，在计算机管理和控制下可以制造出任意复杂形状的零件，把可重编程、重组、连续改变的生产装备用信息方式集成到一个制造系统中。

2）技术的高度集成。快速成形技术是计算机技术、数控技术、激光技术与材料技术的综合集成。它在成形概念上以离散/堆积为指导，在控制上以计算机和数控为基础，以最大的柔性为目标。因此只有在计算机技术、数控技术高度发展的今天，才有可能诞生快速成形技术。

3）设计制造一体化。快速成形技术的另一个显著特点就是 CAD/CAM 一体化。在传统的 CAD、CAM 技术中，由于成形思想的局限性，致使设计制造一体化很难实现。而对于快速成形技术来说，由于采用了离散堆积分层制造工艺，能够很好地将 CAD、CAM 结合起来。

4）快速性。快速成形技术的一个重要特点就是其快速性。由于激光快速成形是建立在高度技术集成的基础之上，从 CAD 设计到原型的加工完成只需几小时至几十小时，比传统的成形方法速度要快得多。这一特点尤其适合于新产品的开发与管理。

5）自由成形制造（Free Form Fabrication，FFF）。快速成形技术的这一特点是基于自由成形制造的思想。自由的含义有两个方面；一是指根据零件的形状，不受任何专用工具（或模腔）的限制而自由成形；二是指不受零件任何复杂程度的限制。由于传统加工技术的复杂性和局限性，要达到零件的直接制造仍有很大距离。RPM 技术大大简化了工艺规程、工装准备、装配等过程，很容易实现由产品模型驱动直接制造（或称自由制造）。

　　6）材料的广泛性。各种 RPM 工艺的成形方式不同，因而材料的使用也各不相同，如金属、纸、塑料、光敏树脂、蜡、陶瓷，甚至纤维等材料在快速成形领域已有很好的应用。

　　以下主要介绍几种典型的 RPM 技术。

9.4.2　立体印刷（SL）

　　SL 工艺由 Charles Hul 于 1984 年获美国专利。1988 年美国 3D Systems 公司推出商品化样机 SLA – 1，这是世界上第一台快速原型成形机。SLA 系列成形机占据着快速成形设备市场的较大份额。除了美国 3D Systems 公司的 SLA 系列成形机外，还有日本 CMET 公司的 SOUP 系列、D – MEC（JSR/sony）公司的 SCS 系列和采用杜邦公司技术的 Teijin Seiki 公司的 Soliform。在欧洲有德国 EOS 公司的 STEREOS、Fockele&Schwarze 公司的 LMS 以及法国 Laser 3D 公司的 Stereophotolithgraphy（SPL）。

　　SL 工艺是基于液态光敏树脂的光聚合原理工作的。这种液态材料在一定波长和强度的紫外光的照射下能迅速发生光聚合反应，分子量急剧增大，材料也就从液态转变成固态。图 9-1 为 SL 工艺原理图。液槽中盛满液态光敏树脂，激光束在偏转镜的作用下，能在液态表面上扫描，扫描的轨迹及激光的有无均由计算机控制，光点扫描到的地方，液体就固化。成形开始时，工作平台在液面下一个确定的深度，液面始终处于激光的聚焦平面，聚焦后的光斑在液面上按计算机的指令逐点扫描，即逐点固化。当一层扫描完成后，未被照射的地方仍是液态树脂。

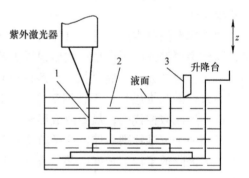

图 9-1

SL 工艺原理图
1—成形零件　2—光敏树脂　3—刮平器

然后升降台带动平台下降一层高度，已成形的层面上又布满一层树脂，刮平器将黏度较大的树脂液面刮平，然后再进行下一层的扫描，新固化的一层牢固地粘在前一层上。如此重复直到整个零件制造完毕，得到一个三维实体模型。

　　SL 方法是目前快速成形技术领域中研究得最多的方法，也是技术上最为成熟的方法。SL 工艺成形的零件精度较高。多年的研究改进了截面扫描方式和树脂成形性能，使该工艺的加工精度能达到 0.1mm。但这种方法也有自身的局限性，如需要支撑，树脂收缩导致精度下降，光敏树脂有一定的毒性等。

9.4.3　分层实体制造（LOM）

　　LOM 工艺即分层实体制造，由美国 Helisys 公司的 Michael Feygin 于 1986 年研制成功。该公司已推出 LOM 系列成形机。类似 LOM 工艺的快速成形工艺有日本 Kira 公司的 SC（Solid Center）、瑞典 Sparx 公司的 Sparx、新加坡 Kinergy 精技私人有限公司的 ZIPPY、清华大学的 SSM（Sliced Solid Manufacturing）、华中科技大学的 RPS（Rapid Prototyping System）。

LOM 工艺采用薄片材料，如纸、塑料薄膜等。片材表面事先涂覆上一层热熔胶。如图9-2所示，加工时，热压辊热压片材，使之与下面已成形的工件粘接；用 CO_2 激光器在刚粘接的新层上切割出零件截面轮廓和工件外框，并在截面轮廓与外框之间多余的区域内切割出上下对齐的网格；激光切割完成后，工作台带动已成形的工件下降，与带状片材（料带）分离；供料机构转动收料轴和供料轴，带动料带移动，使新层移到加工区域；工作台上升到加工平面；热压辊热压，工件的层数增加一层，高度增加一个料厚；再在新层上切割截面轮廓。如此反复，直至零件的所有截面粘接、切割完，得到分层制造的实体零件。

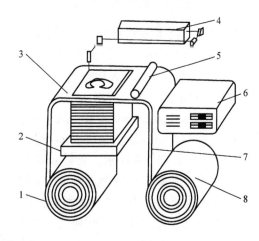

图 9-2

分层实体制造工艺原理图

1—收料轴　2—升降机　3—加工平面　4—CO_2 激光器
5—热压辊　6—控制计算机　7—料带　8—供料轴

LOM 工艺只需在片材上切割出零件截面的轮廓，而不用扫描整个截面，因此成形厚壁零件的速度较快，易于制造大型零件。工艺过程中不存在材料相变，因此不易引起翘曲变形，零件的精度较高。工件外框与截面轮廓之间的多余材料在加工中起到了支撑作用，所有 LOM 工艺无须加支撑。

9.4.4　选择性激光烧结（SLS）

SLS 工艺称为选择性激光烧结，由美国德克萨斯大学奥斯汀分校的 C. R. Dehard 于 1989 年研制成功。该方法已由美国 DTM 公司商品化，推出了 SLS Model125 成形机。德国 EOS 公司和我国北京隆源自动成形系统有限公司也分别推出了各自的 SLS 工艺成形机：EOSINT 和 AFS。

SLS 工艺是利用粉末状材料成形的。如图 9-3 所示，将材料粉末铺撒在已成形零件的上表面，并刮平；用高强度的 CO_2 激光器在刚铺的新层上扫描出零件截面；材料粉末在高强度的激光照射下被烧结在一起，得到零件的截面，并与下面已成形的部分粘接；当一层截面烧结完以后，铺上新的一层材料粉末，选择地烧结下层截面。

SLS 工艺的特点是材料适应面广，不仅能制造塑料零件，还能制造陶瓷、蜡等材料的零件，特别是可以直接制造金属零件，这使 SLS 工艺颇具吸引力。SLS 工艺无须加支撑，这是因为没有烧结的粉末起到了支撑的作用。

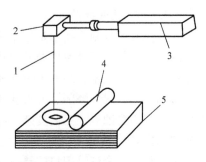

图 9-3

选择性激光烧结工艺原理图

1—激光束　2—扫描镜　3—激光器
4—平整滚筒　5—粉末

9.4.5　熔融沉积成形（FDM）

FDM 工艺由美国学者 Dr. Scott Crump 于 1988 年研制成功，并由美国 Stratasys 公司推出商品化的 3D Modeler1000、1100 和 FDM1600、1650 等规格的系列产品，较新的型号是 FDM8000、Quantum 等。清华大学也开发了与其工艺原理相近的 MEM（Melted Extrusion Manufacturing）系列产品。

FDM 的材料一般是热塑性材料，如蜡、ABS、尼龙等，以丝状供料。如图 9-4 所示，材料在喷头内被加热熔化。喷头沿零件截面轮廓和填充轨迹运动，同时将熔化的材料挤出，材料迅速固化，并与周围的材料粘接。

FDM 工艺不用激光，因此使用、维护简单，成本较低。用蜡成形的零件原型，可以直接用于失蜡铸造。用 ABS 制造的原型因具有较高强度而在产品设计、测试与评估等方面得到广泛应用。由于以 FDM 工艺为代表的熔融材料堆积成形具有一些显著优点，该工艺发展极为迅速。

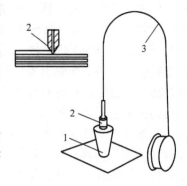

图 9-4

熔融沉积成形工艺原理图

1—成形工件　2—喷头　3—料丝

9.4.6　快速成形技术的应用

9.4.6.1　产品设计评估与功能测验

快速成形（RP）技术的第一个重要应用是产品的概念原型与功能原型制造。采用 RP 技术制造产品的概念原型，可用于展示产品设计的整体概念、立体形态和布局安排，进行产品造型设计的宣传，还可用于产品展示、投标、面市等。功能原型可用于产品的结构设计检查，装配干涉检验，静、动力学试验和人机工程等，从而优化产品设计。同时还可以通过产品的功能原型研究产品的一些物理性能、力学性能。通过 RP 技术快速制造出产品的功能原型，可以尽早地对产品设计进行测试、检查和评估，缩短产品设计反馈的周期和产品的开发周期，大大降低产品的开发费用，大幅度提高产品开发的成功率。

9.4.6.2　快速模具制造

先进快速模具制造技术是近年来模具制造业中十分活跃的领域之一。限制产品推向市场时间的主要因素是模具及模型的设计时间。由于现代社会产品竞争十分激烈，产品对市场的快速响应往往是竞争制胜的关键，所以模具快速制造显得尤为重要。传统模具制造的方法如数控铣削加工、成形磨削、电火花加工、线切割加工、铸造模具、电解加工、电铸加工、压力加工和照相腐蚀等，工艺复杂、时间长、费用高，影响了新产品对于市场的响应速度。传统的快速模具（例如中低熔点合金模具、电铸模、喷涂模等）又由于工艺粗糙、精度低、寿命短，很难完全满足用户的要求；特别是常常因为模具的设计与制造中出现的问题无法解决，而不能做到真正的"快速"。因此，应用 RP 技术制造快速模具，在最终生产模具开模之前进行产品的试制与小批量生产，可以大大提高产品开发的一次成功率，有效地节约开发时间和费用。在 RP 原型制造出来之后，以此原型作为基础，采用一次转换或多次转换工艺，制造出实际的大批量生产中或产品试制中零件使用的模具，称为间接模技术，目前是 RP 技术最重要的应用领域。

9.4.6.3　医学上的仿生制造

RP 技术在医学方面有许多应用。根据 CT 扫描或 MRI 核磁共振的数据，采用 RP 技术可以快速制造人体骨骼和软组织的实体模型，这些实体模型可帮助医生进行病情辅助诊断和确定治疗方案，具有巨大的临床价值和学术价值。这些模型为每个个体的人设计和制造，提供了个性化服务。目前具体应用在以下几个方面：

（1）颅骨修复　采用 RP 迅速、准确地将病人颅骨的 CT 数据转换为三维实体模型，此模型在外科手术上具有非常重要的作用。由于采用快速原型方法制作的修复件成形精度高，能十分吻合病人颅骨的几何形状，减少固定螺钉约 1/2，减少手术时间，有利于病人恢复，材料国产化后可大大减轻病人负担。

（2）组织工程材料的大段骨成形　快速成形技术因具有不可比拟的优势而被用来进行组织工程材料的人体器官诱导成形研究。组织工程材料是与生命体相容的、能够参与生命体代谢、在一定时间内逐渐降解的特种材料。用快速成形技术并采用这种材料制成的细胞载体框架结构能够创造一种微环境，以利细胞的黏附、增殖和功能发挥。它是一种极其复杂的非均质多孔结构，是一种充满生机的蛋白和细胞活动、繁衍的环境。在新的组织、器官生长完毕后，组织工程材料随代谢而降解、消失。在细胞载体框架结构支撑下生长的新器官完全是天然器官。采用可降解材料用快速成形方法制作多孔大段骨基底框架，是全新的构想和研究。这一成果在清华大学激光快速成形中心生物材料快速原型组的诞生，为大段骨人工制造和修复提供了先进手段。

（3）牙科应用　颅面外科美容和牙科手术需要在术前进行必要的手术设计和规划，在术后也需对前期准备做必要的检验。快速成形制造技术可以为手术提供任意复杂的原型制作。

9.4.6.4　在其他领域的应用

（1）艺术品的制造　艺术品和建筑装饰品是根据设计者的灵感，构思设计出来的，采用 RP 可使艺术家的创作、制造一体化，为艺术家提供最佳的设计环境和成形条件。

（2）直接制造金属型　RP 技术不仅应用于设计过程，而且也延伸到了制造领域。在制造业中，限制产品推向市场时间的主要因素是模具及模型的设计时间，RP 是快速设计的辅助手段，而更多的厂家则希望直接从 CAD 数据制成产品，所以 RP 技术就更加令人关注。有关专家预测，未来零件的快速制造将越来越广泛，也就是说，RP 将很可能逐渐占据主导地位，使设计和制造更紧密地联接在一起。RP 出现的新工艺大部分都与直接制造金属型有关，例如三维焊接成形（Three – Dimensional Welding Shaping）、气相沉积成形（Selective Area Laser Deposition）、激光工程化净成形技术（Laser Engineering Net Shaping）、液态金属微滴沉积技术（Liquid Metal Droplet Ejection and Deposition Techniques）和热化学反应的液相沉积成形（Thermo chemical Liquid Deposition）等。TerryWohlers 提出 "RP will mean rapid production"（RP 将意味快速生产）的定义更加明确了这一发展方向。

目前 RP 与其他领域出现的新结合点是：生物制造、微纳米制造和激光直写技术。

快速成形制造技术是集 CAD 技术、数控技术、激光加工、新材料科学、机械电子工程等多学科、多技术为一体的新技术。传统的零件制造过程往往需要车、钳、铣、磨等多种机加工设备和各种夹具、刀具、模具，制造成本高，周期长。对于一个比较复杂的零件，其加工周期甚至以月计，很难适应低成本、高效率的加工要求。快速成形制造技术能够适应这种要求，是现代制造技术的一次重大变革。毫无疑问，这一制造技术的出现和发展，为科学研究、医疗、机械制造、模具制造等各个领域的技术创新带来了突破性进展。

9.5 先进制造工艺发展趋势

1）采用模拟技术，优化工艺设计。成形、改性与加工是机械制造工艺的主要工序，是将原材料（主要是金属材料）制造加工成毛坯或零部件的过程。这些工艺过程特别是热加工过程是极其复杂的高温、动态、瞬时过程，其间发生一系列复杂的物理、化学、冶金变化，这些变化不仅不能直接观察，间接测试也十分困难，因而多年来，热加工工艺设计只能凭"经验"。近年来，应用计算机技术及现代测试技术形成的热加工工艺模拟及优化设计技术风靡全球，成为热加工领域最为热门的研究热点和技术前沿。

应用模拟技术，可以虚拟显示材料热加工（铸造、锻压、焊接、热处理、注塑等）的工艺过程，预测工艺结果（组织性能质量），并通过不同参数比较以优化工艺设计，确保大件一次制造成功，确保成批件一次试模成功。

模拟技术同样已应用于机械加工、特种加工及装配过程，并已向拟实制造的方向发展，成为分散网络化制造、数字化制造及制造全球化的技术基础。

2）成形精度向近无余量方向发展。毛坯和零件的成形是机械制造的第一道工序。金属毛坯和零件的成形一般有铸造、锻造、冲压、焊接和轧材下料五类方法。随着毛坯精密成形工艺的发展，零件成形的形状尺寸精度正从近净成形（Near Net Shape Forming）向净成形（Net Shape Forming）即近无余量成形方向发展。"毛坯"与"零件"的界限越来越小，有的毛坯成形后，已接近或达到零件的最终形状和尺寸，磨削后即可装配。主要方法有多种形式的精铸、精锻、精冲、冷温挤压、精密焊接及切割。如在汽车生产中，"接近零余量的敏捷及精密冲压系统"及"智能电阻焊系统"已开发应用。

3）成形质量向近无"缺陷"方向发展。毛坯和零件成形质量高低的另一指标是缺陷的多少、大小和危害程度。热加工由于过程十分复杂，因素多变，很难避免缺陷的产生。近年来热加工界提出了向近无"缺陷"方向发展的目标。这个"缺陷"是指不致引起早期失效的临界缺陷概念。采取的主要措施有：采用先进工艺，净化熔融金属，增大合金组织的致密度，为得到健全的铸件、锻件奠定基础；采用模拟技术，优化工艺设计，实现一次成形及试模成功，加强工艺过程监控及无损检测，及时发现超标零件；通过零件安全可靠性的研究及评估，确定临界缺陷量值等。

4）机械加工向超精密、超高速方向发展。超精密加工技术目前已进入纳米加工时代，加工精度达 $0.025\mu m$，表面粗糙度 Ra 达 $0.0045\mu m$。精切削加工技术由目前的加工红外波段向加工可见光波段或不可见紫外线和 X 射线波段趋近；超精密加工机床向多功能模块化方向发展；超精密加工材料由金属扩大到非金属。

目前，超高速切削铝合金的切削速度已超过 1600m/min，切削铸铁的切削速度为 1500m/min。超高速切削已成为解决一些难加工材料加工问题的一条途径。

5）采用新型能源及复合加工，解决新型材料的加工和表面改性难题。激光、电子束、离子束、分子束、等离子体、微波、超声波、电液、电磁、高压水射流等新型能源或能源载体的引入，形成了多种崭新的特种加工及高密度能切割、焊接、熔炼、锻压、热处理、表面保护等加工工艺或复合工艺。其中以多种形式的激光加工发展最为迅速。这些新工艺不仅提高了加工效率和质量，同时还解决了超硬材料、高分子材料、复合材料、工程陶瓷等新型材料的加工难题。

6）采用自动化技术，实现工艺过程的优化控制。微电子、计算机、自动化技术与工艺设备相结合，形成了从单机到系统，从刚性到柔性，从简单到复杂等不同档次的多种自动化成形加工技术，使工艺过程控制方式发生质的变化。其发展历程及趋势为：

a）应用集成电路、可编程序控制器、微机等新型控制元件、装置实现工艺设备的单机、生产线或系统的自动化控制。

b）应用新型传感、无损检测、理化检验及计算机、微电子技术，实时测量并监控工艺过程的温度、压力、形状、尺寸、位移、应力、应变、振动、声、像、电、磁及合金与气体的成分、组织结构等参数，实现在线测量、测试技术的电子化、数字化、计算机化及工艺参数的闭环控制，进而实现自适应控制。

c）将计算机辅助工艺编程（CAPP）、数控、CAD/CAM、机器人、自动化搬运仓储、管理信息系统（MIS）等自动化单元技术综合用于工艺设计、加工及物流过程，形成不同档次的柔性自动化系统，如数控加工、加工中心（MC）、柔性制造单元（FMC）、柔性制造岛（FMI）、柔性制造系统（FMS）和柔性生产线（FTL），乃至形成计算机集成制造系统（CIMS）和智能制造系统（IMS）。

7）采用清洁能源及原材料，实现清洁生产。传统机械加工过程会产生大量废水、废渣、废气、噪声、振动、热辐射等，劳动条件繁重危险，已不能满足当代清洁生产的要求。近年来清洁生产成为加工过程的一个新的目标，除搞好三废治理外，重在从源头抓起，杜绝污染源的产生。其途径为：一是采用清洁能源，如用电加热代替燃煤加热锻坯，用电熔化代替焦炭冲天炉熔化铁液；二是采用清洁的工艺材料、开发新的工艺方法，如在锻造生产中采用非石墨型润滑材料，在砂型铸造中采用非煤粉型砂；三是采用新结构，减少设备的噪声和振动，如在铸造生产中，噪声极大的震击式造型机已被放射压、静压造型机所取代，在模锻生产中，噪声大且耗能多的模锻锤，已逐渐被电液传动的曲柄热模锻压力机、高能螺旋压力机所取代。在清洁生产基础上，满足产品从设计、生产到使用乃至回收和废弃处理的整个周期都符合特定环境要求的"绿色制造"将成为21世纪制造业的重要特征。

8）加工与设计之间的界限逐渐淡化，并趋向集成及一体化。CAD/CAM、FMS、CIMS、并行工程、快速原型等先进制造技术的出现，使加工与设计之间的界限逐渐淡化，并趋于一体化。同时冷、热加工之间，加工过程、检测过程、物流过程、装配过程之间的界限也趋于淡化、消失，而集成于统一的制造系统之中。

9）工艺技术与信息技术、管理技术紧密结合，先进制造生产模式获得不断发展。先进制造技术系统是一个由技术、人员和组织构成的集成体系，三者有效集成才能取得满意的效果。因而先进制造工艺只有通过与信息、管理技术紧密结合，不断探索适应市场需求的新型生产模式，才能提高先进制造工艺的使用效果。先进制造生产模式主要有柔性生产、准时生产、精益生产、敏捷制造、并行工程、分散网络化制造等。这些先进制造生产模式是制造工艺与信息、管理技术紧密结合的结果，反过来它也影响并促进制造工艺的不断革新与发展。

复习思考题

1. 什么是精密与超精密加工技术？
2. 何谓高速切削？高速切削的关键技术有哪些？高速切削的特点如何？
3. 什么是快速原型制造？其特点如何？常用快速原型制造的工艺过程如何？
4. 简述先进制造工艺发展趋势。

第 10 章

加工方法选择

机械零件的制造包括毛坯成形和切削加工两个阶段，大多数零件都是通过铸造、锻造、焊接或冲压等方法制成毛坯，再经过切削加工制成。因此，正确选择零件毛坯和合理选择机械加工方法是机械零件生产过程控制的关键，选择正确与否，不仅影响每个机械零件乃至整个机械制造的质量和使用性能，而且对于生产周期和制造成本也有重大的影响。

10.1 机械零件毛坯的选择原则

正确选择零件毛坯具有重大的技术经济意义，选择时必须考虑以下原则。

10.1.1 满足使用要求

机械零件常用的毛坯类型有铸件、锻件、冲压件、焊接件和型材等。在确定毛坯类型时，必须首先考虑对其提出的使用要求，包括对零件形状、尺寸、精度和表面质量的要求，以及工作条件对零件性能的要求。工作条件一般指零件的受力情况、工作温度、接触介质等。只有满足使用要求的毛坯才有价值。所以，满足使用要求是选择毛坯的首要原则。

例如，当零件的外形和内腔都比较复杂时，选用铸件；对受力复杂或在高速重载下工作的零件，则选用锻件；对于截面小、质量轻、产量大的薄壁零件，宜用冲压件，但对于尺寸大、质量轻而要求刚性好的薄壁零件，则选用焊接件；对于重型复杂零件，宜采用铸造 - 焊接、锻造 - 焊接、冲压 - 焊接等组合结构的毛坯。

对于轴杆类零件，如各类实心轴、空心轴及各种管件等，一般都是各种机械中重要的受力和传动零件。除直径无变化的光轴外，各种轴杆零件几乎都以锻件为毛坯。最常用的材料是中碳钢及合金钢，在满足使用要求的前提下，某些具有异形断面或弯曲轴线的轴，可采用球墨铸铁毛坯，以降低制造成本。在有些情况下，也可采用锻焊结合的方法制造轴杆类零件毛坯。

对于盘套类零件，如各种齿轮、带轮、套环等，由于它们在各种机械中有不同的工作条件和使用要求，所用的材料和毛坯也各不相同。如齿轮，它是各种机械中主要的传动零件，一般选用具有良好力学性能的中碳钢制造，采用正火或调质处理；重要机械上的齿轮可选用合金渗碳钢。中小型齿轮一般选用锻件毛坯；结构复杂的大型齿轮（直径在 400mm 以上）锻造比较困难，可用铸钢或球墨铸铁件为毛坯；在低速运转且受力不大或在粉尘的环境下开式运转的齿轮也可用灰铸铁件为毛坯。

带轮、手轮等受力不大或承压的零件，通常采用 HT150 或 HT200 等灰铸铁件。

法兰盘、套环、垫圈等零件，根据受力情况及形状、尺寸等，可分别采用铸铁件、铸钢件或圆钢为毛坯。

各种模具毛坯均采用合金钢制造。

对于箱体机架类零件，如各种机身、底座、支架、横梁、工作台以及各种轴承座、阀体、泵体等，这类零件的特点是形状不规则，结构比较复杂，工作条件也相差很大，通常都以铸件为毛坯，承受较大冲击载荷的零件则采用铸钢件。

10.1.2 满足经济性要求

选择毛坯时，在满足使用要求的前提下，对几个可供选择的方案应从经济性上进行分析比较，选择成本低廉的方案。

一般而言，在单件小批量生产的条件下，由于模具制造成本高、周期长，应选用常用材料、通用设备和工具、低精度和低生产率的毛坯生产方法，如自由锻件、砂型铸件等，这样，毛坯生产周期短，能节省生产准备时间和工艺装备的设计制造费用。而在大批量的生产条件下，应选用专用材料、专用设备和工具以及高精度、高生产率的毛坯生产方法，以减少加工量、降低成本。

10.1.3 考虑实际生产条件

除了根据使用要求和经济性要求确定生产方案外，还必须考虑企业的生产条件。制订生产方案必须与有关企业部门的具体生产条件相结合，才是合理和切实可行的。在一般的情况下，应充分利用企业的现有条件完成生产任务。当生产条件不能满足产品的生产要求时，可选择如下三条途径：第一，在本厂现有的条件下，适当改变毛坯的生产方式或对设备条件进行适当的技术改造，以采用合理的生产方式；第二，扩建厂房，更新设备，这样做有利于提高企业的生产能力和技术水平，但往往需要较多的投资；第三，与厂外进行协作。究竟采取何种方式，需要结合生产任务的要求、产品的市场需求状况及远景、本企业的发展规划和外企业的协作条件等，进行综合的技术经济分析，从中选定经济合理的方案。随着现代工业的发展，产品和零件的生产必将进一步向专业化方向发展，所以在进行生产条件分析时，一定要加强协作意识，进而才能在竞争中取胜。

上述三项原则是相互联系的，考虑时应在保证满足使用要求的前提下，力求做到质量好、成本低和制造周期短。

10.2 机械加工方法的选择原则

机械零件的结构形状是多种多样的，但它们都是由外圆、内孔、平面和成形面等基本表面所组成。每一种表面的加工常有多种方法，具体选择时应根据零件的毛坯类型、结构形状、材料、加工精度、批量以及具体的生产条件等因素来确定，以获得最高的生产率和最好的经济效益。合理选择加工方案，一般依照下列主要原则进行。

10.2.1 根据表面的尺寸精度和表面粗糙度 *Ra* 值选择

表面的加工方案在很大程度上取决于表面本身的尺寸精度和表面粗糙度 *Ra* 值。因为对于精度较高、*Ra* 值较小的表面，一般不能一次加工到规定的尺寸，而要划分加工阶段逐步进行，以消除或减小粗加工时因切削力和切削热等因素所引起的变形，从而稳定零件的加工精度。

例如，在图 10-1 中，图 10-1a 为隔套，图 10-1b 为衬套，其上均有 $\phi 40mm$ 的内圆。二者虽同属轴套，都套装在轴上，且零件的材料、数量都相同，但由于前者是非配合表面，尺寸公差等级为未注公差等级（IT14），*Ra* 值为 6.3μm；后者是配合表面，尺寸公差等级为 IT6，*Ra* 值为 0.4μm，致使二者加工方案不同。隔套 $\phi 40mm$、*Ra* 值为 6.3μm 内圆的加工

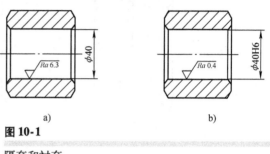

图 10-1

隔套和衬套

方案为：钻—半精车；衬套 $\phi 40H6$、*Ra* 值为 0.4μm 内圆的加工方案为：钻—半精车—粗磨—精磨。

10.2.2 根据表面所在零件的结构形状和尺寸大小选择

零件的结构形状和尺寸大小对表面加工方案选择有很大影响。这是因为有些加工方法的采用，常常受到零件某些结构形状和尺寸大小的限制，有时甚至需要选用不同类型的机床和装夹方法。

例如，在图 10-2 中，图 10-2a 为双联齿轮，图 10-2b 为齿轮轴，其上均有一个模数为 2mm、齿数为 32、精度为 8GM GB/T 10095.1—2008 的齿轮，且零件的材料和数量相同，但由于零件的结构形状不同，致使二者齿形的加工方案完全不同。双联齿轮由于两齿轮相距很近，加工小齿轮时只能采用插齿；而齿轮轴由于零件轴向尺寸较长，不宜插齿，最好选用滚齿。

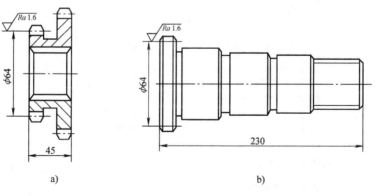

图 10-2

双联齿轮和齿轮轴

又如，在图10-3中，图10-3a为轴承套，图10-3b为止口套，其上均有 ϕ80h6，Ra 值为 $0.8\,\mu m$ 的外圆，零件的材料和数量也相同（均为40Cr，10件）。如果仅从尺寸公差等级（IT6）、Ra 值（$0.8\,\mu m$）来看，二者外圆均可采用车、磨方案，但后者外圆长只有 $5\,mm$，无法磨削，只能靠车削达到。因此，轴承套 ϕ80h6、Ra 值为 $0.8\,\mu m$ 外圆的加工方案为：粗车—半精车—粗磨—精磨；止口套 ϕ80h6、Ra 值为 $0.8\,\mu m$ 外圆的加工方案为：粗车—半精车—精车。

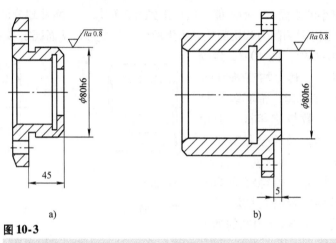

a)   b)

图 10-3

轴承套和止口套

a）轴承套，40Cr，10件   b）止口套，40Cr，10件

10.2.3 根据零件热处理状况选择

零件是否热处理及热处理的方法，对表面加工方案的选择有一定影响，特别是钢件淬火后硬度较高，用刀具切削较为困难，淬火后大都采用磨料切削加工。而且对绝大多数零件来说，热处理一般不能作为工艺过程的最后工序，其后还应安排相应的加工，以便去除热处理带来的变形和氧化皮，提高精度和减小表面粗糙度 Ra 值。

例如，在图10-4中，图10-4a、b均为法兰盘零件。现拟加工它们上面的 ϕ30H7、Ra 值

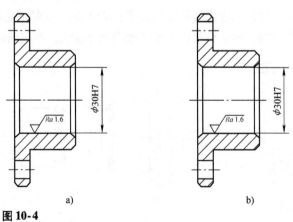

a)   b)

图 10-4

两种法兰盘零件

a）法兰盘，45钢，5件   b）法兰盘，45钢，5件，淬火硬度50HRC

为 1.6μm 的内圆。这两种零件其他条件均相同，只因为后者要求淬火处理，致使它们的加工方案差别较大。前者不要求淬火处理，其加工方案为：钻—半精车—精车；后者要求淬火处理，其加工方案为：钻—半精车—淬火—磨。

10.2.4　根据零件材料的性能选择

零件材料的性能，尤其是材料的韧性、脆性、导电性等，对切削加工，特别是对特种加工方法的选择有较大的影响。

例如，在图 10-5 中，同为阀杆零件上的 $\phi 25h4$、Ra 值为 0.05μm 的外圆，由于图 10-5a 的材料为 45 钢，其加工方案为：粗车—半精车—粗磨—精磨—研磨；而图 10-5b 的材料为铸造锡青铜，塑性较大，磨削时其屑末易堵塞砂轮，不宜磨削，常用精车代替磨削，其加工方案为：粗车—半精车—精车—研磨。

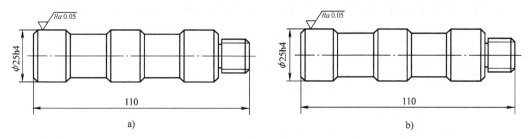

图 10-5

两种不同材料的阀杆

a）阀杆，45 钢，100 件　b）阀杆，ZCuSn5Pb5Zn5，100 件

10.2.5　根据零件的批量选择

零件的批量是指根据零件年产量将零件分批投产，每批投产零件的数量。按照零件的大小、复杂程度和生产周期等因素，可分为单件、成批（小批、中批、大批）和大量生产三种。加工同一种表面，常因零件批量不同而需选用不同的加工方案。在单件小批量生产中，一般采用普通机床的加工方法；在大批大量生产中，应尽量采用高效率（专用机床或生产线）的加工方法。

以上介绍的仅为选择表面加工方案的主要依据。在实际应用中，这些依据常常不是独立的，而是相互重叠和交叉的。因此，在具体选用时，应根据具体条件全面考虑，灵活运用。只有这样，才能制订出优质、高产、安全、低耗的加工方案。

10.3　各类零件的结构特点及其制造方法比较

常用的机械零件按其形状特征可分为轴杆类零件、盘套类零件和箱体机架类零件三大类。下面介绍这三大类零件的结构特点、基本工作条件（受力状况）和其毛坯的一般制造方法。

10.3.1　轴杆类零件

轴杆类零件的结构特点是其轴向（纵向）尺寸远大于径向（横向）尺寸。这类零件包括各种传动轴、机床主轴、丝杠、光杠、曲轴、偏心轴、凸轮轴、齿轮轴、连杆、拨叉、锤杆、摇臂及螺栓、销等，如图10-6所示。

　　轴杆类零件一般都是各种机械中重要的受力和传动零件，因此，除直径无变化的光轴外，各种轴杆类零件几乎都采用锻件为毛坯。材料常用30~50中碳钢，其中以45钢的使用最多，经调质处理后，具有较好的综合力学性能。合金钢具有比碳钢更好的力学性能和淬透性能，可以在承受重载并要求减轻零件重量和提高轴颈耐磨性等情况下采用。常用的合金钢材料有40Cr、40CrNi、20CrMnTi、30CrMnTi等。在满足使用要求的前提下，某些具有异形截面或弯曲轴线的轴，如凸轮轴、曲轴等，也可采用QT450-10、QT500-7、QT600-3等球墨铸铁毛坯，以降低制造成本。在有些情况下，还采用锻-焊或铸-焊结合的方式制造轴杆类零件毛坯。图10-7所示是焊接的汽车排气阀的外形简图，该零件在高温状态下工作，要求材料为耐热钢，大批量生产。在保证满足零件使用性能的前提下，采用摩擦焊把耐热合金钢的阀帽与普通碳素钢的阀杆焊接成一体，从而节约了较贵重的耐热合金钢材料。

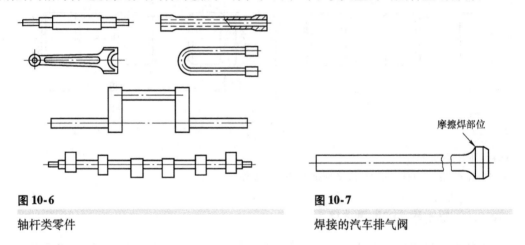

图 10-6

轴杆类零件

图 10-7

焊接的汽车排气阀

10.3.2　盘套类零件

　　这类零件的轴向（纵向）尺寸一般小于径向（横向）尺寸，或者两个方向的尺寸相差不大，属于这类零件的有各种齿轮、带轮、飞轮、手轮、模具、联轴器、套环、轴承环、螺母及垫圈等，如图10-8所示。

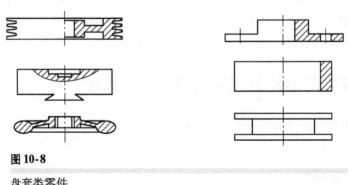

图 10-8

盘套类零件

　　这类零件在各种机械中的工作条件和使用要求差异很大，因此，它们所用的材料和毛坯也各不相同。以齿轮为例，它是各类机械中的重要传动零件。运转时，主要的受力部位是轮齿，两个相互啮合的轮齿之间通过一个狭小的接触面来传递力和运动，因此，齿面上要承受很大的接触应力和摩擦力。这就要求轮齿表面要有足够的强度和硬度，同时，齿根部分要能承受较大的弯曲应力；齿轮在运转过程中，有时还要承受冲击力的作用，因此，齿轮的本体也要有一定的强度和韧性。根据以上分析，齿轮一般应选用具有良好综合力学性能的中碳结构钢（如 40 钢、45 钢）制造，采用正火或调质处理；重要机械上的齿轮，可选用 40Cr、40CrNi、40MnB、35CrMo 等合金结构钢，采用调质处理。

带轮、飞轮、手轮、垫块等受力不大或承压的零件，通常均采用灰铸铁（HT150 或 HT200 等）件，单件生产时，也可采用低碳钢焊接件。

法兰、套环、垫圈等零件，根据受力情况及形状、尺寸等不同，可分别采用铸铁件、锻钢件或冲压件为毛坯；厚度较小的单件或小批量生产时，也可直接用圆钢或钢板下料。

各种模具毛坯，均采用合金钢锻造，热锻模常用 5CrNiMo、5CrMnMo 等热作模具钢，并经淬火和中温回火处理；冲模常用 Cr12、Cr12MoV 等冷作模具钢，并经淬火和低温回火处理。

10.3.3　箱体机架类零件

箱体机架类零件是机器的基础件，它的加工质量将对机器的精度、性能和使用寿命产生直接影响。这类零件包括机身、齿轮箱、阀体、泵体、轴承座等，如图 10-9 所示。箱体机架类零件的结构特点有：尺寸较大、形状较复杂、箱壁较薄且不均匀、内部呈腔形，有尺寸精度和位置精度要求较高的平面和孔，还有很多小的光孔、螺纹孔、检查孔和出油孔等。

由于箱体机架类零件的结构形状一般都比较复杂，且内部呈腔形，为满足减振和耐磨等方面的要求，其材料一般都采用铸铁。为达到结构形状方面的要求，最常见的毛坯是砂型铸造的铸件。当单件小批量生产、新产品试制或结构尺寸很大时，也可采用钢板焊接毛坯。

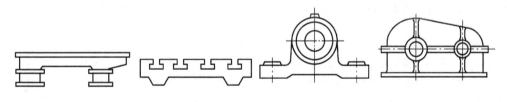

图 10-9

箱体机架类零件

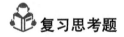复习思考题

1. 举例说明生产批量不同与毛坯成形方法选择之间的关系。
2. 为什么说毛坯材料确定后，毛坯的成形方法也就基本确定了？
3. 为什么齿轮多用锻件，而带轮和飞轮多用铸件？
4. 选择毛坯成形方法的三个基本原则是什么？它们之间的相互关系如何？
5. 试确定齿轮减速器箱体的材料及其毛坯成形方法，并说明基本理由。

参 考 文 献

[1] 赵品，等. 材料科学基础 [M]. 哈尔滨：哈尔滨工业大学出版社，1999.

[2] 龚惠芳. 金属材料科学 [M]. 北京：中国铁道出版社，1996.

[3] 张启芳. 工程材料 [M]. 南京：东南大学出版社，1996.

[4] 张启芳. 热加工工艺基础 [M]. 南京：东南大学出版社，1996.

[5] 戈晓岚，王特典. 工程材料 [M]. 南京：东南大学出版社，2000.

[6] 王运炎. 金属材料及热处理 [M]. 北京：机械工业出版社，1991.

[7] 戴枝荣. 工程材料及机械制造基础（一）：工程材料 [M]. 北京：高等教育出版社，1996.

[8] 王焕庭，李茅华，徐善国. 机械工程材料 [M]. 大连：大连理工大学出版社，1997.

[9] 卢光熙，侯增寿. 金属学 [M]. 上海：上海科学技术出版社，1999.

[10] 王荣国，武卫莉，谷万里. 复合材料概论 [M]. 哈尔滨：哈尔滨工业大学出版社，2000.

[11] 师昌绪. 新型材料与材料科学 [M]. 北京：科学出版社，1998.

[12] 林盛通. 高技术的魅力 [M]. 北京：科学出版社，1998.

[13] 姚建华，等. 机械制造概论 [M]. 杭州：浙江科学技术出版社，2001.

[14] 姚建华，等. 金工实习指导书 [M]. 杭州：浙江大学出版社，1997.

[15] 严绍华. 材料成形工艺基础 [M]. 北京：清华大学出版社，2001.

[16] 何红媛. 材料成形技术基础 [M]. 南京：东南大学出版社，2000.

[17] 孙康宁. 现代工程材料成形与制造工艺基础：上、下册 [M]. 北京：机械工业出版社，2001.

[18] 张万昌. 热加工工艺基础 [M]. 北京：高等教育出版社，1996.

[19] 何红媛. 材料成形技术基础 [M]. 南京：东南大学出版社，2000.

[20] 严绍华. 材料成形工艺基础 [M]. 北京：清华大学出版社，2001.

[21] 吴德海，等. 近代材料加工原理 [M]. 北京：清华大学出版社，1997.

[22] 金问楷. 机械加工工艺基础 [M]. 北京：清华大学出版社，1990.

[23] 技工学校机械类通用教材编审委员会. 钳工工艺学 [M]. 3版. 北京：机械工业出版社，1993.

[24] 贺锡生，等. 金工实习 [M]. 南京：东南大学出版社，1996.

[25] 金禧德，等. 金工实习 [M]. 北京：高等教育出版社，1994.

[26] 何发昌，邵远. 多功能机器人的原理及应用 [M]. 北京：高等教育出版社，1996.

[27] 熊光楞，等. 计算机集成制造系统的组成与实施 [M]. 北京：清华大学出版社，1996.

[28] 吴启迪，等. 柔性制造自动化的原理与实践 [M]. 北京：清华大学出版社，1997.

[29] 石焕增，等. 工程制图 [M]. 北京：北京理工大学出版社，1995.

[30] 孙以安，陈茂贞. 金工实习教学指导 [M]. 上海：上海交通大学出版社，1998.

[31] 王雅然. 金属工艺学综合训练与实验指导 [M]. 北京：机械工业出版社，1999.

[32] 金问楷. 机械加工工艺基础 [M]. 北京：高等教育出版社，1998.

[33] 骆志斌. 金属工艺学 [M]. 南京：东南大学出版社，1994.

[34] 卢秉恒. 机械制造技术基础 [M]. 北京：机械工业出版社，1999.

[35] 苏芳庭. 金属工艺学 [M]. 北京：高等教育出版社，1990.

[36] 张福润，等. 机械制造技术基础 [M]. 武汉：华中科技大学出版社，1999.

[37] 戴枝荣，等. 工程材料 [M]. 北京：高等教育出版社，1992.

[38] 刘书华. 快速成型制造技术及应用 [J]. 新技术新工艺，2000（3）：19－21.

[39] 颜永年. 先进制造技术 [M]. 北京：化学工业出版社，2002.

[40] 孙大涌，屈贤明，张松滨. 先进制造技术 [M]. 北京：机械工业出版社，1999.